Deskriptive Statistik und Explorative Datenanalyse

Marie-Sophie Baum
0172-8878450
maie.mariesophiebaum@gmaie.com

Thomas Cleff

Deskriptive Statistik und Explorative Datenanalyse

Eine computergestützte Einführung mit Excel, SPSS und STATA

3., überarbeitete und erweiterte Auflage

Springer

Thomas Cleff
Pforzheim, Deutschland

ISBN 978-3-8349-4747-5 ISBN 978-3-8349-4748-2 (eBook)
DOI 10.1007/978-3-8349-4748-2

Die Deutsche Nationalbibliothek verzeichnet diese Publikation in der Deutschen Nationalbibliografie; detaillierte bibliografische Daten sind im Internet über http://dnb.d-nb.de abrufbar.

Gabler Verlag
Die 1. und 2. Auflage erschienen unter dem Titel „Deskriptive Statistik und moderne Datenanalyse".

Springer Fachmedien Wiesbaden GmbH ist Teil der Fachverlagsgruppe Springer Science+Business Media (www.springer.com)

Vorwort zur dritten überarbeiteten und ergänzten Auflage

Mit großer Freude habe ich zur Kenntnis genommen, dass sich die zweite Auflage des Lehrbuches *Deskriptive Statistik und moderne Datenanalyse* einer so großen Nachfrage erfreut hat, dass sie beim Verlag nunmehr vergriffen ist. Freundlicherweise hat sich der Springer Gabler Verlag zur Ausgabe einer dritten – überarbeiteten und erweiterten – Auflage bereit erklärt, wofür ich mich bei der verantwortlichen Lektorin Frau Irene Buttkus herzlich bedanke. Ermöglicht es mir doch, das Buch um interessante Themenfelder der Explorativen Statistik zu erweitern. Neben den durch Software-Updates nötig gewordenen Anpassungen habe ich dem Buch zwei einführende Kapitel der Faktorenanalyse und der Clusteranalyse angefügt. Ich hoffe, ich kann somit nicht nur ein abgerundetes Programm der Deskriptiven Statistik unterbreiten, sondern dem Leser auch erste Einblicke in multivariate Verfahren der strukturentdeckenden (explorativen) Statistik ermöglichen. Entsprechend wurde der Titel des vorliegenden Lehrbuches in *Deskriptive Statistik und* **Explorative** *Datenanalyse* umbenannt.

Das Lehrbuch möchte den Studierenden der Volks- und Betriebswirtschaftslehre sowie Praktikern in Unternehmen die Grundlagen, Techniken und Anwendungsmöglichkeiten der Deskriptiven Statistik und der explorativen Datenanalyse näher bringen. Es geht zum einen auf die deskriptiven Basismethoden der univariaten und bivariaten Verfahren ein. Die Inhalte reichen von der Erhebung und Skalierung, über die univariate Analyse quantitativer Daten, bis zur Analyse bivariater Zusammenhänge. Zudem wird dem Leser ein erster Einblick in multivariate Verfahren wie der multivariaten Regression, der Faktorenanalyse und der Clusteranalyse ermöglicht. Alle Themen werden mit Hilfe von computerbasierten Berechnungen auf betriebswirtschaftliche Beispiele angewendet. Die Themengebiete decken alle wichtigen Aspekte einer Hochschulveranstaltung zur Deskriptiven Statistik ab bzw. gehen in Teilen sogar darüber hinaus.

Bei der Abfassung des Buches war ich stets bemüht, auch demjenigen einen Einblick in die Denkweise deskriptiver statistischer Verfahren zu ermöglichen, der ansonsten Schwierigkeiten mit der formalen oder methodischen Herangehensweise eines traditionellen Statistikbuches hat. An vielen Stellen habe ich versucht, auf überflüssige Formeln zu verzichten oder zunächst eine intuitive Herangehensweise an ein Thema zu wählen, bevor eine Formel abgeleitet bzw. angegeben wird. Es dürfte dennoch jeder verstehen, dass ein Buch über Statistik und Datenanalyse niemals ohne Formeln auskommen kann und es auch nicht sollte. Da wo die Alltagssprache in ihrer Präzision versagt, ist und bleibt eine Formel letztlich die präziseste Form der sprachlichen Formulierung dessen, was methodisch ausgedrückt werden soll. Zur Vertiefung habe ich jedem Kapitel Übungsaufgaben nebst Lösungen angefügt, die ein effizientes Selbststudium erleichtern sollen.

Letztlich ermöglicht vor allem die allgemeine Verfügbarkeit von Computerprogrammen eine neue didaktische Herangehensweise an die Statistik. Jeder Studierende hat heute Zugriff auf Standardprogramme wie Excel oder auf Statistikpakete wie SPSS oder Stata. Dieses Lehrbuch beschränkt sich deshalb nicht nur auf die Darstellung der statistischen Verfahren, sondern erweitert den Blick auf dessen Anwendung mit Hilfe der Computerprogramme Excel 2010, SPSS (Version 22) und Stata (Version 13). Hierfür sind auf der Homepage des Verlages – neben anderen Zusatzmaterialien – Datensätze zur Verfügung gestellt. Mit ihnen können die Beispiel- und Übungsaufgaben durchgerechnet werden. Die Datensätze und die allgemeinen Zusatzmaterialien zu diesem Lehrbuch sind auf www.springer-gabler.de in der Rubrik „Zusätzliche Informationen" zu finden. In derselben Rubrik befinden sich auch zusätzliche Materialien für Dozenten.

Ich danke an dieser Stelle allen Fachkollegen für die kritische Durchsicht des Manuskripts und für ihre wertvollen Hinweise. Verbleibende Fehler und Unzulänglichkeiten gehen selbstverständlich weiterhin zu meinen Lasten. Abschließend wäre dieses Buch niemals ohne die Unterstützung meiner Familie möglich gewesen. Ihr gilt mein ganz besonderer Dank.

Ich hoffe auch in Zukunft auf Anregungen und Verbesserungsvorschläge (z. B. an meine Emailadresse thomas.cleff@hs-pforzheim.de), denn gemäß einer chinesischen Weisheit sind nur mit den Augen der anderen die eigenen Fehler gut zu sehen.

Pforzheim, im Januar 2015 Thomas Cleff

Inhaltsverzeichnis

Abbildungsverzeichnis

Tabellenverzeichnis

Statistik und empirische Forschung

1

1.1 Statistik lügt?

Ich glaube keiner Statistik, die ich nicht selbst gefälscht habe.

Mit Statistik kann man alles beweisen.

Diese und sicherlich noch viele ähnliche Aussagen finden sich im täglichen Leben, wenn es darum geht, das Zahlenwerk eines Gegenübers zu diskreditieren. So wird die Aussage „Es gibt drei Arten von Lügen: Lügen, verdammte Lügen und Statistiken" gerne jenem englischen Parlamentarier des 19. Jahrhunderts zugeordnet, den man mit statistisch aufbereiteten Zahlen in die Enge getrieben hatte. Letztlich unterstellt diese Aussage, dass Statistik bzw. deren angewandte Methoden eine besonders hinterhältige Form der Lüge darstellen. Bestätigung finden die Kritiker nicht selten dann, wenn durch ein Gutachten und ein entsprechendes Gegengutachten auf statistischem Wege zwei entgegengesetzte Thesen abgeleitet werden. Wofür also Statistik, wenn anscheinend „jedes Ding zwei Seiten hat", wenn bewiesen werden kann, was man gerne hätte und die Statistik scheinbar zu einem manipulativen Instrument der Person wird, welche die Statistik erstellt.

Obwohl solche Aussagen gerne kopfnickend, schmunzelnd oder sogar zustimmend aufgenommen werden – dies vor allem von denen, die von statistischen Verfahren eher rudimentäre bis gar keine Kenntnis besitzen – scheint gerade die Statistik eine der zentralen Methoden zu sein, mit denen Aussagen belegt werden. Man schlage an einem beliebigen Tage eine Tages- oder Wochenzeitung auf und man trifft auf Tabellen, Diagramme, Zahlen und Fakten. Kein Monat vergeht ohne Politbarometer, Geschäftsklimaindex, Konjunkturprognosen, Konsumentenindex, etc. Viele Anleger vertrauen bei ihrer Geldanlage den Entwicklungsprognosen der Aktien im DAX und hoffen auf die Erfüllung der Prognosen der Finanzmarktökonometriker.

Wieso scheint hier nun die eben noch gescholtene Statistik einen unwiderstehlichen Zauber, eine Magie der Präzision der Zahlen auszustrahlen? Wie kommt es, dass der oben

T. Cleff, *Deskriptive Statistik und Explorative Datenanalyse*,
DOI 10.1007/978-3-8349-4748-2_1

beschriebene Superlativ von Lügen – Statistiken – auf einmal zur Grundlage der Planung von Privatpersonen und Unternehmen wird? Swoboda (1971, S. 16) nennt für diese Unentschlossenheit gegenüber statistischen Verfahren zwei wesentliche Gründe:

- „Erstens die *mangelnde Kenntnis* statistischer Aufgaben, Methoden und Möglichkeiten, und
- zweitens der Umstand, dass vieles für Statistik gehalten wird, was lediglich *Pseudostatistik* ist".

Insbesondere der erste Punkt ist seit den 70er Jahren des letzten Jahrhunderts noch wichtiger als zuvor. Jedem, der die vier Grundrechenarten beherrscht, wird die Kompetenz zugetraut, Statistiken zu erstellen. Im Zeitalter von Standardsoftware, in dem prinzipiell ein Mausklick genügt, um eine Tabelle, eine Grafik oder sogar eine Regression zu erzeugen, wird dem Laien der Schritt zu komplizierten Anwendungen leicht gemacht. Nicht selten werden dabei Annahmen verletzt, Sachverhalte bewusst – also manipulativ – oder unbewusst verkürzt dargestellt. Zudem werden sorgsam ausgearbeitete Statistiken von Lesern und Zweitverwertern unachtsam oder falsch interpretiert und weitergegeben. Dabei ist es nicht nur „die Presse", die hier in die Falle der statistischen Methoden gerät, sondern auch in mancher wissenschaftlichen Abhandlung findet sich ähnliche Unzulänglichkeit, die Swoboda als Pseudostatistik bezeichnet. Hier liegt der eigentliche Grund dafür, dass Statistik einerseits Hilfsmittel und andererseits „Lüge" sein kann. Die bewusst oder unbewusst falsche Anwendung statistischer Methoden sowie die bewusst oder unbewusst falsche Interpretation der Ergebnisse dieser Verfahren.

Krämer (2005, S. 10) fasst die Gründe für „falsche" Statistiken so zusammen. „Einige [Statistiken] sind bewusst manipuliert, andere nur unpassend ausgesucht. In einigen sind schon die reinen Zahlen falsch, in anderen sind die Zahlen nur irreführend dargestellt. Dann wieder werden Äpfel mit Birnen zusammengeworfen, Fragen suggestiv gestellt, Trends fahrlässig fortgeschrieben, Raten, Quoten oder Mittelwerte kunstwidrig berechnet, Wahrscheinlichkeiten vergewaltigt oder Stichproben verzerrt." Im vorliegenden Buch werden wir eine Reihe solcher Beispiele für falsche Interpretationen oder für Manipulationsversuche kennen lernen. Und somit wäre das Ziel dieses Buches klar umrissen: Die bereits in Goethes Gesprächen mit Eckermann betonte Notwendigkeit, quantitative Verfahren zu verstehen („das aber weiß ich, dass die Zahlen uns belehren"), sie zu durchschauen und selbst anwenden zu können, ist in einer Welt, in der uns täglich Daten, Zahlen, Trends und Statistiken umgeben, unumgänglich geworden. Statistische Modelle und Methoden sind entsprechend zu einem wichtigen Instrument in der betriebswirtschaftlichen Problemanalyse, der Entscheidungsfindung und der Unternehmensplanung geworden. Vor diesem Hintergrund sollen nicht nur die wichtigsten Methoden und deren Möglichkeiten vermittelt, sondern ebenfalls der Sinn für Irrtumsquellen und Manipulationsversuche geschärft werden.

Bis hierher könnte man nun der Auffassung sein, dass für die Anwendung der Statistik der gesunde Menschenverstand ausreicht und die Mathematik bzw. formale Darstellungen in Form von Modellen keine Rolle spielen. Derjenige, der jemals in den Genuss einer gängigen Statistikvorlesung gekommen ist, wird diese Meinung wohl kaum teilen. Selbstverständlich kommt auch dieses Lehrbuch nicht ohne Formeln aus. Wie könnte es auch, wenn schon in alltäglichen Fällen eine qualitative Beschreibung nicht ausreicht: Auf die studentische Frage, wie denn die Durchfallquote in der Statistik-Klausur sei, würde sich kein Student mit der Aussage *ganz ok* zufrieden geben. Vielmehr erwartet er hier eine Aussage wie beispielsweise *10 Prozent*, was wiederum nur rechnerisch – also mit einer Formel – zu ermitteln ist.

Es kann also auch in diesem Buch nicht auf ein Mindestmaß an formaler Darstellung verzichtet werden. Dennoch wird jeder bemühte Leser, der die Grundlagen der Analysis beherrscht, dieses Buch verstehen können.

1.2 Zwei Arten von Statistik

Was kennzeichnet nun aber eine Statistik oder Datenanalyse, die Irrtumsquellen und Manipulationsversuche möglichst ausschließt? Hierzu müssen wir uns zunächst darüber verständigen, was überhaupt die Aufgaben von Statistik bzw. von Datenanalyse sind.

Historisch gesehen, gehen die Methoden der Statistik weit vor Christi Geburt zurück. Schon im sechsten Jahrhundert vor Christi sah die Verfassung des Königs Servius Tullius eine periodische Erfassung aller Bürger vor. Vielen dürfte zudem folgende Geschichte bekannt sein: „Es begab sich aber zu der Zeit, dass ein Gebot von dem Kaiser Augustus ausging, dass alle Welt geschätzt würde. Und diese Schätzung war die allererste und geschah zu der Zeit, da Quirinius Statthalter in Syrien war. Und jedermann ging, dass er sich schätzen ließe, ein jeder in seine Stadt."[1] (Lukas 2,1 ff.)

Politiker hatten also seit jeher das Interesse, die Leistungsfähigkeit der Bevölkerung bemessen zu können. Dies allerdings nicht uneigennützig, sondern mit dem Ziel, die Bevölkerung anhand dieser Leistungsfähigkeit besteuern zu können. Aus Sicht des Staatsapparates erfolgte die Sammlung von Daten mit dem Ziel der Gewinnung von Informationen über den eigenen Staat. Noch im heutigen statistischen Jahrbuch finden sich die Wurzeln dieser Interpretation von Statistik als *Staatsbeschreibung*: Abschnitte über Geographie und Klima, Bevölkerung, Familien und Lebensformen füllen die ersten Seiten des Statistischen Jahrbuches der Bundesrepublik Deutschland (Statistisches Bundesamt 2013).

Bei allen frühzeitlichen Statistiken handelt es sich um Vollerhebungen in dem Sinne, dass buchstäblich jede Person, jedes Tier, jedes Objekt gezählt wurden. Bis zum Beginn des 20. Jahrhunderts stand die Beschäftigung mit entsprechend großen Fallzahlen

[1] Im Jahr 6/7 n. Chr. wurde Judäa (mit Idumäa und Samarien) römische Prokuratur. Die Textstelle bezieht sich wahrscheinlich auf die unter Quirinius durchgeführte Volkszählung, bei der die Bewohner des Landes und ihr Besitz für die Erhebung von Steuern registriert wurden. Die Bibel verwendet für diesen Registrierungsprozess den Begriff „geschätzt". Es könnte aber auch sein, dass sich diese Textstelle auf eine erste Erfassung um 8/7 v. Chr. bezieht.

im Vordergrund des Interesses. Diese Periode stellt den Ausgangspunkt der sogenannten deskriptiven (beschreibenden) Statistik dar.

Die **Deskriptive Statistik** beinhaltet somit alle Verfahren, mit denen sich durch die Beschreibung von Daten einer Grundgesamtheit (*engl.*: population) Informationen gewinnen lassen. Zu diesen Methoden bzw. Verfahren gehören unter anderem die Erstellung von Grafiken, Tabellen und die Berechnung von deskriptiven Kennzahlen bzw. Parametern.

Erst nach Beginn des 20. Jahrhunderts entwickelte sich die uns heute eher geläufige *Induktive (Schließende) Datenanalyse*, die versucht, aus Stichproben Schlüsse auf *die Gesamtheit* zu ziehen. Dominierend bei dieser Entwicklung waren unter anderem die Wissenschaftler Jacob Bernoulli (1654–1705), Abraham de Moivre (1667–1754), Thomas Bayes (um 1702–1761), Pierre-Simon Laplace (1749–1827), Carl Friedrich Gauß (1777–1855), Pafnuti Lwowitsch Tschebyschow (1821–1894), Francis Galton (1822–1911), Ronald A. Fisher (1890–1962) und William Sealy Gosset (1876–1937), auf die eine Vielzahl der heute bekannten induktiven Verfahren zurückgeht. Diesen Erkenntnissen ist es zu verdanken, dass heute nicht jede Person einer Grundgesamtheit, sondern nur eine Stichprobe (*engl.*: sample) von Personen befragt werden muss.

Erst viel später entwickelte sich die **Induktive (Schließende) Statistik**, die versucht, mit Hilfe von Stichproben Schlüsse auf die Gesamtpopulation zu ziehen. Das „Ziehen von Schlüssen“ aus einer Stichprobe führte letztlich auch zur Etablierung des Begriffes der Schließenden Statistik, der – wie auch der Begriff der Inferenzstatistik – häufig synonym zur Induktiven Statistik verwendet wird. Dominierend bei dieser Entwicklung waren unter anderem die Wissenschaftler Jacob Bernoulli (1654–1705), Abraham de Moivre (1667–1754), Thomas Bayes (um 1702–1761), Pierre-Simon Laplace (1749–1827), Carl Friedrich Gauß (1777–1855), Pafnuti Lwowitsch Tschebyschow[2] (1821–1894), Francis Galton (1822–1911), Ronald A. Fisher (1890–1962) und William Sealy Gosset (1876–1937), auf die eine Vielzahl der heute bekannten induktiven Verfahren zurückgeht. Diesen Erkenntnissen ist es zu verdanken, dass heute nicht jede Person einer Grundgesamtheit, sondern nur eine Stichprobe (*engl.*: sample) von Personen befragt werden muss. Dies erweist sich insbesondere dann als vorteilhaft, wenn Vollerhebungen zu teuer kämen bzw. zu lange dauern würden, oder die Erhebung mit einer Zerstörung der Untersuchungselemente einhergehen würde (z. B. bei bestimmten Formen der Materialprüfung wie z. B. auch Weinproben). Es wäre für Unternehmen sicherlich nicht finanzierbar, alle potenziellen Kunden darüber zu befragen, wie ein neues Produkt auszusehen hat. Es wird vielmehr mit einer entsprechend zusammengestellten Stichprobe gearbeitet. Auch die Wahlforscher könnten kaum alle Wahlberechtigten befragen.

Für den Auswertungsprozess bedeutet dies, dass das zu ermittelnde Wissen nun eben nicht mehr auf Daten einer Vollerhebung basiert, sondern auf besonders ausgewählten Daten einer Stichprobe. Entsprechend sind die zu ziehenden Schlüsse in Bezug auf die Grundgesamtheit auch mit einer Unsicherheit belegt. Das ist der Preis der Herangehensweise der Induktiven Statistik. Deskriptive und Induktive Statistik bilden somit eine wis-

[2] Früher auch als Tschebyscheff, Tschebyschew oder Tschebyschev transkribiert.

Abb. 1.1 Von den Daten über die Information zum Wissen

senschaftliche Disziplin für die Wirtschafts-, Sozial und Naturwissenschaften. Sie umfasst die Methoden zur Beschreibung und Analyse von Massenerscheinungen mit Hilfe von Zahlen und Daten. Auswertungsziel ist das Treffen von Aussagen bezüglich der Eigenschaften der Untersuchungseinheiten auf Basis einer Totalerhebung oder einer Stichprobe. Statistik ist eine Zusammenfassung von Methoden, welche es uns erlaubt, „vernünftige" Entscheidungen im Falle von Unsicherheit zu treffen, und ist somit wichtigste Grundlage der *Entscheidungstheorie*.

Damit wären die beiden Hauptziele der Statistik abgrenzbar: Die Deskriptive Statistik beschränkt sich auf die zusammenfassende Darstellung von Daten und verarbeitet diese zu Informationen. Wenn diese Informationen mit Hilfe von Auswertungsverfahren der Induktiven Statistik analysiert werden, entsteht verallgemeinerbares Wissen, das politisches oder strategisches Handeln beeinflussen kann. Abbildung 1.1 stellt diesen Zusammenhang nochmals schematisch dar.

1.3 Statistik als Erkenntnisprozess

Die fundamentale Bedeutung der Statistik für den Erkenntnisprozess – oder anders ausgedrückt: für die Generierung neuen Wissens – darf nicht unterschätzt werden. Der Erkenntnisprozess in Wissenschaft und Praxis durchläuft nämlich in der Regel genau die beiden Stufen der Deskription und Induktion. Dies soll anhand eines kleinen Praxisbeispiels erläutert werden:

Ein Marktforscher aus dem Bereich der Zahnpflege stellt sich die Frage über den Zusammenhang zwischen dem Preis und dem Umfang der Abverkäufe einer bestimmten Zahnpasta. Zunächst wird er versuchen, sich durch Verdichtung von Einzelinformationen selbst ein Bild von der bestehenden Realität zu machen. So könnte er beispielsweise die Abverkäufe und die Preise der Zahnpasta pro Kalenderwoche innerhalb der letzten drei Jahre grafisch analysieren (vgl. Abb. 1.2). Wie immer bei der Datengewinnung, werden einzelne Verkaufsmärkte ihre Verkaufszahlen nicht regelmäßig melden, sodass keine Vollerhebung, sondern lediglich eine Teilerhebung vorliegt. Er stellt fest, dass bei hohen Preisen der Abverkauf zugunsten anderer Zahnpastaprodukte zurückgeht und bei niedrigen Preisen der Abverkauf entsprechend anzieht. Dieser deskriptiv ermittelte Zusammenhang entspricht nicht nur einer individuell gewonnenen Einsicht, sondern auch den Erwartungen aus der mikroökonomischen Theorie der Preis-Absatz-Funktion. In jedem Fall sind es die Methoden der Deskriptiven Statistik, mit deren Hilfe sich individuelle

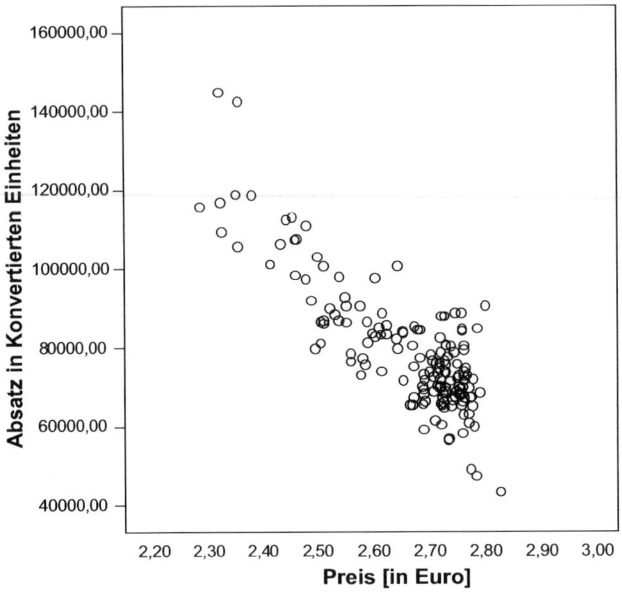

Lesehilfe:

In der Grafik sind für drei Jahre à 52 Wochen die durchschnittlichen Preise sowie die dazugehörige Abverkaufsmenge in normierter Packungsgröße abgebildet. Jeder Punkt stellt somit eine Kombination aus Preis und Abverkaufsmenge einer bestimmten Kalenderwoche dar.

Abb. 1.2 Preis-Absatz-Funktion für eine sensitive Zahnpasta

Erkenntnisse aus Einzelinformationen gewinnen lassen und sich bestehende Erwartungen oder Theorien anhand der Verdichtung von Einzelfällen anschaulich machen lassen.

Der Forscher wird sich an dieser Stelle die Frage stellen, ob sich die aus der Teilerhebung gewonnenen Erkenntnisse – die er zudem theoretisch vorher schon vermutet hatte – für die Grundgesamtheit verallgemeinern lassen. Verallgemeinernde Informationen der Deskriptiven Statistik sind nämlich zunächst spekulativ. Mit Hilfe der Verfahren der Induktiven Statistik lässt sich aber das Risiko in Form einer Fehlerwahrscheinlichkeit bei der Übertragung der Ergebnisse der Deskriptiven Statistik auf die Grundgesamtheit bemessen. Der Forscher muss selbst entscheiden, ob er das Risiko einer Übertragung als zu hoch empfindet und die Erkenntnisse als ungesichert qualifiziert und vice versa.

Selbst wenn alle Verkaufsstellen ihre Verkaufszahl gemeldet hätten und somit eine Vollerhebung vorläge, könnte er sich die Frage stellen, ob dieser Zusammenhang zwischen Preis und Absatz ceteris paribus auch zukünftig noch gilt. Werte für die Zukunft liegen nämlich auf keinen Fall vor, sodass aus der Vergangenheit auf die Zukunft geschlossen werden müsste. Nur auf diese Weise lassen sich *Theorien, Annahmen und Erwartungen verifizieren* und nur so lässt sich Information in verallgemeinerbares Wissen (für das Unternehmen) transformieren.

Deskriptive und Induktive Statistik erfüllen im Forschungsprozess somit unterschiedliche Aufgaben, sodass eine differenzierte Betrachtung dieser beiden Bereiche als sinnvoll erachtet werden kann und in der Lehre häufig auch in verschiedenen Veranstaltungsteilen abgehandelt werden.

1.4 Phasen empirischer Forschung

Das obige Beispiel verdeutlicht zudem, dass der Ablauf eines Erkenntnisprozesses bestimmte Stufen durchläuft, die in Abb. 1.3 als Phasen empirischer Forschung schematisch dargestellt sind. In der *Erkundungsphase* geht es zunächst darum, sich selbst ein Bild über mögliche Zusammenhänge zu verschaffen, um diese danach in der *Theoriephase* zu einem konsistenten Modell zu verknüpfen.

1.4.1 Von der Erkundung zur Theorie

Obwohl der „Praktiker" den Begriff der *Theorie* nur ungern verwendet, ihn im Gegenteil eher meidet, da er sonst als „weltfremd, unzugänglich, unrealistisch" gelten könnte, so steht dieser Begriff zunächst am Anfang eines jeden Erkenntnisfortschritts. Die Herkunft

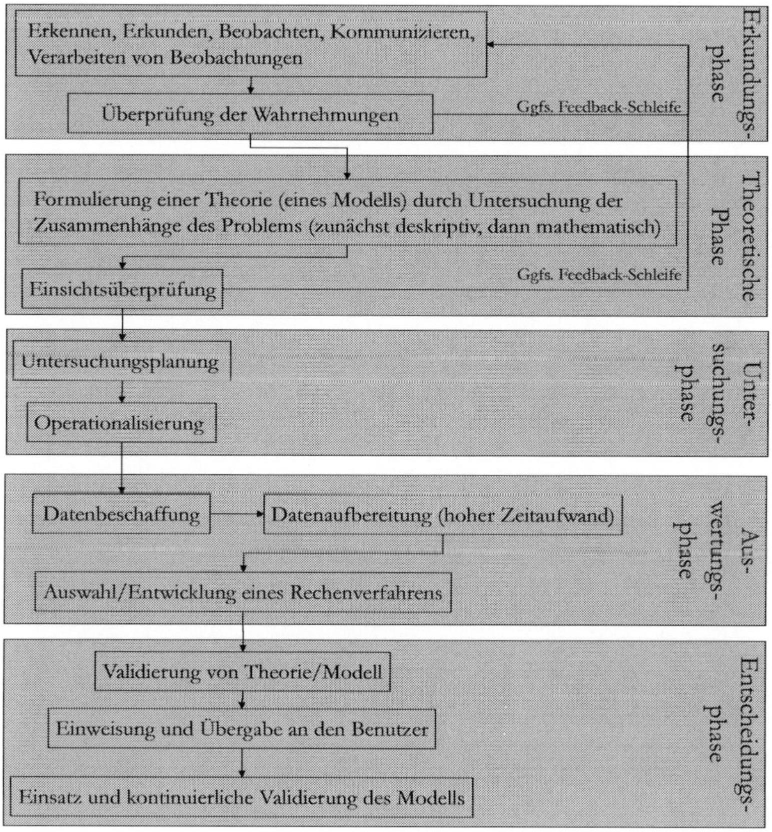

Abb. 1.3 Phasen empirischer Forschung

des Wortes Theorie leitet sich vom griechischen Wort *theorema* ab, welches mit *anschauen, betrachten, untersuchen* übersetzt werden kann. Theorie ist somit die Erkenntnis von Systemen, die zunächst eine spekulative Annäherung an einen Sachverhalt darstellt (Crow 2005, S. 14). Bereits hieraus lässt sich also schließen, dass die Aufstellung einer Theorie auf der Beobachtung und Verknüpfung von Einzelereignissen beruht, die ohne Überprüfung nicht als allgemeingültig gelten kann. Eine *erfahrungswissenschaftliche Theorie* verknüpft die Einzelereignisse der Realität, sodass bei bestimmten Anwendungsbedingungen von Tatbeständen auf Ursachen geschlossen werden kann. Kern einer jeden Theorie ist somit die Aufstellung eines einheitlichen Begriffsapparates – oder auch sprachlichen Systems – aus dem sich *gesetzmäßige Ursache-Wirkungsbeziehungen* ableiten lassen. Für unser Zahnpasta-Beispiel bedeutet dies, dass der Forscher sich zunächst einmal Gedanken darüber zu machen hat, welche Ursachen (Faktoren) auf den Absatz seines Produktes wirken. „Aus dem Bauch" fallen dem Forscher sicherlich die wichtigsten Ursachen ein: der Preis des eigenen Produktes, der Preis der Konkurrenzprodukte, Werbemaßnahmen der Eigen- und Fremdprodukte, die Marktsegmentierung hin zu Spezialzahnpasta (Zahnweiß, empfindliche Zähne etc.).

Neben diesen Aspekten spielen in der Regel auch Ursachen eine Rolle, die dem Nichtkenner einer Branche verborgen bleiben. In Abb. 1.3 sind sowohl in der Erkundungsphase als auch in der Phase der Theoriebildung *Feedback-Schleifen* eingefügt, in denen eigene Wahrnehmungen und Einsichten von einem selbst oder von Dritten überprüft werden sollten. Eine quantitative Studie erfordert deshalb immer auch ein Höchstmaß an *kommunikativer Kompetenz*. Kontaktaufnahme zu den Branchenkennern – wie z. B. Produktmanagern –, die dem Forscher auch zunächst verborgene Ereignisse und Einflüsse erklären können, gehört deshalb zur Aufgabe einer jeden ordentlichen quantitativen Studie. Dies gilt selbstverständlich auch für Studien aus anderen Funktionsbereichen des Unternehmens: In der Beschaffungsforschung sind Einkäufer zu fragen, in der Produktionsforschung die Ingenieure und Meister, in der Finanzmarktforschung die Analysten des Bereiches, etc. Diese Kommunikation verbessert nicht nur das Verständnis des Zusammenspiels von Ursachen und Wirkung für den Forscher, sondern sie verhindert letztlich auch die Pein, in der Endpräsentation von diesen Personen erst auf wichtige fehlende Einflüsse hingewiesen werden zu müssen.

1.4.2 Von der Theorie zum Modell

Nachdem die theoretischen Zusammenhänge festgestellt worden sind, beginnt die Modellbildung. Nicht selten werden die Begriffe Theorie und Modell synonym verwendet, obwohl sich der Begriff Theorie streng genommen auf die Beschreibung der Realität mit Hilfe der Sprache bezieht. Fasst man mathematische Formalisierung auch als Sprache mit eigener Grammatik und Semiotik auf, so könnte eine Theorie auch mathematisch formal gebildet werden. In der Praxis verwendet man an dieser Stelle aber eher den Begriff des Modells, bei dem Theorien auf bestimmte Tatbestände angewendet werden.

Man bedient sich des Kunstgriffs des Modells, um durch Kombination verschiedenster theoretischer Überlegungen zu einer näherungsweisen Vorstellung von der Wirklichkeit zu kommen. Durch *Abstraktion* und *Vereinfachung* wird versucht, das Realproblem möglichst strukturgleich als Formalproblem in einem *Modell* abzubilden. Unter Struktur wird dabei die relevante Gesamtheit der Eigenschaften und Relationen des Ausschnitts aus der Wirklichkeit verstanden. Schematisch scheint die Bewältigung der betriebs- und volkswirtschaftlichen Komplexität damit gelöst: Man hat lediglich alle Daten bezüglich eines Untersuchungsobjektes zu sammeln, diese statistisch auszuwerten und adäquat zu kommunizieren, um eine rationale Entscheidung zum Wohle des Betriebes oder der Volkswirtschaft fällen zu können. In der Praxis kommt man allerdings ziemlich schnell zu dem Schluss, dass eine detaillierte umfassende Beschreibung der (betrieblichen) Wirklichkeit und damit auch des Entscheidungsprozesses mit all ihren Ursachen und Wirkungszusammenhängen kaum möglich ist. Die (betriebliche) Realität ist viel zu komplex, als dass wir sie in ihrer Fülle in allen Einzelheiten erfassen könnten. Völlig strukturgleich – oder wie man es auch nennt: *isomorph* – kann die Abbildung der Wirklichkeit niemals sein. Diese Aufgabe kann kein Modell erfüllen, sodass Modelle in aller Regel reduziert – oder auch: *homomorph* – sind.

Die Realitätsnähe eines Modells – und damit der Prozess der zunehmenden *Modellverfeinerung* – hat also Grenzen. Sie liegen dort, wo das Modell seine Durchschaubarkeit verliert. Das Modell muss handhabbar bleiben und es müssen mithin die für den jeweiligen Erkenntniszweck wesentlichen Eigenschaften und Relationen des Problems wiedergegeben werden. Modelle sind also durch Abstraktion gewonnene gedankliche Hilfsmittel zur übersichtlichen Darstellung von unanschaulichen Objekten und komplexen Vorgängen (Bonhoeffer 1948, S. 3 ff.). Das Modell ist lediglich eine *Approximation der Wirklichkeit* bzw. eine *Komplexitätsreduktion*. Für die Darstellung der Teilzusammenhänge stehen verschiedene Formen und Mittel der Abbildung zur Verfügung: Die anschaulichste Form stellt das *physische* oder *ikonische* Modell dar. Beispiele sind körperliche Nachbildungen (Holz-, Plastik- oder Gipsmodell eines Baukörpers oder Stadtteils), Landkarten bzw. Konstruktionszeichnungen. Innerhalb der Wirtschaftswissenschaften haben physische Modelle praktisch keine Bedeutung erlangt. Das spezifisch *Wirtschaftliche* ist rein geistiger Natur und schon deshalb nicht physisch abbildbar.

Die *symbolischen (sprachlichen) Modelle* sind für die Wirtschaftswissenschaft besonders wichtig. Mit Hilfe einer Sprache, mit ihrem System symbolischer Zeichen und dem zugehörigen System syntaktischer und semantischer Regeln wird die Struktur des zu untersuchenden Tatbestandes approximiert und in ihrer Problematik untersucht. Dient als Sprache die übliche Alltagssprache oder eine daraus entwickelte Fachsprache, so handelt es sich um ein *verbales Modell* oder um eine *Theorie*. Zunächst besteht ein verbales Modell also aus einer Ansammlung symbolischer Zeichen und Wörter. Aus diesen ergibt sich nicht sofort ein Sinn, wie beispielsweise an der Wortfolge „Weiß wohnt in Hamburg meine Oma Hund" zu erkennen ist. Die Ergänzung einer fehlenden syntaktischen Gliederung in Subjekt, Prädikat und Objekt in „Meine Oma ist weiß und ihr Hund wohnt in Hamburg" würde den Satz zwar verständlich aber nicht sinnvoll machen. Erst die Berücksichtigung

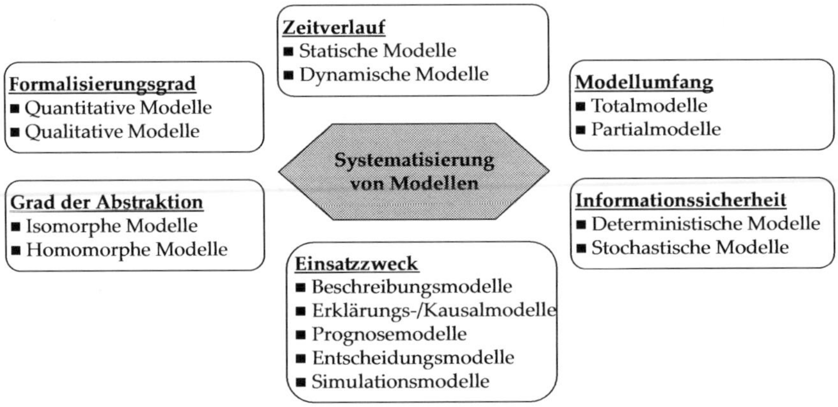

Abb. 1.4 Systematisierung von Modellen

der Semantik bzw. die Verknüpfung der Inhalte mit der entsprechenden Wortbedeutung verleiht dem verbalen Modell „Meine Oma wohnt in Hamburg und ihr Hund ist weiß" einen Sinn.

Gleiches gilt für künstliche Sprachen, wie logische und mathematische Systeme, die auch Kalküle oder *Symbolmodelle* genannt werden. Auch diese benötigen Zeichenfolgen (Variablen) sowie deren syntaktische und semantische Gliederung in Gleichungssystemen. Auf unser Zahnpasta Beispiel bezogen könnte ein mögliches verbales Modell bzw. eine Theorie lauten:

- Der Absatz der Zahnpasta hängt negativ von der Höhe des Preises und positiv von den eigenen Werbeausgaben der jeweiligen Periode (z. B. Kalenderwoche) ab.
- Das analoge formale Symbolmodell sähe so aus: $y_i = f(p_i, w_i) = \alpha_1 \cdot p_i + \alpha_2 \cdot w_i + \beta$. p: Preis zum Zeitpunkt i; w_i: Werbeausgaben zum Zeitpunkt i; α sind die entsprechenden Wirkungsgrade; β ist eine mögliche Konstante.

Bei beiden Modellarten handelt es sich um homomorphe *Partialmodelle*, da nur ein gewisser Teilausschnitt des unternehmerischen Handelns – hier Absatz eines Produktes – untersucht wird. Es war beispielsweise nicht von Interesse, auch die Beschäftigtenentwicklung und andere Größen mit zu berechnen. Dies würde man von *Totalmodellen* hingegen verlangen, was in den meisten Fällen aufgrund der damit verbundenen Komplexität aufwändig und auch sehr kostenintensiv ist. Vornehmlich in Wirtschaftsforschungsinstituten versucht man mit Totalmodellen zu arbeiten.

Bei den Verfahren der Statistik sind es die stochastischen, homomorphen Partialmodelle, die – zum Leidwesen vieler Studierender – Anwendung finden. Was bedeutet eigentlich der Begriff *stochastisch*? Nun, zunächst offenbart uns der Fremdwörterduden die Stochastik als das Teilgebiet der Statistik, das sich mit der Analyse *zufallsabhängiger Ereignisse* befasst und welches wir oben bereits als Induktive Statistik kennen gelernt haben. Mit

Abb. 1.5 Was heißt schon sicher? (Swoboda 1971, S. 31)

dem Begriff des *Zufalls* müssen wir uns immer dann beschäftigen, wenn wir über das Eintreten bestimmter Ereignisse keine vollständige Kenntnis haben, die Ereignisse also nicht *deterministisch* sind. Über die Zukunft lassen sich beispielsweise genauso wenig sichere Aussagen treffen wie über eine Grundgesamtheit, die wir durch eine Stichprobe nur zum Teil erfragen konnten. Als sicher kann bestenfalls – und das auch nicht immer – die Vergangenheit gelten. Am bemitleidenswerten Verehrer in Abb. 1.5 zeigen sich die alltagssprachlich bedingten Missverständnisse der Begriffe *Gewissheit und Sicherheit*.

Die Betriebs- und Volkswirtschaftslehre können sich nicht mit der Erkenntnis zufrieden geben, dass alles im Leben nun mal unsicher sei und man damit zu leben habe. Vielmehr wird im Rahmen der Induktiven Statistik bzw. der Stochastik der Versuch unternommen, den Grad der Sicherheit des Eintretens eines bestimmten Ereignisses zu schätzen. Zwar wäre obigem Verehrer wenig geholfen, wenn die Auserwählte ihr Kommen mit einer 95-prozentigen Wahrscheinlichkeit (also höchstwahrscheinlich) angegeben hätte. Es käme aber deutlich zum Ausdruck, dass das im Alltag verwendete *ja* und *nein*, *ganz sicher* oder *bestimmt nicht* immer mit einem gewissen Zweifel belegt ist. Diesen Zweifel oder diese Unsicherheit der Statistik anzulasten wäre insofern ungerechtfertigt, als die Statistik eben versucht, das Ausmaß von Sicherheit und Unsicherheit zu quantifizieren und nicht über die Zufälle, das Eintreten des Unwahrscheinlichen und die Überraschungen des Lebens hinweg zu sehen (Swoboda 1971, S. 30).

Ein anderer wichtiger Gliederungsgesichtspunkt ist der *Einsatzzweck* eines Modells. So kann unterschieden werden zwischen:

- Beschreibungsmodell,
- Erklärungsmodell/Prognosemodell,
- Entscheidungsmodell/Optimierungsmodell,
- Simulationsmodell.

Welchen Einsatzzweck ein Modell erfüllen muss, hängt dabei letztlich von der Fragestellung selbst bzw. deren Komplexität ab.

Ein *Beschreibungsmodell* versucht zunächst nichts anderes als die Realität durch ein Modell zu beschreiben. Allgemeingültige Hypothesen über Wirkungszusammenhänge im realen System enthält es hingegen nicht. So ist eine Bilanz oder eine Gewinn- und Verlustrechnung eines Unternehmens nichts anderes als der Versuch, die finanzielle Situation eines Unternehmens modellhaft darzustellen. Annahmen über Wirkungszusammenhänge zwischen einzelnen Bilanzpositionen werden dabei nicht aufgestellt oder überprüft.

In *Erklärungsmodellen* werden dagegen zunächst theoretische (hypothetische) Annahmen über Wirkungszusammenhänge aufgestellt und mit Hilfe empirischen Datenmaterials überprüft. So lassen sich auf quantitativer Basis Gesetzmäßigkeiten innerhalb des betrieblichen Geschehens aufdecken und zum Teil auf die Zukunft übertragen. Im letzteren Fall – also auf die Zukunft gerichteter Aussagen – spricht man von *Prognosemodellen*, die deshalb auch zur Gruppe der Erklärungsmodelle gezählt werden (Domschke und Drexl 2011, S. 1 ff.). Auf unser Zahnpasta Beispiel bezogen, stellt die Ermittlung der Erhöhung des Absatzes um beispielsweise 10.000 Tuben bei einer Preissenkung von 10 €-Cent ein Erklärungsmodell dar. Von einem Prognosemodell würde man sprechen, wenn durch eine in *dieser* Kalenderwoche (zum Zeitpunkt t) durchgeführte Erhöhung des Preises um 10 €-Cent eine Verringerung des Absatzes in der *nächsten* Kalenderwoche (also zum Zeitpunkt t + 1) um 8500 Einheiten prognostiziert werden könnte.

Unter *Entscheidungsmodellen* (Optimierungsmodellen) versteht Grochla (1969, S. 382) „auf die Ableitung von Handlungsmaßnahmen gerichtete Satzsysteme“. Charakteristisch für Entscheidungsmodelle ist die Generierung von optimalen Entscheidungen. Grundlage ist in der Regel die Existenz einer mathematischen Zielfunktion, die der Anwender des Modells unter Einhaltung bestimmter mathematischer Nebenbedingungen optimieren möchte. Derartige Modelle finden vornehmlich im Operations Research und weniger in der statistischen Datenanalyse Anwendung (vgl. z. B. Runzheimer et al. 2005).

In *Simulationsmodellen* werden Abläufe und Vorgänge – z. B. in einem Produktionssystem – nachgespielt. Der Computer mit seinem Zufallszahlengenerator eröffnet dabei die Möglichkeit, deren Abhängigkeit von stochastischen Einflussfaktoren (z. B. schwankende Ankunfts- oder Abfertigungsraten) offen zu legen. Aber auch Rollenspiele bei Führungsseminaren oder die Familienaufstellung der Psychologen können als Simulationen gelten.

1.4.3 Vom Modell zur „Business Intelligence"

Mit Hilfe statistischer Verfahren können selbst schwierigste Sachverhalte in ebenso komplexen statistischen Methoden verarbeitet werden. Diese Methoden gehen zum Teil weit über die in diesem Lehrbuch gezeigten Verfahren hinaus. Begnadet ist der Wissenschaftler und auch Praktiker, der diese Verfahren beherrscht. Allerdings kennt auch jeder die folgende oder eine ähnliche Situation: Ein engagierter, aber etwas vergeistigter Professor versucht einer Gruppe von Praktikern die Vorzüge des *Heckman Selection Model* mit Hilfe des dazugehörigen Artikels (siehe Heckman 1976) zu erklären. Die meisten Zuhö-

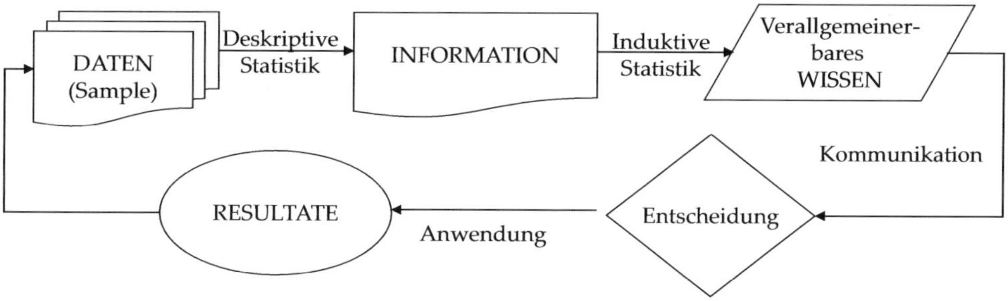

Abb. 1.6 Intelligence Cycle (Eigene Darstellung in Anlehnung an Harkleroad 1996, S. 45.)

rer werden in den ersten Minuten (Sekunden?) noch folgen können, daran schließt sich eine gewisse Unsicherheit darüber an, ob man denn der Einzige sei, der gerade nichts versteht. Ein Blick in die Runde verrät: Man ist es nicht und man beginnt, sich mit anderen (vielleicht wichtigeren) Dingen zu beschäftigen. Nach Beendigung des Vortrags wird dem Professor für seine gute Darstellung gedankt, Einfluss auf die Entscheidung haben seine Ergebnisse aber nicht.

Gott sei Dank kennen wir auch den Vortrag, der auf technische Details verzichtet oder auf diese nur verweist und stattdessen versucht, die gewonnenen Ergebnisse für den „Normalsterblichen" verständlich zu erklären. Aufgabe einer ordentlichen Datenanalyse ist nämlich nicht nur die Analyse selbst, sondern auch die entsprechende, für die Zielgruppe verständliche Kommunikation der Ergebnisse. Nur die von Entscheidungsträgern verstandenen und damit auch akzeptierten Resultate können letztlich Entscheidungen und die zukünftige Realität beeinflussen. Analysen und Resultate müssen deshalb zielorientiert sein, die Informationsbedürfnisse des Managements erfüllen (auch wenn diese nicht unbedingt bekannt sind) und frühaufklärend wirken.

Diese der Modellbildung, der Untersuchungs- und der Auswertungsphase nachgelagerten Aufgaben eines Methodikers sollten somit ebenfalls integraler Bestandteil einer sorgfältig ausgearbeiteten Studie sein. In der betriebswirtschaftlichen Literatur werden diese nachgelagerten Prozesse der Modellbildung durch den sogenannten *Intelligence Cycle* dargestellt (Kunze 2000, S. 70 ff.), der die wichtigsten Stufen, die aus einer statistischen Datenanalyse für den Prozess der Entscheidungsfindung entstehen, schematisch zusammenfasst. Der Intelligence Cycle wird dabei als „the process by which raw information is acquired, gathered, transmitted, evaluated, analysed and made available as finished intelligence for policymakers to use in decision-making and action" (Kunze 2000, S. 70) beschrieben. Er ist somit „[...] an analytical process that transforms disaggregated [...] data into actionable strategic knowledge [...]" (Bernhardt 1994, S. 12).

In den folgenden Abschnitten dieses Buches sollen nun die einzelnen Maßnahmen der Untersuchungs- und Auswertungsphase (vgl. Abb. 1.3) dargestellt werden, in denen die Rohdaten (Rohinformationen) erhoben und diese – in Analogie zum Intelligence Cycle – durch deskriptive Auswertungsmethoden zur strategisch wichtigen Information verarbeitet werden können.

Literatur

Bernhardt DC (1994) I want it fast, factual, actionable – Tailoring Competitive Intelligence to Executives' Needs. Long Range Planning 27(1):12–24

Bonhoeffer KF (1948) Über physikalisch-chemische Modelle von Lebensvorgängen. Akademie-Verlag, Berlin

Crow D (2005) Zeichen. Eine Einführung in die Semiotik für Grafikdesigner. Stiebner, München

Domschke W, Drexl A (2011) Einführung in Operations Research, 8. Aufl. Springer, Berlin und Heidelberg

Grochla E (1969) Modelle als Instrumente der Unternehmensführung. Zeitschrift für betriebswirtschaftliche Forschung (ZfbF) 21:382–397

Harkleroad D (1996) Actionable Competitive Intelligence. In: Society of Competitive Intelligence Professionals (Ed.), Annual International Conference & Exhibit Conference Proceedings, Alexandria, S 43–52

Heckman J (1976) The common structure of statistical models of truncation, sample selection, and limited dependent variables and a simple estimator for such models. The Annals of Economic and Social Measurement 5(4):475–492

Krämer W (2005) So lügt man mit Statistik, 7. Aufl. Piper, München, Zürich

Kunze CW (2000) Competitive Intelligence. Ein ressourcenorientierter Ansatz strategischer Frühaufklärung. Shaker, Aachen

Runzheimer B, Cleff T, Schäfer W (2005) Operations Research 1: Lineare Planungsrechnung und Netzplantechnik, 8. Aufl. Gabler, Wiesbaden

Statistisches Bundesamt (2013) Statistisches Jahrbuch. Deutschland und Internationales. Statistisches Bundesamt, Wiesbaden

Swoboda H (1971) Exakte Geheimnisse: Knauers Buch der modernen Statistik. Knauer, München, Zürich

2 Vom Zahlenwust zum Datensatz

2.1 Möglichkeiten der Datenbeschaffung

Beginnen wir mit dem ersten Schritt des Intelligence Cycle, der Datengewinnung: In vielen Unternehmen liegen wichtige Daten häufig bereits vor. So werden Absatz- und Verbrauchszahlen erfasst, aber leider in den wenigsten Fällen auch systematisch und zentral gesammelt, sodass eine Auswertung unter Zugriff auf eine zentrale Datenbank nur selten möglich ist. Die Aufgabe, die ein Statistiker somit zunächst zu erfüllen hat, ist die „Bergung dieser Schätze" im Unternehmen. Auch hier ist nicht selten kommunikative Kompetenz gefragt, um Mitarbeiter davon zu überzeugen, das „Eigentum" der Daten – die Leistungen und vielleicht auch Fehlleistungen offenbaren könnten – für eine systematische Auswertung freizugeben.

Selbst wenn ein Unternehmen den strategischen Entschluss getroffen hat, bestimmte Daten systematisch zu sammeln, heißt das noch lange nicht, dass sofort mit der Auswertung begonnen werden kann. Wer darf die Daten auswerten, wer ist dazu überhaupt in der Lage, wer hat die Zeit dazu? Diese Fragen begegnen einem in der Praxis immer wieder. So entstehen im Rahmen der Sammlung von Einkaufsdaten durch Kundenkarten (*engl.*: fidelity cards) außergewöhnlich große Datensätze, deren Verwaltung nicht selten die Arbeit einer ganzen Abteilung in Anspruch nimmt, ohne dass eine systematische Auswertung durchgeführt werden kann.

Neben den Daten, die den Unternehmen aufgrund eigener Datensammlung zur Verfügung stehen, existieren viele *öffentlich zugänglichen Datenb*anken: Unter den Anbietern finden sich private Dienstleistungsunternehmen wie AC-Nielsen, die Gesellschaft für Konsumforschung (GFK) etc., die ihre Datenreihen in der Regel kostenpflichtig zur Verfügung stellen. Aber auch bei Forschungsinstituten, statistischen Landes- und Bundesämtern sowie im internationalen Bereich bei Eurostat, bei der OECD, der Weltbank etc. sind Daten verfügbar, aus denen sich z. T. lehrreiche Schlüsse für unternehmerisches Handeln ziehen lassen. Interessante Links sind in Tab. 2.1, 2.2 und 2.3 zusammengestellt:

T. Cleff, *Deskriptive Statistik und Explorative Datenanalyse*,
DOI 10.1007/978-3-8349-4748-2_2

Tab. 2.1 Amtliche Statistiken nationaler Institutionen

Statistisches Bundesamt	www.stabu.de	Detaillierte Zeitreihen (z. T. Monatsbasis)
	Statistisches Jahrbuch	Jährliche Informationen über die Bundesrepublik, z. T. auch internationale Daten
	Fachserien	Unregelmäßige detailliertere Fachinformationen über Teilbranchen/Teilregionen
Statistische Landesämter	Statistische Berichte	Regionale Daten
Bundesbank	www.bundesbank.de	Berichte zu Kapital-, Wertpapiermärkten, Zahlungsbilanzen, Banken, Währungen
Bundesregierung	Homepage von Ministerien	Jahreswirtschaftsbericht, Finanzbericht etc. unterschiedlicher Ministerien (z. B. BMWi oder BFA)

Tab. 2.2 Nichtamtliche Statistiken nationaler Institutionen

Forschungsinstitute	www.bundes-regierung.de	Halbjahresgutachten: Informationen zur Gesamtwirtschaft
Sachverständigenrat	www.sachver-staendigenrat-wirtschaft.de	Jahresgutachten mit nationalen und internationalen makroökonomischen Daten
Ifo Institut	www.ifo.de	Ifo Spiegel der Wirtschaft, Konjunkturtest, Investitionstest (Panel seit 1949)
DIW Berlin	www.diw.de	DIW Wochenberichte: Aktuelle Daten und Prognosen; SOEP Haushaltspanel
ZEW Mannheim	www.zew.de	Finanzmarkttest; Innovationspanel
Verbandsstatistiken	Homepage/Publikationen	Fachverbände stellen Daten zur Verfügung z. B. VCI, VDMA, VDA etc.
GFK Nürnberg	www.gfk.de	Handelspanel, TV-Panel, GFK ConsumerScan, GFK ConsumerScope, Konsumindex etc.
AC Nielsen	www.acnielsen.de	Handelspanel, Haushaltspanel

Tab. 2.3 Statistiken internationaler Institutionen

Nationale Statistikämter	www.destatis.de/allg/d/sitemap/sitemap7.htm	Siehe Linkservice International unter www.stabu.de
Eurostat	www.europa.eu.int/comm/eurostat/	Informationen in der Gesamtdarstellung sowie Länder- und Branchenberichte
OECD	www.oecd.org	Länderdaten über Wirtschaft, Arbeitsmarkt, Gesundheit, Handel, Entwicklung, etc.
Weltbank	www.worldbank.org	Länderdaten über Kapital- und Finanzmärkte
UN	www.un.org	Politikdaten, Wirtschaftsdaten
ILO	www.ilo.org	Arbeitsmarktdaten
IMF (IWF)	www.imf.org	Finanzmärkte, Währungsstabilität, Entwicklungsberichte
Internationale Verbände	Homepage/Publikationen	Branchendaten

Am Beispiel des Ifo-Tests wollen wir die für betriebswirtschaftliche Entscheidungen wichtigen Erkenntnisgewinne einmal genauer betrachten. Stellen wir uns hierzu die Abteilung Einkauf/Lagerhaltung eines Unternehmens zur Herstellung von Vorprodukten aus dem Maschinenbau vor. Um Lagerungs-, Fehlmengen-, Bestell- und Produktionskosten im Unternehmen optimieren zu können, muss die stochastische Nachfrage nach Roh-, Hilfs- und Betriebsstoffen – also Warenabflüsse aus dem Eingangslager – im Hinblick auf die optimale Bestellmenge und den optimalen Bestellzeitpunkt für das Eingangslager prognostiziert werden. Sicher könnte man an dieser Stelle die eigene Vertriebsabteilung nach den künftigen Auftragseingängen befragen, denn hieraus ließen sich die künftige Produktion und der künftige Materialbedarf abschätzen. Erfahrungsgemäß geben Vertriebsabteilungen aus dem Interesse der Sicherstellung der eigenen Lieferfähigkeit die künftigen Verkäufe immer weit überschätzt an. Deshalb entscheidet sich die Abteilung für die Nutzung der im IFO-Konjunkturtest erhältlichen Informationen:[1] Im einfachsten Fall könnte die Abteilung aus einer der monatlich erhobenen Informationen *über die Geschäftslage der Abnehmerindustrie für die nächsten 6 Monate* eine sicherlich valide Prognose erstellen. Schätzt die Abnehmerindustrie die Geschäftslage in den nächsten sechs Monaten nämlich rückläufig ein, wird auch der Absatz unseres Zulieferunternehmens in der nächsten Zeit zurückgehen und vice versa. Ohne eine eigene Befragung lassen sich somit aus öffentlich zugänglichen Quellen Bestellmengen-Entscheidungen treffen.[2]

Die Daten können in unterschiedlichen Aggregationszuständen vorliegen. Sie beziehen sich dabei fast nie auf ein einzelnes Unternehmen oder eine einzelne Person, sondern immer auf das Aggregat bestimmter Unternehmenskategorien oder Personengruppen. So finden sich in den Auswertungen des ZEW Innovationspanel niemals Informationen über das Innovationsverhalten eines einzelnen Unternehmens, aber Angaben über die durchschnittlichen F&E Ausgaben bzw. die Innovationsintensität (Innovationsausgaben/Umsatz) von Chemieunternehmen in der Größenklasse zwischen 20 und 49 Mitarbeitern. Diese Informationen ermöglichen dem Einzelunternehmen allerdings ein Benchmarking mit den eigenen Kennziffern. Auch beim GFK Haushaltspanel geht es nicht um die Kaufaktivitäten einzelner Personen, sondern immer um die Betrachtung von Haushalten. Selbst Daten von individuellen Kundenkarten lassen realistischerweise nicht auf Einzelpersonen rückschließen, denn es bleibt unklar, ob der Ehemann bei seinem Einkauf nicht doch die Kundenkarte seiner Ehefrau genutzt hat. Sachlich würde man auch hier von einer Haushaltsbetrachtung ausgehen.

Um an Informationen über eine Einzelperson bzw. ein Einzelunternehmen zu kommen, muss man auf eine eigene *Befragung* (*engl.*: survey) zurückgreifen. Diese ist in der Regel

---

[1] Aus einer monatlichen Befragung geben rund 7000 Unternehmen des Verarbeitenden Gewerbes, des Bauhauptgewerbes, des Großhandels und des Einzelhandels Auskunft über die derzeitige Geschäftslage, die inländische Produktionstätigkeit, den Bestand an Fertigwaren, die Nachfragesituation, die Inlandsverkaufspreise und den Auftragsbestand im Vergleich zum Vormonat, die Auslandsaufträge, das Exportgeschäft, die Entwicklung der Beschäftigtenzahl und die Verkaufspreise für die nächsten 3 Monate sowie die Geschäftslage für die nächsten 6 Monate.

[2] Vergleiche hierzu besonders die in Kap. 5 beschriebene Methode.

die kostenintensivste Form der Datenbeschaffung, erlaubt es auf der anderen Seite aber, die genauen Fragestellungen der Untersuchung selbst spezifizieren zu können. Die Befragung kann – abhängig vom jeweiligen Thema – mündlich oder schriftlich durchgeführt werden. Neben die traditionellen Papierfragebögen treten dabei immer häufiger Telefon- und Internetbefragungen.

2.2 Die Entscheidung für ein Skalenniveau

Es ginge in diesem Lehrbuch über die Aufgabe eines Statistikbuches hinaus, alle Regeln der richtigen Konstruktion von Fragebögen zu behandeln. Hier sei auf die dafür einschlägige Literatur verwiesen (vgl. z. B. Bühner 2010). Deshalb werden wir uns an dieser Stelle auf die Grundlagen beschränken, die für die Entscheidung für oder gegen eine bestimmte quantitative Auswertungsmethodik von Bedeutung sind.

Hierzu wollen wir zunächst ein Beispiel betrachten: Stellen Sie sich vor, Sie seien Besitzer eines Einzelhandels in einer Kleinstadt. Einige Kunden sind an Sie herangetreten, weil sie eine Erhöhung der Auswahlvielfalt der angebotenen Margarine- bzw. Buttersorten wünschen. Da Ihnen allerdings nur begrenzt Ausstellungs- und Lagerraum zur Verfügung steht, möchten Sie wissen, ob die Meinung der Anfragenden *repräsentativ* für alle Kunden ist. Sie beauftragen eine Gruppe von Studierenden mit der Durchführung einer kleinen schriftlichen Kundenbefragung unter Verwendung des Fragebogens in Abb. 2.1.

Die Studierenden beginnen sofort mit ihrer Arbeit und nach einer Woche haben sie 850 Kunden befragt. Jede der befragten Personen ist dabei ein sog. *Merkmalsträger*, der die (den Auftraggeber) interessierenden *Merkmale* besitzt. So ist darunter auch der Merkmalsträger Herr Hinz mit den *Merkmalsausprägungen männlich*, *67 Jahre*, *74 kg*, *Margarine* und *mittelmäßig* für die Merkmale Geschlecht, Alter, Körpergewicht, Brotaufstrich und Wahrnehmung der Angebotsvielfalt. Vor jeder Befragung muss also definiert werden,

Geschlecht: □ männlich □ weiblich

Alter: ________ Jahre

Körpergewicht: ________ kg

Welchen Brotaufstrich verwenden Sie? *(Nur eine Antwort möglich)*

□ Butter □ Margarine □ Sonstiges

Wie empfinden Sie die Angebotsvielfalt des von Ihnen bevorzugten Brotaufstriches in unserem Geschäft auf einer Skala von 1 (= sehr schlecht) bis 5 (=sehr gut)?

sehr schlecht	□ 1	□ 2	□ 3	□ 4	□ 5	sehr gut

Abb. 2.1 Fragebogen Kundenbefragung Einzelhandel

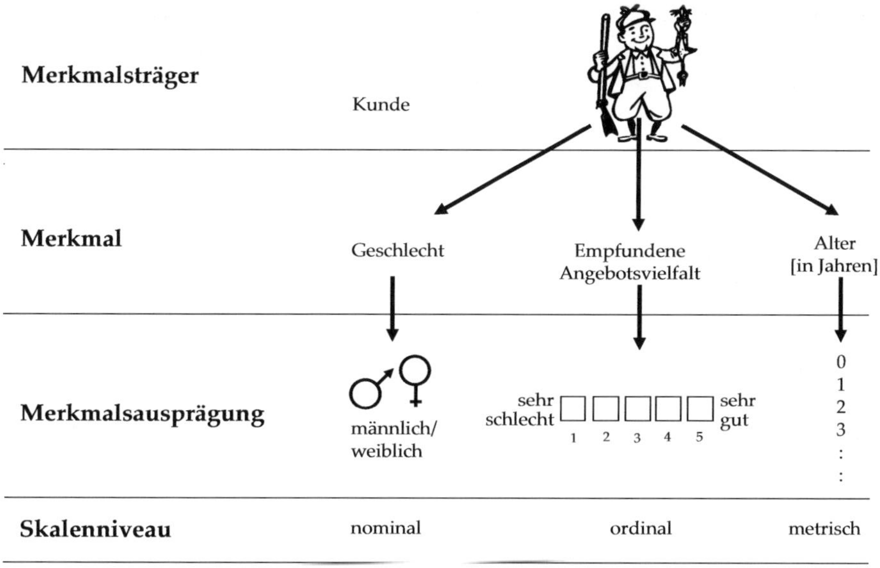

Abb. 2.2 Merkmalsträger/Merkmale/Merkmalsausprägung/Skalenniveau

welche Merkmalsträger von Interesse sind, welche Personen befragt werden sollen. Danach müssen die interessierenden Merkmale (Fragen) und deren Merkmalsausprägungen festgelegt werden.

Verallgemeinernd kann man sagen, dass es sich bei Merkmalsträgern um die Subjekte oder Objekte der Untersuchung handelt, die sich hinsichtlich ihrer Merkmalsausprägungen für bestimmte Merkmale unterscheiden. Die in Abb. 2.2 dargestellten Merkmale Geschlecht, Angebotsvielfalt und Alter stellen dabei beispielhaft die *drei existierenden Skalenniveaus* in der quantitativen Datenanalyse dar: Nominalskalen, Ordinalskalen und metrische Skalen.

Die niedrigste Form der Skala ist die *Nominalskala*. Den einzelnen Merkmalsausprägungen werden dabei Zahlen zugeordnet, wie z. B. $x_i = 1$ für *männlich* oder eine $x_i = 2$ für *weiblich*. Diese Zahlen dienen aber ausschließlich dazu, die einzelnen Untersuchungsobjekte der jeweiligen Gruppe zuzuordnen (z. B. der Gruppe der männlichen Befragten) und sie von anderen Gruppen (z. B. der Gruppe der weiblichen Befragten) unterscheidbar zu machen. Jedes Untersuchungsobjekt kann dabei nur einer Gruppe zugeordnet werden und alle Untersuchungsobjekte mit der gleichen Merkmalsausprägung erhalten die gleiche Zahl. Da die zugeordneten Zahlen somit nichts anderes als Gruppenbezeichnungen sind, kann es kein sinnvolles *größer/kleiner*, *weniger/mehr* oder *besser/schlechter* geben. Lediglich die Unterscheidung *Zugehörigkeit* oder *Keine Zugehörigkeit* zu einer Gruppe kann getroffen werden ($x_i = x_j$ versus $x_i \neq x_j$). Bezüglich des Merkmals Geschlecht bedeutet dies, dass eine *Eins* für die Ausprägung männlich nicht besser oder schlechter ist als eine *Zwei* für weiblich, sondern lediglich den Datensatz hinsichtlich männlicher und weiblicher Befragter segmentiert. Auch für die nominalen Merkmale Beruf (z. B. 1 = Metzger; 2 = Bäcker; 3 = Schornsteinfeger), Nationalität, Studiengangzugehörigkeit, etc. sind keine Bildungen von Rangfolgen möglich.

Dies führt über zum nächst höheren Skalenniveau, der sog. *Ordinalskala*. Bei dieser werden den einzelnen Merkmalsausprägungen ebenfalls Zahlen zugeordnet, diese stellen nun aber eine Rangfolge dar. Typische Beispiele hierfür sind Fragen eines Fragebogens, die Antworten auf einer Skala von 1 bis X vorsehen, wie beispielsweise das obige Merkmal der Wahrnehmung der Angebotsvielfalt, welches auf einer Skala von eins bis fünf gemessen wird. Dies ermöglicht dem Forscher die Feststellung der Intensität einer Merkmalsausprägung eines Untersuchungsobjektes im Vergleich zu anderen. Haben Frau Koslowski und Frau Neumüller bei der Angabe zur Angebotsvielfalt das Kästchen drei angekreuzt, so kann davon ausgegangen werden, dass beide die gleiche Wahrnehmung bezüglich der Angebotsvielfalt haben. Wie bei der nominalen Skala erhalten Untersuchungsobjekte mit gleichen Ausprägungen auch den gleichen Wert zugeordnet. Kreuzt Herr Martin das Kästchen vier an, so bedeutet dies nicht nur, dass er eine andere Wahrnehmung als die Damen Koslowski und Neumüller hat, sondern auch, dass er die Angebotsvielfalt als besser einschätzt. Ein ordinales Skalenniveau erlaubt also eine Rangbildung und somit ein sinnvolles *größer/kleiner*, *weniger/mehr* oder *besser/schlechter* ($x_i = x_j$; $x_i > x_j$; $x_i < x_j$).

Was hingegen nicht gesagt werden kann ist, wie groß der Abstand zwischen diesen beiden Rangplätzen drei und vier ist. Mehr noch, es kann streng genommen nicht einmal davon ausgegangen werden, dass der Abstand zwischen dem ersten und dem zweiten Rang genau so groß ist, wie der zwischen anderen benachbarten Rangplätzen. Dies wird an Platzierungen bei sportlichen Wettkämpfen, einem weiteren Beispiel für eine ordinale Skalierung, deutlich: Hierbei müssen zwischen zwei Rangplätzen nicht zwangsläufig gleiche Leistungsabstände liegen. So kann in einem Schwimmwettbewerb zwischen dem ersten und zweiten Rang eine 1000-stel Sekunde liegen, während der dritte erst zwei Sekunden später ins Ziel gekommen ist. Dennoch liegt zwischen allen nur ein Rangplatz.

Die höchste Form der Skalierung stellt die *metrische* oder *kardinale Skalierung* dar. Sie enthält nicht nur die Informationen ordinaler Skalen mit den Aussagen *größer/kleiner*, *weniger/mehr* oder *besser/schlechter* ($x_i = x_j$; $x_i > x_j$; $x_i < x_j$), sondern es kann auch etwas über den Abstand der Merkmalsausprägungen zweier Merkmalsträger gesagt werden. Auf das Beispiel *Alter* bezogen heißt dies, dass eine 20-jährige Person nicht nur älter ist als eine 18-jährige Person, sondern es kann genau spezifiziert werden, dass sie um zwei Jahre älter ist. Zudem ist der Abstand zwischen einem 20- und einem 30-Jährigen genau so groß wie der Abstand zwischen einem 80- und einem 90-Jährigen. Die Abstände sind im metrischen Skalenniveau tatsächlich äquidistant. Typische Beispiele für metrische Skalen sind Alters-, Währungs-, Gewichts-, Längen- und Geschwindigkeitseinheiten.

In der Literatur werden die metrischen Skalen häufig nochmals unterschieden in Absolutskalen[3], Verhältnisskalen[4] und Intervallskalen[5]. Diese Unterscheidung ist dabei eher akademischer Natur, da sie für die Entscheidung, welches statistische Verfahren angewendet werden soll, in fast allen Fällen unerheblich ist.

Dies kann bei der Unterscheidung zwischen metrischen und ordinalskalierten Variablen nicht behauptet werden. Aufgrund der Verfahrensvielfalt für metrische Variablen im Vergleich zu den ordinalen Verfahren, versuchen Forscher gerne, eine eigentlich ordinalskalierte Variable als metrisch skaliert zu betrachten. So wird die empfundene Angebotsvielfalt für Butter – sie liegt auf einer fünfstufigen Skala zwischen sehr schlecht und sehr gut und ist somit ordinalskaliert – in der Praxis häufig als metrische Variable behandelt, indem die Forscher annehmen, dass der Abstand zwischen allen Rangplätzen identisch ist. Es wird in der empirischen Praxis also nicht selten von gleichen Abständen ausgegangen. In seriöseren Studien wird dabei zumindest in einem Nebensatz erwähnt, dass *Äquidistanz* unterstellt wird bzw. begründet, warum in diesem Fall davon ausgegangen werden kann. In der Literatur lassen sich zudem Bedingungen finden, unter denen auch bei Ordinalskalierung durchaus Verfahren für metrisch skalierte Variablen angewendet werden dürfen. Schmidt und Opp (1976, S. 35) formulieren als Daumenregel das Vorliegen einer ordinalskalierten Variablen mit mehr als vier Rangstufen und einer Stichprobe von mehr als 100 Beobachtungen. Auch Pell (2005) und Carifio und Perla (2008) diskutieren die Zulässigkeit metrischer Verfahren bei der Verwendung von Likert Skalen. Eine Interpretation einer Differenz von 0,5 zwischen zwei ordinalen Durchschnittswerten bleibt meines Erachtens dennoch schwierig und führt bei Statistikern nicht selten zu „Bauchschmerz".

Die Darstellung der drei Skalenniveaus macht deutlich, warum es so wichtig ist, sich über das jeweils vorliegende *Skalenniveau* einer Variablen genau bewusst zu sein. Von diesem hängt letztlich auch *das zu wählende statistische Verfahren* ab: Man kann nämlich für die nominale Variable Beruf keinen Mittelwert aus drei Bäckern, fünf Metzgern und zwei Schornsteinfegern bilden. Im weiteren Verlaufe des Buches werden wir deshalb lernen, bei welchem Skalenniveau bzw. welcher Kombination von Skalenniveaus welches statistische Verfahren zulässig ist und welches nicht.

Zunächst müssen die vorliegenden Daten aber von der Papierform in eine für den Computer les- und verarbeitbare Form gebracht werden. Dies soll anhand des obigen Beispiels der 850 – durch die Studenten erhobenen Fragebögen exemplarisch gezeigt werden.

[3] Eine metrische Skala mit natürlichem Nullpunkt und natürlicher Einheit (z. B. *Alter*).
[4] Eine metrische Skala mit natürlichem Nullpunkt ohne natürliche Einheit (z. B. *Flächen*).
[5] Eine metrische Skala ohne natürlichen Nullpunkt und ohne natürliche Einheit (z. B. *geografische Längengrade*).

2.3 Datenerfassung mit dem Computer: Skalierung und Kodierung

Zunächst müssen die Skalenniveaus der Merkmale festgestellt werden. Bei der Auswertung einer bereits durchgeführten Befragung lassen sich Skalenniveaus im Nachhinein nicht erhöhen. Wird beispielsweise das Alter nicht in Jahren, sondern in Altersklassen abgefragt, hat diese Variable zwangsläufig ordinales Skalenniveau. Dies ist insofern „ärgerlich", als damit das Durchschnittsalter nur mehr unter Annahmen bestimmt werden kann. Steht man noch vor der Durchführung einer Befragung, sollte man deshalb versuchen, immer das höchstmögliche Skalenniveau einer Variablen zu erlangen, das Alter also beispielsweise in Jahren zu erfragen, Ausgaben für bestimmte Konsumgüter in vollen Geldbeträgen, etc.

Aus Gründen der Anonymisierung von Befragungen können der Auftraggeber oder andere Beteiligte – z. B. der Betriebsrat bei Befragungen im Unternehmen – die Abfrage auf einem niedrigeren Skalenniveau verlangen, wenn hierdurch eine direkte Zurückführbarkeit eines Fragebogens auf eine bestimmte Person unmöglich wird. In diesem Fall muss sich der Forscher den Wünschen in der Regel beugen.

Im Rahmen der obigen Befragung liegen folgende Skalenniveaus vor:

- Nominal: *Geschlecht, verwendeter Brotaufstrich,*
- Ordinal: *Empfundene Angebot*svielfalt,
- Metrisch: *Alter, Körpergewicht.*

Wie lassen sich nun die Informationen dem Computer mitteilen? Jedes Statistikpaket verfügt über ein Excel-ähnliches Arbeitsblatt, in das Daten direkt eingegeben werden können (vgl. beispielsweise Abb. 3.1.) Während in Excel die einzelnen Spalten mit A, B, C etc. benannt sind, können die *Spalten* in professionelleren Statistikpaketen direkt mit einem *Variablen*namen (*engl.*: variable name) bezeichnet werden. Als Variablennamen können häufig nur Folgen von bis zu acht Zeichen vergeben werden, so zum Beispiel der Variablenname *Angebot* für die Variable der Angebotsvielfalt. Um dennoch Klarheit zu schaffen, lassen sich diesen Variablennamen längere Textpassagen zuordnen, die sogenannten *variable labels*. Der Variablen *Angebot* könnte beispielsweise das Label *Empfundene Angebotsvielfalt* oder der gesamte Fragetext aus dem Fragebogen zugeordnet werden. Die Rechenbefehle werden mit den Variablennamen gesteuert – also z. B.: Berechne eine Grafik für die Variable Angebot – während im zugehörigen Ergebnisausdruck das verständlichere Label erscheint.

Nun gibt man die *einzelnen Ergebnisse der Befragung in den Zeilen* ein. Fragebogen 1 wird in der ersten Zeile erfasst, Fragebogen 2 in der zweiten etc. Ein Computer „versteht" dabei nur Zahlenwerte. Für metrisch skalierte Variablen ist dies kein Problem, da die Variablenausprägungen in jedem Fall Zahlen darstellen. Person 1 ist 31 Jahre alt und wiegt rund 63 kg. Demnach können die Zahlen 31 und 63 in die entsprechenden Spalten eingetragen werden. Schwieriger gestaltet sich die Vorgehensweise bei nominalen Variablen. Bei der Variable Geschlecht lässt sich nun nicht einfach *männlich* oder *weiblich* eintragen.

Abb. 2.3 Kodierungsplan (*engl.*: label book)

```
------------------------------------------------------------------
value label angebot
------------------------------------------------------------------
 definition
        1  sehr schlecht
        2  schlecht
        3  mittelmäßig
        4  gut
        5  sehr gut
 variables:  angebot
------------------------------------------------------------------
value label aufstric
------------------------------------------------------------------
 definition
        0  butter
        1  margarine
        2  sonstiges
 variables:  aufstric
------------------------------------------------------------------
value label gesch
------------------------------------------------------------------
 definition
        0  m
        1  w
 variables:  gesch
```

Vielmehr müssen alle vorkommenden Informationen bzw. Inhalte kodiert werden, d. h. es muss jeder möglichen Ausprägung eine Zahl zugewiesen werden. So steht im Beispieldatensatz für die Ausprägung männlich die Zahl *Null* und für die Ausprägung weiblich die Zahl *Eins*. Die Zahlen sind nur Zuordnungen zu Inhalten. Gleiches gilt übrigens für ordinalskalierte Variablen. Übersichtshalber werden diese Zuordnungen, wie in Abb. 2.3 ersichtlich, in einem Kodierungsplan festgehalten. Anhand dieser Systematik kann eine vollständige Dateneingabe beginnen.

2.4 Fehlende Werte oder Missing Values

Eine bei der Auswertung von Datenmaterial sofort vergegenwärtigte „Fehlreaktion" von Befragten ist die unvollständige Beantwortung von Fragebogenteilen bzw. das (vermehrte) Äußern von Meinungslosigkeit (*Ich weiß nicht*). Die Gründe hierfür sind vielfältig und gehen von bewussten Antwortverweigerungen, über fehlende Information bzw. fehlende Kompetenz zur qualifizierten Antwort, bis zur unentschlossenen oder fehlenden Meinung zu einem bestimmten Thema.

Faulkenberry und Mason (1978, S. 533 ff.) unterscheiden deshalb zwei Haupttypen von Antwortausfällen:

a) *No-opinion:* Befragter ist (aufgrund z. B. von Ambiguität der Fragestellung, etc.) tatsächlich unentschlossen zu einer bestimmten Antwort.
b) *Non-opinion:* Befragter besitzt tatsächlich keine Meinung zum jeweiligen Thema.

Die Autoren stellen fest, dass der erste Befragtentyp (no-opinion) im Vergleich zu anderen Antwortausfällen über mehr theoretisches Wissen sowie über eine durchschnittlich höhere Schulbildung verfügt. Darüber hinaus wirken Variablen wie Geschlecht, Alter und Herkunft des Interviewers etc. auf die Neigung zur Nichtbeantwortung von Fragen.

Letztlich liegt genau in diesem Punkt aber die Gefahr einer *systematischen Verzerrung*. Die Vermeidung der Gefahr systematischer Verzerrungen durch den Ausfall von Informationen über bestimmte Subpopulationen ist deshalb ein besonders zu beachtendes Problem. Einige Studien konnten zeigen, dass die Meinungslosigkeit um bis zu 30 Prozent höher liegt, wenn eine *Ich-Weiß-Nicht*-Kategorie als Antwortmöglichkeit vorgegeben ist (Schumann und Presser 1981, S. 117 ff.). Hieraus eine Strategie zur Senkung der Quote der Meinungslosigkeit abzuleiten, ist nicht nur äußerst fragwürdig, sondern ergebnisverzerrend. Die zur *Ich-Weiß-Nicht*-Kategorie neigenden Befragten sehen sich nicht zwangsläufig zu substantiell bzw. inhaltlich richtigen Antworten veranlasst, wenn diese Antwortmöglichkeit nicht vorgegeben ist. Eine zufällige bzw. gar keine Antwortkategorie sind nur einige „Ausweichstrategien" für die Befragten. Es besteht somit die Gefahr, dass sich ein feststellbarer, systematischer Fehler von der *Ich-Weiß-Nicht*-Kategorie zu einem unentdeckten, systematischen Fehler der inhaltlichen Ebene transformiert (Schnell et al. 2013). Der Rat, *Ich-Weiß-Nicht*-Kategorien als mögliche Antwortkategorien nicht vorzusehen, kann unter diesen Gesichtspunkten schwer nachvollzogen werden. Wichtiger ist in diesem Zusammenhang die Frage, wie mit den Antwortausfällen innerhalb der Datenanalyse umgegangen werden soll.

Prinzipiell sollten Antwortausfälle keine Transformation in inhaltlich interpretierbare Werte erfahren, weshalb einige Analysemethoden die Weiterverarbeitung fehlender Werte nicht zulassen. Fehlende Werte können sogar zu einer Nichtberücksichtigung von Daten führen, für die Informationen vorliegen. Beispielsweise ist im Rahmen der Regressionsanalyse oder der Faktorenanalyse die Berücksichtigung eines Befragten unmöglich, wenn bei einer einzigen Variablen Angaben fehlen. Alle sonst vorhandenen Daten der Untersuchungseinheit bleiben ebenfalls unberücksichtigt. Da Antwortausfälle regelmäßig vorkommen und ein akzelerierter Verlust von Informationen ungern in Kauf genommen wird, liegt die *Substitution von Antwortausfällen* nahe. Es lassen sich fünf Ansätze abgrenzen:

a) Lassen sich die fehlenden Merkmalsausprägungen *nachrecherchieren*, so ist dies mit Sicherheit die beste, aber wahrscheinlich auch die arbeitsaufwändigste Strategie, um fehlende Werte zu beseitigen. Nicht selten lassen sich in Unternehmensbefragungen mögliche fehlende Angaben zu Umsatz, F&E Ausgaben etc. durch sorgsame Studie von Sekundärliteratur (z. B. veröffentlichte Bilanzen) ermitteln.

b) Handelt es sich bei den fehlenden Werten um qualitative bzw. nominalskalierte Variablen, kann ein fehlender Wert durch *Bildung einer entsprechenden Klasse* ersetzt werden. Ist bei einer Kundenbefragung beispielsweise für einen Teil der Befragten die Tatsache *bisher schon Kunde gewesen* und *bisher noch kein Kunde gewesen* bekannt und für einen anderen Teil der Befragten nicht, so kann für letzteren Teil die Klasse *Kundenbeziehung unbekannt* gebildet werden. Im Rahmen von Häufigkeitstabellen erscheint diese dann in einer gesonderten Zeile und kann zudem als *Missing Value* definiert werden. Selbst bei komplizierteren Verfahren wie z. B. der Regressionsanalyse ließen sich die fehlenden Werte in einer gewissen Weise inhaltlich interpretieren. Hierzu im Laufe des Buches mehr.
c) Ist eine inhaltliche Ergänzung fehlender Werte nicht möglich, könnten fehlende *metrische Werte* durch den *Gesamtdurchschnitt* der Variablen ersetzt werden. Aus dem empirischen Datenmaterial lässt sich ein Gesamtmittelwert auf Basis der tatsächlich vorliegenden Messwerte bestimmen.
d) Eine weitere Möglichkeit besteht in der Substitution von *metrischen Antwortausfällen* durch den *Mittelwert von Einzelgruppen*. So könnten fehlende Werte bei einer Befragung von Studierenden durch die Mittelwerte der einzelnen Studiengänge und nicht durch die Mittelwerte der gesamten Hochschule ersetzt werden.
e) Allerdings darf der Beweis nicht unterbleiben, dass die vorausgesetzte Annahme der Unsystematik der Antwortausfälle erfüllt ist, da andernfalls mit schwerwiegenden Ergebnisverzerrungen zu rechnen ist. Selbst bei unsystematischen Antwortausfällen lassen sich die fehlenden Werte zwar relativ gut schätzen, allerdings können die Streuungen der Werte nur unterschätzt und die Zusammenhänge nur verzerrt berechnet werden: „In particular, variances from filled-in data are clearly understated by imputing means, and associations between variables are distorted. Thus, the method yields an inconsistent estimate of the covariance matrix" (Roderick et al. 1995, S. 45). Der Einsatz komplizierter Schätzverfahren wird somit unausweichlich, wenn die Anzahl fehlender Werte so groß wird, dass deren Ersetzung durch Mittelwerte zu einer signifikanten Veränderung von statistischen Kennziffern führt. Diese Verfahren basieren vor allem auf der Idee *regressionsanalytischer Schätzungen* der fehlenden Werte mit Hilfe von anderen vorhandenen unabhängigen Variablen im Datensatz. Fehlen zum Beispiel bei einer Unternehmensbefragung teilweise die Angaben zu den Ausgaben für F&E, gleichzeitig ist aber bekannt, dass diese von der Branche, der Größe und der Herkunft (Ost-/Westdeutschland) des Unternehmens abhängen, so kann dieser Zusammenhang mit Hilfe der vorliegenden Daten bedingt geschätzt und auf die fehlenden Werte übertragen werden. Die Vorgehensweise der Regressionsanalyse wird in Kap. 5 genauer beschrieben.

Insgesamt sollte mit dem Problem der nachträglichen Ergänzung fehlender Werte sorgsam umgegangen werden. In jedem Fall sollten – wenn möglich – die unterschiedlichen Formen fehlender Werte unterscheidbar bleiben. So kann in einem Telefoninterview beispielsweise unterschieden werden,

- ob der Befragte nicht antworten konnte, weil er die Antwort nicht wusste;
- ob der Befragte nicht antworten wollte, obwohl er die Antwort wusste, diese aber nicht mitteilen wollte oder
- die Frage keine Relevanz für den Befragten hatte, da die Frage nur einer anderen Altersgruppe gestellt wurde.

Während im letzten Fall die Werte häufig einfach ausgelassen werden (systembedingte fehlende Werte), werden für die beiden ersten Fälle zwar Werte vergeben, die aber in der Software wiederum als fehlende Werte definiert werden.

2.5 Ausreißer und offensichtlich falsche Werte

Ein dem Problem der fehlenden Werte ähnliches ist das der offensichtlich falschen Werte. Bei standardisierten Kundenbefragungen erhält man bei der Frage nach dem Einkommen häufig nicht nur fehlende Werte, sondern ebenfalls fantastische Einkommen wie 1.000.000.000 € bei gleichzeitiger Berufsangabe *Arbeitsloser*. Stellt man sich auf den Standpunkt, dass jede Zahl auch so verwendet werden muss, wie sie im Fragebogen ausgefüllt wurde, würde dies für eine Befragung von 500 Personen eine Erhöhung des Durchschnittseinkommens um 2.000.000 € allein aufgrund der obigen Angabe bedeuten. Letztlich muss es also erlaubt sein, *offensichtlich falsche Angaben korrigieren zu dürfen*. Im obigen Fall einer offensichtlichen und gleichzeitig willentlichen Irreführung durch den Befragten kann der entsprechende Wert auf einen fehlenden Wert gesetzt oder durch entsprechende Verfahren ein Schätzwert berechnet werden (vgl. Abschn. 2.4).

Die offensichtlich falschen Werte entstehen dabei nicht immer durch willentlich falsches Ausfüllen, sondern vor allem durch Irren des Befragten. So kann bei Unternehmensbefragungen nicht selten festgestellt werden, dass Umsätze in 1000 € erfragt, letztlich doch in vollen Eurobeträgen angegeben und so irrtümlicherweise Umsätze in tausendfacher Höhe ausgewiesen werden. Auch solche Fehler müssen – sollten sie festgestellt werden – selbstverständlich nachträglich korrigiert werden.

Schwieriger ist der Umgang mit offensichtlich falschen, aber nicht nachzurecherchierenden Informationen. Befragt man wiederum Unternehmen – bei der Befragung von Privatpersonen ergeben sich übrigens ähnliche Probleme – nach ihrer anteilsmäßigen Aufschlüsselung von Ausgabekategorien, so entstehen bei Fragebögen nach Addition aller Anteile regelmäßig Prozentsätze von mehr als 100 Prozent.

Ähnlich „verzwickt" ist das Problem, wenn man mit Bestimmtheit weiß, dass ein Wert zwar stimmt, es sich bei diesem aber um ein singuläres Ereignis (singulären Ausreißer) handelt. So stellte sich in einem Unternehmen die Personalabteilung die Frage nach dem durchschnittlichen Renteneintrittsalter der Beschäftigten, um auf dieser Basis die Betriebsrente kalkulieren zu können. Aus diesem Grund wurde der entsprechende Durchschnittswert der letzten Jahre ermittelt. Einer der betroffenen Rentenempfänger war der Gründer des Familienunternehmens, der erst im Alter von fast achtzig Jahren aus dem Betrieb ausgeschieden ist. Obwohl es sich bei ihm um eine reale Beobachtung der Zielgruppe der zu verrentenden Mitarbeiter handelte, würde die Berücksichtigung dieses Wertes die Berechnung des durchschnittlichen Rentenalters wohl verzerren, da künftig kaum ein weiteres Mal ein Unternehmensgründer mit diesem Alter ausscheiden würde. Unter bestimmten Umständen ist es daher sinnvoll, *selbst „stimmende" Ausreißer aus der Analyse auszuschließen*. Die Entscheidung, wann dies der Fall ist, kann nur inhaltlich getroffen werden. Als Lösung kann das sogenannte *Trimmen* des Datensatzes dienen, bei dem jeweils fünf Prozent der größten und fünf Prozent der kleinsten Beobachtungen aus dem Datensatz entfernt werden. Wir werden hierauf später (vgl. Abschn. 3.2.2) noch eingehen.

2.6 Übungsaufgaben zum Abschnitt

Aufgabe 1
Geben Sie für die folgenden Fragestellungen Merkmalsträger, Merkmal und Merkmalsausprägungen an:

a) die Todesursache von Patienten,
b) Studiendauer von Studierenden,
c) Alkoholgehalt eines Getränkes.

Aufgabe 2
Geben Sie zu folgenden Merkmalen jeweils das geeignete Skalenniveau an:

a) Nebentätigkeit von Studenten,
b) Marktanteil eines Produktes zwischen 0 % und 100 %,
c) Studiengangszugehörigkeit von Studierenden,
d) Uhrzeit,
e) Blutalkoholgehalt,
f) Benzinverbrauch eines PKW,
g) Intelligenzquotient,
h) Güte eines Restaurants in Sternen ausgedrückt.

Aufgabe 3
Bereiten Sie Stata, SPSS oder Excel für den in Abb. 2.1 dargestellten Fragebogen vor und geben Sie die Daten aus Abb. 3.1 ein. Sehen Sie ebenfalls *Missing Values* vor.

Literatur

Bühner M (2010) Einführung in die Test- und Fragebogenkonstruktion, 3. Aufl. Pearson, München

Carifio J, Perla R (2008) Resolving the 50-year debate around using and misusing Likert scales. Medical Education 42:1150–1152

Faulkenberry GD, Mason R (1978) Characteristics of nonopinion and no opinion response groups. Public Opinion Quarterly 42:533–543

Pell G (2005) Use and misuse of Likert scales. Medical Education 39:970

Roderick JA, Little, Schenker N (1995) Missing Data. In: Arminger G, Clogg CC, Sobel ME (Hrsg) Handbook of Statistical Modelling for the Social and Behavioral Sciences. Plenum Press, London/New York, S 39–75

Schmidt P, Opp K-D (1976) Einführung in die Mehrvariablenanalyse. Rowohlt, Reinbek/Hamburg

Schnell R, Hill PB, Esser E (2013) Methoden der empirischen Sozialforschung, 10. Aufl. Oldenbourg, München und Wien

Schumann H, Presser S (1981) Questions and Answers in Attitude Surveys. Academic Press, New York

Vom Datensatz zur Information

3

3.1 Erste Auswertungsschritte und grafische Darstellungen

Die Studentengruppe hat nun ihre Befragung bezüglich des Angebotes an Streichfetten abgeschlossen und die Daten der 850 befragten Personen kodiert und in den Computer eingegeben (vgl. Abb. 3.1). In einem ersten Auswertungsschritt wird man zunächst die einzelnen Variablen getrennt voneinander untersuchen. Man könnte beispielsweise das Durchschnittsalter der Befragten berechnen. Da jeweils nur eine Variable untersucht wird, spricht man von *univariaten Analysen*. Wird der Zusammenhang zweier Variablen analysiert – also beispielsweise der Zusammenhang zwischen Geschlecht und der Wahl des Streichfettes – spricht man von einer *bivariaten Analyse* (s. Kap. 4). Werden Zusammenhänge von mehr als zwei Variablen untersucht, spricht man von *multivariaten Analysen* (vgl. Kap. 5ff.).

Schon an dieser Stelle wird die Bedeutung der Statistik deutlich: Wie können die Ergebnisse von 850 Einzelbeobachtungen so reduziert werden, dass man einen realistischen und unverfälschten Eindruck über die befragten Eigenschaften und deren Zusammenhänge erhält? Dass dies möglich ist, beweist letztlich schon der Hochschulalltag, wenn nämlich der Dozent gefragt wird, wie denn die letzte Klausur ausgefallen sei. Der Student erwartet an dieser Stelle eine „reduzierte" Angabe, wie z. B. *der Durchschnitt war 3,0* oder *die Durchfallquote war 29,4 Prozent*. Letztlich glaubt sich der Studierende sofort in der Lage, die Leistung aller Studierenden trefflich bewerten zu können: *Der Durchschnitt 3,0 war dieses Mal aber schlechter als die 2,4 davor*. Eine einzige reduzierte Zahl – nämlich der Durchschnitt – scheint auszureichen, um die Leistung von vielen Studierenden zusammenzufassen.[1]

[1] An dieser Stelle sei angemerkt, dass der Studierende bei seinen Bewertungen eine bestimmte Verteilungsform der Noten unterstellt. Ein Durchschnitt von 3,0 kommt nämlich genauso zustande, wenn alle Studierenden eine 3,0 schreiben, wie wenn 50 Prozent der Studierenden eine 1,0 und die anderen 50 Prozent eine 5,0 schreiben. Qualitativ macht es aber einen deutlichen Unterschied. Es reicht eigentlich nicht, allein den Durchschnitt zu betrachten.

T. Cleff, *Deskriptive Statistik und Explorative Datenanalyse*,
DOI 10.1007/978-3-8349-4748-2_3

	index	gesch	alter	gewicht	aufstric	angebot
1	1	m	31	63,1	Butter	sehr schlecht
2	2	m	73	77,5	Butter	sehr schlecht
3	5	m	45	82,1	Butter	sehr schlecht
4	6	m	57	61,7	Butter	sehr schlecht
5	9	m	38	36,5	Butter	sehr schlecht
6	11	m	27	64,0	Butter	sehr schlecht
7	12	m	36	70,9	Butter	sehr schlecht
8	13	m	60	70,4	Butter	sehr schlecht
9	15	m	21	[illegible]	[illegible]	[illegible]
10	16	m	26	[illegible]	[illegible]	[illegible]
11	18	m	55	[illegible]	[illegible]	[illegible]
12	22	m	27	[illegible]	[illegible]	[illegible]
13	25	m	30	[illegible]	Butter	sehr schlecht
14	26	m	33	77,8	Butter	sehr schlecht
15	27	m	33	90,8	Butter	sehr schlecht
16	28	m	58	62,4	Butter	sehr schlecht
17	29	m	23	91,2	Butter	sehr schlecht
18	31	m	29	73,4	Butter	sehr schlecht
19	38	m	68	80,3	Butter	sehr schlecht
20	40	m	23	62,9	Butter	schlecht
21	41	m	30	84,9	Butter	schlecht
22	42	m	22	67,0	Butter	schlecht
23	43	m	29	75,2	Butter	schlecht
24	48	m	26	57,9	Butter	schlecht
25	50	m	26	66,7	Butter	schlecht
26	52	m	26	84,4	Butter	schlecht
27	53	m	34	60,6	Butter	schlecht
28	57	m	21	83,6	Butter	schlecht
29	59	m	24	57,3	Butter	schlecht

Eine Spalte wird analysiert: Univariate Analyse

Lesehilfe:

Der Dateneditor lässt sich in der Regel so einstellen, dass für die Variablen die Kodierungen oder die Labels angezeigt werden. Hinterlegt sind dabei aber immer die Kodierungen (Zahlenwerte).

Abb. 3.1 Dateneditor: Ansicht der eingegebenen Fragebögen

Die Methoden der Reduktion von Daten sowie die dabei bestehenden Probleme und lauernden Gefahren, sollen in diesem und den folgenden Kapiteln anhand der oben durchgeführten Befragung der 850 Personen beschrieben werden.

Grafische Darstellungen oder Häufigkeitstabellen sind ein erster Versuch, sich einen Überblick über eine univariate Verteilung von nominal- oder ordinalskalierten Variablen zu machen. In der *Häufigkeitstabelle* in Abb. 3.2 erhält jede Ausprägung der Variablen eine gesonderte Zeile, in die nun spaltenweise die absolute Häufigkeit der Beobachtungen, die relative Häufigkeit in Prozent[2], die gültigen Prozentwerte sowie die kumulierte Häufigkeit eingetragen werden. Die relative Häufigkeit einer Ausprägung x_i wird algebraisch mit $f(x_i)$ abgekürzt. Liegen fehlende Werte vor, dann werden diese in einer gesonderten Zeile mit einem bestimmten Prozentsatz ausgewiesen. Bei der Berechnung der *gültigen Prozentwerte*[3] und der *kumulierten Prozentwerte* werden die fehlenden Werte nicht berücksichtigt.

Bei der kumulierten Häufigkeit werden die gültigen Prozentwerte der betrachteten Zeile und aller oberhalb liegenden Zeilen addiert. Die 88,1 Prozent der Zeile *mittelmäßig* in

[2] Die relative Häufigkeit ($f(x_i)$) entspricht der absoluten Häufigkeit ($h(x_i)$) im Verhältnis zu allen gültigen und ungültigen Beobachtungen ($N = N_{gültig} + N_{ungültig}$): ($f(x_i) = h(x_i)/N$).

[3] Die gültigen Prozentwerte ($gf(x_i)$) entsprechen der absoluten Häufigkeit ($h(x_i)$) im Verhältnis zu allen gültigen Beobachtungen ($N_{gültig}$): ($gf(x_i) = h(x_i)/N_{gültig}$).

		Absolute Häufigkeit	Relative Häufigkeit [in %]	Gültige Prozente	Kumulierte Prozente
Gültig	sehr schlecht	391	46,0	46,0	46,0
	schlecht	266	31,3	31,3	77,3
	mittelmäßig	92	10,8	10,8	88,1
	gut	62	7,3	7,3	95,4
	sehr gut	39	4,6	4,6	100,0
	Gesamt	850	100,0	100,0	

Abb. 3.2 Häufigkeitstabelle der Angebotsvielfalt

Abb. 3.2 besagt damit nichts anderes, als dass 88,1 Prozent der Befragten das Angebot als mittelmäßig oder schlechter bezeichnen würden. Algebraisch werden die kumulierten Häufigkeiten auch als *Verteilungsfunktion* bezeichnet, mit F(x) abgekürzt und wie folgt berechnet:

$$F\left(x_p\right) = f\left(x_1\right) + f\left(x_2\right) + \ldots + f\left(x_p\right) = \sum_{i=1}^{p \leq n} f\left(x_i\right). \qquad (3.1)$$

Diese Ergebnisse lassen sich selbstverständlich auch grafisch als *Kreis-*, *Balken-* (horizontale Balken) oder *Säulendiagramm* (vertikale Balken) darstellen. Alle drei Diagrammformen sind bei nominalen und ordinalen Variablen zulässig, allerdings werden Kreisdiagramme vor allem bei nominalen Variablen verwendet.

Beim Säulendiagramm werden die Ausprägungen der Häufigkeitstabelle (*sehr schlecht, schlecht, mittelmäßig, gut, sehr gut*) auf der x-Achse und die relative oder absolute Häufigkeit auf der y-Achse aufgetragen. Die Höhe einer Säule entspricht der Häufigkeit des jeweils betrachteten x-Wertes. Werden die relativen Häufigkeiten auf der y-Achse aufgetragen, spricht man auch vom Grafen einer Häufigkeitsfunktion (vgl. Abb. 3.3).

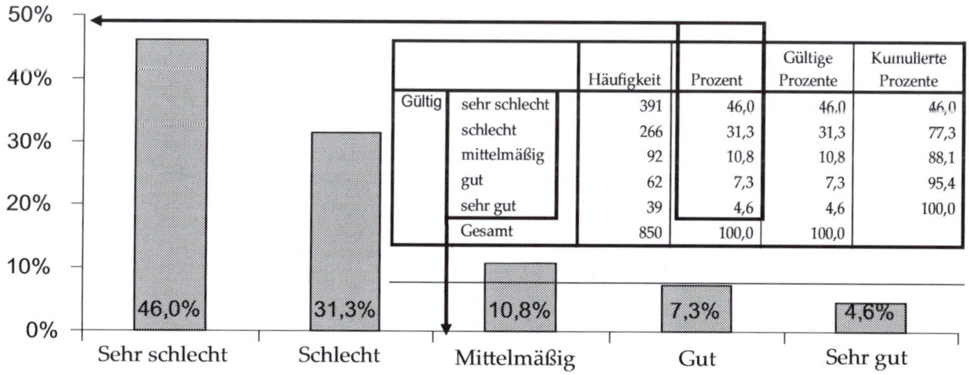

Abb. 3.3 Säulendiagramm bzw. Häufigkeitsverteilung für die Variable Angebot

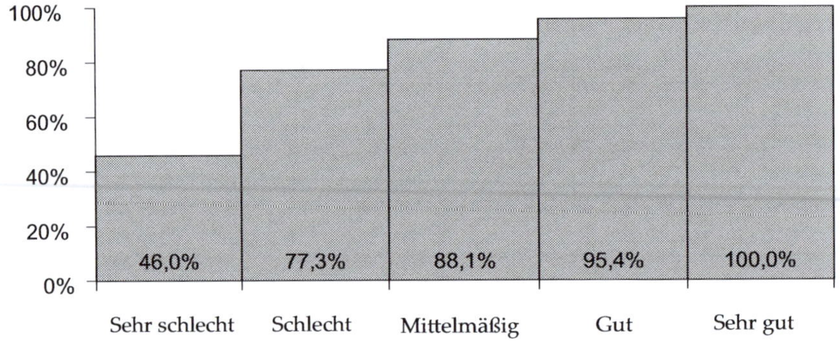

Abb. 3.4 Verteilungsfunktion für die Variable Angebot

Neben der Häufigkeitsverteilung lässt sich die Verteilung einer (mindestens ordinalen) Variablen auch mit Hilfe der *Verteilungsfunktion F(x)* darstellen (vgl. Abb. 3.4). Diese belässt auf der x-Achse wiederum die Ausprägungen der betrachteten x-Variablen, während auf der y-Achse die kumulierten Prozent aufgetragen werden, sodass eine *Treppenfunktion* entsteht. Die Interpretation verläuft analog zur Spalte der kumulierten Prozente in der Häufigkeitstabelle.

In vielen Publikationen beginnt das Säulendiagramm nicht beim Nullpunkt, sondern bei einem willkürlich gesetzten Wert. Dies kann „auf einen schnellen Blick" allerdings eine falsche Botschaft vermitteln, wie aus Abb. 3.5 ersichtlich wird. Beide Grafiken stellen den gleichen Sachverhalt dar, nämlich eine relative Häufigkeit männlicher bzw. weiblicher Befragter von 49 bzw. 51 Prozent. Allerdings wird durch abschneiden der y-Achse in der ersten Grafik das Größenverhältnis der beiden Geschlechter verändert: Es wird ein Verhältnis von fünf zu eins dargestellt,[4] was letztlich suggerieren könnte, dass es fünf Mal so viele weibliche wie männliche Beobachtungen in der Stichprobe gibt. Dieser Sachverhalt widerspricht der sogenannten *Flächentreue*, auf die wir im weiteren Verlauf nochmals

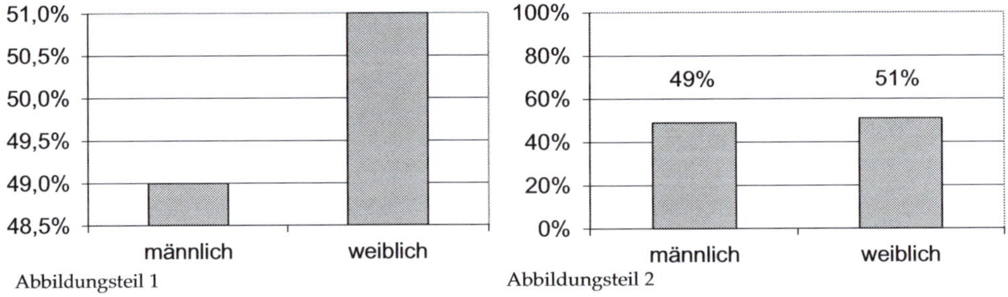

Abb. 3.5 Unterschiedliche Darstellung gleicher Sachverhalte (1) ...

[4] Die Säule weiblich besteht aus fünf Einheiten und die Säule männlich nur aus einer.

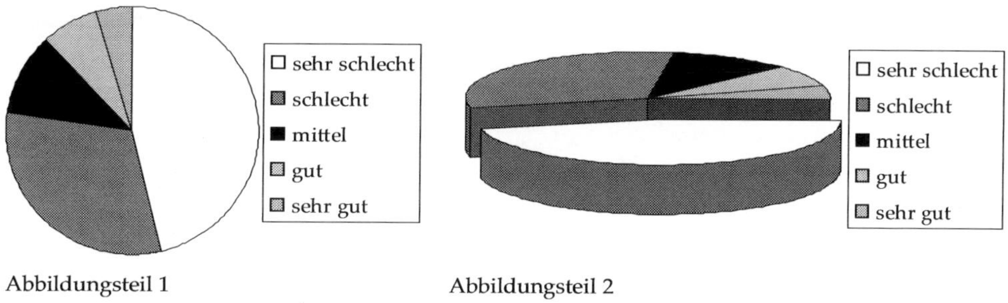

Abb. 3.6 Unterschiedliche Darstellung gleicher Sachverhalte (2) ...

genauer eingehen werden. Die Differenz von gerade einmal zwei Prozentpunkten wirkt somit größer als sie tatsächlich ist. Eine derartige Darstellung sollte daher immer wie in Abbildungsteil 2 erfolgen.

Ähnlich verzerrende Wahrnehmungen können entstehen, wenn anstelle eines Kreis- ein Kuchendiagramm verwendet wird. In Abbildungsteil 1 der Abb. 3.6 entspricht die jeder Ausprägung zugewiesene Fläche des Kreisdiagramms genau der zugehörigen relativen Häufigkeit. Erreicht wird dies durch Berechnung der Kreissegmente über die mit ihren jeweiligen relativen Häufigkeiten gewichteten Winkel von 360 Grad:

$$\text{Winkel } \alpha_i = f(x_i) \cdot 360° \tag{3.2}$$

Da die meisten Betrachter Kreisgrafiken – oben beginnend – im Uhrzeigersinn lesen, sollten zu betonende Ausprägungen möglichst in die 12-Uhr Position gesetzt werden. Auch sollte die Anzahl der Kreissegmente nicht unübersichtlich groß werden und nach Kriterien geordnet sein. Ein mögliches Kriterium ist die Größe des Kreissegments, aber auch inhaltliche Systematiken sind denkbar (Krämer 2008, S. 110 f. und S. 211).

Zugegebenermaßen wirkt das Kuchendiagramm in Abbildungsteil 2 der Abb. 3.6 moderner, allerdings um den Preis, dass die jeder Ausprägung zugewiesene Fläche nicht mehr der der relativen Häufigkeit entspricht. Auch hier wird gegen das Gesetz der *Flächentreue* verstoßen. Die Kuchensegmente im vorderen Bereich wirken aufgrund der perspektivischen Darstellung generell größer. Zudem wird der Kuchenrand mit abgebildet, was für die Kreissegmente im hinteren Teil der Abbildung nicht möglich ist. Durch geschicktes „Herausziehen" des entsprechenden Segmentes kann dieser Effekt noch verstärkt werden.

Wie lassen sich nun aber metrische Variablen darstellen? Der „naive" Versuch, die metrische Variable Körpergewicht aus unserer Befragung mit Hilfe eines Säulendiagramms – wie in Abbildungsteil 1 aus Abb. 3.7 zu ersehen – darzustellen, führt aufgrund der Vielzahl der möglichen Ausprägungen zu einer Unzahl von Säulen, die sich in der Höhe selten unterscheiden. In einer Erhebung metrischer Variablen realisiert sich eine Ausprägung häufig nämlich nur einmal. Das eigentliche Ziel einer grafischen Darstellung, „mit einem Blick" wesentliche Zusammenhänge erkennen zu können, läuft in einem solchen Fall fehl. Aus diesem Grund werden bei metrischen Variablen die Einzelwerte zunächst in sinnvolle

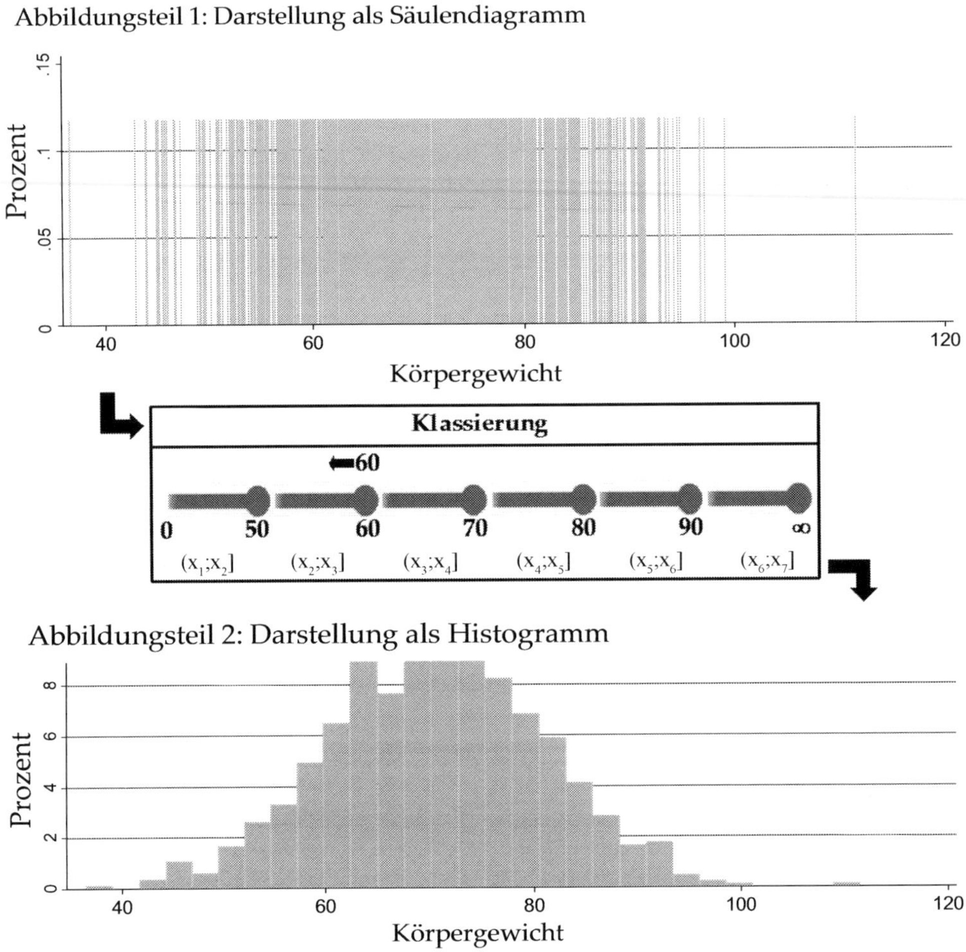

Abb. 3.7 Klassierung der Daten durch ein Histogramm

Klassen gruppiert (klassiert). So ist es beispielsweise vorstellbar, das Gewicht in die in Abb. 3.7 verwendeten Klassen einzuteilen.[5]

Anzumerken ist, dass per Konvention die Klassenobergrenze zur jeweiligen Klasse gehört, die Klassenuntergrenze nicht. Die Personen mit 60 kg fallen dem gemäß in die Klasse 50 kg bis 60 kg, während die Personen mit 50 kg in die Klasse darunter fallen. Selbstverständlich bleibt es dem Auswerter der Daten selbst überlassen, sowohl die Klassenbreiten als auch die Zugehörigkeiten an den Klassenübergängen selbst zu bestimmen. Es sollte aber in jedem Fall genau angegeben werden, wie vorgegangen worden ist.

[5] Für die i-te Klasse gilt: $x_i < X \leq x_{i+1}$ mit $i \in \{1, 2, \ldots, k\}$.

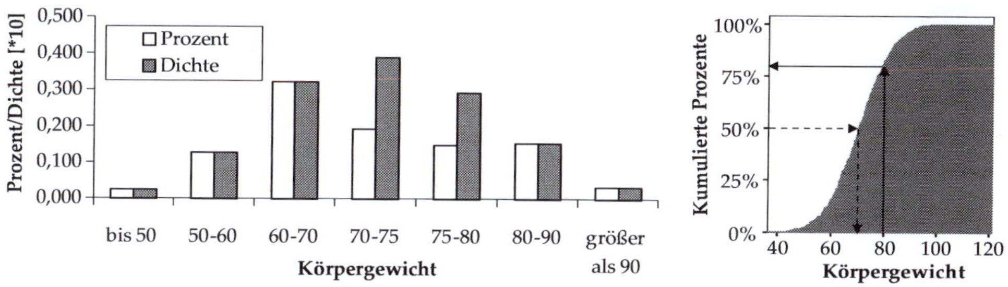

Abb. 3.8 Verletzung der Flächentreue und Verteilungsfunktion

Liegt eine klassierte Darstellung metrischer Variablen vor, spricht man von einem *Histogramm*. Die Besonderheit einer solchen Darstellung ist, dass nunmehr nicht die Höhe, sondern die Fläche (aus Höhe mal Breite) die relative Klassenhäufigkeit zum Ausdruck bringt. Bei der Höhe der Balken spricht man dann von der *Häufigkeitsdichte*. Je *dichter* die einzelnen Balken im Säulendiagramm in Abbildungsteil 1 vorhergehender Abb. 3.7 bei einander liegen, umso mehr Beobachtungen liegen in einer gegebenen Klasse und umso höher ist die Häufigkeitsdichte. Je höher die Häufigkeitsdichte, umso größer ist dann auch die sichtbare Fläche aus Klassenhöhe mal Klassenbreite. Ein Histogramm erfüllt somit immer das Gesetz der *Flächentreue*, bei dem der Anteil der für eine bestimmte Klasse abgebildeten Fläche im Verhältnis zur gesamten Fläche aller Klassen genau der relativen Häufigkeit der bestimmten Klasse entspricht. Warum die Einhaltung der Flächentreue so wichtig ist, zeigt folgende Abb. 3.8 des gleichen Sachverhaltes nur mit Hilfe einer Darstellung mit ungleichen Klassenbreiten. Bleibt man bei der Darstellungsidee eines *Säulendiagramms*, bei der die Höhe der Säule der relativen Häufigkeit entspricht, so erhält man die durch die *weißen* Säulen dargestellten relativen Häufigkeiten. Die Grafik suggeriert, dass die Klasse mit einem Körpergewicht von 60 bis 70 kg die am häufigsten auftretende Klasse darstellt. Danach fallen die Häufigkeiten stark ab, wonach sie wiederum für die Klasse mit dem Gewicht zwischen 80 und 90 kg leicht ansteigen. Dieser Eindruck wird aufgrund der Aufteilung der Klasse der 70 bis 80 kg schweren Personen in zwei Klassen – mit einer Klassenbreite von jeweils fünf Kilogramm – erzeugt. Beide Gruppen haben eine nur halb so große Klassenbreite wie die anderen Gruppen. Beachtet man nun das Prinzip der Flächentreue, so ergeben sich Häufigkeitsdichten gemäß den *grauen* Säulen. Bei gleicher Anzahl an Beobachtungen in einer Klasse wären die Säulen nur dann gleich hoch, wenn die Klassen auch gleich breit wären. Ist eine Klasse hingegen nur halb so groß, ergibt sich – wiederum bei gleicher Anzahl an Beobachtungen – eine doppelt so hohe Dichte an Beobachtungen. An dieser Stelle erkennen wir, dass – bezogen auf die jeweilige Klassenbreite – die Dichte für die Klasse der 70 bis 75 kg schweren Personen am größten ist.

Es wäre an dieser Stelle sicher vorteilhaft, wenn unterschiedliche Klassenbreiten im Histogramm auch durch maßstäblich unterschiedliche Breiten auf der x-Achse kenntlich gemacht würden. Leider ist dies bisher bei keiner Statistik- bzw. Grafiksoftware möglich. Statistikpakete umgehen dieses Problem dadurch, dass generell nur gleiche Klassenbreiten zulässig sind.

Die Verteilungsfunktion einer metrischen Variablen lässt sich wiederum unklassiert darstellen. Auch hier werden entlang der x-Achse die Einzelhäufigkeiten aufsteigend kumuliert. Es gilt ebenfalls, dass die Werte der Verteilungsfunktion stetig monoton ansteigen und zwischen null und maximal eins liegen dürfen. Für die Variable Körpergewicht ist die Verteilungsfunktion in Abb. 3.8 dargestellt. Diese ermöglicht es, für ein gegebenes Körpergewicht die kumulierten Prozentwerte und umgekehrt abzulesen. Das Körpergewicht von bis zu 80 kg weisen ca. 80 Prozent der Befragten auf und 50 Prozent der Befragten haben ein Körpergewicht von ca. 70 kg und weniger.

3.2 Lageparameter als Informationsreduktion

Betrachten wir die bisherige Vorgehensweise, so konnten wir die Vielzahl an Informationen aus den Fragebögen – in unserem Beispiel waren es immerhin 850 – durch die Erstellung von Grafiken und Tabellen auf wenige Zeilen, Säulen oder Kreisdiagrammausschnitte reduzieren. Wie und unter welchen Bedingungen lassen sich nun diese Informationen auch auf eine einzige Zahl bzw. einen einzigen Parameter reduzieren, sodass durch diese „Konzentration auf das Wesentliche" die besonderen Eigenschaften eines Datensatzes dennoch schnell erkennbar sind und Vergleiche zwischen Datensätzen erleichtert werden? Es sei hier wieder auf den Studenten verwiesen, der zur Einschätzung des Leistungsniveaus der letzten Klausur eine reduzierte Zahl – nämlich den Durchschnitt oder gegebenenfalls die Durchfallquote – erfragt. Das Leistungsniveau zweier Klausuren sei in Abb. 3.9 einmal dargestellt.[6]

Es wird deutlich, dass beide Klausuren eine identische Verteilung aufweisen, die in Abbildungsteil 2 auf der x-Achse lediglich um eine Note nach rechts verschoben ist. Diese Verschiebung drückt sich durch einen um eine Note schlechteren Mittelwert aus. Je weiter die Verteilung in ihrer Lage auf der x-Achse nach rechts rückt, umso schlechter ist das betrachtete Leitungsniveau. Man spricht beim Mittelwert oder ähnlichen Parametern, die eine zentrale Tendenz zum Ausdruck bringen sollen, deshalb auch von *Lageparametern*. Welcher Lageparameter sinnvollerweise zu bestimmen ist, hängt in der Regel vom Untersuchungskontext und vom Skalenniveau der Daten ab.

[6] Die Notenskala wird hier kardinalskaliert angenommen. Dies unterstellt, dass die Leistungsdifferenz zwischen einer eins und zwei identisch mit der Leistungsdifferenz zwischen einer Vier und Fünf wäre. Da dies in der Praxis wohl eher nicht zutrifft, müssten Schulnoten streng genommen als ordinalskaliert angesehen werden.

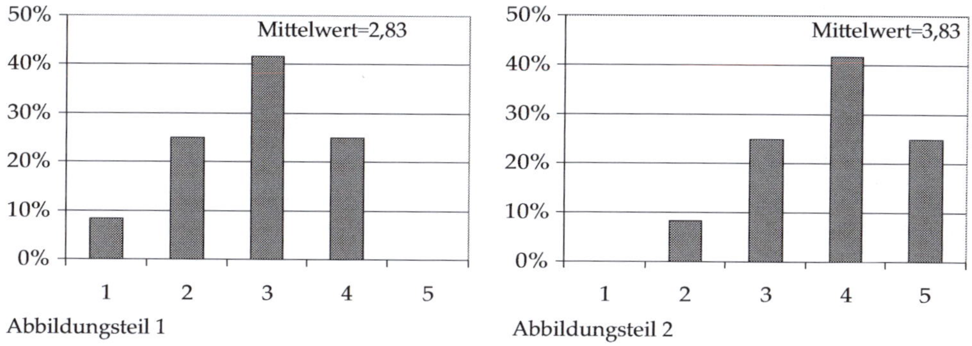

Abb. 3.9 Notendurchschnitt zweier Klausuren

3.2.1 Modus oder Modalwert

Der trivialste Lageparameter ist der sogenannte *Modus* (*engl.*: mode) oder auch *Modalwert*. Hierbei wird lediglich der Wert identifiziert, der in einer Verteilung am häufigsten vorkommt. Im Abbildungsteil 1 der Abb. 3.9 wäre das beispielsweise die Note drei. Letztlich geht es darum, den „Sieger" aus der Verteilung zu ermitteln: Beispielsweise, welches Produkt wurde unter fünf Konkurrenzprodukten am häufigsten ausgewählt. Insbesondere in Zusammenhang mit Wahlentscheidungen besitzt dieser Lageparameter eine besondere Bedeutung, wobei sein Wert nicht eindeutig sein muss. Bei Stimmengleichheit kann mehr als ein Modalwert zustande kommen. In Softwareprogrammen wird allerdings in der Regel nur die kleinste Ausprägung ausgewiesen, was bei weit auseinander liegenden Werten zu Fehlinterpretationen führen kann. Kommen bei einer metrischen Altersvariablen beispielsweise die Ausprägungen 18 Jahre und 80 Jahre nicht nur gleich oft, sondern im Datensatz auch am häufigsten vor, geben viele Softwarepakete den Modus mit 18 Jahre an.

3.2.2 Der Mittelwert

Der *arithmetische Mittelwert* (*engl.*: mean) – umgangssprachlich nicht selten auch als *Durchschnitt* (*engl.*: average) bezeichnet – wird je nach Ausgangsdaten unterschiedlich berechnet. In der empirischen Forschung liegen die Daten in der häufigsten Form als *Urliste* vor, einer Liste, in der jeder Ausprägungswert einzeln aufgeführt ist. Der Mittelwert berechnet sich dann aus:

$$\bar{x} = \frac{1}{n}(x_1 + x_2 + \ldots + x_n) = \frac{1}{n}\sum_{i=1}^{n} x_i. \qquad (3.3)$$

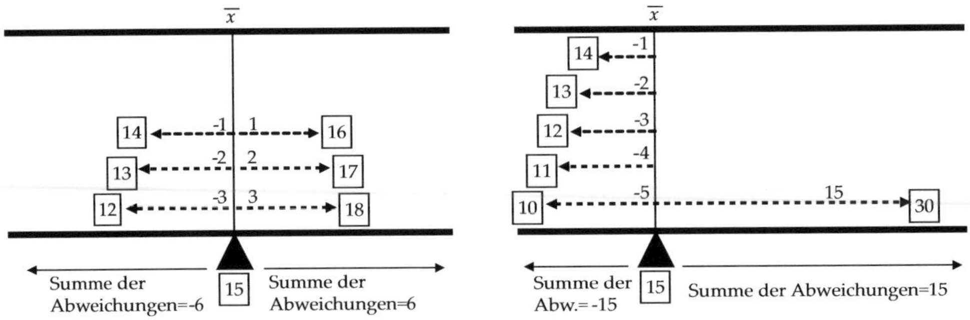

Abb. 3.10 Mittelwert als ausgeglichene Balkenwaage

Alle n Beobachtungen einer Variablen werden addiert und die Summe schließlich durch n geteilt. Liegen beispielsweise die Werte 12, 13, 14, 16, 17 und 18 vor, so ergibt sich ein Mittelwert von:

$$\bar{x} = \frac{1}{6}(12 + 13 + 14 + 16 + 17 + 18) = 15. \tag{3.4}$$

Bildlich lässt sich der Mittelwert als Balkenwaage darstellen (siehe Abb. 3.10). Die Abstände zum Mittelwert werden als Gewichte aufgefasst: Besteht beispielsweise ein Abstand von –3 Einheiten zum Mittelwert, wird ein Gewicht von 3 Gramm auf die linke Seite der Balkenwaage gelegt. Je weiter ein Wert vom Mittelwert entfernt liegt, umso schwerer ist sein Gewicht. Alle negativen Abweichungen vom Mittelwert werden nun auf die linke Seite, alle positiven Abweichungen auf die rechte Seite der Waage gelegt. Die Waage befindet sich genau im Gleichgewicht. Die Summe der negativen Abweichungen entspricht beim arithmetischen Mittel also genau der Summe der positiven Abweichungen:

$$\sum_{i=1}^{n} (x_i - \bar{x}) = 0. \tag{3.5}$$

Das bedeutet aber auch, dass beispielsweise auf einer Seite ein sehr schweres Gewicht und auf der anderen Seite hunderte leichte Gewichte liegen können und die Waage sich dennoch im Gleichgewicht befindet. Allerdings ist der Durchschnitt dann kein guter Schätzwert für alle Werte mehr, denn die vielen hundert kleinen Gewichte werden durch den Mittelwert unter- oder überschätzt. Bereits in Abschn. 2.5 wurde dieses Phänomen angesprochen, denn in solchen Fällen liegt nicht selten eine *Ausreißersituation* vor, die Ergebnisse verzerrt. Angenommen Sie berechnen das Durchschnittsalter von Tieren in einem Zoo-Terrarium mit fünf Schlangen, neun Spinnen, fünf Krokodilen und einer Schildkröte. Letztere weist das stolze Alter von 120 Jahren auf, während alle anderen Tiere höchstens vier Jahre alt sind (vgl. Abb. 3.11).

Ermittelt man den Altersdurchschnitt, so erhält man 7,85 Jahre. Aufgrund des stolzen Alters der Schildkröte lägen ihr Alter allein auf der rechten und das Alter aller anderen Tiere auf der linken Seite einer ausgeglichenen Waage. Der Mittelwert aller Tiere wäre

		Alter					Gesamt
		1	2	3	4	120	
Tierart	Schlange	2	1	1	1	0	5
	Schildkröte	0	0	0	0	1	1
	Krokodil	1	2	2	0	0	5
	Spinne	4	4	1	0	0	9
Gesamt		7	7	4	1	1	20

Mittelwert = 7,85 Jahre; 5%-getrimmtes Mittel = 2 Jahre.

Abb. 3.11 Mittelwert und getrimmter Mittelwert anhand des Zoobeispiels

dann sicher ein schlechter Lageparameter zur Beschreibung des durchschnittlichen Alters der Tiere, denn kaum ein Tier ist älter als drei Jahre! Um die Wirkung von Ausreißern zu verringern oder sie ganz zu eliminieren, wird in der Praxis häufig auf die Berechnung des *getrimmten Mittelwertes* (*engl.*: trimmed mean) zurückgegriffen. Dabei werden die fünf Prozent kleinsten und fünf Prozent größten Werte vor der Mittelwertberechnung aus der Analyse entfernt. Durch diese Maßnahme werden vorliegende Ausreißer zumindest zum Teil eliminiert. In unserem Beispiel entsprächen die kleinsten und größten fünf Prozent jeweils der kleinsten und größten Beobachtung, sodass das Alter der Schildkröte unberücksichtigt bleiben würde (insgesamt hat das Terrarium 20 Tiere!). Das sich nun ergebende Durchschnittsalter wäre mit zwei Jahren zur Beschreibung der Altersstruktur sicher realistischer. Es sollte aber auch beachtet werden, dass hierdurch immerhin zehn Prozent der Beobachtungen unberücksichtigt bleiben, was insbesondere bei kleinen Stichproben zu Problemen führt.

Kehren wir nun wieder zur Berechnung des „normalen" Mittelwertes zurück, der sich auch aus einer gegebenen Häufigkeitstabelle wie beispielsweise einem Notenspiegel berechnen lässt. Hierzu dient die Formel:

$$\bar{x} = \frac{1}{n}\sum_{v=1}^{k} x_v \cdot n_v = \sum_{v=1}^{k} x_v \cdot f_v. \qquad (3.6)$$

Diese soll anhand des Beispiels aus der Häufigkeitstabelle der Abb. 3.2 berechnet werden – auch wenn es sich hier um eine ordinale Variable handelt. Der Index v durchläuft nun nicht mehr die Anzahl der Beobachtungen, sondern die unterschiedlichen Ausprägungen der betrachteten ordinalen Variablen *Angebotsvielfalt* (*sehr schlecht, schlecht, mittelmäßig, gut* und *sehr gut*). Der Wert n_v entspricht der absoluten Anzahl der Beobachtungen einer Ausprägung. Für die Ausprägung *gut* ergibt sich somit ein Wert von $n_v = n_4 = 62$. Die Variable x_v nimmt den Ausprägungswert des Index v an: Die Ausprägung *sehr schlecht* nimmt den Wert $x_1 = 1$, die Ausprägung *schlecht* den Wert $x_2 = 2$ etc. an. Für den Mittelwert ergibt sich also:

$$\bar{x} = \frac{1}{850} \cdot (391 \cdot 1 + 266 \cdot 2 + 92 \cdot 3 + 62 \cdot 4 + 39 \cdot 5) = 1{,}93. \qquad (3.7)$$

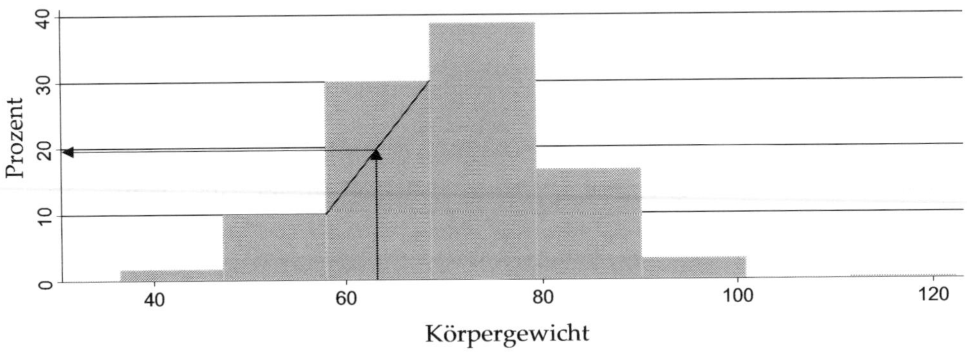

Abb. 3.12 Berechnung des Mittelwerts aus klassierten Daten

Im Durchschnitt bewerten die Probanden das Angebot mit 1,93, also eher schlecht. Der Mittelwert hätte dabei auch über die relativen Häufigkeiten der einzelnen Ausprägungen f_v berechnet werden können:

$$\bar{x} = (0{,}46 \cdot 1 + 0{,}313 \cdot 2 + 0{,}108 \cdot 3 + 0{,}073 \cdot 4 + 0{,}046 \cdot 5) = 1{,}93. \quad (3.8)$$

Last but not least können die Mittelwerte auch *aus klassierten Daten* berechnet werden:

$$\bar{x} = \frac{1}{n} \sum_{v=1}^{k} n_v m_v = \sum_{v=1}^{k} f_v m_v, \quad (3.9)$$

wobei m_v die v-te Klassenmitte ist.

Von Studierenden wird dies nicht selten mit der Berechnung aus Häufigkeitstabellen verwechselt, da auch bei letzteren Klassen von Ausprägungen vorliegen. Bei der Berechnung aus klassierten Daten geht es aber darum, den Mittelwert aus metrischen und danach zu Klassen zusammengefassten Variablen unter bestimmten Annahmen zu berechnen. Im Prinzip lässt sich so der Mittelwert aus einem Histogramm bestimmen. Betrachten wir hierzu nochmals Abb. 3.7. Natürlich entspricht die Berechnung des Durchschnitts des Körpergewichts im Abbildungsteil 1 der Berechnung aus einer Urliste. Wie wird aber vorgegangen, wenn eben nicht die Urliste, sondern lediglich die Informationen des Histogramms vorliegen? Hierzu in Abb. 3.12 eine etwas übersichtlichere Darstellung des entsprechenden Histogramms mit nur sechs Klassen.

Implizit wird zunächst von der Annahme ausgegangen, dass sich alle Beobachtungen innerhalb einer Klasse gleichmäßig verteilen. Die kumulierte Häufigkeit steigt dann annahmegemäß linear von der Klassenunter- zur Klassenobergrenze an. Der Mittelwert der Häufigkeit einer Klasse liegt dann zwangsläufig bei der Klassenmitte. Den Gesamtmittelwert ermittelt man schließlich durch die Addition aller Produkte aus Klassenmitte und den dazugehörigen relativen Häufigkeiten.

Tab. 3.1 Beispiel für die Mittelwertberechnung aus klassierten Daten (Schwarze 2008, S. 16)

Wasserverbrauch [in l]	0–200	200–400	400–600	600–1000
Rel. Häufigkeit	0,2	0,5	0,2	0,1

Ein weiteres Beispiel soll die Berechnung nochmals verdeutlichen. In Tab. 3.1 sind Informationen über den Wasserverbrauch verschiedener Privathaushalte gegeben und gesucht wird der durchschnittliche Verbrauch. Es ergibt sich:

$$\bar{x} = \sum_{v=1}^{k} f_v m_v = \sum_{v=1}^{4} f_v m_v = 0{,}2 \cdot 100 + 0{,}5 \cdot 300 + 0{,}2 \cdot 500 + 0{,}1 \cdot 800 = 350 \text{ Liter.} \quad (3.10)$$

Insgesamt lässt sich bis hierher feststellen, dass bei allen Berechnungsformen des Mittelwertes von äquidistanten Abständen zwischen den Ausprägungen ausgegangen wird. Deshalb verbietet sich die Mittelwertbestimmung für nominale Variablen in jedem Fall. Aus gleichem Grund dürfte streng genommen auch für ordinale Variablen kein Mittelwert berechnet werden. Vertritt man allerdings hier nicht die Position „dogmatischer“ Theoretiker, sondern die eines praxisorientierten Empirikers, so ist bei Unterstellung von Äquidistanz und hinreichend großer Stichprobe (ca. $n > 99$) auch bei ordinalen Variablen die Berechnung von Mittelwerten vorzufinden.

Die Bedeutung des Durchschnittswertes wurde bereits in Abschn. 3.1 anhand des Beispiels der Durchschnittsnote einer Klausur „entzaubert“. Eine Durchschnittsnote von 3,0 kommt dabei zustande, wenn alle Studierenden eine 3,0 schreiben. Der gleiche Durchschnitt ergibt sich aber ebenfalls, wenn 50 Prozent der Studierenden eine 1,0 und die anderen 50 Prozent eine 5,0 schreiben. Auch wenn die Wahl des nächsten Reiseziels mit Hilfe des Temperaturdurchschnitts getroffen würde, könnte man letztlich sehr falsch liegen. Die Durchschnittstemperaturen liegen in Peking, Quito und Mailand bei 12 °C. Dennoch werden Sie die Temperaturen in den drei Städten unterschiedlich wahrnehmen: Der Winter ist in Peking kälter als der in Stockholm und der Sommer heißer als in Rio de Janeiro. In Mailand schwanken die Temperaturen im mediterranen Intervall, während sie in Quito aufgrund der Höhenlage über das Jahr fast überhaupt nicht schwanken (Swoboda 1971, S. 36)

Der Durchschnitt ist mitnichten immer die informationsgeladene Zahl, die alles das ausdrückt, was sonst in Tabellen und Abbildungen kompliziert versteckt zu sein scheint. Vielmehr kann er irreführend sein, wenn keine Angaben über die Streuung – also beispielsweise die durchschnittliche Abweichung vom Durchschnitt – gemacht werden oder Gewichtungen und Bezugsgrößen unterschlagen werden. Die Liste amüsanter Beispiele ist dabei lang und lässt sich insbesondere bei Krämer (2005, S. 61 ff.) nachlesen:

- Zunächst ergeben Mittelwerte in den seltensten Fällen auch real existierende Zahlen: Wie soll man sich beispielsweise den Nachkommaanteil bei 1,7 Kindern pro Familie oder bei 3,5 Sexualpartnern pro Bundesbürger vorstellen?

- Bei der Berechnung des arithmetischen Mittels werden alle Werte gleich behandelt. Ein Imbissbudenbesitzer im Wilden Westen müsste auf die Frage, woraus sein Wildragout besteht, dann antworten: *Halb und Halb – ein Pferd und ein Kaninchen*. Es ist also nicht immer opportun, die einzelnen Werte in der Berechnung gleich – also ungewichtet – zu berücksichtigen. Ungewichtet berechnet würde es sich beim oben genannten Wildragout also eher um ein Pferdegulasch handeln. Bezogen auf ein ökonomisches Beispiel ergibt der Durchschnittslohn nicht zwangsläufig 25 Geldeinheiten (GE), wenn der Durchschnittslohn der Frauen 20 GE und der der Männer 30 GE beträgt. Bei einem männlichen Anteil von 70 Prozent ergibt sich nämlich: $0{,}7 \cdot 30\ \text{GE} + 0{,}3 \cdot 20\ \text{GE} = 27\ \text{GE}$. Man spricht dann vom *gewichteten arithmetischen Mittel* oder vom *gewogenen arithmetischen Mittel*. Ähnlich geht das Statistische Bundesamt bei seiner Berechnung der Teuerungsrate vor, die anhand von Produkten eines Warenkorbes berechnet wird. Der Preis einer Banane wird dabei selbstverständlich nicht genauso gewichtet wie der Preis eines KFZ, sondern mit den durchschnittlichen Verbrauchsanteilen eines Haushaltes gewichtet.
- Auch durch unterschiedliche Wahl der Bezugsbasis – also dem Nenner bei der Berechnung des Durchschnitts – können Aussagen verändert werden. Betrachtet man die Anzahl der Verkehrstoten je zurückgelegtem Passagierkilometer, so ergeben sich für die Bahn 9 Verkehrstote auf 10 Mrd. Kilometern und für das Flugzeug lediglich 3 Verkehrstote auf 10 Mrd. Kilometern. Das sind auch die Mittelwerte, die gerne von den Fluglinien werbedienlich kommuniziert werden. Beziehen wir diese Zahlen nun nicht auf die zurückgelegte Strecke, sondern auf die Zeit, die man sich der Gefahr des Verkehrsmittels aussetzt, ergeben sich völlig andere Gefahrenpotenziale: Für die Bahn ergeben sich 7 Verkehrstote auf 100 Mio. Passagierstunden und für das Flugzeug 24 Verkehrstote auf 100 Mio. Passagierstunden. Beide Bezugsbasen haben ihre Berechtigung. Aufgabe des Empirikers muss es aber sein, die Wahl der Bezugsgröße zu begründen. Der unter Flugangst leidende Autor dieses Buches stimmt dabei der Aussage Krämer (2005, S. 70) zu, dass die Bezugsgröße der Passagierstunden weit sinnvoller ist, denn schließlich hat man in der Regel auch keine Angst am Abend zu Bett zu gehen, obwohl die Wahrscheinlichkeit darin zu sterben fast 99 Prozent beträgt. Auch hier sollte die Wahrscheinlichkeit auf die zeitliche Dauer bezogen werden, die letztlich im Bett verbracht wird.

3.2.3 Geometrisches Mittel

Während die oben beschriebenen Probleme häufig aus vorsätzlicher oder unachtsamer Unterlassung von Gewichtungen oder Wahl von Bezugsbasen resultieren, so steht dennoch die Verwendung des arithmetischen Mittels (gewichtet und mit entsprechender Bezugsbasis) als Lageparameter nicht in Frage. Allerdings existieren auch Situationen, in denen die Verwendung des arithmetischen Mittels zu falschen Ergebnissen führt. Dies gilt in den Wirtschaftswissenschaften vor allem dann, wenn es um Veränderungs- oder Wachstums-

Jahr	Umsatz [Mio.]	Veränderung	Umsatzveränderung bei arithm. Mittel	Umsatzveränderung bei geom. Mittel
2002	20.000,00 €		20.000,00 €	20.000,00 €
2003	22.000,00 €	10,000%	20.250,00 €	20.170,56 €
2004	20.900,00 €	-5,000%	20.503,13 €	20.342,57 €
2005	18.810,00 €	-10,000%	20.759,41 €	20.516,04 €
2006	20.691,00 €	10,000%	21.018,91 €	20.691,00 €
Arithmetisches Mittel		1,250%		
Geometrisches Mittel		0,853%		

Abb. 3.13 Geometrisches Mittel: Ein Beispiel

raten geht. Diese berechnen sich aus Datenmaterial, das über die Zeit hinweg betrachtet und deshalb auch als Zeitreihe bezeichnet wird. In Abb. 3.13 seien einmal die Umsätze und deren Veränderungsraten für fünf Jahre aufgeführt.

Verwendet man nun das arithmetische Mittel zur Berechnung der durchschnittlichen Veränderungsraten des Umsatzes, so erhält man den Wert 1,25 Prozent. Dies würde bedeuten, dass der Umsatz pro Jahr um durchschnittlich 1,25 Prozent gestiegen sein müsste. Angewendet auf den Ausgangswert von 20.000,00 € ergibt sich für das Jahr 2006 ein Umsatz von 21.018,91 € und leider nicht – wie tatsächlich realisiert – ein Umsatz von 20.691,00 €. Die Berechnung von durchschnittlichen Veränderungsraten mit Hilfe des arithmetischen Mittels führt also zu falschen Ergebnissen! In solchen Fällen wird deshalb auf die Berechnung des *geometrischen Mittels für Veränderungsraten* (*engl.*: geometric mean) zurückgegriffen. Dieser Parameter verkettet den Anfangsumsatz aus dem Jahre 2002 über die einzelnen Veränderungsraten bis zum Endumsatz in 2006. Es ergibt sich:

$$U_6 = U_5 \cdot (1 + 0{,}1) = (U_4 \cdot (1 - 0{,}1)) \cdot (1 + 0{,}1)\,, \tag{3.11}$$

$$\Rightarrow U_6 = (U_2 \cdot (1 + 0{,}1)) \cdot (1 - 0{,}05) \cdot (1 - 0{,}1) \cdot (1 + 0{,}1)\,. \tag{3.12}$$

Möchte man aus dieser Verkettung die durchschnittliche Umsatzveränderung berechnen, so müssen die vier Veränderungsraten $(1+0{,}1)\cdot(1-0{,}05)\cdot(1-0{,}1)\cdot(1+0{,}1)$ zusammen den gleichen Wert ergeben, wie die viermalige Anwendung der durchschnittlichen Veränderungsrate, nämlich:

$$\left(1 + \bar{p}_{geom}\right) \cdot \left(1 + \bar{p}_{geom}\right) \cdot \left(1 + \bar{p}_{geom}\right) \cdot \left(1 + \bar{p}_{geom}\right) = \left(1 + \bar{p}_{geom}\right)^4. \tag{3.13}$$

Für das geometrische Mittel ergibt sich somit eine jährliche Veränderungsrate von:

$$\bar{p}_{geom} = \sqrt[4]{(1 + 0{,}1) \cdot (1 - 0{,}05) \cdot (1 - 0{,}1) \cdot (1 + 0{,}1)} - 1 = 0{,}853 \text{ Prozent.} \tag{3.14}$$

Aus der letzten Spalte in Abb. 3.13 wird deutlich, dass dieser Wert die Umsatzentwicklung zwischen 2002 und 2006 richtig beschreibt. Generell gilt für die Ermittlung von durchschnittlichen Veränderungsraten also folgende Formel:

$$\bar{p}_{geom} = \sqrt[n]{(1+p_1)\cdot(1+p_2)\cdot\ldots\cdot(1+p_n)} - 1 = \sqrt[n]{\prod_{i=1}^{n}(1+p_i)} - 1. \quad (3.15)$$

Das geometrische Mittel für Veränderungsraten ist ein Sonderfall des geometrischen Mittels, das sich wie folgt definiert:

$$\bar{x}_{geom} = \sqrt[n]{x_1\cdot x_2\cdot\ldots\cdot x_n} = \sqrt[n]{\prod_{i=1}^{n} x_i}. \quad (3.16)$$

Es entspricht dem arithmetischen Mittel der Logarithmen und ist nur für positive Werte definiert. Bei ungleich großen Einzelbeobachtungen ist das geometrische Mittel immer kleiner als das arithmetische Mittel. Liegen alle Werte als Logarithmen vor, gilt für das arithmetische Mittel:

$$\begin{aligned}\bar{x}_{geom} &= \frac{1}{n}\left(\ln(x_1)+\ldots+\ln(x_n)\right) = \frac{1}{n}\ln(x_1\cdot\ldots\cdot x_n) \Leftrightarrow \\ \bar{x}_{geom} &= \ln(x_1\cdot\ldots\cdot x_n)^{\frac{1}{n}} = \sqrt[n]{\prod_{i=1}^{n} x_i}\end{aligned} \quad (3.17)$$

3.2.4 Harmonisches Mittel

Ein in der Wirtschaftswissenschaft selten benötigtes Maß ist das sogenannte Harmonische Mittel (*engl.*: harmonic mean). Dies mag ein Grund dafür sein, dass es ein wenig in Vergessenheit geraten ist und stattdessen das arithmetische Mittel berechnet wird, was unter bestimmten Umständen allerdings falsch sein kann. Das harmonische Mittel wird immer dann angewendet, wenn aus Zähler und Nenner bestehende *Verhältniszahlen* (z. B. Arbeitslosenquote, Umsatzrentabilität, Kilometer pro Stunde, Preis pro Liter, Einwohner pro Quadratmeter, etc.) zu mitteln sind und die *Größen im Nenner nicht identisch sind*. Nehmen wir beispielsweise die Umsatzproduktivität (Umsatz pro Beschäftigten) von drei Unternehmen mit unterschiedlichen Beschäftigten-, aber identischen Umsatzzahlen einer Region in Tab. 3.2 an.

Zunächst können wir uns fragen, welche Umsatzproduktivität die Unternehmen *unabhängig von der jeweiligen Unternehmensgröße* haben. Jedes Unternehmen würde dann mit einer einfachen Gewichtung bei der Berechnung berücksichtigt. Es ergibt sich ein durchschnittlicher Umsatz je Beschäftigten von:

$$\bar{x} = \frac{1}{3}\left(\frac{U_1}{B_1}+\frac{U_2}{B_2}+\frac{U_3}{B_3}\right) = 433{,}33\,€. \quad (3.18)$$

Tab. 3.2 Harmonisches Mittel

	Umsatz	Beschäftigte	Umsatz pro Beschäftigten	Formel in Excel
	1000 €	10	100 €	
	1000 €	5	200 €	
	1000 €	1	1000 €	
Summe	3000 €	16	1300 €	SUMME(D3:D5)
Arithm. Mittel			433,33 €	MITTELWERT(D3:D5)
Harmonisches Mittel			187,50 €	HARMITTEL(D3:D5)

Würde dieser Wert für alle Beschäftigten zutreffen, müssten die Unternehmen mit ihren 16 Beschäftigten zusammen einen Umsatz von $16 \cdot 433{,}33\,€ \approx 6933\,€$ erwirtschaften, was sich bei Betrachtung der obigen Tabelle als falsch erweist. Es entsteht nämlich lediglich ein Umsatz von 3000 €. Bei der Lösung der Frage, wie viel Umsatz die Unternehmen erwirtschaften, muss berücksichtigt werden, dass die Unternehmen unterschiedlich viele Mitarbeiter beschäftigen und auch in unterschiedlichem Umfang zur Gesamtproduktivität beitragen. Deutlich wird dies darin, dass die Unternehmen bei gleichem Umsatz (identischer Zähler) unterschiedliche Beschäftigungszahlen und somit unterschiedliche Werte im Nenner stehen haben. Der Beitrag eines jeden Beschäftigten am Umsatz wird ermittelt, indem man die einzelnen ($i = 1, \ldots, 3$) Umsatzproduktivitäten (UP_i) mit der jeweiligen Beschäftigtenzahl (n_i) gewichtet, diese addiert und dann durch die Anzahl aller Beschäftigten der Region teilt. Es ergibt sich ein mit der Beschäftigtenzahl gewichtetes arithmetisches Mittel:

$$\frac{n_1 \cdot UP_1 + n_2 \cdot UP_2 + n_3 \cdot UP_3}{n} = \frac{10 \cdot 100}{16}\,€ + \frac{5 \cdot 200}{16}\,€ + \frac{1 \cdot 1000}{16}\,€ \approx 187{,}50\,€. \tag{3.19}$$

Die 16 Beschäftigten erzeugen in diesem Fall tatsächlich den anfallenden Umsatz von 3000 €. Sind nun die Gewichtungen des Nenners (Anzahl der Beschäftigten) unbekannt, muss der entsprechende Wert für die $k = 3$ Umsatzproduktivitäten mit Hilfe des *ungewogenen harmonischen Mittels* berechnet werden:

$$\bar{x}_{harm} = \frac{k}{\sum_{i=1}^{k} \frac{1}{x_i}} = \frac{k}{\sum_{i=1}^{k} \frac{1}{UP_i}} = \frac{3}{\frac{1}{100\,€} + \frac{1}{200\,€} + \frac{1}{1000\,€}} = 187{,}50 \frac{€}{\text{Beschäftigten}}. \tag{3.20}$$

Ein weiteres Beispiel mag das harmonische Mittel verdeutlichen: Ein Student geht drei Kilometer zu Fuß zur Hochschule. Aufgrund der Beschaffenheit der Strecke legt er den ersten Kilometer mit zwei km/h, den zweiten Kilometer mit drei km/h und den letzten Kilometer mit vier km/h zurück. Die Durchschnittsgeschwindigkeit berechnet sich diesmal ebenfalls nicht mit:

$$\bar{x} = \frac{1}{3}\left(2\frac{km}{h} + 3\frac{km}{h} + 4\frac{km}{h}\right) = 3\frac{km}{h}. \tag{3.21}$$

Das würde nämlich bedeuten, dass er eine Stunde für den Weg bräuchte. Zerlegt man den Weg in Teilwege, benötigt er für den ersten Kilometer 30 Minuten, für den Zweiten 20 Minuten und für den Letzten 15 Minuten. Die im Nenner stehenden Dauern unterscheiden sich also hinsichtlich der jeweiligen Teilstrecke. Insgesamt benötigt er also 65 Minuten. Für die gewichtete Durchschnittsgeschwindigkeit ergibt sich 2,77 km/h.[7] Oder für die $k = 3$ Teilstrecken auch mit der Formel des harmonischen Mittels berechnet:

$$\bar{x}_{harm} = \frac{k}{\sum\limits_{i=1}^{k} \frac{1}{x_i}} = \frac{3}{\frac{1}{2\frac{km}{h}} + \frac{1}{3\frac{km}{h}} + \frac{1}{4\frac{km}{h}}} = 2{,}77\frac{km}{h}. \tag{3.22}$$

Bisher sind wir davon ausgegangen, dass die Einheiten im Zähler für jede Beobachtung identisch groß sind. So hatten im ersten Beispiel alle drei Unternehmen einen Umsatz von 1000 € und im zweiten Beispiel waren alle Teilstrecken mit einem Kilometer identisch groß. Ist dies nicht der Fall, muss das *gewogene harmonische Mittel* berechnet werden. Hätten die obigen $k = 3$ Unternehmen beispielsweise die Umsatzzahlen $n_1 = 1000$ €, $n_2 = 2000$ € und $n_3 = 5000$ € gehabt, dann ergibt sich folgende Berechnung:

$$\bar{x}_{harm} = \frac{n}{\sum\limits_{i=1}^{k} \frac{n_i}{x_i}} = \frac{n}{\sum\limits_{i=1}^{k} \frac{n_i}{UP_i}} = \frac{1000\,€ + 2000\,€ + 5000\,€}{\frac{1000\,€}{100\,€} + \frac{2000\,€}{200\,€} + \frac{5000\,€}{1000\,€}} = 500\frac{€}{\text{Beschäftigten}}. \tag{3.23}$$

Das ungewogene harmonische Mittel ist somit nur ein Spezialfall des gewogenen harmonischen Mittels.

Nicht immer führen Brüche automatisch zur Verwendung des harmonischen Mittels. Liegen beim obigen Beispiel des Weges zur Hochschule nicht vorgegebene *Teilwege*, sondern vorgegebene *Zeiten* vor, muss richtigerweise das arithmetische Mittel zur Berechnung der Durchschnittsgeschwindigkeit verwendet werden. In diesem Fall wäre die Größe im Nenner (Zeit) identisch festgelegt und die Größe im Zähler (Länge der Teilstrecke) würde sich hieraus ergeben. Würde der Student eine Stunde lang mit zwei km/h, eine weitere Stunde mit drei km/h und eine letzte Stunde mit vier km/h laufen, ergibt sich tatsächlich eine durchschnittliche Geschwindigkeit von:

$$\bar{x} = \frac{1}{3}\left(2\frac{km}{h} + 3\frac{km}{h} + 4\frac{km}{h}\right) = 3\frac{km}{h}. \tag{3.24}$$

Das harmonische Mittel wird also immer dann verwendet, wenn erstens Verhältniszahlen (z. B. km/h) vorliegen und zweitens die Gewichte in der Maßeinheit des Zählers (z. B.

[7] (30 Minuten · 2 km/h + 20 Minuten · 3 km/h + 15 Minuten · 4 km/h)/65 Minuten = 2,77 km/h.

km) angegeben sind. Liegen die Gewichte in den Maßeinheiten des Nenners (z. B. Stunde) vor, berechnet man das arithmetische Mittel. Abschließend sei noch bemerkt, dass das harmonische Mittel – genau wie das geometrische Mittel – nur für von null verschiedene und positive Werte definiert ist. Es gilt für ungleich große Einzelbeobachtungen:

$$\bar{x}_{harm} < \bar{x}_{geom} < \bar{x}. \tag{3.25}$$

3.2.5 Der Median

Ein letztes Beispiel soll nun nochmals zeigen, wann der Mittelwert als „repräsentative" Interpretationsgröße fehlläuft und welche weiteren Möglichkeiten zur Bestimmung der Lage einer Verteilung bestehen. Stellen Sie sich vor, Sie sind Mitarbeiter einer Werbeagentur und sollen für eine Windelwerbung das Alter eines „durchschnittlichen Windelverbrauchers" ermitteln. Hierzu ergeben sich die fiktiven Werte in Tab. 3.3.

Aus obiger Kenntnis der Berechnung der Mittelwerte über die Klassenmitte klassierter Daten ergibt sich:[8]

$$\bar{x} = 0{,}3 \cdot 0{,}5 + 0{,}15 \cdot 1{,}5 + 0{,}25 \cdot 3{,}5 + 0{,}04 \cdot 8 + 0{,}03 \cdot 36 + 0{,}23 \cdot 81 \approx 21 \text{ Jahre.} \tag{3.26}$$

Der durchschnittliche Windelbenutzer befände sich mit rund 21 Jahren also im besten studentischen Alter. Nicht nur die Tatsache, dass es an Hochschulen (fast) keine Wickelräume gibt, lässt uns an diesem Ergebnis zweifeln. Die beiden hohen Werte an den Randklassen 0–1 Jahr und 61–100 Jahre führen zu einer zweigipfeligen (bimodalen) Verteilung und lassen den Mittelwert paradoxerweise genau in die Altersklasse fallen, in der der Windelverbrauch am geringsten ist.

Welche weiteren Möglichkeiten der Ermittlung des durchschnittlichen Windelbenutzers bestehen nun? Sicher würde der Modalwert die wichtigste Gruppe der 0–1 Jährigen durchaus treffen. Aber auch der sogenannte *Median* (*engl.*: median) liefert nicht nur in solchen Fällen treffendere Ergebnisse. Der Median ist der Wert, bei dem der *nach der Größe geordnete Datensatz* in zwei gleich große Hälften geteilt wird. Genau 50 Prozent der Werte sind kleiner und 50 Prozent der Werte sind größer als der Median.[9] Bei dem

Tab. 3.3 Absatzanteile nach Altersklassen für Windelbenutzer

Altersklasse [in Jahren]	Unter 1	1	2–4	5–10	11–60	61–100
Relative Häufigkeit	30 %	15 %	25 %	4 %	3 %	23 %
Kumuliert: F(x)	30 %	45 %	70 %	74 %	77 %	100 %

[8] Der Wert für die letzte Klassenmitte ergibt sich dabei folgendermaßen: Die halbe Breite der Klasse entspricht: $(101 - 61)/2 = 20$. Daraus berechnet sich die Klassenmitte mit $61 + 20 = 81$ Jahren.

[9] Dies gilt strenggenommen nur für den Fall, dass der Median zwischen zwei Realisationen liegt also bei einer geraden Anzahl an Beobachtungen. Fällt der Median genau auf eine Beobachtung – also

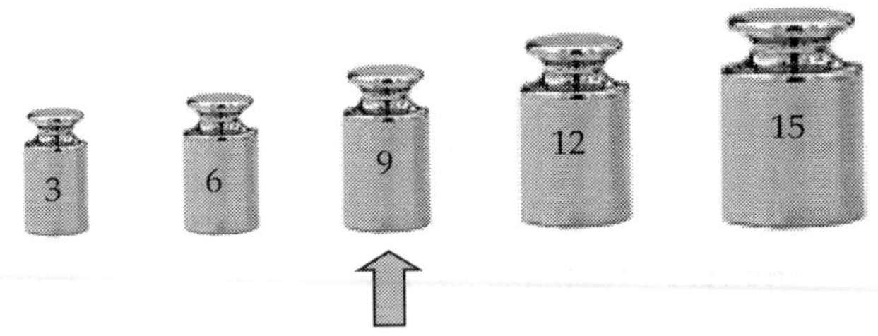

Abb. 3.14 Der Median als zentraler Wert unklassierter Daten

in der Mitte des geordneten Datensatzes stehenden Wert spricht man deshalb auch häufig vom *Zentralen Wert*.

In Abb. 3.14 sind fünf Gewichte der Schwere nach geordnet. Der Median entspricht dem Wert $\tilde{x} = x_{0,5} = x_{(3)} = 9$, da jeweils 50 Prozent der Gewichte links und rechts des Gewichts drei liegen.

Zur Berechnung des Medians existieren unterschiedliche Formeln. Wird der Median aus einer *Urliste* – also aus unklassierten Daten – berechnet, finden sich in den meisten Statistikbüchern die Formeln

$$\tilde{x} = x_{\left(\frac{n+1}{2}\right)} \tag{3.27}$$

für eine ungerade Anzahl von Beobachtungen (n) und

$$\tilde{x} = \frac{1}{2}\left(x_{\left(\frac{n}{2}\right)} + x_{\left(\frac{n}{2}+1\right)}\right) \tag{3.28}$$

für eine gerade Anzahl.

Im obigen Gewichte-Beispiel ergibt sich somit:

$$\tilde{x} = x_{\left(\frac{n+1}{2}\right)} = x_{\left(\frac{5+1}{2}\right)} = x_{(3)} = 9. \tag{3.29}$$

Bei der Ausprägung des im *geordneten Datensatz* an dritter Stelle liegenden Gewichts handelt es sich um den Median. Wird der Median wie in unserem Windelbeispiel aus einem *klassierten Datensatz* ermittelt, findet folgende Formel Anwendung:

$$\tilde{x} = x_{0,5} = x_{i-1}^{OG} + \frac{0{,}5 - F\left(x_{i-1}^{OG}\right)}{f\left(x_i\right)}\left(x_i^{OG} - x_i^{UG}\right). \tag{3.30}$$

Zunächst wird die Klasse identifiziert, bei der 50 Prozent der Beobachtungen gerade noch nicht überschritten sind. In unserem Windelbeispiel ist das die Altersklasse der Einjährigen. Der Median liegt dann über der Obergrenze x_{i-1}^{OG} dieser Klasse, also über dem Alter von einem Jahr. Aber um wie viele Jahre darüber? Letztlich fehlen zwischen dem

im Fall einer ungeraden Anzahl an Beobachtungen – sind 50 Prozent von (n – 1) Beobachtungen kleiner und 50 Prozent von (n – 1) Beobachtungen größer als der Median.

geforderten Wert von 0,5 und dem Wert der Obergrenze $F\left(x_{i-1}^{OG}\right) = 0{,}45$ eine Differenz von fünf Prozentpunkten der Beobachtungen:

$$0{,}5 - F\left(x_{i-1}^{OG}\right) = 0{,}5 - 0{,}45 = 0{,}05. \tag{3.31}$$

Diese fünf Prozentpunkte müssen nun aus der nächstgrößeren (i-ten) Klasse zugerechnet werden, da in ihr der Median liegen muss. Die fünf Prozentpunkte werden ins Verhältnis zur relativen Häufigkeit dieser gesamten Klasse gesetzt:

$$\frac{0{,}5 - F\left(x_{i-1}^{OG}\right)}{f(x_i)} = \frac{0{,}5 - 0{,}45}{0{,}25} = 0{,}2. \tag{3.32}$$

Also 20 Prozent der Breite der Altersklasse, in der der Median selbst liegt, müssen nun altersmäßig hinzugerechnet werden. Es ist zu beachten, dass sich hier ein Δi von 3 Jahren ergibt, da die Klasse alle Personen umfasst, die zwei, drei und vier Jahren alt sind! Es ergibt sich somit ein Median von

$$\tilde{x} = 2 + 20\,\% \cdot 3 = 2{,}6 \text{ Jahren}. \tag{3.33}$$

Dies ist ein durchaus realistischerer Wert als der durch das arithmetische Mittel errechnete Wert. Allerdings sei an dieser Stelle angemerkt, dass die Berechnung des Medians bei bimodalen Verteilungen prinzipiell genauso problematisch sein kann, wie die Berechnung des Mittelwerts. Das realistischere Ergebnis liegt hier ausschließlich an der Besonderheit des Beispiels. Der Median eignet sich besonders bei Vorliegen von vielen Ausreißern (vgl. Abschn. 2.5). Die Vorgehensweise kann in Abb. 3.15 nochmals nachvollzogen werden.

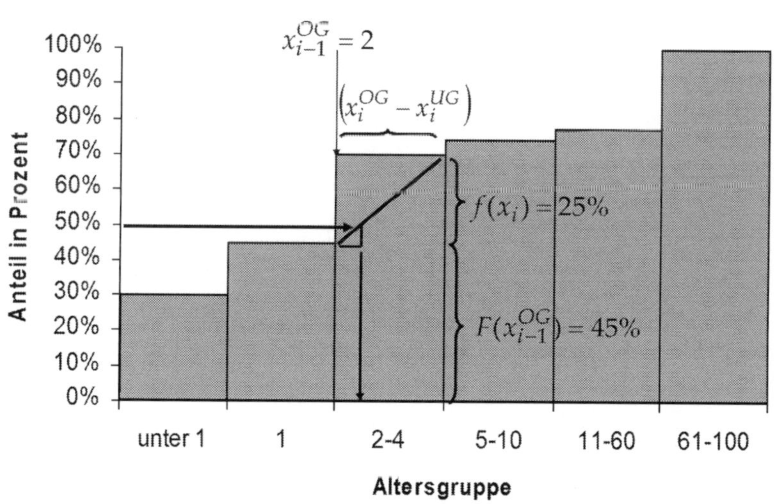

Abb. 3.15 Der Median als zentraler Wert klassierter Daten

3.2.6 Quartile und Quantile

Neben dem Median existieren weitere wichtige Lageparameter, die ebenfalls auf einer Aufteilung (Quantelung) des geordneten Datensatzes beruhen. Diese Parameter werden deshalb auch als *Quantile* (*engl.*: quantiles) – manchmal als Perzentile (*engl.*: percentiles) – bezeichnet. Ihre Berechnungen setzen zumindest ein ordinales Skalenniveau voraus und sie definieren sich analog zum Median: In einem geordneten Datensatz ist das p-Prozent-Quantil der Wert, bei dem mindestens p Prozent der Beobachtungen kleinere oder gleiche und mindestens (1–p) Prozent der Beobachtungen größere oder gleiche Werte annehmen. Ist beispielsweise das 17-Prozent-Quantil der Variablen Alter unserer Einzelhandelsbefragung gesucht, so ergibt sich ein Alter von 23 Jahren. Insgesamt sind 17 Prozent der Befragten 23 Jahre oder jünger und 83 Prozent 23 Jahre oder älter. Es wird deutlich, dass diese Interpretation der des Medians nicht nur ähnelt, sondern dass der Median letztlich nur ein Spezialfall (p = 50 Prozent) einer ganzen Klasse von Lageparametern ist, die einen geordneten Datensatz in Teile (Quantile) aufteilt.

In der Praxis haben einige der Quantile eine besondere Bedeutung gewonnen. Hierzu gehören – neben dem Median als 50-Prozent-Quantil – das 25-Prozent-Quantil und das 75-Prozent-Quantil. Da diese zusammen mit dem Median den Datensatz in vier gleichgroße Teile aufteilen, werden sie auch als unteres (25 Prozent), mittleres (50 Prozent) und oberes (75 Prozent) *Quartil* (*engl.*: quartile) bezeichnet.

Für die Berechnung von *Quantilen aus Urlisten* existiert eine Reihe von Verfahren, wobei die *Weighted Average Methode* als besonders sinnvoll eingeschätzt und deshalb von vielen Statistikprogrammen verwendet wird. Liegt beispielsweise eine geordnete Stichprobe der Größe $n = 850$ vor, und wollen wir das untere Quartil berechnen ($p = 25$ Prozent), so haben wir zunächst das Produkt $(n + 1) \cdot p$ zu bestimmen. In unserem Beispiel ergibt sich mit $(850 + 1) \cdot 0{,}25$ der Wert 212,75. Das Ergebnis setzt sich aus einem ganzzahligen Bestandteil vor dem Komma ($i = 212$) und einem Dezimalbruch nach dem Komma ($f = 0{,}75$) zusammen. Mit Hilfe des ganzzahligen Bestandteils (i) lässt sich angeben, zwischen welchen beiden Werten das gesuchte Quantil liegt, nämlich zwischen den beiden Beobachtungen (i) und (i + 1) (wenn (i) die Ordnungszahlen des *geordneten* Datensatzes darstellt) – in unserem Fall also zwischen Platz 212 und 213. Wo genau dazwischen liegt aber nun das gesuchte Quantil? Da der oben berechnete Gesamtwert mit 212,75 näher an der 213 als an der 212 liegt, sollte dies letztlich auch Berücksichtigung finden. Deshalb wird der oben berechnete Nachkommaanteil (f) zur Positionierung zwischen den beiden Werten mit Hilfe folgender Formel verwendet:

$$(1 - f) \cdot x_{(i)} + f \cdot x_{(i+1)}. \tag{3.34}$$

In unserem Butterbeispiel ergibt sich für die Variable Körpergewicht somit:

$$(1 - 0{,}75) \cdot x_{(212)} + 0{,}75 \cdot x_{(213)} = 0{,}25 \cdot 63{,}38 + 0{,}75 \cdot 63{,}44 = 63{,}43\,\text{kg}. \tag{3.35}$$

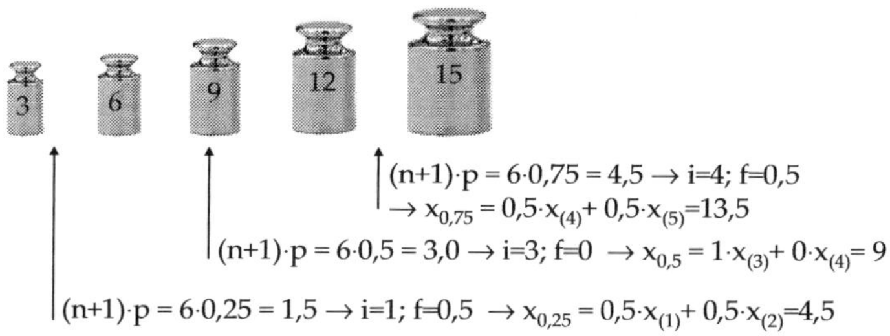

Abb. 3.16 Berechnung von Quantilen bei fünf Gewichten

Ein weiteres Beispiel für die Berechnung der Quartile bei fünf Gewichten ist Abb. 3.16 zu entnehmen.

An dieser Stelle sei angemerkt, dass bei extremen Quantilen die *Weighted Average Methode* nicht angewendet werden kann. Beispielsweise benötigt man zur Bestimmung des 99-Prozent-Quantils im Fall der fünf Gewichte in Abb. 3.16 ein sechstes Gewicht, da $(n+1)\cdot p=(5+1)\cdot 0{,}99=5{,}94$ ist. Dies existiert genau so wenig, wie das nullte Gewicht zur Bestimmung des 1-Prozent-Quantils ($(n+1)\cdot p=(5+1)\cdot 0{,}01=0{,}06$). Softwareprogramme geben in solchen Fällen die jeweils größte bzw. kleinste Variablenausprägung als Quantil an. Im Fall des Beispiels also $x_{0,99} = 15$ und $x_{0,01} = 3$.

3.3 Boxplot – Erster Einblick in die Verteilung

Wir haben nun eine Reihe von Lageparametern kennen gelernt. Alle versuchen in irgendeiner Weise die Informationen einer Datenreihe auf eine einzige Zahl, nämlich die Lage, zu reduzieren. Wir haben ebenfalls gelernt, dass diese Reduktion auf eine Zahl nicht ausreicht, um eine durch Ausreißer oder durch eine besondere Form der Streuung gekennzeichnete Verteilung beschreiben zu können. Um sich einen ersten Überblick über mögliche Abweichungen von einer „normalen" Form zu verschaffen, werden in der Praxis häufig so genannte Boxplots (*engl.*: boxplot) eingesetzt. Hierbei handelt es sich um eine kombinierte Darstellung unterschiedlichster Lageparameter. Betrachten wir hierzu ein Beispiel. Über drei Jahre wurde der wöchentliche Absatz der Salatölmarke *Salatfein* ermittelt, sodass insgesamt 156 Beobachtungen vorliegen.[10] Abbildungsteil 1 der Abb. 3.17 zeigt den entsprechenden Boxplot der Variablen Absatz pro Woche. Der Plot besteht aus einer zentralen Box, deren unterer und oberer Rand jeweils das untere bzw. das obere Quartil angibt. Die Werte werden auf der y-Achse abgelesen und liegen bei 51.093 bzw. 54.612 verkauften Produkten. Die Ränder begrenzen somit die zentralen 50 Prozent aller Beobachtungen: In 50 Prozent der beobachteten Wochen wurden mindestens 51.093 und höchstens 54.612 Produkte verkauft. Die Differenz der beiden Werte wird als *Interquar-*

[10] Die Daten liegen als Datei mit dem Namen „Salatoel" unter www.springer-gabler.de vor.

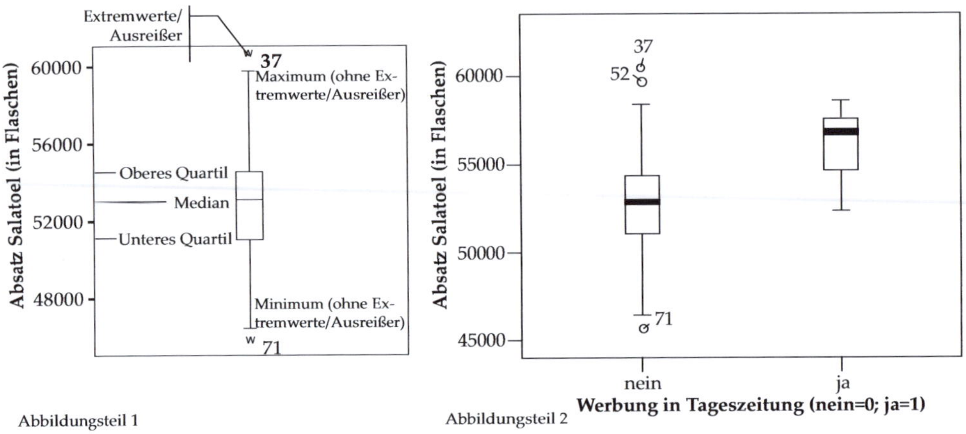

Abb. 3.17 Boxplot der Variablen Absatz pro Woche

tilsabstand (*engl.*: inter quartile range) bezeichnet. Die Linie in der Mitte der Box stellt die Lage des Medians (53.102 verkaufte Produkte) dar. Die sich an die Box anschließenden Linien beschreiben die Bereiche der kleinsten und größten 25 Prozent der Absatzmengen. Sie werden als T-Balken oder *Whisker* bezeichnet und enden in der Regel beim kleinsten bzw. beim größten Wert aller Beobachtungen. Nur wenn ein Beobachtungswert mehr als das 1,5-fache der Boxlänge vom unteren Quartil nach unten oder vom oberen Quartil nach oben entfernt liegt, wird er gesondert als potenzieller *Ausreißer* (*engl.*: outlier) gekennzeichnet. Die Whiskers berücksichtigen diese Werte somit nicht. Einige Statistikpakete (z. B. SPSS) differenzieren unterschiedliche Typen von Ausreißern, indem die Werte, die mehr als das 3-fache der Boxlänge vom unteren Quartil nach unten oder vom oberen Quartil nach oben entfernt liegen, als *Extremwerte* nochmals gesondert gekennzeichnet werden. Es ist aber fraglich, ob diese eher akademische Differenzierung sinnvoll ist, da sowohl Ausreißer als auch Extremwerte einer gesonderten Untersuchung bedürfen (vgl. hierzu Abschn. 2.5).

Betrachten wir wiederum den Boxplot in Abbildungsteil 1 aus Abb. 3.17, so lassen sich folgende Ergebnisse herauslesen:

- Mit den Beobachtungen 37 und 71 existieren Ausreißer nach oben (60.508 Abverkäufe) bzw. nach unten (45.682 Abverkäufe). Diese liegen allerdings unweit der beiden Whiskers, sodass es sich nicht um sehr starke Ausreißer handelt.
- Zwischen der besten und schlechtesten Abverkaufswoche liegen immerhin ca. 15.000 Produkte. Bezogen auf das schlechteste Ergebnis (45.682 Abverkäufe) ist das eine Abweichung von über 30 Prozent.
- Der Median liegt sehr nahe an der Mitte der Box. In einem solchen Fall sind die zentralen 50 Prozent des Datensatzes symmetrisch, da die Intervallbreite zwischen dem unteren Quartil und dem Median genau so groß ist wie die Intervallbreite zwischen

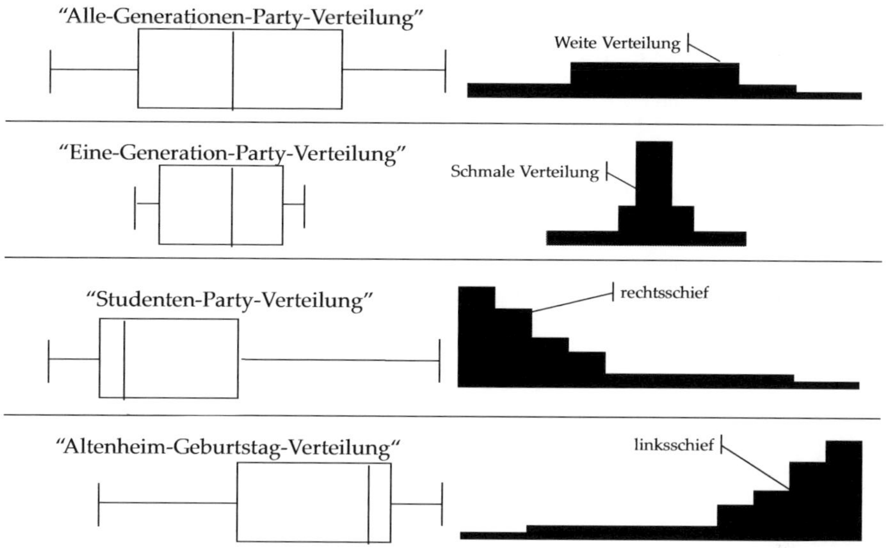

Abb. 3.18 Interpretationen unterschiedlicher Formen eines Boxplots

dem Median und dem oberen Quartil. Zudem sind die Whiskers ungefähr gleich lang, was ebenfalls die Symmetrievermutung unterstützt: Die kleinsten 25 Prozent der Abverkaufszahlen liegen in einer fast gleichen Intervallbreite wie die größten 25 Prozent.

Die Interpretationen möglicher Formen von Boxplots sind in Abb. 3.18 einmal zusammengestellt. Die Boxplots sind hier *liegend* und nicht *stehend* abgebildet. Beide Formen sind in der Praxis üblich. Während in der *stehenden* Form die Werte auf der y-Achse abgelesen werden, erfolgt es in der *liegenden* Form auf der x-Achse.

Ist der Boxplot symmetrisch – liegt der Median also in der Mitte der Box und sind die Whiskers vergleichsweise gleich lang – liegt eine symmetrische Verteilung vor. Streuen die Werte gleichzeitig sehr stark, dann liegt eine flache Verteilung ohne eindeutigen Modalwert vor. Würde man diese Verteilung auf die Altersverteilung einer Veranstaltung beziehen, würde man wohl von einer „Alle-Generationen-Party" sprechen. Streuen die Werte hingegen kaum – sind also sowohl die Box als auch die Whiskers kurz – spricht vieles für eine schmale Verteilung, also für eine Veranstaltung, die auf eine bestimmte Altersklasse ausgerichtet ist („Eine-Generation-Party"). Aber auch fehlende Symmetrie eines Datensatzes lässt sich gut am Boxplot ablesen. Ist nämlich der Median innerhalb der Box stark nach links verschoben, ist gegebenenfalls der linke Whisker vergleichsweise kurz, dann fallen 50 Prozent der Beobachtungen in ein kleines Intervall mit vergleichsweise niedrigen Werten. Die restlichen 50 Prozent der hohen Werte verteilen sich auf ein großes Intervall. Das entsprechende Histogramm ist in einem solchen Fall *rechtsschief bzw. linkssteil*. Wiederum bezogen auf das Beispiel der Altersverteilung einer Veranstaltung, würde man von einer „Studenten-Party-Verteilung" sprechen. Im umgekehrten Fall –

also wenn der Median in der Box nach rechts verschoben und der rechte Whisker vergleichsweise kurz ist – wäre die Verteilung *linksschief bzw. rechtssteil*. Die Veranstaltung wäre dann eine „Altenheim-Geburtstagsfeier".

Ein Boxplot eignet sich aber nicht nur für einen raschen Überblick über die Verteilung, sondern besonders gut für einen *Vergleich zweier oder mehrerer Verteilungen bzw. Gruppen* miteinander. Gehen wir nochmals auf unser Salatöl-Beispiel ein. In Abbildungsteil 2 der Abb. 3.17 wurden die Boxplots einmal für die Kalenderwochen ohne und einmal mit begleitender Werbung in Tageszeitungen nebeneinander gestellt. Hierdurch lässt sich leicht erkennen, welche Gruppe (mit oder ohne Werbung) einen größeren Median, einen größeren Interquartilsabstand und eine insgesamt höhere Streuung aufweist: Da der Median und die gesamte Box des Boxplots in den Kalenderwochen mit Werbung in Tageszeitungen höher liegt als in den Wochen ohne Werbung, kann von durchschnittlich höheren Abverkäufen ausgegangen werden. Dieses Ergebnis verwundert aus theoretischer Sicht wohl kaum. Allerdings lässt sich auch erkennen, dass die Verteilung in Zeiten mit Werbung linksschief ist, viel geringer streut und keine Ausreißer aufweist. In Kalenderwochen mit Werbung sind die Verkaufsabsätze vergleichsweise stabil mit einer Verdichtung der Werte dicht oberhalb des Medians.

3.4 Streuungsparameter

Mit Hilfe des Boxplots ist es nun gelungen, eine erste Idee über die Streuung der Werte um den Mittelwert bzw. den Median zu bekommen. Natürlich hat die Statistik auch Parameter entwickelt, die mit Hilfe einer Zahl die Streuung der Werte zu beschreiben versuchen. Mit dem *Interquartilsabstand* – also der Differenz zwischen oberem und unterem Quartil – haben wir im Prinzip schon einen ersten Streuungsparameter kennen gelernt:

$$\mathrm{IQA} = (x_{0,75} - x_{0,25})\,. \tag{3.36}$$

Je größer dieser Abstand, umso weiter liegen die äußeren Werte der zentralen 50 Prozent voneinander entfernt. In einigen Statistikbüchern findet man mit dem *Mittleren Quartilsabstand* eine hieraus abgeleitete Größe, indem der Interquartilsabstand lediglich durch zwei geteilt wird:

$$\mathrm{MQA} = 0{,}5 \cdot (x_{0,75} - x_{0,25})\,. \tag{3.37}$$

Auch die sog. *Spannweite* als den einfachsten zu errechnenden Streuungsparameter haben wir implizit bereits kennen gelernt. Diese ermittelt sich aus der Differenz zwischen dem größten und kleinsten Wert:

$$\text{Spannweite} = \mathrm{Max}\,(x_i) - \mathrm{Min}\,(x_i)\,. \tag{3.38}$$

Liegen die Daten klassiert vor, ermittelt sich die Spannweite aus der Differenz zwischen der Obergrenze der größten und der Untergrenze der kleinsten Klasse, in der Werte vorkommen. Es ist sofort einsichtig, weshalb die Spannweite als Streuungsmaß problematisch ist: Kein anderer Parameter muss sich bei seiner Berechnung derart auf die äußeren Werte einer Verteilung stützen. Die Spannweite ist im höchsten Maße anfällig gegenüber dem Auftreten von Ausreißern. Liegen beispielsweise 99 Werte eng beieinander und nur ein Wert liegt als Ausreißer weit von diesen entfernt, so würde die Berechnung der Spannweite zur Interpretation einer hohen Streuung führen. Dies würde aber unberücksichtigt lassen, dass 99 Prozent der Werte eben nicht stark streuen, sondern im Gegenteil sehr dicht beieinander liegen. Es ist daher sinnvoll, für die Berechnung der Streuung nicht zwei isolierte Werte heranzuziehen, sondern möglichst alle.

Eine Möglichkeit ist die Berechnung der *Mittleren Absoluten Abweichung vom Median*. Dieser Parameter verwendet den Median als Lageparameter und berechnet die Summe aller absoluten Differenzen zu jeder Beobachtung – also die Summe aller absoluten Abweichungen – und teilt diese durch die Anzahl der Beobachtungen:

$$\mathrm{MAD} = \frac{1}{n}\sum_{i=1}^{n} |x_i - \tilde{x}|. \tag{3.39}$$

In der empirischen Praxis spielt dieser Parameter im Vergleich zur im folgenden Kapitel dargestellten Varianz aber eine untergeordnete Rolle.

3.4.1 Die Standardabweichung und die Varianz

Ein geeignetes Streuungsmaß müsste uns Auskunft über die „durchschnittliche Abweichung vom Durchschnitt“ geben können. Hierzu könnten zunächst die Abstände aller Beobachtungen vom Mittelwert berechnet werden. Intuitiv könnte man auf die Idee kommen, analog zum arithmetischen Mittel diese Werte zu addieren und danach durch die Anzahl der Beobachtungen zu teilen:

$$\frac{1}{n}\sum_{i=1}^{n} (x_i - \bar{x}). \tag{3.40}$$

Hierzu sollten wir uns aber die Idee des Mittelwertes nochmals ins Gedächtnis rufen. Ausgehend vom Sinnbild einer Waage, war es eben die Besonderheit des Mittelwertes, dass die Summe der Abweichungen in die eine Richtung der Summe der Abweichungen in die andere Richtung entspricht. Addiert man also die negativen und die positiven Abweichungen einer jeden Beobachtung vom Mittelwert, so ergibt sich immer der Wert null.

Um das gegenseitige Aufheben negativer und positiver Abweichungen zu verhindern, besteht zum einen die Möglichkeit, nur die Beträge der Abweichungen zu summieren und diese durch die Anzahl der Beobachtungen zu teilen:

$$\left(\frac{1}{n}\sum_{i=1}^{n}|x_i - \bar{x}|\right). \tag{3.41}$$

In der Statistik wird allerdings immer von einer zweiten Möglichkeit Gebrauch gemacht, da diese eine Grundlage für viele weitere Verfahren darstellt: Durch die Quadrierung der negativen und positiven Abweichungen entstehen nur Werte mit positivem Vorzeichen. Die Quadratwerte werden danach addiert und durch die Anzahl der Beobachtungen geteilt. Der Streuungsparameter, der hierdurch entsteht, wird *Empirische Varianz* (*engl.*: variance) genannt und stellt den wohl wichtigsten Streuungsparameter in der empirischen Forschung dar:

$$\text{Var}(x)_{emp} = S_{emp}^2 = \frac{1}{n}\sum_{i=1}^{n}(x_i - \bar{x})^2. \tag{3.42}$$

Zieht man hieraus die Wurzel, erhält man die *Empirische Standardabweichung* (*engl.*: standard deviation), deren Interpretation derjenigen der „durchschnittlichen Abweichung vom Durchschnitt" entspricht:

$$S_{emp} = \sqrt{\text{Var}(x)_{emp}} = \sqrt{\frac{1}{n}\sum_{i=1}^{n}(x_i - \bar{x})^2}. \tag{3.43}$$

Durch die Quadrierung erhalten wenige große Abweichungen ein stärkeres Gewicht als viele kleine. Man mache es sich an folgendem Beispiel klar: Angenommen es liegen die Beobachtungen (2, 2, 4, 4) mit dem Mittelwert $\bar{x} = 3$ vor. Sie haben eine Verteilung mit vier Abweichungen von jeweils einer Einheit. Die quadrierte Summe der Abweichungen ergibt dann:

$$\sum_{i=1}^{n}(x_i - \bar{x})^2 = 1^2 + 1^2 + 1^2 + 1^2 = 4 \text{ Einheiten.} \tag{3.44}$$

Eine andere Verteilung mit den Beobachtungen (2, 4, 4, 6) und dem Mittelwert $\bar{x} = 4$ weist die gleiche Gesamtsumme der Abweichungen von $2+2=4$ Einheiten auf. Diesmal existieren zwei Beobachtungen mit einer jeweiligen Abweichung von zwei Einheiten und zwei Beobachtungen mit Abweichungen von null. Die quadrierte Fehlersumme ist dann größer:

$$\sum_{i=1}^{n}(x_i - \bar{x})^2 = 2^2 + 0^2 + 0^2 + 2^2 = 8 \text{ Einheiten.} \tag{3.45}$$

Obwohl also die Summen der Abweichungen identisch sind, führen wenige große Abweichungen zu einer größeren empirischen Varianz als viele kleine Abweichungen im gleichen Umfang ($\text{Var}(x)_{emp} = 1$ versus $\text{Var}(x)_{emp} = 2$). Dies ist ein Grund mehr, sich in einem Datensatz ausführlich mit Ausreißern zu beschäftigen. Betrachten wir ein Beispiel zur Varianz: Die von uns durchgeführte Befragung der Kunden des Einzelhändlers hat zu einem Durchschnittsalter von 38,62 Jahren und einer empirischen Standardabweichung von 17,50 Jahren geführt. Im Durchschnitt weicht jede Beobachtung also um 17,50 Jahre vom Altersdurchschnitt ab.

Schlägt man verschiedene Statistikbücher auf, so trifft man häufig auf eine leicht veränderte Formel für die Varianz bzw. die Standardabweichung. Nicht immer wird durch die Anzahl der Beobachtungen (n) geteilt, sondern auch durch die Anzahl der Beobachtungen minus eins (n − 1). Man spricht in diesem Fall von der induktiven oder von der theoretischen Varianz:

$$\mathrm{Var}\,(x)_{theor} = \frac{1}{n-1}\sum_{i=1}^{n}(x_i - \bar{x})^2 \tag{3.46}$$

bzw. der theoretischen Standardabweichung:

$$S_{theor} = \sqrt{\mathrm{Var}\,(x)_{theor}} = \sqrt{\frac{1}{n-1}\sum_{i=1}^{n}(x_i - \bar{x})^2}. \tag{3.47}$$

Dies führt nicht selten zur Verwirrung bei Studierenden: Wozu diese Unterscheidung? Die theoretische Varianz wird dann eingesetzt, wenn aus einer Stichprobe auf eine Grundgesamtheit geschlossen werden soll. Nur sie liefert eine *unverzerrte* (*engl.*: unbiased) Schätzung der Streuung aus der Stichprobe heraus auf die Grundgesamtheit, wenn der Mittelwert der Grundgesamtheit (Erwartungswert) unbekannt ist. Es kann nämlich gezeigt werden, dass man mit der empirischen Standardabweichung (S_{emp}) einer Stichprobe die wahre Standardabweichung der Grundgesamtheit unterschätzt.

Da in der Praxis fast ausschließlich Stichproben vorliegen, verzichten viele Statistikbücher sogar auf die Darstellung der empirischen Varianz. Für Analysen mit großem Stichprobenumfang ist es zudem unerheblich, ob durch n oder (n − 1) geteilt wird, da sich die Ergebnisse ohnehin kaum unterscheiden. Letztlich ist dies auch der Grund dafür, dass viele Statistikpakete nur die Werte der theoretischen Varianz (Standardabweichung) angeben und dass in vielen Publikationen und Statistikbüchern die theoretische Varianz (Standardabweichung) gemeint ist, wenn von *der* Varianz (Standardabweichung) oder von S^2 (S) gesprochen wird. Trotzdem sollte sich der Leser den kleinen (aber manchmal feinen) Unterschied bewusst machen.

3.4.2 Der Variationskoeffizient

Das Beispiel zeigt, dass die Standardabweichung – wie der Mittelwert – eine Einheit besitzt, hier die Lebensjahre. Wie lassen sich nun aber Streuungen miteinander vergleichen, die in verschiedenen Einheiten gemessen wurden? Abbildung 3.19 zeigt beispielsweise die in Zentimetern und in Zoll gemessenen Körpergrößen von fünf Kindern. Im Mittel streut die Körpergröße um 5,1 cm um den Mittelwert. In Zoll gemessen erhalten wir den Wert 2,0 Zoll. Nur weil letzterer Wert geringer ist, kann deshalb nicht auf eine geringere Streuung geschlossen werden. Sind zwei Reihen in verschiedenen Einheiten gemessen, so lassen sich die Werte der Standardabweichung als Maß für einen Vergleich der Streuung nicht nutzen. In einem solchen Fall wird der sogenannte *Variationskoeffizient* (*engl.*: coefficient of variation) eingesetzt, der sich aus dem Quotienten aus (empirischer oder theoretischer) Standardabweichung und Mittelwert berechnet:

$$V = \frac{S}{|\bar{x}|}. \tag{3.48}$$

Der Mittelwert darf dabei natürlich nicht den Wert $\bar{x} = 0$ annehmen. Der Variationskoeffizient besitzt keine Maßeinheit und drückt die Streuung als prozentualen Anteil des Mittelwertes aus. In Abb. 3.19 ist zu erkennen, dass der Variationskoeffizient mit 0,04 tatsächlich denselben Wert annimmt. Letztlich streuen die Beobachtungen mit vier Prozent des jeweiligen Mittelwertes – egal ob dieser in Zoll oder Zentimetern gemessen wird.

Nun könnte argumentiert werden, dass die unterschiedlichen Stichproben vorher in eine bestimmte Einheit (z. B. in cm) umgerechnet werden könnten und dann die Standardabweichung als Vergleichsparameter wieder zulässig wäre. Allerdings treten in der Praxis immer wieder Fälle auf, in denen eine Umrechnung nicht, oder nur mit großem Aufwand möglich ist. Wie unterscheidet sich zum Beispiel die Streuung ...

- ... des Verbrauchs von unterschiedlichen Schraubensorten, wenn eine Schraubensorte in Stück, die nächste in Gramm erhoben wurde?
- ... der wertmäßigen Abverkaufszahlen eines Produktes in Ländern mit unterschiedlichen Währungen? Auch wenn durchschnittliche Wechselkurse vorliegen, bleibt die Umrechnung immer approximativ.

In solchen – zugegebenermaßen eher seltenen Fällen – sollte der Variationskoeffizient verwendet werden.

		Kind Nr.					Mittel-		Variations-
		1	2	3	4	5	wert	S_{emp}	koeffizient
cm	x	120	130	125	130	135	128,0	5,1	0,04
Zoll	y	48	52	50	52	54	51,2	2,0	0,04

Abb. 3.19 Variationskoeffizient

3.5 Schiefe und Kurtosis

In Abb. 3.18 konnten wir mit Hilfe des Boxplots nicht nur Aussagen über die zentrale Lage und die Streuung einer Verteilung machen, sondern auch die Symmetrie der Verteilung genauer beschreiben. So haben wir am Beispiel der Altersverteilung einer Studentenparty eine linkssteile/rechtsschiefe (*engl.*: right-skewed) und am Beispiel der Altersverteilung einer Altenheim-Geburtstagsfeier eine rechtssteile/linksschiefe (*engl.*: left-skewed) Verteilungsform kennen gelernt. Selbstverständlich existieren auch Kennzahlen, die den Grad der Abweichung von der Symmetrie einer Verteilung beschreiben. Diese werden als Schiefe (*engl.*: skewness) bezeichnet. Ein einfacher Parameter von Yule/Pearson nutzt die Eigenschaft der unterschiedlichen Lage von Median und Mittelwert bei nicht symmetrischen Verteilungen. Schauen wir uns hierfür nochmals unsere bekannten Beispiele in Abb. 3.20 an.

Bei der rechtsschiefen Verteilung liegen viele Beobachtungen im linken und einige wenige Beobachtungen im rechten Teil der Grafik. Eine Studentenparty also, bei der viele (junge) Studierende (Alter 20, 21, 22, 23, 24 Jahre), aber auch einige ältere Semester oder junge Professoren (41 und 45 Jahre) anwesend sind. Die Besonderheit rechtsschiefer Verteilungen ist nun, dass der Mittelwert immer rechts vom Median liegt und deshalb $\bar{x} > \tilde{x}$ gilt. Die anwesenden älteren Semester ziehen den Mittelwert nämlich nach oben, wäh-

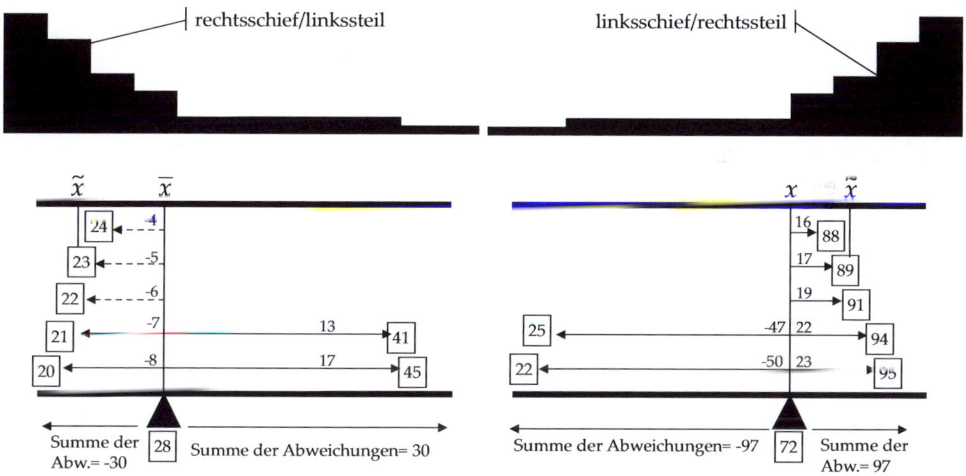

Lesehilfe:

Die umrandeten Zahlen stellen das Alter der Personen dar. Der Mittelwert ist durch das Dreieck markiert. Wie bei einer Waage, befinden sich die Abweichungen links und rechts vom Mittelwert im Gleichgewicht.

Abb. 3.20 Schiefe

rend der Median von diesen wenigen hohen Abweichungen nach oben unberührt bleibt. Bei linksschiefen Verteilungen liegt der Fall genau andersherum: Bei einem Altenheim-Geburtstag sind viele ältere Menschen, aber auch einige junge Betreuer/innen und Zivildienstleistende anwesend. Letztere ziehen den Mittelwert nach unten, sodass er links vom Median liegt ($\bar{x} < \tilde{x}$). *Yule/Pearson* drücken die Höhe der Differenz zwischen Median und Mittelwert als Grad der Abweichung von der Symmetrie aus:

$$\text{Skew} = \frac{3 \cdot (\bar{x} - \tilde{x})}{S}. \tag{3.49}$$

Werte größer als null drücken eine rechtsschiefe, Werte kleiner als null drücken eine linksschiefe und Werte gleich null drücken eine symmetrische Verteilung aus.

Der geläufigste Parameter zur Berechnung der Schiefe einer Verteilung ist aber das sogenannte *Dritte Zentrale Moment*:

$$\text{Skew} = \frac{\frac{1}{n}\sum_{i=1}^{n}(x_i - \bar{x})^3}{S^3}. \tag{3.50}$$

Um dieses zu verstehen, wollen wir uns das Beispiel der linksschiefen Verteilung der Altenheim-Geburtstagsfeier in Abb. 3.21 vergegenwärtigen. Der Mittelwert ist dabei durch die beiden jungen Betreuer/innen nach unten gezogen worden und liegt deshalb nicht mehr bei rund 91, sondern nur noch bei 72 Jahren. Trotzdem gilt natürlich die Regel, dass die Summen der Abweichungen vom Mittelwert nach links und rechts identisch groß sein müssen. Durch die Bewohner des Altenheims entstehen auf der rechten Seite des Mittelwertes *viele kleine* Abweichungen nach oben (16, 17, 19, 22, 23 Jahre). Die Summe dieser Abweichungen entspricht genau den *wenigen großen* Abweichungen nach unten, die durch die Betreuer/innen zustande kommen (47 und 50 Jahre), nämlich 97 Jahre.

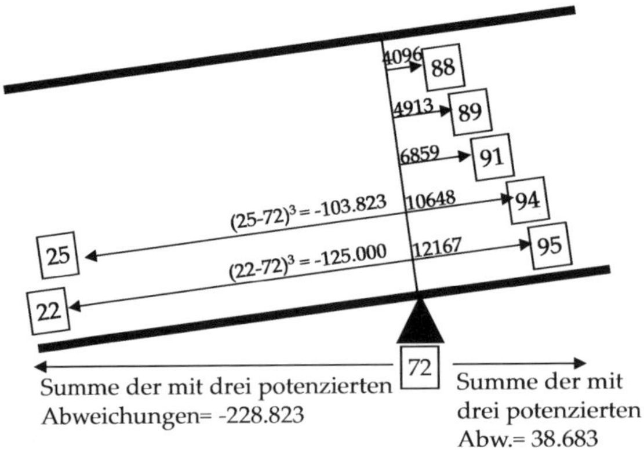

Lesehilfe:

Die umrandeten Zahlen stellen das Alter der Personen dar. Der Mittelwert ist durch das Dreieck markiert. Wie bei einer Waage befinden sich die mit drei potenzierten Abweichungen links und rechts vom Mittelwert im Ungleichgewicht.

Abb. 3.21 Idee des Dritten Zentralen Moments

Was geschieht nun aber, wenn die einzelnen Abweichungen vom Mittelwert einer jeden Beobachtung mit drei potenziert ($(x_i - \bar{x})^3$) und danach einmal für die Beobachtungen links und einmal für die Beobachtungen rechts vom Mittelwert aufsummiert werden? Der Wert der beiden Betreuer/innen ergibt −228.823 und der Wert der älteren Heimbewohner 38.683. Während die Summen der Abweichungen also noch identisch waren, so ergeben die mit drei potenzierten Abweichungen unterschiedliche Summen. Dabei ist die Summe auf der Seite mit den vielen kleinen Abweichungen betragsmäßig geringer als die mit den wenigen großen Abweichungen. Hier wird die mathematische Eigenschaft genutzt, dass die Potenzierung größerer Werte zu einem relativ größeren Anstieg führt als die Potenzierung kleinerer Werte. Man vergegenwärtige sich beispielsweise den Verlauf einer Parabel.

Bildet man nun die Gesamtsumme aus beiden Werten, so ergibt sich für die linksschiefe Verteilung mit ($-190.140 = -228.823 + 38.683$) ein negativer Wert. Für eine rechtsschiefe Verteilung würde sich ein positiver und für symmetrische Verteilungen ein Wert von null ergeben. Ein Wert gilt dann als von null verschieden, wenn der absolute Wert der Schiefe mehr als doppelt so groß ist wie der Standardfehler der Schiefe, sodass ein Schiefewert von 0,01 nicht zwangsläufig als von null verschieden angesehen werden muss. Der Standardfehler wird bei den Statistikprogrammen mit angegeben und soll an dieser Stelle nicht weiter vertieft werden.

Nachdem die Symmetrie einer Verteilung nun auch durch einen Parameter beschrieben werden kann, fehlt lediglich eine Kennzahl zur Beschreibung der *Wölbung* (*spitz zulaufend* oder *breitgipflig*) einer Verteilung. In Anlehnung an die Beispiele aus Abb. 3.18 stehen der breiten Verteilung einer „Alle-Generationen-Party“ die schmale Verteilung einer „Eine-Generation-Party“ gegenüber. Welche Form letztlich vorliegt, wird mit Hilfe der sogenannten *Kurtosis* (*engl.*: kurtosis) ausgedrückt, die auch als *Viertes Zentrales Moment* bezeichnet wird:

$$\text{Kurt} = \frac{\frac{1}{n}\sum_{i=1}^{n}(x_i - \bar{x})^4}{S^4}. \tag{3.51}$$

Eine sogenannte eingipflige Normalverteilung wie in Abb. 3.22 hat einen Kurtosiswert von drei. Man spricht dann auch von einer *mesokurtischen* Verteilung. Je größer der Wert wird, umso *steilgipfliger* („spitzer“) ist die Verteilung bei gleichzeitig stärker be-

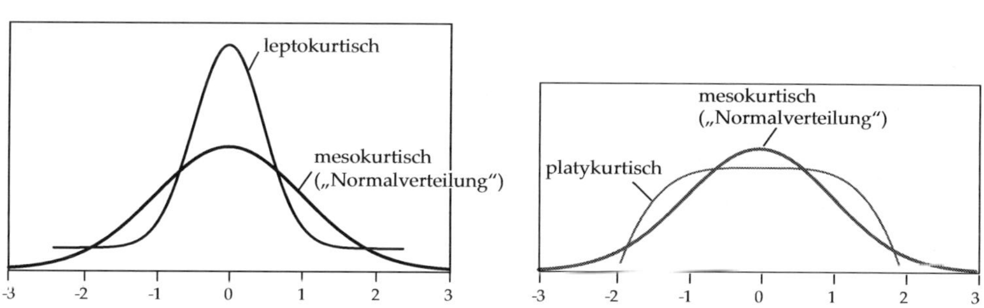

Abb. 3.22 Kurtosis einer Verteilung

setzten Rändern. Es liegt eine *leptokurtische* Verteilung vor. Im Gegensatz hierzu weisen *flachgipflige* (*platykurtische*) Verteilungen einen Kurtosiswert von kleiner als drei auf. Abbildung 3.22 stellt die verschiedenen Verläufe einer leptokurtischen, einer mesokurtischen und einer platykurtischen Verteilung nochmals dar.

Manchmal – z. B. bei den Softwarepaketen Excel oder SPSS – werden ähnliche Parameter berechnet und als Exzess oder Wölbung bezeichnet. Sie sind nicht auf den Wert drei, sondern auf den Wert null normiert. Der Anwender muss sich immer selbst versichern, welche Formel bei der Berechnung der Kurtosis angewendet worden ist.

3.6 Robustheit von Parametern

Die Wirkung von Ausreißern wurde bereits mehrfach angesprochen. Einige Parameter, wie beispielsweise der Mittelwert oder die Varianz, reagieren sensibel auf Ausreißer, andere, wie beispielsweise der Median, reagieren darauf gar nicht. Letztere werden auch als robuste Parameter bzw. kurz als *robust* bezeichnet. Auch wenn eine Untersuchung nach Ausreißern zur Standardaufgabe einer jeden Datenanalyse zählt, so kann bei robusten Parametern hierauf eigentlich verzichtet werden. Abbildung 3.23 fasst für jeden Parameter nochmals die erlaubten Skalenniveaus und die Angaben über die Robustheit zusammen. Anzumerken ist hierbei aber, dass in vielen Studien Mittelwert, Varianz, Schiefe und Kurtosis auch bei ordinalen Skalen verwendet werden. Unter welchen Bedingungen dies möglich ist, kann Abschn. 2.2 entnommen werden.

Parameter	Skalenniveau			Robust?
	Nominal	Ordinal	Metrisch	
Mittelwert	Unzulässig	Unzulässig	Zulässig	Nicht robust
Median	Unzulässig	Zulässig	Zulässig	Robust
Quantile	Unzulässig	Zulässig	Zulässig	Robust
Modus	Zulässig	Zulässig	Zulässig	Robust
Summe	Unzulässig	Unzulässig	Zulässig	Nicht robust
Varianz	Unzulässig	Unzulässig	Zulässig	Nicht Robust
Interquartilsabstand	Unzulässig	Unzulässig	Zulässig	Robust
Spannweite	Unzulässig	Unzulässig	Zulässig	Nicht robust
Schiefe	Unzulässig	Unzulässig	Zulässig	Nicht robust
Kurtosis	Unzulässig	Unzulässig	Zulässig	Nicht robust

Abb. 3.23 Robustheit von Parametern

3.7 Konzentrationsmaße

In der empirischen Forschung sind die oben dargestellten Streuungsmaße dominierend. Sie beantworten mehr oder weniger die Frage, wie stark die einzelnen Beobachtungen von einem Lageparameter abweichen. Nun taucht hin und wieder eine etwas andere Fragestellung auf: Wie stark ist eine Merkmalsmasse (z. B. der Umsatz) auf die einzelnen Merkmalsträger (z. B. Unternehmen) konzentriert? Das Kartellamt muss beispielsweise regelmäßig klären, ob eine geplante Firmenübernahme zu einer zu hohen Konzentration – einer Monopolsituation – auf bestimmten Märkten führt. Wettbewerbspolitik benötigt also Indikatoren, um Konzentrationen von Umsatz, Absatz etc. messbar zu machen.

Die einfachste Möglichkeit, Konzentration zu messen, ist sicherlich die Berechnung der sogenannten *Konzentrationsrate* (*engl.*: concentration ratio). Diese wird mit CR_g abgekürzt und besagt, wie viel Prozent einer Menge (z. B. Umsatz) die g Merkmalsträger mit den größten Merkmalsausprägungen auf sich vereinen. Angenommen, auf einem Markt würden fünf Unternehmen mit gleichem Marktanteil von jeweils 20 Prozent agieren. Die für den Marktanteil berechnete Konzentrationsrate CR_2 ergibt dann für die zwei größten Unternehmen einen Wert von $CR_2 = 0{,}2 + 0{,}2 = 0{,}4$. Weitere Konzentrationsraten berechnen sich analog: $CR_3 = 0{,}2 + 0{,}2 + 0{,}2 = 0{,}6$ etc. Je größer eine Konzentrationsrate für ein gegebenes g ist, umso mehr vereinen die g größten Unternehmen die Marktanteile auf sich, umso größer ist die Konzentration. In der Bundesrepublik Deutschland besitzt das in amtlichen Statistiken kleinste angegebene g den Wert drei, in den USA den Wert vier. Kleinere Werte würden gegen Geheimhaltungsvorschriften verstoßen (Bamberg et al. 2012).

Ein weiteres, sehr geläufiges Konzentrationsmaß ist der *Herfindahl-Index*. Er wurde erstmals 1950 in einer Studie über die Konzentration in der Stahlindustrie der USA von O.C. Herfindahl verwendet. Der Herfindahl-Index berechnet sich aus der Aufsummierung der quadrierten Anteile einer jeden Merkmalsausprägung:

$$H = \sum_{i=1}^{n} f(x_i)^2. \tag{3.52}$$

Nehmen wir wiederum das Beispiel der fünf gleichgroßen Unternehmen, also einer geringen Konzentration, an. Es ergibt sich:

$$H = \sum_{i=1}^{n} f(x_i)^2 = 0{,}2^2 + 0{,}2^2 + 0{,}2^2 + 0{,}2^2 + 0{,}2^2 = 0{,}2. \tag{3.53}$$

Nehmen wir theoretisch hingegen eine vollständige Konzentration auf ein Unternehmen an, so ergibt sich ein Index von:

$$H = \sum_{i=1}^{n} f(x_i)^2 = 1^2 + 0^2 + 0^2 + 0^2 + 0^2 = 1. \tag{3.54}$$

	Konzentration		
	Minimal	Mittel	Maximal
Anteil Unternehmen 1	20%	50%	100%
Anteil Unternehmen 2	20%	20%	0%
Anteil Unternehmen 3	20%	10%	0%
Anteil Unternehmen 4	20%	10%	0%
Anteil Unternehmen 5	20%	10%	0%
CR_2	40%	70%	100%
CR_3	60%	80%	100%
Herfindahl	0,20	0,32	1,00
GINI	0	0,36	0,80
$GINI_{norm.}$	0	0,45	1

Abb. 3.24 Konzentrationsmaße

Der Wert des Herfindahl-Index variiert somit zwischen 1/n (alle Merkmalsträger weisen gleiche Anteile auf; keine Konzentration) und eins (ein Merkmalsträger vereint die gesamte Merkmalssumme auf sich; vollkommene Konzentration).

Ein letztes und wichtiges Konzentrationsmaß leitet sich aus der grafischen Abbildung der sogenannten *Lorenzkurve* ab. Betrachten wir diese Kurve in Abb. 3.25 anhand des Beispiels der mittleren Konzentration aus Abb. 3.24: Insgesamt existieren für fünf Unternehmen Angaben über Marktanteile. Jedes Unternehmen stellt somit 20 % = 1/5 aller Unternehmen dar. Diese werden nun nach der Größe ihrer Marktanteile, beginnend mit dem kleinsten Marktanteil, geordnet und auf der x-Achse aufgetragen. In Abb. 3.25 ist zu erkennen, dass auf der x-Achse entsprechend in jeweils 20 Prozentpunktschritten abgetragen wurde. Auf der y-Achse werden nun die dazugehörigen Marktanteile in kumulierter Form ergänzt. Das kleinste Unternehmen (also die kleinsten 20 Prozent der Unternehmen) erwirtschaften 10 Prozent des Umsatzes. Die beiden kleinsten Unternehmen (also die kleinsten 40 % der Unternehmen) erwirtschaften zusammen 20 Prozent des Umsatzes, die drei kleinsten Unternehmen 30 Prozent, etc.

Es entsteht eine mehr oder weniger „durchhängende" Kurve. Wie stark diese Kurve „durchhängt" ist letztlich von der Marktkonzentration abhängig. Wären die Marktanteile nämlich gleichverteilt, dann würde jedes Unternehmen – bei fünf Unternehmen repräsentiert jedes Unternehmen jeweils 20 Prozent aller Unternehmen – auch 20 Prozent des Marktanteils besitzen. Die Lorenzkurve würde genau die Winkelhalbierende ergeben. Mit steigender Konzentration bzw. Abweichung von dieser Gleichverteilung „hängt" die Lorenzkurve stärker durch und steigt der Flächeninhalt zwischen ihr und der Winkelhalbierenden. Der Flächeninhalt ist entsprechend Ausdruck der Konzentration. Setzt man diesen Flächeninhalt ins Verhältnis zur gesamten Fläche unterhalb der Winkelhalbierenden

$$\left(\frac{\text{Fläche zwischen Winkelbalbierenden und Lorenzkurve}}{\text{Gesamtfläche unterhalb der Winkelhalbierenden}}\right), \tag{3.55}$$

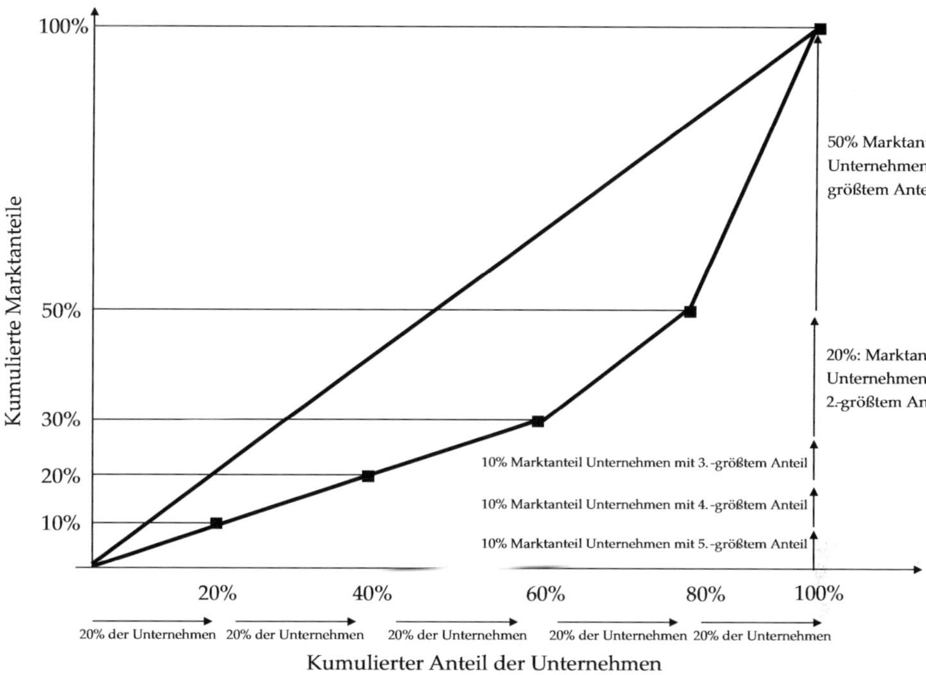

Abb. 3.25 Lorenzkurve

erhält man einen Index der zwischen 0 (Gleichverteilung, da die Fläche zwischen Winkelhalbierender und Lorenzkurve gleich null wäre) und (n – 1)/n (vollständige Konzentration aller Anteile auf einen Merkmalsträger). Dieser Index wird als *Gini-Koeffizient* bezeichnet, für dessen Berechnung folgende Formeln zur Anwendung kommen:

Für *nicht klassierte geordnete* Ausgangsdaten:

$$\mathrm{GINI} = \frac{2\sum_{i=1}^{n} i \cdot x_i - (n+1)\sum_{i=1}^{n} x_i}{n\sum_{i=1}^{n} x_i}. \tag{3.56}$$

Für nicht *klassierte geordnete relative Häufigkeiten*:

$$\mathrm{GINI} = \frac{2\sum_{i=1}^{n} i \cdot f_i - (n+1)}{n}. \tag{3.57}$$

Für das Beispiel der mittleren Konzentration aus Abb. 3.24 berechnet sich der Gini-Koeffizient wie folgt:

$$\begin{aligned} \mathrm{GINI} &= \frac{2\sum\limits_{i=1}^{n} i \cdot f_i - (n+1)}{n} \\ &= \frac{2 \cdot (1 \cdot 0{,}1 + 2 \cdot 0{,}1 + 3 \cdot 0{,}1 + 4 \cdot 0{,}2 + 5 \cdot 0{,}5) - (5+1)}{5} \\ &= 0{,}36. \end{aligned} \tag{3.58}$$

Bei vollständiger Konzentration ist der entstehende Gini-Koeffizient abhängig von der Anzahl der Beobachtungen (n). Der Wert GINI = 1 wird annähernd nur bei einer sehr großen Anzahl von Beobachtungen (n) erreicht. Bei kleinen Beobachtungszahlen ($n < 100$) sollte der Gini-Koeffizient deshalb normiert werden ($\mathrm{GINI}_{\mathrm{norm.}}$), indem die obigen Formeln mit jeweils $n/(n-1)$ multipliziert werden. Hierdurch werden Konzentrationen mit unterschiedlichen Beobachtungsanzahlen vergleichbar, denn eine vollständige Konzentration ergibt dann immer den Wert $\mathrm{GINI}_{\mathrm{norm.}} = 1$.

3.8 Berechnung univariater Parameter mit dem Computer

3.8.1 Berechnung univariater Parameter mit SPSS

Es soll vom Beispieldatensatz *butterdatensatz_gross.sav* ausgegangen werden. Die Berechnung univariater Parameter mit SPSS kann über zwei Wege erfolgen: Die meisten deskriptiven Parameter lassen sich mit der Menüfolge *Analyze → Descriptive Statistics → Frequencies* berechnen.[11] Im sich öffnenden Menü müssen zunächst die Variablen ausgewählt werden, für die univariate Statistiken berechnet werden sollen. Befindet sich hierunter eine metrische Variable, sollte der Punkt *Display frequency tables*[12] deaktiviert werden, da andernfalls Kontingenztabellen berechnet werden, die bei metrischen Variablen in der Regel keinen Sinn ergeben. Danach können im Untermenü *Statistics …* die zu berechnenden univariaten Parameter angegeben werden.

SPSS normiert die Kurtosis auf null und nicht auf den Wert drei. In Abb. 3.26 sind die Menüfenster sowie der Ergebnisoutput der Variablen Alter des Beispieldatensatzes angegeben.

Eine weitere Möglichkeit zur Berechnung univariater Statistiken besteht in der Menüfolge *Analyze → Descriptive Statistics → Descriptives …*[13] Wiederum sind die

[11] In der deutschsprachigen SPSS Version lautet die Befehlsfolge Analysieren → Deskriptive Statistiken → Häufigkeiten …

[12] In der deutschsprachigen SPSS Version sollte die Funktion *Häufigkeitstabellen anzeigen* deaktiviert werden.

[13] In der deutschsprachigen SPSS Version lautet die Befehlsfolge Analysieren → Deskriptive Statistiken → Deskriptive Statistik …

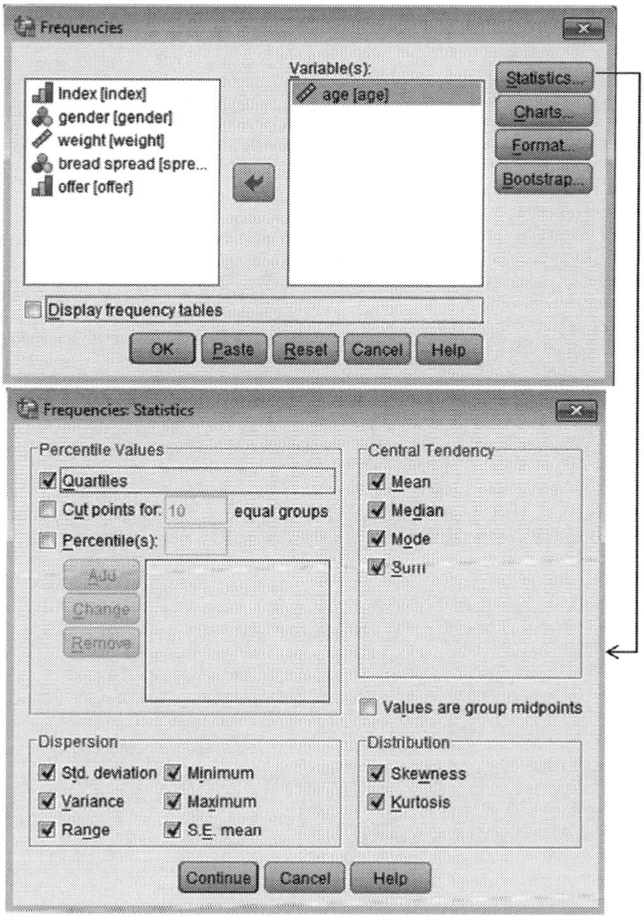

Statistics

age

N	Valid	854
	Missing	0
Mean		38,58
Std. Error of Mean		0,598
Median		30,00
Mode		25
Std. Deviation		17,472
Variance		305,262
Skewness		,823
Std. Error of Skewness		,084
Kurtosis		-,694
Std. Error of Kurtosis		,167
Range		74
Minimum		18
Maximum		92
Sum		32946
Percentiles	25	25,00
	50	30,00
	75	55,00

Relevante Syntaxbefehle: Frequencies; Descriptives.

Abb. 3.26 Univariate Parameter mit SPSS

gewünschten Variablen auszuwählen und im Untermenü *Options* die gewünschten univariaten Parameter anzugeben. Einen Boxplot sowie andere Grafiken lassen sich über die Menüfolge *Graphs* → *Chart Builder* ... generieren.

3.8.2 Berechnung univariater Parameter mit Stata

Wiederum wird vom Beispieldatensatz *butterdatensatz_gross.dta* ausgegangen. Die Berechnung univariater Parameter mit Stata erfolgt über die Menüfolge *Statistics* → *Summaries, tables, and tests* → *Summary and descriptive statistics* → *Summary statistics*. Im sich öffnenden Menü werden die Variablen ausgewählt, für die univariate Statistiken berechnet werden sollen. Um den ganzen Umfang deskriptiver Statistiken berechnen zu

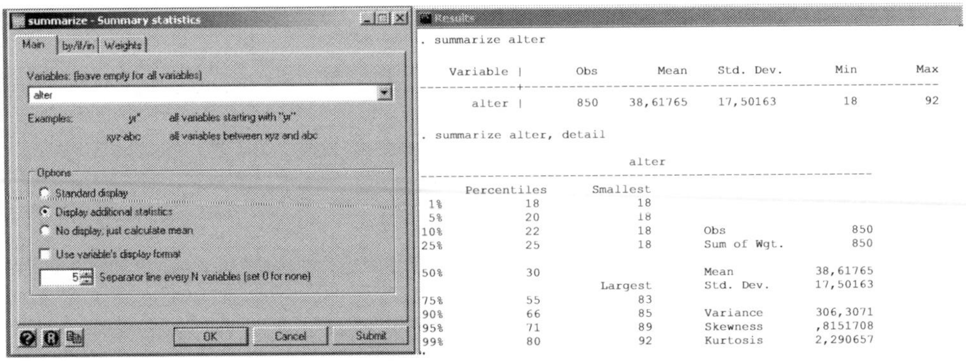

Relevante Syntaxbefehle für univariate Parameter:
ameans; centile; inspect; mean; pctile; summarize; mean; tabstat; tabulate summarize.

Abb. 3.27 Univariate Parameter mit Stata

lassen, sollte der Menüpunkt *Display additional statistics* ausgewählt werden, da andernfalls nur der Mittelwert, die Varianz, der kleinste und der größte Wert bestimmt werden. In Abb. 3.27 ist das Menüfenster sowie der Ergebnisoutput für die Variable Alter des Beispieldatensatzes angegeben. Die Grafikerstellung (Boxplot, Kreisgrafik, etc.) erfolgt über den Menüpunkt *Graphics*.

3.8.3 Berechnung univariater Parameter mit Excel 2010

In Excel ist eine Reihe von statistischen Funktionen bereits vorprogrammiert. Diese Funktionen werden über die Menüfolge *Formeln → Funktion einfügen* erreicht. Zur Einschränkung sollte die Kategorie *Statistik* ausgewählt werden. Abbildung 3.28 zeigt die Excel-Funktionsbefehle in ihrer Anwendung auf den Datensatz *butterdatensatz_gross.xls*. Es besteht aber auch die Möglichkeit, mit dem Add-Ins-Manager[14] die Module *Analyse-Funktionen* und *Analyse-Funktionen-VBA* dauerhaft zu aktivieren. Danach kann im Menüpunkt *Daten* die Schaltfläche *Datenanalyse* gewählt und die Funktion *Populationskenngrößen* ausgewählt werden. Die wichtigsten Parameter lassen sich hierdurch berechnen.

Selbstverständlich lassen sich mit Hilfe der Excel-Grafikfunktion auch die wichtigsten Grafiken erstellen. Lediglich die Erstellung eines Boxplots ist im Standardumfang von Excel nicht enthalten.

Es lässt sich aber unter http://www.reading.ac.uk/ssc/n/software.htm ein für den privaten und nicht-kommerziellen Gebrauch kostenloses Excel Add-ins für Statistikprozeduren herunterladen (SSC-Stat). Dieses Modul ermöglicht – neben vielen anderen statistischen Verfahren – auch die Erstellung eines Boxplots.

[14] Für Excel 2010 ist dieser über die Schaltflächenkombination *Datei → Optionen → Add-ins → Gehe zu* erreichbar.

Variable Alter			
Parameter	Symbol	Ergebnis	Befehl
Anzahl	N	850	=ANZAHL(Daten!$C$2:$C$851)
Mittelwert	$\bar{x}$	38,62	=MITTELWERT(Daten!$C$2:$C$851)
Median	$\tilde{x}$	30,00	=MEDIAN(Daten!$C$2:$C$851)
Modus	x_{mod}	25,00	=MODALWERT(Daten!$C$2:$C$851)
Getrimmtes Mittel (10%)	x_{trim}	37,62	=GESTUTZTMITTEL(Daten!$C$2:$C$851;0,1)
Harmonisches Mittel	x_{harm}	32,33	=HARMITTEL(Daten!$C$2:$C$851)
25%-Perzentil	$x_{0.25}$	25,00	=QUANTIL(Daten!$C$2:$C$851;0,25)
50%-Perzentil	$x_{0,5}$	30,00	=QUANTIL(Daten!$C$2:$C$851;0,5)
75%-Perzentil	$x_{0,75}$	55,00	=QUANTIL(Daten!$C$2:$C$851;0,75)
Minimum	MIN	18,00	=MIN(Daten!$C$2:$C$851)
Maximum	MAX	92,00	=MAX(Daten!$C$2:$C$851)
Summe	Σ	32825,00	=SUMME(Daten!$C$2:$C$851)
Standardabweichung	S_{emp}	17,50	=STABW(Daten!$C$2:$C$851)
Standardabweichung	S_{theor}	17,49	=STABWN(Daten!$C$2:$C$851)
Varianz	VAR_{emp}	306,31	=VARIANZ(Daten!$C$2:$C$851)
Varianz	VAR_{theor}	305,95	=VARIANZEN(Daten!$C$2:$C$851)
Schiefe		0,82	=SCHIEFE(Daten!$C$2:$C$851)
Kurtosis		-0,71	=KURT(Daten!$C$2:$C$851)

Abb. 3.28 Univariate Parameter mit Excel

Anzumerken sei an dieser Stelle noch, dass Excel ein besonderes Berechnungsverfahren für die Bestimmung von Quantilen nutzt. Dies kann insbesondere bei kleinen Stichproben zu unplausiblen Ergebnissen führen. Außerdem normiert Excel die Kurtosis auf den Wert null und nicht auf den Wert drei, was lediglich einer Subtraktion mit dem Wert drei entspricht.

3.9 Übungsaufgaben zum Abschnitt

Aufgabe 4

Im Thermalbad mit Sauna in Waldbronn wird eine Umfrage unter den Besuchern gemacht, wie häufig sie die Sauna besuchen. Folgende absolute Häufigkeiten liegen nach der Auswertung vor:

Erstes Mal hier	Selten	Häufig	Regelmäßig	Jeden Tag
15	75	45	35	20

1. Was für ein Merkmal liegt vor (Skalentyp)?
2. Skizzieren Sie die relative Häufigkeitsverteilung!
3. Welche beiden Lageparameter können berechnet werden und wie groß sind sie?
4. Nennen Sie einen Lageparameter, der nicht berechnet werden kann! Warum?

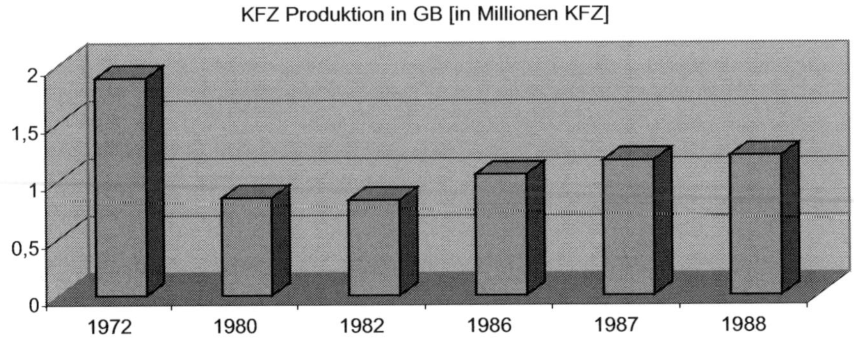

Abb. 3.29 KFZ Produktion in GB [in Millionen KFZ]

Aufgabe 5
In einer Marktforschungsstudie befindet sich Abb. 3.29. Was kann man hierzu sagen?

Aufgabe 6
Gegeben sind folgende Werte: 4, 2, 5, 6, 1, 6, 8, 3, 4, 9. Berechnen Sie ...

a) den Median
b) das arithmetische Mittel
c) die Mittlere Absolute Abweichung vom Median
d) die empirische Varianz
e) die empirische Standardabweichung
f) den Interquartilsabstand

Aufgabe 7
Für eine Stichprobe vom Umfang $n = 50$ wurde das arithmetische Mittel $\bar{x} = 10$ und die empirische Standardabweichung $S_{emp} = 2$ berechnet. Später werden die beiden Werte $x_{51} = 18$ und $x_{52} = 28$ der Stichprobe hinzugefügt. Wie lauten nun das arithmetische Mittel und die empirische Standardabweichung für die gesamte Stichprobe vom Umfang $n = 52$?

Aufgabe 8
Im Rahmen Ihrer beruflichen Tätigkeit in der Marketingabteilung einer internationalen Automobilhändlerkette werden Sie von der Marketingleitung beauftragt, die entscheidenden Einflüsse für den Absatz von Fahrzeugen zu ermitteln. Ihnen werden die Daten aus Tab. 3.4 übermittelt:

a) Wie hoch ist der durchschnittliche Absatz [in 1000 Stück]?
b) Wie groß sind die empirische Standardabweichung und der empirische Variationskoeffizient?

Tab. 3.4 Absatz von Fahrzeugen

Land	Absatz [in 1000 Stück]	Anzahl Niederlassungen	Stück-Preis [in 1000 GE]	Werbebudget [in 100.000 GE]
1	6	7	32	45
2	4	5	33	35
3	3	4	34	25
4	5	6	32	40
5	2	6	36	32
6	2	3	36	43
7	5	6	31	56
8	1	9	39	37
9	1	9	40	23
10	1	9	39	34

c) Wie groß wäre der Variationskoeffizient, wenn der Absatz in einer anderen Mengeneinheit angegeben worden wäre?
d) Bestimmen Sie das untere, mittlere und obere Quartil des Absatzes (*Weighted Average*)!
e) Zeichnen Sie einen Boxplot für die Variable Absatz!
f) Ist der Absatz symmetrisch über die Länder verteilt? Interpretieren Sie den Boxplot!
g) Wie stark sind die Absatzmengen des Unternehmens auf einzelne Ländermärkte konzentriert. Bestimmen und interpretieren Sie hierzu den Herfindahl-Index!
h) Angenommen, der gesamte Absatz hätte sich in den letzten Jahren wie folgt entwickelt: 1998: +2 Prozent; 1999: +4 Prozent; 2000: +1 Prozent. Wie hoch ist das durchschnittliche Wachstum des Absatzes?

Aufgabe 9
Auf einem Gebrauchtwagenmarkt werden 200 Autos in folgenden Preisgruppen verkauft (siehe Tab. 3.5).

a) Zeichnen Sie ein Histogramm für die relativen Häufigkeiten! Was hätten Sie bei der Datenaufnahme anders gemacht?

Tab. 3.5 Automobilpreise

Automobilpreis (in €)	Anzahl
bis 2500	2
über 2500 bis 5000	8
über 5000 bis 10.000	80
über 10.000 bis 12.500	70
über 12.500 bis 15.000	40

b) Berechnen und interpretieren Sie das arithmetische Mittel, den Median und die Modalklasse!
c) Welcher Preis wird von 45 % der Gebrauchtwagen mindestens erreicht?
d) Auf einem anderen Automarkt werden 80 % der Gebrauchtwagen mit einem Preis größer als 11.250 € verkauft. Vergleichen Sie diesbezüglich beide Automärkte!

Aufgabe 10
Gewerkschaften und Arbeitgeber schließen einen Tarifvertrag mit einer Laufzeit von vier Jahren. Die Arbeitnehmer erhalten im ersten Jahr 4 %, im zweiten Jahr 3 %, im dritten Jahr 2 % und im vierten Jahr 1 % mehr Lohn. Bestimmen Sie den durchschnittlichen Lohnzuwachs auf vier Nachkommastellen genau!

Aufgabe 11
Ein Unternehmen hat in den letzten drei Jahren Waren im Wert von 30 Mio. € umgesetzt. Im ersten Jahr konnten 8 Mio. €, im zweiten Jahr 7 Mio. € und im dritten Jahr 15 Mio. € umgesetzt werden. Wie konzentriert ist der Umsatz in den letzten drei Jahren gewesen. Verwenden Sie eine beliebige Kennziffer zur Lösung der Aufgabe!

Literatur

Bamberg G, Bauer F, Krapp M (2012) Statistik, 13. Aufl. Oldenbourg, München

Krämer W (2005) So lügt man mit Statistik, 7. Aufl. Piper, München, Zürich

Krämer W (2008) Statistik verstehen. Eine Gebrauchsanweisung, 8. Aufl. Piper, München, Zürich

Schwarze J (2008) Aufgabensammlung zur Statistik, 6. Aufl. Neue Wirtschafts-Briefe nwb, Hamm

Swoboda H (1971) Exakte Geheimnisse: Knauers Buch der modernen Statistik. Knauer, München, Zürich

Bivariate Zusammenhänge

4

4.1 Bivariate Skalenniveau-Kombinationen

In einem ersten Auswertungsschritt haben wir nun gelernt, wie man die einzelnen Variablen bzw. Merkmale einer Befragung getrennt voneinander – also univariat – untersuchen kann. Im Folgenden wollen wir uns ansehen, wie der Zusammenhang zweier Variablen untereinander zu analysieren ist, wie also eine bivariate Analyse durchzuführen ist.

Hier genau fängt es aus theoretischer und praktischer Sicht an, interessant zu werden, denn kaum ein Praktiker würde sich mit einer univariaten Auswertung zufrieden geben: Ihn interessiert vielmehr, welchen Einfluss es beispielsweise ...

- zwischen Werbeausgaben und dem Absatz eines Produktes,
- zwischen dem Zinssatz und einem bestimmten Aktienkurs,
- zwischen dem bezahlten Lohn und der Zufriedenheit von Mitarbeitern und
- zwischen dem Auftreten bestimmter Ziffern in der Steuererklärung und dem Fälschungsgrad dieser Steuererklärung gibt.

Alle diese Beispiele belegen, dass wir uns nun einem sehr wichtigen, aber auch einem sehr viel komplexeren Bereich der Statistik nähern. Wie in der univariaten Statistik sind die anwendbaren Verfahren der Zusammenhangsmessung immer auch abhängig vom Skalenniveau der beiden betrachteten Merkmale bzw. der beiden betrachteten Variablen. Tabelle 4.1 fasst zusammen, welches Verfahren zur Zusammenhangsmessung bei welcher Kombination zweier Skalenniveaus verwendet werden darf. Die einzelnen Verfahren werden in den angegebenen Abschnitten dargestellt.

T. Cleff, *Deskriptive Statistik und Explorative Datenanalyse*,
DOI 10.1007/978-3-8349-4748-2_4

Tab. 4.1 Zusammenhangsmaße und Skalenniveaus

		Nominal	Ordinal	Metrisch
Nominal	Dichotom	Phi; Cramers V [Abschn. 4.2]	Biseriale Rangkorrelation oder Cramers V [Abschn. 4.5.2]	Punktbiseriales r oder Klassierung der metr. Variablen und Anwendung von Cramers V [Abschn. 4.5.1]
	Nicht-dichotom	Cramers V; Kontingenzkoeffizient [Abschn. 4.2]	Cramers V; Kontingenzkoeffizient [Abschn. 4.2]	Klassierung der metr. Variablen und Anwendung von Cramers V [Abschn. 4.2]
Ordinal			Spearman (ρ); Kendalls Tau (τ) [Abschn. 4.4]	Rangbildung der metr. Variablen und Anwendung von ρ oder τ [Abschn. 4.4]
Metrisch				Korrelation nach Pearson (r) [Abschn. 4.3]

Lesehilfe: Ist eine der Variablen dichotom, die andere ordinalskaliert, so kann die Biseriale Rangkorrelation angewendet werden. Liegen zwei ordinale Variablen vor, so kann der Korrelationskoeffizient nach Spearman oder Kendalls τ verwendet werden.

4.2 Zusammenhang zweier nominaler Variablen

4.2.1 Kontingenztabellen

Eine übliche Form, den Zusammenhang zweier nominalskalierter Variablen darzustellen, ist die sogenannte *Kreuz- bzw. Kontingenztabelle* (*engl.*: contingency table oder cross tab). In Erweiterung zur univariaten Häufigkeitstabelle enthält eine bivariate Kontingenztabelle die Häufigkeit von Ausprägungspaaren. In Abb. 4.1 ist beispielhaft eine Kontingenztabelle der Variablen *Geschlecht* und *Wahrnehmung der Angebotsvielfalt* unserer Beispielbefragung aus Kap. 2 abgebildet.

			Angebotsvielfalt					
			sehr schlecht	schlecht	mittelmäßig	gut	sehr gut	Gesamt
Geschlecht	m	Anzahl	198	143	53	27	20	441
		% von Geschlecht	44,9%	32,4%	12,0%	6,1%	4,5%	100,0%
		% von Angebotsvielfalt	50,6%	53,8%	57,6%	43,5%	51,3%	51,9%
		% der Gesamtzahl	23,3%	16,8%	6,2%	3,2%	2,4%	51,9%
	w	Anzahl	193	123	39	35	19	409
		% von Geschlecht	47,2%	30,1%	9,5%	8,6%	4,6%	100,0%
		% von Angebotsvielfalt	49,4%	46,2%	42,4%	56,5%	48,7%	48,1%
		% der Gesamtzahl	22,7%	14,5%	4,6%	4,1%	2,2%	48,1%
Gesamt		Anzahl	391	266	92	62	39	850
		% von Geschlecht	46,0%	31,3%	10,8%	7,3%	4,6%	100,0%
		% von Angebotsvielfalt	100,0%	100,0%	100,0%	100,0%	100,0%	100,0%
		% der Gesamtzahl	46,0%	31,3%	10,8%	7,3%	4,6%	100,0%

Abb. 4.1 Kontingenztabelle (Kreuztabelle)

Der rechte und der untere Rand der Tabelle geben die sogenannten *Randhäufigkeiten* wieder. So ist dem rechten Rand der Tabelle zu entnehmen, dass insgesamt 441 (= 51,9 Prozent) aller 850 Befragten *männlichen* und 409 (= 48,1 Prozent) *weiblichen* Geschlechts sind. Diese Informationen erhielten wir ebenfalls, wenn wir für die Variable Geschlecht eine univariate Häufigkeitstabelle berechnet hätten. Gleiches gilt für die Randhäufigkeiten der Variablen *Wahrnehmung der Angebotsvielfalt* am unteren Rand der Kontingenztabelle: Von den insgesamt 850 Befragten empfinden 391 (= 46,0 Prozent) die Angebotsvielfalt als *sehr schlecht*, 266 (= 31,3 Prozent) als *schlecht*, etc. Eine zusätzliche Information liefert uns das Innere der Kontingenztabelle: So lässt sich beispielsweise herauslesen, dass 198 (= 23,3 Prozent) der Befragten *männlich* sind und gleichzeitig das Angebot als *sehr schlecht* empfinden.

Neben den absoluten und den in Bezug auf die Gesamtzahl aller Befragten ausgedrückten relativen Häufigkeiten können auch sogenannte *bedingte relative Häufigkeiten* angegeben werden. Wie groß ist beispielsweise die relative Häufigkeit der Frauen unter den Befragten mit der Antwort *sehr schlechte Angebotsvielfalt*? Es interessiert uns zunächst also nur die Subgruppe der Befragten, die *sehr schlecht* als Antwort angegeben haben, also insgesamt 391 Personen. Von diesen 391 Befragten sind 193 weiblichen Geschlechts, sodass die Antwort 49,4 Prozent lauten muss. Die formale Darstellung dieser bedingten relativen Häufigkeit wird dabei wie folgt geschrieben:

$$\begin{aligned} &\mathrm{f}\,(\text{Geschlecht} = \textit{weiblich} \mid \text{Angebotsvielfalt} = \textit{sehr schlecht}) = 193/391 \\ &\mathrm{f}\,(\text{Geschlecht} = \textit{weiblich} \mid \text{Angebotsvielfalt} = \textit{sehr schlecht}) = 49{,}4\,\%. \end{aligned} \tag{4.1}$$

Die einschränkende Bedingung wird nach einem senkrechten Strich hinter der interessierenden Ausprägung formuliert. Die Frage *wie viel Prozent der weiblichen Befragten haben das Angebot mit gut bewertet* würde als Einschränkung nur die 409 weiblichen Befragten in Betracht ziehen. Entsprechend würde sich folgende bedingte Häufigkeit ergeben:

$$\mathrm{f}\,(\text{Angebotsvielfalt} = \textit{gut} \mid \text{Geschlecht} = \textit{weiblich}) = 35/409 = 8{,}6\,\%. \tag{4.2}$$

Die Formulierung $f(x = 1 \mid y = 0)$ bezeichnet also die relative Häufigkeit für die Ausprägung eins für die Variable x unter der Bedingung, dass nur Beobachtungen mit der Ausprägung für y gleich null in Betracht gezogen werden.

4.2.2 Die Chi-Quadrat Berechnung

Aus einer Kontingenztabelle lassen sich durchaus erste Anhaltspunkte über die Stärke des Zusammenhanges zweier nominaler bzw. ordinaler Variablen finden. Betrachten wir hierzu die beiden Kontingenztabellen in Abb. 4.2 Sie sind Ergebnis zweier Befragungen von jeweils 22 Personen in zwei verschiedenen Geschäften.

		Geschlecht		Total
		weiblich	männlich	
Kauf	kein Kauf	6	5	11
	Kauf	6	5	11
Total		12	10	22

		Geschlecht		Total
		weiblich	männlich	
Kauf	kein Kauf	0	10	10
	Kauf	12	0	12
Total		12	10	22

Abb. 4.2 Kontingenztabellen (Kreuztabellen): Geschlecht und Kauf [1. Teil]

In der unteren Kreuztabelle ist erkennbar, dass von den zehn männlichen Befragten keiner einen Kauf getätigt hat. Bei den weiblichen Befragten ist es umgekehrt, denn alle 12 weiblichen Befragten haben einen Kauf getätigt. Salopp formuliert kann man der Kontingenztabelle entnehmen, dass – ohne Ausnahme – *alle Frauen kaufen und alle Männer nicht kaufen* bzw. dass *alle Käufer Frauen sind und alle Nichtkäufer Männer*. Bei dieser Sachlage kann also allein aufgrund der Ausprägung der einen Variablen (Geschlecht) genauestens auf die Ausprägung der zweiten Variablen (Kauf) geschlossen werden und umgekehrt. Aus der ersten Kontingenztabelle kann ein derartiger Schluss nicht gezogen werden. Im Gegenteil: Hier sind 50 Prozent der Männer Käufer und 50 Prozent Nichtkäufer. Für die weiblichen Befragten gilt das Gleiche.

Es wird deutlich, dass beide Tabellen letztlich die beiden Extrempunkte der Stärke eines Zusammenhanges zum Ausdruck bringen: In der oberen Kontingenztabelle besteht kein Zusammenhang zwischen den Variablen Geschlecht und Kauf, während in der unteren Kontingenztabelle ein perfekter Zusammenhang besteht.

Nehmen die Kontingenztabellen diese beiden Extremzustände an, so lässt sich allein durch „scharfes Hinsehen" die Stärke des Zusammenhanges bestimmen. Wie lassen sich nun aber Kontingenztabellen miteinander vergleichen, die von den beiden Extremzuständen abweichen? Um wie viel schwächer ist beispielsweise der Zusammenhang der Kontingenztabelle in Abb. 4.3 im Vergleich zur zweiten Kontingenztabelle in Abb. 4.2?

		Geschlecht		Total
		weiblich	männlich	
Kauf	kein Kauf	1	9	10
	Kauf	11	1	12
Total		12	10	22

Abb. 4.3 Kontingenztabellen (Kreuztabellen): Geschlecht und Kauf [2. Teil]

Auch bei Tabellen mit einer großen Anzahl an Zeilen und Spalten ist eine Einschätzung der Stärke eines Zusammenhanges nicht trivial. Je mehr Zeilen und je mehr Spalten eine Kontingenztabelle besitzt, umso komplizierter wird es, hieraus Zusammenhänge erkennen zu können. Auch ist es kaum möglich, die Stärke von Zusammenhängen zweier Tabellen miteinander zu vergleichen. Hierzu wird letztlich eine Zahl bzw. ein Parameter zu berechnen sein, der die Stärke eines Zusammenhanges auf einer Skala zwischen null (kein Zusammenhang) und eins (perfekter Zusammenhang) zum Ausdruck bringt.

Die hinter einem solchen Parameter stehende Grundidee ist die Folgende: Zunächst werden für jede Zelle der Kontingenztabelle sogenannte erwartete Häufigkeiten berechnet. Diese erwarteten Häufigkeiten entsprechen den absoluten Werten, die entstehen würden, wenn *kein Zusammenhang* zwischen den beiden Variablen besteht. Man berechnet somit die *erwarteten absoluten Häufigkeiten unter der Bedingung von Unabhängigkeit*.

Greifen wir hierzu nochmals auf die erste Tabelle aus Abb. 4.2 zurück: Insgesamt sind 12 der 22 Personen weiblichen Geschlechts. Die relative Häufigkeit weiblicher Personen ist somit:

$$f_{\text{weiblich}} = \frac{12}{22} = 54{,}5\,\%. \tag{4.3}$$

Die relative Häufigkeit eines Kaufes beträgt 11 der 22 Personen, also:

$$f_{\text{Kauf}} = \frac{11}{22} = 50{,}0\,\%. \tag{4.4}$$

Wenn nun kein Zusammenhang zwischen beiden Variablen (Geschlecht und Kauf) bestehen würde, dann müssten nicht nur 50 Prozent aller Personen einen Kauf tätigen, sondern gleich verteilt 50 Prozent der Frauen und 50 Prozent der Männer. Die erwartete relative Häufigkeit der weiblichen Käufer bei Annahme von Unabhängigkeit wäre demnach:

$$f_{\text{Kauf}}^{\text{weiblich}} = f_{\text{Kauf}} \cdot f_{\text{weiblich}} = \frac{11}{22} \cdot \frac{12}{22} = 50{,}0\,\% \cdot 54{,}5\,\% = 27{,}3\,\%. \tag{4.5}$$

Hieraus lässt sich nun leicht die absolute Häufigkeit unter der Bedingung der Unabhängigkeit ermitteln, nämlich 27,3 Prozent aller 22 Personen (= 6 Personen) müssten weiblich sein und gleichzeitig einen Kauf tätigen. Dies ergibt sich aus:

$$n_{\text{Kauf}}^{\text{weiblich}} = f_{\text{Kauf}} \cdot f_{\text{weiblich}} \cdot n = \frac{11}{22} \cdot \frac{12}{22} \cdot 22 = \frac{11 \cdot 12}{22} = 6. \tag{4.6}$$

Die vereinfachte Formel zur Berechnung der erwarteten absoluten Häufigkeit unter der Bedingung von Unabhängigkeit lautet also *Zeilensumme (12) multipliziert mit der Spaltensumme (11) geteilt durch die Gesamtsumme (22)*:

$$n_{ij}^{e} = \frac{\text{Zeilensumme} \cdot \text{Spaltensumme}}{\text{Gesamtsumme}} = \frac{n_{i.} \cdot n_{.j}}{n}. \tag{4.7}$$

In Abb. 4.4 sind die Ergebnisse der erwarteten Häufigkeiten unter *Erwartete Anzahl* (*engl.*: Expected Count) ausgewiesen.

Abbildungsteil 1: Kein Zusammenhang

			Geschlecht		
			weiblich	männlich	Total
Kauf	kein Kauf	Count	6	5	11
		Expected Count	6,0	5,0	11,0
	Kauf	Count	6	5	11
		Expected Count	6,0	5,0	11,0
Total		Count	12	10	22
		Expected Count	12,0	10,0	22,0

Abbildungsteil 2: Perfekter Zusammenhang

			Geschlecht		
			weiblich	männlich	Total
Kauf	kein Kauf	Count	0	10	10
		Expected Count	5,5	4,5	10,0
	Kauf	Count	12	0	12
		Expected Count	6,5	5,5	12,0
Total		Count	12	10	22
		Expected Count	12,0	10,0	22,0

Abbildungsteil 3: Abgeschwächter Zusammenhang

			Geschlecht		
			weiblich	männlich	Total
Kauf	kein Kauf	Count	1	9	10
		Expected Count	5,5	4,5	10,0
	Kauf	Count	11	1	12
		Expected Count	6,5	5,5	12,0
Total		Count	12	10	22
		Expected Count	12,0	10,0	22,0

Abb. 4.4 Berechnung erwarteter Häufigkeiten in Kontingenztabellen

Die Summe der erwarteten Häufigkeiten in jeder Zeile (Spalte) muss dabei immer der Randhäufigkeit der Zeile (Spalte) entsprechen. Dies folgt der Logik, dass sich ein statistischer Zusammenhang nicht durch unterschiedliche Randhäufigkeiten auszeichnet, sondern nur dadurch, dass sich die Summen der Randhäufigkeiten der Zeile (Spalte) unterschiedlich auf die einzelnen Spalten (Zeilen) verteilen.

Durch einen Vergleich der erwarteten Häufigkeiten n_{ij}^{e} mit den tatsächlich aufgetretenen absoluten Häufigkeiten n_{ij} durch Bildung der Differenz der beiden Werte $\left(n_{ij}^{e} - n_{ij}\right)$ erhält man einen ersten Eindruck über die Abweichung der tatsächlichen Daten von der Unabhängigkeit. Je größer diese Differenz ist, umso größer ist tendenziell auch die statistische Abhängigkeit der beiden Variablen.

In einem ersten Schritt könnte man nun verleitet sein, die Abweichungen der einzelnen Zellen einfach aufzuaddieren. In den Tabellen in Abb. 4.4 ergibt sich aber immer der Wert null, da sich positive und negative Differenzen aufheben. Dies ist kein Zufall, sondern ergibt sich bei jeder beliebigen Kontingenztabelle. Aus diesem Grund werden für jede Zelle die *Differenzen zunächst quadriert und danach durch die jeweilige erwartete Häufigkeit geteilt*. Für die Käuferinnen des Abbildungsteils 1 aus Abb. 4.4 ergibt sich dann folgender Wert:

$$\frac{\left(n_{12} - n_{12}^{e}\right)^2}{n_{12}^{e}} = \frac{(6-6)^2}{6} = 0. \tag{4.8}$$

Nun lassen sich diese Werte für alle Zellen in den m Zeilen und k Spalten aufaddieren, und es ergibt sich der sogenannte *Chi-Quadrat-Wert* (χ^2-Wert) (*engl.*: χ^2-Square):

$$\chi^2 = \sum_{i=1}^{k} \sum_{j=1}^{m} \frac{\left(n_{ij} - n_{ij}^{e}\right)^2}{n_{ij}^{e}} = \frac{(6-6)^2}{6} + \frac{(6-6)^2}{6} + \frac{(5-5)^2}{5} + \frac{(5-5)^2}{5} = 0. \tag{4.9}$$

Der Chi-Quadrat-Wert ist ein von der gewählten Kodierung der beiden Variablen unabhängiger Wert, bei dem sich positive und negative Abweichungen nicht aufheben. Nimmt Chi-Quadrat den Wert null an, besteht kein Unterschied zu den erwarteten absoluten Häufigkeiten bei Unabhängigkeit. Die beiden betrachteten Variablen sind somit unabhängig voneinander. Das Geschlecht hat in unserem Beispiel keinen Einfluss auf das Kaufverhalten.

Tendenziell gilt auch, dass mit der Abhängigkeit der betrachteten Variablen die Größe des Chi-Quadrat-Wertes ansteigt. Abbildung 4.4 zeigt dies beispielhaft. Im Abbildungsteil 2 lässt sich perfekt von einer Variablen (Geschlecht) auf die andere Variable (Kauf) und umgekehrt schließen. Alle Frauen kaufen etwas und alle Männer kaufen nichts. Alle Nicht-Käufer sind männlich und alle Käufer(innen) sind weiblich. Für Chi-Quadrat ergibt sich:

$$\begin{aligned} \chi^2 &= \sum_{i=1}^{k} \sum_{j=1}^{m} \frac{\left(n_{ij} - n_{ij}^{e}\right)^2}{n_{ij}^{e}} \\ \chi^2 &= \frac{(0-5{,}5)^2}{5{,}5} + \frac{(12-6{,}5)^2}{6{,}5} + \frac{(10-4{,}5)^2}{4{,}5} + \frac{(0-5{,}5)^2}{5{,}5} = 22. \end{aligned} \tag{4.10}$$

Dieser Wert entspricht genau der Anzahl der Beobachtungen. Weichen wir nun nur ein wenig von dieser Extremsituation ab und beobachten den Fall in Abbildungsteil 3, bei dem eine Frau ausnahmsweise nicht kauft und ein Mann ausnahmsweise kauft, so ergibt sich ein niedrigerer Wert für Chi-Quadrat, nämlich:

$$\chi^2 = \sum_{i=1}^{k} \sum_{j=1}^{m} \frac{\left(n_{ij} - n_{ij}^e\right)^2}{n_{ij}^e} \tag{4.11}$$
$$\chi^2 = \frac{(1-5{,}5)^2}{5{,}5} + \frac{(11-6{,}5)^2}{6{,}5} + \frac{(9-4{,}5)^2}{4{,}5} + \frac{(1-5{,}5)^2}{5{,}5} = 14{,}7.$$

Leider ist die Stärke der Abhängigkeit nicht der einzige Faktor, der die Größe des Chi-Quadrat-Wertes beeinflusst. Wie in den folgenden Abschnitten gezeigt wird, steigt der Chi-Quadrat-Wert tendenziell auch mit der Größe der Stichprobe und mit der Anzahl der Zeilen und Spalten der Kontingenztabelle. Diese unerwünschten Einflussfaktoren versucht man bei der Berechnung von auf Chi-Quadrat basierten Zusammenhangsmaßen zu berücksichtigen.

4.2.3 Der Phi-Koeffizient

Im vorangegangenen Abschnitt wurde bereits erwähnt, dass der Wert für Chi-Quadrat nicht nur mit der Abhängigkeit der beiden betrachteten Variablen ansteigt, sondern ebenfalls mit der Größe der Stichprobe. Abbildung 4.5 mit zwei Kontingenztabellen mit perfektem Zusammenhang ist beispielsweise zu entnehmen, dass der Chi-Quadrat-Wert bei der Tabelle mit 22 Beobachtungen auch dem Wert 22 entspricht, bei der Tabelle mit 44 Beobachtungen dem Wert 44.

Dies entspricht nicht dem Ziel eines von der Größe der Stichprobe unabhängigen Zusammenhangsmaßes. Schließlich sollen auch Zusammenhänge zweier Tabellen vergleichbar bleiben, deren Stichprobengrößen unterschiedlich groß sind. Für Tabellen mit *zwei Zeilen* $(2 \times k)$ *oder zwei Spalten* $(m \times 2)$ wird deshalb die Verwendung des Phi-Koeffizienten vorgeschlagen, bei dem der Chi-Quadrat-Wert durch die Anzahl der Beobachtungen geteilt und danach die Wurzel gezogen wird:

$$\text{PHI} = \varphi = \sqrt{\frac{\chi^2}{n}}. \tag{4.12}$$

Erfolgt die Berechnung über diese Formel[1], liegt der Wertebereich des Phi-Koeffizienten zwischen null und eins. Nimmt der Koeffizient den Wert null an, liegt kein Zusam-

[1] Manche Softwareprogramme berechnen den Phi-Koeffizienten bei Tabelle mit zwei Zeilen und zwei Spalten (2 × 2-Tabellen oder auch 4-Felder-Schema) auf einem anderen Weg (vgl. hierzu z. B. Bortz und Schuster (2010, S. 174)). Es kann sein, dass dabei negative Werte für Phi entstehen. Letztlich liegt dies nur an der Anordnung der Zeilen und Spalten in der Tabelle. Inhaltlich ist das Vorzeichen nicht zu interpretieren: Ein Wert von (−1) entspricht also einer Zusammenhangsstärke von (+1), die von (−0,6) der von (+0,6) etc.

Abbildungsteil 1: Perfekter Zusammenhang bei 22 Beobachtungen

			Geschlecht		
			weiblich	männlich	Total
Kauf	kein Kauf	Count	0	10	10
		Expected Count	5,5	4,5	10,0
	Kauf	Count	12	0	12
		Expected Count	6,5	5,5	12,0
Total		Count	12	10	22
		Expected Count	12,0	10,0	22,0

$$\chi^2 = \sum_{i=1}^{k} \sum_{j=1}^{m} \frac{(n_{ij} - n_{ij}^e)^2}{n_{ij}^e} = \frac{(0-5{,}5)^2}{5{,}5} + \frac{(12-6{,}5)^2}{6{,}5} + \frac{(10-4{,}5)^2}{4{,}5} + \frac{(0-5{,}5)^2}{5{,}5} = 22$$

Abbildungsteil 2: Perfekter Zusammenhang bei 44 Beobachtungen

			Geschlecht		
			weiblich	männlich	Total
Kauf	kein Kauf	Count	0	20	20
		Expected Count	10,9	9,1	20,0
	Kauf	Count	24	0	24
		Expected Count	13,1	10,9	24,0
Total		Count	24	20	44
		Expected Count	24,0	20,0	44,0

$$\chi^2 = \sum_{i=1}^{k} \sum_{j=1}^{m} \frac{(n_{ij} - n_{ij}^e)^2}{n_{ij}^e} = \frac{(0-10{,}9)^2}{10{,}9} + \frac{(24-13{,}1)^2}{13{,}1} + \frac{(20-9{,}1)^2}{9{,}1} + \frac{(0-10{,}9)^2}{10{,}9} = 44$$

Abb. 4.5 Chi-Quadrat-Werte bei unterschiedlicher Anzahl von Beobachtungen

menhang zwischen den beiden Variablen vor, nimmt er den Wert eins an, ist der Zusammenhang perfekt.

Besteht die Kontingenztabelle allerdings aus mehr als zwei Zeilen und mehr als zwei Spalten, dann erreicht der Phi-Koeffizient leider Werte größer als eins (vgl. Abb. 4.6). Betrachten wir hierzu die Beispiele für eine 3 × 3 Tabelle mit drei Zeilen und drei Spalten und eine 5 × 4 Tabelle mit fünf Zeilen und vier Spalten. Auch hier liegen perfekte Zusammenhänge vor, denn jede Zeile besitzt nur Ausprägungen innerhalb einer Spalte und jede Zeile kann einer bestimmten Spalte zugeordnet werden.

Es wird deutlich, dass der maximal erreichbare Wert für den Phi-Koeffizienten von der Anzahl der Zeilen und Spalten bestimmt ist. Der Grund hierfür liegt darin, dass bereits der maximal erreichbare Wert für Chi-Quadrat mit der Anzahl der Zeilen bzw. Spalten zunimmt. Phi erreicht maximal den Wert der Wurzel aus dem um eins reduzierten Minimum

Abbildungsteil 1: Perfekter Zusammenhang einer 3x3 Kontingenztabelle

			Kauf			Total
			kein Kauf	kauft oft	kauft immer	
Kundengruppe	A Kunde	Count	0	0	10	10
		Expected Count	3,3	3,3	3,3	10,0
	B Kunde	Count	0	10	0	10
		Expected Count	3,3	3,3	3,3	10,0
	C Kunde	Count	10	0	0	10
		Expected Count	3,3	3,3	3,3	10,0
	Total	Count	10	10	10	30
		Expected Count	10,0	10,0	10,0	30,0

$$\phi = \sqrt{\frac{\chi^2}{n}} = \sqrt{\frac{60}{30}} = \sqrt{2} = 1{,}4$$

Abbildungsteil 2: Perfekter Zusammenhang einer 4x5 Kontingenztabelle

			Kauf				Total
			kein Kauf	kauft selten	kauft oft	kauft immer	
Kundengruppe	A Kunde	Count	0	0	10	0	10
		Expected Count	4,0	2,0	2,0	2,0	10,0
	B Kunde	Count	0	10	0	0	10
		Expected Count	4,0	2,0	2,0	2,0	10,0
	C Kunde	Count	10	0	0	0	10
		Expected Count	4,0	2,0	2,0	2,0	10,0
	D Kunde	Count	10	0	0	0	10
		Expected Count	4,0	2,0	2,0	2,0	10,0
	E Kunde	Count	0	0	0	10	10
		Expected Count	4,0	2,0	2,0	2,0	10,0
	Total	Count	20	10	10	10	50
		Expected Count	20,0	10,0	10,0	10,0	50,0

$$\phi = \sqrt{\frac{\chi^2}{n}} = \sqrt{\frac{150}{50}} = \sqrt{3} = 1{,}73$$

Abb. 4.6 Phi bei einer unterschiedlichen Anzahl von Zeilen und Spalten aus Zeilen- und Spaltenzahl der Kontingenztabelle:

$$\varphi_{\max} = \sqrt{\min(\text{Zeilenzahl}, \text{Spaltenzahl}) - 1} \geq 1. \tag{4.13}$$

In der Praxis sollte der Phi-Koeffizient deshalb nur beim Vergleich von 2 × 2 Kontingenztabellen verwendet werden.

4.2.4 Der Kontingenzkoeffizient

Von einigen Statistikern wird deshalb der Kontingenzkoeffizient (*engl.*: Contingency Coefficient) als Zusammenhangsmaß vorgeschlagen. Dieser berechnet sich wie folgt:

$$\mathrm{C} = \sqrt{\frac{\chi^2}{\chi^2 + \mathrm{n}}} \in [0; 1[\,. \tag{4.14}$$

Dieser Koeffizient nimmt ebenfalls den Wert null an, wenn kein Zusammenhang zwischen den beiden betrachteten Variablen besteht. Auch geht der Koeffizient im Gegensatz zum Phi-Koeffizienten niemals über den Wert eins hinaus. Dennoch hat der Kontingenzkoeffizient den Nachteil, dass er den Wert $C = 1$ niemals erreichen kann, selbst wenn ein perfekter Zusammenhang besteht. Betrachten wir hierzu die Kontingenztabellen in Abb. 4.7.

Obwohl beide Tabellen einen perfekten Zusammenhang aufweisen, nimmt der Kontingenzkoeffizient nicht den Wert $C = 1$ an.

Je mehr Zeilen bzw. Spalten die Tabelle aufweist, umso näher liegt der Kontingenzkoeffizient zwar beim Wert eins, allerdings müssen die Tabellen schon sehr viele Zeilen *und* Spalten aufweisen, damit selbst bei einem perfekten Zusammenhang ein Koeffizient von annähernd eins entsteht. Der maximal erreichbare Wert ergibt sich aus:

$$\mathrm{C}_{\max} = \sqrt{\frac{\min(\mathrm{k}, \mathrm{l}) - 1}{\min(\mathrm{k}, \mathrm{l})}} = \sqrt{1 - \frac{1}{\min(\mathrm{k}, \mathrm{l})}}. \tag{4.15}$$

Der Wert für k entspricht der Anzahl der Spalten und l der Anzahl der Zeilen. Ein zwischen null und eins normierter Kontingenzkoeffizient ergibt sich entsprechend aus:

$$\mathrm{C}_{\text{korr}} = \sqrt{\frac{\chi^2}{\chi^2 + \mathrm{n}}} \cdot \sqrt{\frac{\min(\mathrm{k}, \mathrm{l})}{\min(\mathrm{k}, \mathrm{l}) - 1}} = \sqrt{\frac{\chi^2}{\chi^2 + \mathrm{n}}} \cdot \frac{1}{\sqrt{1 - \frac{1}{\min(\mathrm{k}, \mathrm{l})}}} \in [0; 1]\,. \tag{4.16}$$

Abbildungsteil 1: Perfekter Zusammenhang einer 2x2 Kontingenztabelle

			Geschlecht		
			Weiblich	männlich	Total
Kauf	kein Kauf	Count	0	10	10
		Expected Count	5,5	4,5	10,0
	Kauf	Count	12	0	12
		Expected Count	6,5	5,5	12,0
Total		Count	12	10	22
		Expected Count	12,0	10,0	22,0

$$C = \sqrt{\frac{\chi^2}{\chi^2 + n}} = \sqrt{\frac{22}{22+22}} = \sqrt{\frac{1}{2}} = \sqrt{0,5} = 0,71$$

Abbildungsteil 2: Perfekter Zusammenhang einer 3x3 Kontingenztabelle

			Kauf			Total
			kein Kauf	kauft oft	kauft immer	
Kundengruppe	A Kunde	Count	0	0	10	10
		Expected Count	3,3	3,3	3,3	10,0
	B Kunde	Count	0	10	0	10
		Expected Count	3,3	3,3	3,3	10,0
	C Kunde	Count	10	0	0	10
		Expected Count	3,3	3,3	3,3	10,0
	Total	Count	10	10	10	30
		Expected Count	10,0	10,0	10,0	30,0

$$C = \sqrt{\frac{\chi^2}{\chi^2 + n}} = \sqrt{\frac{60}{60+30}} = \sqrt{\frac{2}{3}} = 0,82$$

Abb. 4.7 Kontingenzkoeffizient bei unterschiedlicher Zeilen- und Spaltenzahl

4.2.5 Cramers V

Ein von der Größe der Kontingenztabelle unabhängiges Maß stellt Cramers V (*engl.*: Cramer's V) dar. Es nimmt immer Werte zwischen null (kein Zusammenhang) und eins (perfekter Zusammenhang) an und ist deshalb das in der Praxis wohl am sinnvollsten einsetzbare Zusammenhangsmaß zweier nominaler oder ordinaler Variablen. Die Berechnung erfolgt als Weiterentwicklung des Phi-Koeffizienten:

$$\text{Cramers V} = \sqrt{\frac{\chi^2}{\mathrm{n} \cdot (\min(\mathrm{k}, \mathrm{m}) - 1)}} = \varphi \cdot \sqrt{\frac{1}{\min(\mathrm{k}, \mathrm{m}) - 1}} \in [0; 1]. \tag{4.17}$$

Der Wert für n entspricht der Anzahl der Beobachtungen, k der Spaltenanzahl und m der Zeilenanzahl. Für die Tabellen aus Abb. 4.7 ergeben sich beispielsweise folgende Berechnungen:

$$1.\ \text{Cramers V} = \sqrt{\frac{\chi^2}{\mathrm{n} \cdot (\min(\mathrm{k}, \mathrm{m}) - 1)}} = \sqrt{\frac{22}{22 \cdot (2 - 1)}} = 1, \tag{4.18}$$

$$2.\ \text{Cramers V} = \sqrt{\frac{\chi^2}{\mathrm{n} \cdot (\min(\mathrm{k}, \mathrm{m}) - 1)}} = \sqrt{\frac{60}{30 \cdot (3 - 1)}} = 1. \tag{4.19}$$

An dieser Stelle muss noch geklärt werden, ab welchen Werten von einem *schwachen*, einem *mittleren* und einem *starken* Zusammenhang die Rede sein kann. Darüber herrscht in der Literatur keine Einigkeit. Einige Autoren wählen folgende Abgrenzung:

$V \in [0{,}00; 0{,}10[$ $\rightarrow$ kein Zusammenhang,
$V \in [0{,}10; 0{,}30[$ $\rightarrow$ schwacher Zusammenhang,
$V \in [0{,}30; 0{,}60[$ $\rightarrow$ mittlerer Zusammenhang,
$V \in [0{,}60; 1{,}00]$ $\rightarrow$ starker Zusammenhang.

4.2.6 Nominale Zusammenhänge mit SPSS

Jedem dürfte die Geschichte der Titanic bekannt sein. Eine Geschichte, die immer wieder Grundlage für Kinoverfilmungen war und wohl auch zukünftig sein wird, bietet sie doch Stoff aus technischer Arroganz, Fehlverhalten in Befehlsstrukturen und sozialer Asymmetrie bei den Opfern. Am 10. April 1912 brach die Titanic zu ihrer Jungfernfahrt von Southampton in England nach New York auf. Aufgrund ihrer Größe und technischen Ausstattung galt der Riesendampfer als unsinkbar. Am 14. April streifte das Schiff jedoch einen Eisberg und sank am Morgen des nächsten Tages gegen 2:15 Uhr. Von den 2201 Passagieren überlebten lediglich 710.

An dieser Stelle wollen wir untersuchen, ob der oft unterstellte Zusammenhang, dass vor allem die Passagiere der ersten Klasse überlebt haben und die Passagiere der dritten Klasse zu den Opfern zählten, der Realität entspricht. Hierzu nutzen wir die Angaben im Datensatz *Titanic*:[2] Für jeden Passagier liegen über die Variable *Geschlecht* Angaben

[2] *Titanic.sav* für SPSS; *Titanic.dta* für Stata und *Titanic.xls* für Excel. Informationen über die exakte Anzahl der sich an Bord befindlichen Personen und der exakten Anzahl der Opfer liegen nicht vor. Datenbasis hier: British Board of Trade Inquiry Report (1990).

zum Geschlecht (Kind, männlich, weiblich), über die Variable *Klasse* Angaben über die gebuchte Klasse (1. Klasse, 2. Klasse, 3. Klasse und Besatzung) sowie über die Variable *Ueberlebt* Angaben über das Überleben oder Nicht-Überleben an Bord der Titanic vor.

Um mit SPSS eine Kreuztabelle nebst dazu gehöriger Berechnung der nominalen Zusammenhangsmaße zu generieren, muss durch Verwendung der Befehlsfolge *Analyze* → *Descriptive Statistics* → *Crosstabs* ... das Crosstabs-Fenster geöffnet werden.[3] In diesem Fenster sind zunächst die beiden Zeilen- und Spaltenvariablen auszuwählen, deren Zusammenhang überprüft werden soll. In unserem Beispiel soll die Variable *Ueberlebt* als Zeilenvariable (Row(s)) und die Variable *Klasse* als Spaltenvariable (Column(s)) ausgewählt werden.

Durch Anklicken des Feldes *Cells* (Zellen) öffnet sich ein Fenster, in dem die gewünschten Berechnungen der Kontingenztabelle ausgewählt werden können (vgl. Abb. 4.8: *Das Zellen-Fenster*). Die Auswahl der zu berechnenden Zusammenhangsmaße erfolgt über das Feld *Statistics* ... (*Statistiken* ...). Durch Bestätigung des *OK*-Feldes werden die Tabellen in der Abb. 4.9 und in der Abb. 4.10 generiert.

Betrachtet man zunächst in der Kontingenztabelle (vgl. Abb. 4.9) die Struktur der Überlebenden aufgegliedert nach der gebuchten Klasse des jeweiligen Passagiers, stellt sich die berechtigte Frage, ob alle Passagiere die gleiche Überlebenschance hatten.

Wir erkennen, dass mehr Passagiere der dritten Klasse (528) als Passagiere der ersten Klasse (123) nicht überlebt haben. Da allerdings auch mehr Passagiere der dritten Klasse an Bord des Schiffes waren (706 gegenüber 325), ist dies zunächst nicht verwunderlich – auch dann, wenn alle tatsächlich die gleiche Chance zu überleben gehabt hätten. Betrachtet man nun aber die relativen Häufigkeiten, so haben 32,3 Prozent aller Passagiere das Unglück überlebt: Immerhin 62,2 Prozent der Passagiere der ersten und nur 25,3 Prozent der Passagiere der dritten Klasse. Tatsächlich ist die Chance zu überleben von durchschnittlich 32,3 Prozent sehr asymmetrisch verteilt. Je größer diese Asymmetrie, umso größer ist letztlich auch der Zusammenhang zwischen gebuchter Klasse und der Tatsache, das Unglück überlebt zu haben.

Hätten die Passagiere der ersten Klasse ebenfalls nur eine durchschnittliche Chance zu überleben gehabt, dann hätten anstelle der 202 Passagiere nur $32{,}3\,\% \cdot 325 \approx 105$ überlebt. Diese Zahl entspricht der *Erwarteten Häufigkeit bei Unabhängigkeit*. In der dritten Klasse wären anstelle der 528 nur $66{,}7\,\% \cdot 706 \approx 478$ Tote zu beklagen gewesen.

Die Differenzen zwischen den erwarteten Häufigkeiten und den tatsächlichen Häufigkeiten (Residual) bieten – wie in den vorherigen Abschnitten bereits gezeigt – zwar erste Anhaltpunkte über den Zusammenhang zwischen den Variablen, diese müssen aber durch Division durch die Wurzel der erwarteten Häufigkeiten standardisiert werden (Std. Residual). Durch Quadrierung dieser Werte erhielte man für jede Zelle den jeweiligen Chi-Quadrat-Wert. Positive Werte für die standardisierten Residuen drücken eine überdurchschnittliche (empirische) Häufigkeit im Vergleich zur erwarteten Häufigkeit aus,

[3] In der deutschsprachigen SPSS Version ist die Befehlsfolge Analysieren → Deskriptive Statistiken → Kreuztabellen ...

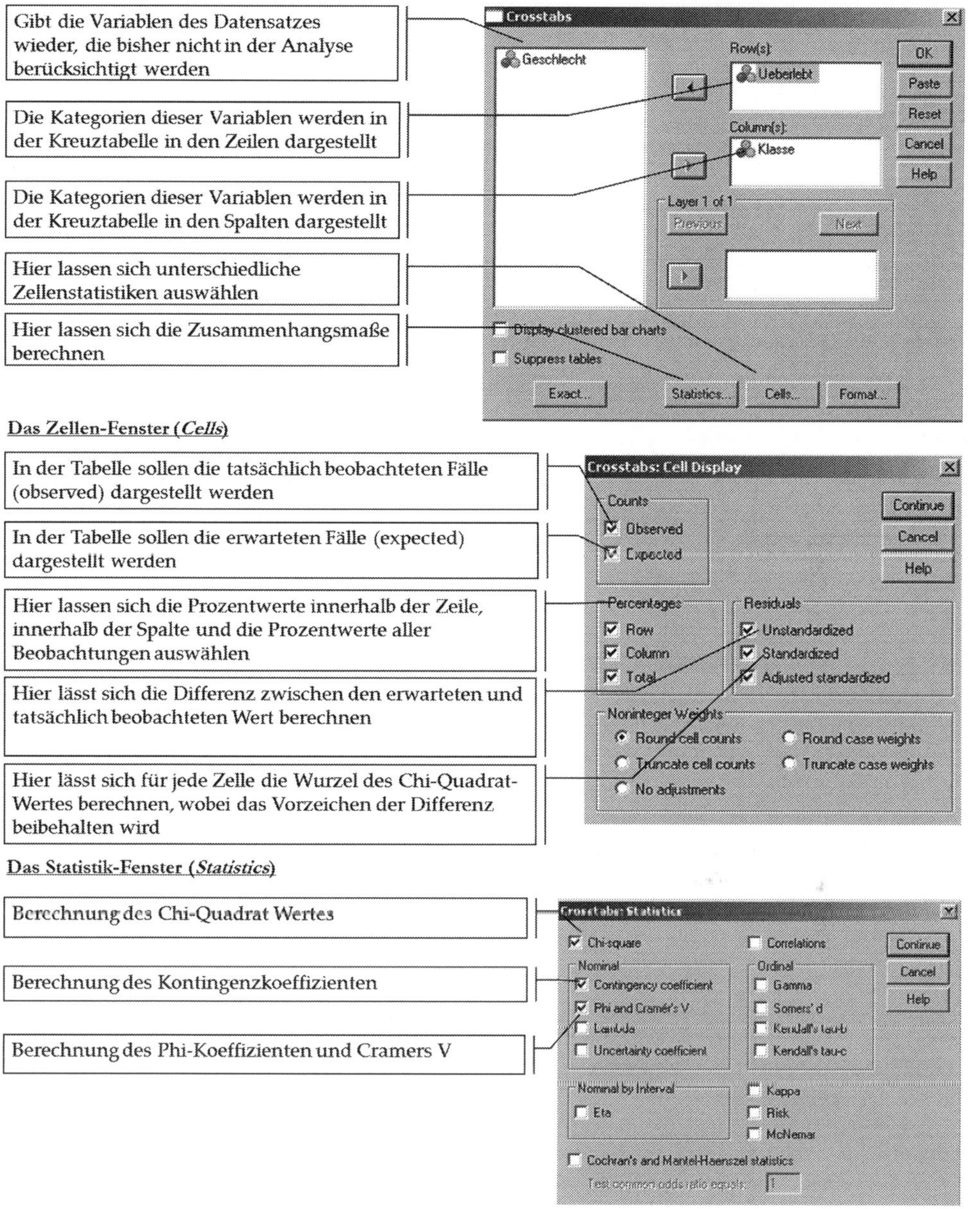

Abb. 4.8 Kreuztabellen und nominale Zusammenhänge mit SPSS Titanic

			Klasse				
			Besatzung	1. Klasse	2. Klasse	3. Klasse	Total
Ueberlebt	Überlebt	Count	212	202	118	178	710
		Expected Count	285,5	104,8	91,9	227,7	710,0
		% within Ueberlebt	29,9%	28,5%	16,6%	25,1%	100,0%
		% within Klasse	24,0%	62,2%	41,4%	25,2%	32,3%
		% of Total	9,6%	9,2%	5,4%	8,1%	32,3%
		Residual	-73,5	97,2	26,1	-49,7	
		Std. Residual	-4,3	9,5	2,7	-3,3	
		Adjusted Residual	-6,8	12,5	3,5	-4,9	
	Nicht überlebt	Count	673	123	167	528	1491
		Expected Count	599,5	220,2	193,1	478,3	1491,0
		% within Ueberlebt	45,1%	8,2%	11,2%	35,4%	100,0%
		% within Klasse	76,0%	37,8%	58,6%	74,8%	67,7%
		% of Total	30,6%	5,6%	7,6%	24,0%	67,7%
		Residual	73,5	-97,2	-26,1	49,7	
		Std. Residual	3,0	-6,5	-1,9	2,3	
		Adjusted Residual	6,8	-12,5	-3,5	4,9	
Total		Count	885	325	285	706	2201
		Expected Count	885,0	325,0	285,0	706,0	2201,0
		% within Ueberlebt	40,2%	14,8%	12,9%	32,1%	100,0%
		% within Klasse	100,0%	100,0%	100,0%	100,0%	100,0%
		% of Total	40,2%	14,8%	12,9%	32,1%	100,0%

Abb. 4.9 Von den Rohdaten zur computerberechneten Kreuztabelle (Titanic)

negative Werte den umgekehrten Fall. Es ist zu erkennen, dass die Passagiere der ersten Klasse mit 9,5 in der Spalte der Überlebenden überdurchschnittlich und die Passagiere der dritten Klasse mit −3,3 unterdurchschnittlich häufig vertreten sind. Dass fast alle standardisierten Residuen weit von null entfernt liegen, weist wieder auf einen Zusammenhang hin.

Bestätigt wird dies durch einen tendenziell hohen Chi-Quadrat-Wert und vergleichsweise hohe Zusammenhangsmaße (vgl. Abb. 4.10). Die Verwendung des Phi-Koeffizienten ist an dieser Stelle erlaubt, da es sich um eine 4 × 2 Tabelle handelt. Bei 2 × k oder m × 2 Tabellen sind Cramers V und Phi identisch. Mit einem Wert für Cramers V von

Chi-Square Tests

	Value	df	Asymp. Sig. (2-sided)
Pearson Chi-Square	187,793[a]	3	,000
Likelihood Ratio	178,414	3	,000
Linear-by-Linear Association	,000	1	,998
N of Valid Cases	2201		

a. 0 cells (,0%) have expected count less than 5. The minimum expected count is 91,94.

Symmetric Measures

		Value	Approx. Sig.
Nominal by Nominal	Phi	,292	,000
	Cramer's V	,292	,000
	Contingency Coefficient	,280	,000
N of Valid Cases		2201	

a. Not assuming the null hypothesis.

b. Using the asymptotic standard error assuming the null hypothesis.

Abb. 4.10 Computerausdruck Chi-Quadrat und nominale Zusammenhangsmaße

0,292 ist der Zusammenhang fast mittelstark. An dieser Stelle sei daran erinnert, dass mit Cramers V nur der Zusammenhang zwischen den beiden Variablen bestätigt ist. Ob der Zusammenhang auch letztlich der vermutete ist – also in unserem Fall: *Es haben mehr Passagiere der ersten Klasse überlebt* und nicht umgekehrt –, muss letztlich durch Betrachtung der (standardisierten) Residuen zwischen tatsächlichen und erwarteten Häufigkeiten nachgewiesen werden!

4.2.7 Nominale Zusammenhänge mit Stata

Mit Stata lässt sich die Analyse analog durchführen. Durch die Befehlsfolge *Statistics → Summaries, tables, and tests → Tables → Two-way tables with measures of association* öffnet sich das folgende *Two-way-table-Fenster* (vgl. Abb. 4.11).

Es müssen ebenfalls die beiden zu betrachtenden (Zeilen-/Spalten-)Variablen und die gewünschten Berechnungen ausgewählt werden. Auf der linken Seite befinden sich alle Zusammenhangsmaße, während auf der rechten Seite die gewünschten Zellenstatistiken der Kontingenztabelle angegeben werden können. Durch Drücken von *OK* bzw. *Submit* wird der Stata-Befehl[4] ausgelöst und die Ergebnisse können – analog zum Beispiel mit SPSS – interpretiert werden.

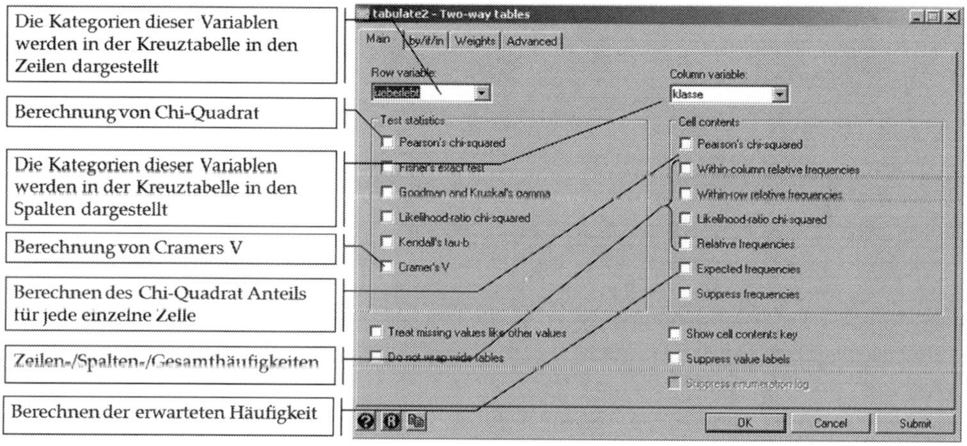

Abb. 4.11 Kreuztabellen und nominale Zusammenhangsmaße mit Stata (Titanic)

[4] Syntaxbefehl: *tabulate class survived, cchi2 cell chi2 clrchi2 column expected row V.*

4.2.8 Nominale Zusammenhänge mit Excel

Die Berechnung von Kreuztabellen sowie die der damit zusammenhängenden Parameter wie Chi-Quadrat oder die oben dargestellten Zusammenhangsmaße (Phi, Kontingenzkoeffizient oder Cramers V) lassen sich in Excel nur mit einem größeren Aufwand berechnen. Dies liegt vor allem daran, dass Kontingenztabellen weder unter Analysefunktionen noch unter den allgemeinen Funktionen ausreichend vorprogrammiert sind. Hier zeigt sich im besonderen Maße der Nachteil von Excel im Vergleich zu professionellen Statistikpaketen.

Dennoch soll das Vorgehen in Excel an dieser Stelle kurz skizziert werden. Zunächst müssen die (bedingten) tatsächlichen Häufigkeiten einer jeden Zelle wie in Abb. 4.12 ausgezählt werden. Hierfür ist die Anwendung der Pivot-Tabellen-Funktion hilfreich. Mit der Befehlsfolge *Einfügen* und *PivotTable* wird das Fenster *Pivot Tabelle erstellen* geöffnet, in welches unter dem Punkt *Tabelle oder Bereich auswählen* der Bereich der Rohdaten zu markieren ist. Danach sollte durch die Betätigung des *OK*-Feldes die Pivot Tabelle in ein neues Arbeitsblatt abgelegt werden. Die beiden Variablen (*Überlebt* und *Klasse*) können danach per Drag & Drop von der Feldliste auf die Felder *Spaltenfelder hierher ziehen* bzw. *Zeilenfelder hierher ziehen* verschoben werden. Es entsteht eine Kreuzta-

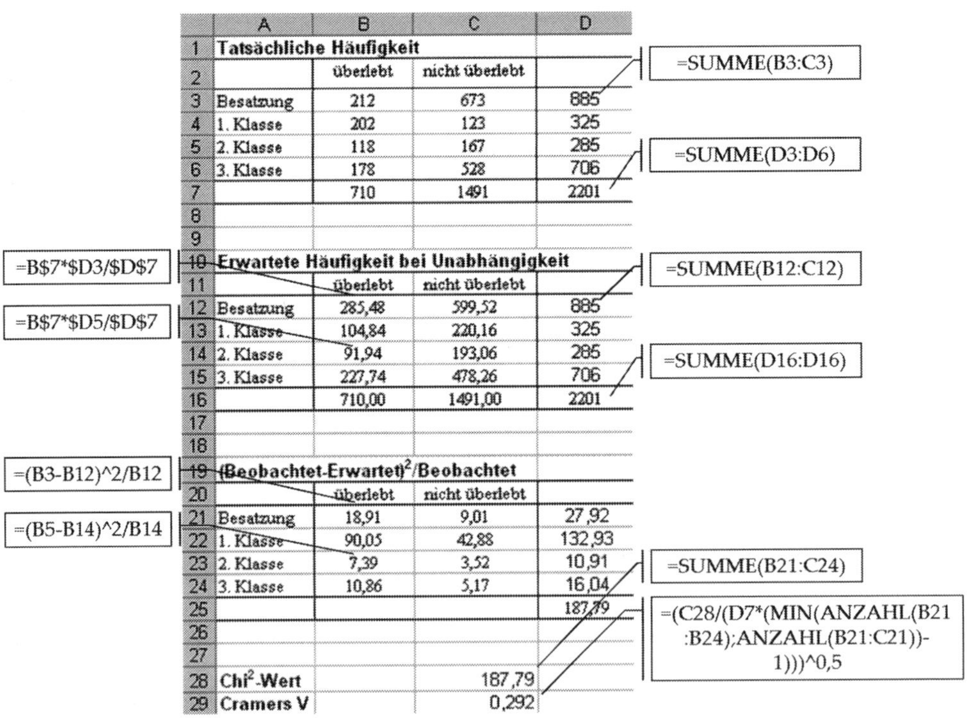

Abb. 4.12 Kreuztabellen und nominale Zusammenhangsmaße mit Excel (Titanic)

belle, bei der zunächst noch die bedingten absoluten Häufigkeiten innerhalb der Tabelle fehlen. Diese können nun erzeugt werden, indem eine der beiden Variablen von der Feldliste per Drag & Drop auf das Feld $\sum$ *Werte* gezogen wird. In diesem Feld ist die Variable danach anzuklicken, der Menüpunkt *Wertfeldeinstellungen* … zu wählen und die Option *Anzahl* als Wertfeldzusammenfassung zu bestätigen. Es entsteht eine Kreuztabelle mit den tatsächlichen Häufigkeiten. Veränderungen in den Rohdaten führen erst dann zu Veränderungen in der Kreuztabelle, wenn sich der Cursor auf einer Zelle der Kreuztabelle befindet und die Befehlsfolge *PivotTable-Tools* → *Optionen* → *Aktualisieren* durchgeführt wird. Die erwarteten Häufigkeiten lassen sich dann analog der gegebenen Formel (Zeilensumme multipliziert mit der Spaltensumme geteilt durch die Gesamtsumme) in Excel programmieren (vgl. 2. Tabelle in Abb. 4.12). In einer weiteren Tabelle (vgl. 3. Tabelle in Abb. 4.12) lassen sich dann zellenweise die einzelnen Chi-Quadrat Bestandteile berechnen. Aus der Summe dieser Chi-Quadrat Bestandteile ergibt sich dann der Chi-Quadrat-Wert aus dem schließlich Cramers V berechnet werden kann. Beispielhaft sind die einzelnen Berechnungsformeln in Abb. 4.12 wiedergegeben.

4.2.9 Übungsaufgaben zum Abschnitt

Aufgabe 12

In einem Experiment zur Wirkung von Musik auf die Ausgabebereitschaft beim Einkauf in einem Supermarkt wurden 100 Kunden zufällig ausgewählt. Ein Teil der Kunden tätigte seine Einkäufe an Tagen, an denen im Supermarkt keine Hintergrundmusik eingespielt wurde. Der andere Teil der Kunden tätigte den Einkauf an einem Tag, an dem der Einkauf durch Musik und Werbeansagen begleitet wurde. Jeder Kunde wurde hinsichtlich der Gesamtsumme der getätigten Einkäufe in eine der drei Gruppen der Ausgabebereitschaft (hoch, mittel und gering) eingruppiert.

a) Durch einen tragischen Absturz Ihrer Festplatte sind Ihnen die Zahlen der Untersuchung abhandengekommen. Sie können sich aber durch eigene Mitschriften den Datenbestand wieder beschaffen. Für 100 Beobachtungen ist bekannt, dass die relative Häufigkeit $f(x=2|y=3)=0{,}5$ und die absolute Häufigkeit $h(y=1)=35$ betragen. Ergänzen Sie die fehlenden Zellen in folgender Tabelle!

	Hohe Ausgabebereitschaft (y = 1)	Mittlere Ausgabebereitschaft (y = 2)	Geringe Ausgabebereitschaft (y = 3)	Summe (X)
Mit Musik (x = 1)	30			
Ohne Musik (x = 2)		20		
Summe (Y)			40	

b) Nachdem Sie die Daten rekonstruiert haben, möchten Sie die Datenbasis erhöhen und untersuchen weitere 300 Kunden. Es entsteht folgende Kontingenztabelle. Ergänzen

Sie die Randhäufigkeiten sowie die erwarteten Häufigkeiten bei Unabhängigkeit [in Klammern unter der tatsächlichen Anzahl der Beobachtungen]!

		Hohe Ausgaben (y = 1)	Mittlere Ausgaben (y = 2)	Geringe Ausgaben (y = 3)	Summe (X)
Mit Musik (x = 1)	Anzahl (Erw. Häufigkeit)	130 (____)	30 (____)	50 (____)	
Ohne Musik (x = 2)	Anzahl (Erw. Häufigkeit)	40 (____)	20 (____)	130 (____)	
Summe (Y)	Anzahl				

c) Bestimmen Sie den Chi-Quadrat-Wert!

d) Berechnen Sie Cramers V!

Aufgabe 13

Sie haben von Käufern in einem Lebensmittelhandel die Haushaltgröße des Kunden sowie die Anzahl der gekauften Bananen ermittelt.

a) Zunächst ergibt sich folgende unvollständige Kontingenztabelle. Für 150 Beobachtungen ist bekannt, dass die relative Häufigkeit $f(x = 4; y = 2) = 1/18$ und die absolute Häufigkeit $h(x = 2; y = 3) = 30$ betragen. Ergänzen Sie die fehlenden Zellen!

	1 Person (y = 1)	2 Personen (y = 2)	≥ 3 Personen (y = 3)	Summe (x)
0 Bananen (x = 1)	20	30		60
1 Banane (x = 2)		20		55
2 Bananen (x = 3)			20	27
≥ 3 Bananen (x = 4)				
Summe (y)	33	54		

b) Nachdem Sie die Datenbasis erhöht haben, entsteht folgende Kontingenztabelle. Ergänzen Sie die Randhäufigkeiten sowie die erwarteten Häufigkeiten bei Unabhängigkeit [in Klammern unter der tatsächlichen Anzahl der Beobachtungen]!

	1 Person (y = 1)	2 Personen (y = 2)	≥ 3 Personen (y = 3)	Summe (x)
0 Bananen (x = 1)	40 (____)	0 (____)	40 (____)	
1 Banane (x = 2)	103 (____)	15 (____)	87 (____)	
2 Bananen (x = 3)	5 (____)	0 (____)	3 (____)	
≥ 3 Bananen (x = 4)	2 (____)	0 (____)	5 (____)	
Summe (y)				

c) Bestimmen Sie den Chi-Quadrat-Wert!
d) Berechnen Sie Cramers V!
e) Warum ist die Berechnung von Phi in diesem Fall nicht sinnvoll?

Aufgabe 14

Ein Unternehmen misst die Kundenzufriedenheit in drei verschiedenen Regionen. Es ergibt sich folgende Kreuztabelle.

			Region			
			Region 1	Region 2	Region 3	Total
Zufriedenheit	gut	Count	13	0	2	15
		Expected Count	6,1	5,5	3,5	15,0
		% within Zufriedenheit	86,7%	,0%	13,3%	100,0%
		% within Region	61,9%	,0%	16,7%	28,8%
		% of Total	25,0%	,0%	3,8%	28,8%
	es geht	Count	0	10	10	20
		Expected Count	8,1	7,3	4,6	20,0
		% within Zufriedenheit	,0%	50,0%	50,0%	100,0%
		% within Region	,0%	52,6%	83,3%	38,5%
		% of Total	,0%	19,2%	19,2%	38,5%
	schlecht	Count	8	9	0	17
		Expected Count	6,9	6,2	3,9	17,0
		% within Zufriedenheit	47,1%	52,9%	,0%	100,0%
		% within Region	38,1%	47,4%	,0%	32,7%
		% of Total	15,4%	17,3%	,0%	32,7%
Total		Count	21	19	12	52
		Expected Count	21,0	19,0	12,0	52,0
		% within Zufriedenheit	40,4%	36,5%	23,1%	100,0%
		% within Region	100,0%	100,0%	100,0%	100,0%
		% of Total	40,4%	36,5%	23,1%	100,0%

Chi-Square Tests

	Value	df	Asymp. Sig. (2-sided)
Pearson Chi-Square	34,767[a]	4	,000
Likelihood Ratio	48,519	4	,000
Linear-by-Linear Association	,569	1	,451
N of Valid Cases	52		

a. 3 cells (33,3%) have expected count less than 5. The minimum expected count is 3,46.

Symmetric Measures

		Value	Asymp. Std. Error[a]	Approx. T[b]	Approx. Sig.
Nominal by Nominal	Phi	,818			,000
	Cramer's V	,578			,000
	Contingency Coefficient	,633			,000
Ordinal by Ordinal	Kendall's tau-b	,082	,143	,575	,565
	Kendall's tau-c	,081	,141	,575	,565
N of Valid Cases		52			

a. Not assuming the null hypothesis.

b. Using the asymptotic standard error assuming the null hypothesis.

a) Wie viel Prozent der Bewertungen mit *gut* kommen aus der Region 3?

b) Interpretieren Sie die Stärke des Zusammenhanges. Bewerten Sie dabei die Eignung der Koeffizienten Phi, Cramers V und Kontingenzkoeffizient zur Lösung dieser Fragestellung! Gehen Sie zudem auf mögliche Probleme bei der Verwendung der erlaubten Koeffizienten ein und geben Sie an, wo sich die *Zufriedenen* und wo sich die *Unzufriedenen* überdurchschnittlich häufig befinden!

4.3 Zusammenhang zweier metrischer Variablen

Nachdem gezeigt wurde, wie der Zusammenhang zweier nominaler oder ordinaler Variablen gemessen werden kann, wollen wir in diesem Abschnitt lernen, wie die Stärke des Zusammenhanges für zwei metrische Variablen bestimmt werden kann. Hierzu wird zunächst wieder auf ein einfaches Beispiel zurückgegriffen.

4.3.1 Das Streudiagramm

Auf Standesämtern scheint man häufig zu beobachten, dass sich vor allem Männer und Frauen ähnlicher Körpergröße trauen lassen. So heiraten größere Männer scheinbar häufiger größere Frauen und umgekehrt. Ein Standesbeamter möchte diesen vermuteten Zusammenhang überprüfen und hat deshalb für 100 Paare die Körpergröße des Ehemannes und der Ehefrau erfragt. Wie lässt sich nun aber feststellen, ob tatsächlich ein Zusammenhang besteht. Und wenn dieser besteht, wie stark ist dieser Zusammenhang? Auch hier benötigen wir einen Parameter, der uns einen Eindruck über die Stärke von Zusammenhängen metrischer Variablen vermittelt.

Eine erste Möglichkeit ist die Erstellung eines sogenannten Streudiagramms (*engl.*: scatterplot). Hierbei werden die beiden zu betrachtenden Variablen – in unserem Beispiel sind das die Körpergrößen der miteinander verheirateten Frauen und Männer – auf die x- bzw. y-Achse aufgetragen. Jedes Beobachtungspaar wird nun als einzelner Punkt in dieses Koordinatensystem eingetragen. So wird in unserem Beispiel das erste Hochzeitspaar

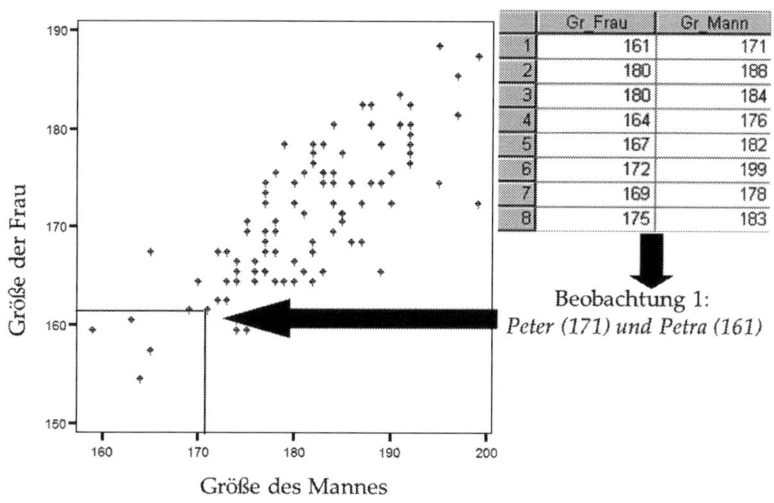

	Gr_Frau	Gr_Mann
1	161	171
2	180	188
3	180	184
4	164	176
5	167	182
6	172	199
7	169	178
8	175	183

Abb. 4.13 Streudiagramm

(Beobachtung 1: *Peter und Petra*) durch den Punkt mit dem Wertepaar 171 für die Körpergröße des Mannes und 161 für die Körpergröße der Frau dargestellt. Sind alle Punkte in der Grafik eingetragen, erhält man die sogenannte Punktwolke des Streudiagramms (vgl. Abb. 4.13).

Betrachtet man das entstandene Streudiagramm, so lässt sich tatsächlich schon einiges über den Zusammenhang bei den Körpergrößen von Paaren aussagen: Der vermutete positive Zusammenhang – nämlich Größere heiraten eher Größere und Kleinere eher Kleinere – entspricht tendenziell der Realität. Auch scheint dieser Zusammenhang nahezu auf einer geraden Linie zu liegen, er ist somit annähernd *linear*, auch wenn es hier und da Gegenbeispiele gibt.

Insgesamt lässt sich somit feststellen, dass durch ein Streudiagramm drei Aspekte des Zusammenhangs zweier metrischer Variablen zum Ausdruck gebracht werden können. Beispiele hierfür sind in Abb. 4.14 dargestellt.

1. Die *Richtung* des Zusammenhangs (*engl.*: direction of the relationship): So lassen sich positive, negative und fehlende Trends feststellen. Von positiven Zusammenhängen spricht man, wenn die Werte der x-Variablen mit denen der y-Variablen ansteigen. Bei negativen Zusammenhängen sinken die Werte der y-Variablen bei Zunahme der x-Werte. Bei fehlenden Trends lässt sich keine solche Systematik in der Punktwolke erkennen. Mit beliebigen x-Werten gehen sowohl kleine als auch große y-Werte einher.
2. Die *Form* des Zusammenhangs (*engl.*: form of the relationship): Es lassen sich lineare oder nicht lineare Zusammenhänge unterscheiden.

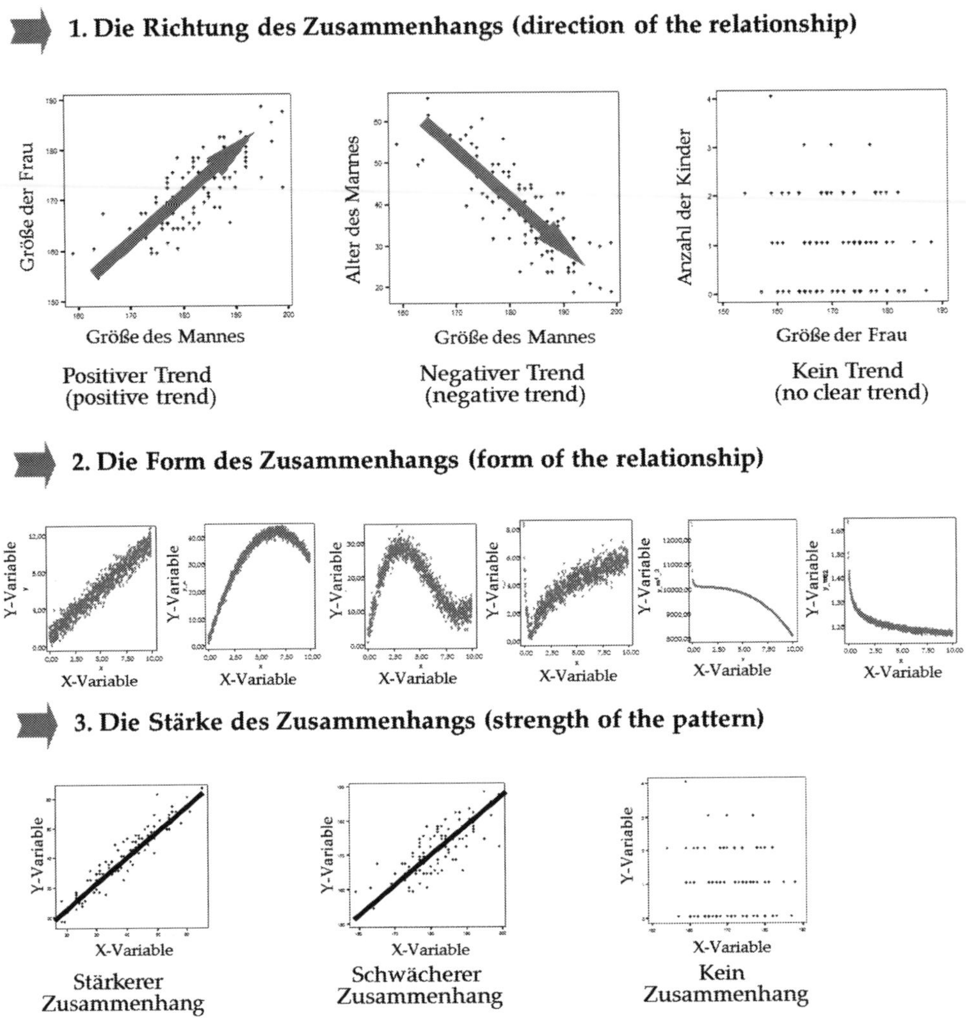

Abb. 4.14 Unterschiedliche Aspekte bei Streudiagrammen

3. Die *Stärke* des Zusammenhangs (*engl.*: strength of the relationship): Liegen die Punkte sehr dicht an einer Geraden, dann ist der lineare Zusammenhang stärker als bei einem Streudiagramm, bei dem die Punkte weit von der Geraden entfernt liegen.

Streudiagramme lassen sich heute mit Hilfe diverser Softwareprogramme sehr einfach erzeugen.[5] Dennoch ist bei der Interpretation eines Streudiagramms Vorsicht geboten. Fol-

[5] In *Excel* müssen zunächst nur die beiden Spalten (Variablen) markiert werden und über die Menüauswahl *Einfügen* → *Diagramm* ... öffnet sich ein Diagrammassistent, in dem die Diagrammart *Punkt (XY)* auszuwählen ist. Nach Eingabe von Diagrammtiteln und weiterer Diagrammoptionen

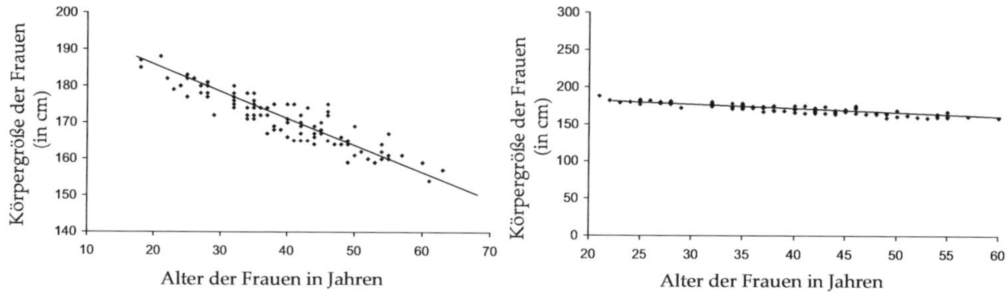

Abb. 4.15 Unterschiedliche Darstellung gleicher Sachverhalte (3) ...

gende Abb. 4.15, in dem der Zusammenhang zwischen Alter und Körpergröße bei Frauen auf zwei verschiedene Weisen dargestellt wird, soll dies anschaulich verdeutlichen.

Die Datengrundlage beider Streudiagramme ist völlig identisch. Im ersten Diagramm in Abb. 4.15 ist die y-Achse zwischen 140 und 200 cm und die x-Achse zwischen 10 und 70 Jahren skaliert. Beim zweiten Diagramm ist die Körpergröße zwischen null und 300 cm und das Alter zwischen 20 und 60 Jahren skaliert. Vergleicht man nun beide Diagramm miteinander, so würde man – trotz identischer Datenlage – dem ersten Diagramm auf den ersten Blick einen negativeren Zusammenhang zuschreiben, da die eingezeichnete Gerade durch die Punktwolke scheinbar steiler verläuft als die Gerade im zweiten Diagramm. Zudem scheint der Zusammenhang im ersten Diagramm schwächer als der im zweiten Diagramm zu sein, denn die Beobachtungspunkte streuen im ersten Diagramm in weiterer Entfernung von der Geraden. Durch Veränderung der Achsenskalierung kann also ein Zusammenhang intuitiv verstärkt oder abgeschwächt werden. Manipulationen sind damit „Tür und Tor" geöffnet.

Gesucht ist deshalb eine Maßzahl, die uns ein ungetrübtes Bild über einen Zusammenhang von zwei metrischen Variablen liefert. Eine Maßzahl, der wir unabhängig von der verwendeten Maßeinheit der Variablen eine Auskunft über die Richtung (positiv oder negativ) und die Stärke des Zusammenhangs entnehmen können. Diese Maßzahlen bezeichnet man als Korrelationskoeffizienten.

kann das Streudiagramm fertiggestellt werden. Ähnlich einfach ist die Diagrammerzeugung in *SPSS*. Nach der Menüauswahl *Graphs* → *Chart Builder* → *Scatter/Dot* muss zunächst die gewünschte Form des Streudiagrammes gewählt werden und danach müssen per drag and drop die beiden interessierenden Variablen auf die beiden Achsen gezogen werden. In *Stata* lautet die Befehlsfolge *Graphics* → *Easy Graphs* → *Scatter plot*. In dem sich öffnenden Fenster können dann die Variablen der x- und y-Achse definiert werden. Die dazugehörige Syntax lautet: *scatter variable_x variable_y*.

4.3.2 Der Korrelationskoeffizient nach Bravais-Pearson

Auch wenn in der Literatur häufig nur von *dem* Korrelationskoeffizienten gesprochen wird, kann kaum behauptet werden, dass es nur einen Korrelationskoeffizienten gibt. Im Gegenteil: So kann mit dem Korrelationskoeffizienten nach *Bravais-Pearson* die Stärke eines *linearen Zusammenhanges* bestimmt werden, während der Korrelationskoeffizient nach *Spearman* oder die verschiedenen Varianten von *Kendalls Tau* die Stärke des *monotonen Zusammenhangs* messen. Die beiden letzteren Korrelationskoeffizienten erlauben zudem die Messung von Zusammenhängen zweier ordinalskalierter Variablen. Daneben kann der Zusammenhang zwischen einer dichotomen und einer metrischen Variablen mit Hilfe der *Punktbiserialen Korrelation* bestimmt werden.

Beginnen wollen wir zunächst mit dem Korrelationskoeffizienten nach Bravais-Pearson, der in der Literatur auch häufig als *Produkt-Moment-Korrelation* oder kurz als *Korrelation nach Pearson* bezeichnet wird. Dieser ist auf die Arbeiten des französischen Physikers Auguste Bravais (1811–1863) und des britischen Mathematikers Karl Pearson (1857–1936) zurückzuführen. Sie definierten ein dimensionsloses Maß, das Werte zwischen $r = -1$ und $r = +1$ annehmen kann. Besitzen zwei metrische Merkmale einen perfekten linearen und positiven Zusammenhang (alle Beobachtungswerte liegen auf einer ansteigenden Geraden), nimmt dieses Maß den Wert $r = +1$ an. Besteht hingegen ein perfekter negativer Zusammenhang (alle Beobachtungswerte liegen auf einer abfallenden Geraden), nimmt dieses Maß den Wert $r = -1$ an. Je mehr sich der Korrelationskoeffizient dem Wert null nähert, umso mehr weichen die Wertepaare von einem perfekten linearen Zusammenhang ab.

Für die Herleitung des Korrelationskoeffizienten nach Pearson muss zunächst die sogenannte *Kovarianz* bestimmt werden. Die Varianz haben wir im Zusammenhang mit der univariaten Statistik bereits kennen gelernt. Sie wurde als Maßzahl für die quadrierte durchschnittliche Abweichung aller Beobachtungspunkte vom Mittelwert definiert. Beim Zusammenhang zweier Variablen geht es nun nicht mehr um eine, sondern um zwei Variablen und die Kovarianz ist das Maß der Abweichung eines jeden Punktepaares vom sogenannten bivariaten Schwerpunkt eines Streudiagramms. Um dies genauer zu verstehen, betrachten wir das bereits bekannte Streudiagramm der Hochzeitspaare in Abb. 4.16.

In dieser Abbildung ist der Mittelwert der Körpergröße der Männer mit $\bar{x} = 181{,}6$ Zentimetern und der Mittelwert der Körpergröße der Frauen mit $\bar{y} = 170{,}9$ Zentimetern jeweils als Linie eingezeichnet. Der Schnittpunkt beider Linien ergibt den *bivariaten Schwerpunkt* als Ausdruck eines durchschnittlichen Paares, bei dem sowohl der Ehemann als auch die Ehefrau durchschnittlich groß sind. Das Wertepaar des bivariaten Schwerpunktes wird somit zum Ursprung eines neuen Koordinatensystems mit vier Quadranten (vgl. Abb. 4.17).

Die Gemeinsamkeit aller Punkte in Quadrant eins ist die Tatsache, dass eine überdurchschnittlich große Frau einen überdurchschnittlich großen Mann heiratet. Bildet man für jeden dieser Beobachtungspunkte in Quadrant eins das Produkt $(x_i - \bar{x}) \cdot (y_i - \bar{y})$ so ergeben sich immer positive Werte. Ähnlich ist der Fall des Quadranten drei: Hier heiraten

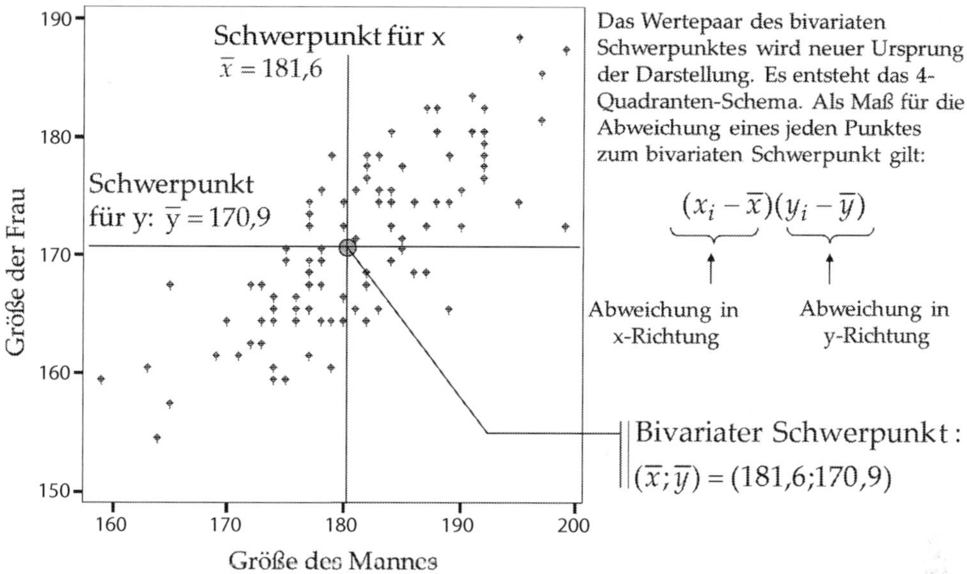

Abb. 4.16 Zusammenhang der Körpergrößen bei Hochzeiten

Abb. 4.17 Vier-Quadranten-Schema

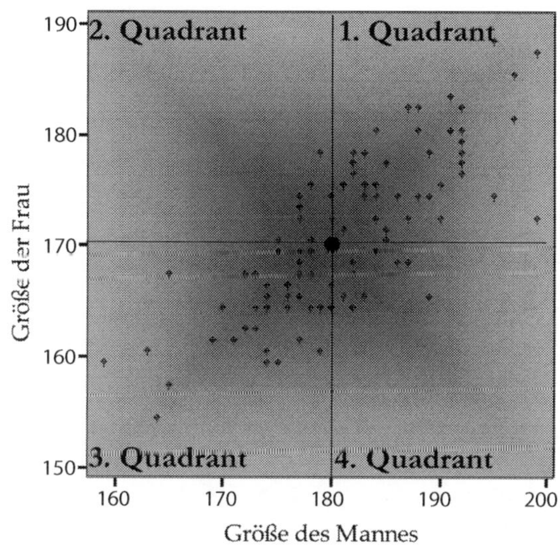

unterdurchschnittlich große Männer ausschließlich unterdurchschnittlich große Frauen. Aber auch hier ergeben sich für alle Beobachtungspunkte für das Produkt $(x_i - \bar{x}) \cdot (y_i - \bar{y})$ ausschließlich positive Werte, da negative Werte multipliziert mit negativen Werten wiederum positive Werte ergeben.

Die Beobachtungspunkte der Quadranten eins und drei besitzen somit alle einen *positiven Abstand* – gemessen durch das Produkt $(x_i - \bar{x}) \cdot (y_i - \bar{y})$ – zum bivariaten Schwerpunkt. Dies ist insofern sinnvoll, als dass diese Punkte eine Punktwolke mit einer *positiven Steigung* darstellen.

Bei den Paaren aus den Quadranten zwei und vier heiraten unterdurchschnittlich große Frauen überdurchschnittlich große Männer (Quadrant 4) bzw. überdurchschnittlich große Frauen unterdurchschnittlich große Männer (Quadrant 2). Für diese Beobachtungspaare ergibt das Produkt $(x_i - \bar{x})\cdot(y_i - \bar{y})$ ausschließlich negative Werte. Der Abstand zum bivariaten Schwerpunkt ist entsprechend *negativ*. Alle Beobachtungspaare dieser Quadranten bilden eine Punktwolke mit *negativer Steigung*.

Nun kommt es bei der Berechnung der Stärke des Zusammenhangs zwischen den Körpergrößen darauf an, wie groß die Summe der positiven Abstände in den Quadranten eins und drei im Vergleich zur Summe der negativen Abstände in den Quadranten zwei und vier ist. Je größer die Summe der Abstände in den Quadranten eins und drei ist, umso größere positive Abstände zum bivariaten Schwerpunkt stehen den vergleichsweise geringeren negativen Abständen gegenüber. Die Summe an positiven und negativen Abständen ergibt in diesem Fall einen positiven Wert, was dann auf einen positiven Zusammenhang zwischen der Körpergröße des Mannes und der Körpergröße der Frau hinweist. Liegen ungefähr gleich große Abstände in den Quadranten eins und drei wie in den Quadranten zwei und vier, heben sich negative und positive Abstände zum bivariaten Schwerpunkt in der Addition auf und ergeben einen Wert nahe null. Es besteht kein Zusammenhang, denn es gibt in diesem Fall tendenziell genauso viele überdurchschnittlich (unterdurchschnittlich) große Männer, die überdurchschnittlich (unterdurchschnittlich) große Frauen heiraten, wie überdurchschnittlich (unterdurchschnittlich) große Frauen unterdurchschnittlich (überdurchschnittlich) große Männer heiraten. Last but not least wäre noch der Fall zu betrachten, bei dem vergleichsweise große Gesamtabweichungen in den Quadranten zwei und vier vorliegen. In diesem Fall stünden vielen negativen Abständen nur wenige positive Abweichungen vom bivariaten Schwerpunkt gegenüber, was in der Summe einen negativen Wert ergeben würde. Der Zusammenhang der Variablen Körpergröße des Mannes und der Frau stünden dann in einem negativen Zusammenhang.

Es wird an dieser Stelle deutlich, dass die Summe der Abstände zum bivariaten Schwerpunkt ein erstes Maß zur Bestimmung des Zusammenhangs zweier Variablen ist. Teilt man die Summe nun noch durch die Anzahl der Beobachtungen, so erhält man die *durchschnittliche Abweichung vom bivariaten Schwerpunkt* und dadurch die sogenannte *Kovarianz*:

$$\operatorname{cov}(x;y) = S_{xy} = \frac{1}{n}\sum_{i=1}^{n}(x_i - \bar{x})(y_i - \bar{y}) = \frac{1}{n}\sum_{i=1}^{n}x_i y_i - \overline{xy}. \tag{4.20}$$

Ist die Kovarianz positiv, kann der Zusammenhang zwischen zwei metrischen Variablen bestenfalls positiv sein. Ist die Kovarianz negativ, ist der Zusammenhang negativ – niemals aber positiv. Liegt die Kovarianz nahe bei null, besteht zwischen den beiden Variablen tendenziell kein linearer Zusammenhang. Bei der Kovarianz ist also zunächst einmal nur das Vorzeichen von Interesse. Wenn wir uns kurz an die Zusammenhänge bei zwei nominalen Variablen zurück erinnern, nimmt auch der χ^2-Koeffizient den Wert null an, wenn kein Zusammenhang besteht. Er steigt tendenziell mit der Stärke des Zusammenhanges der beiden Variablen. Leider steigt der χ^2-Wert tendenziell auch mit der Größe der Stichprobe und mit der Anzahl der Zeilen und Spalten der Kontingenztabelle. Ähnlich verhält es sich mit der Kovarianz: Zwar ist sie in der Lage, die Richtung des Zusammenhanges tendenziell durch ihre positive bzw. negative Größe anzugeben, allerdings hängt ihre Größe auch von der verwendeten Maßeinheit ab. Durch Division durch die Standardabweichungen der Variablen x und y wird dieses Problem behoben. Dies ergibt den dimensionslosen *Korrelationskoeffizienten nach Pearson*:

$$r = \frac{S_{xy}}{S_x S_y} = \frac{\frac{1}{n}\sum_{i=1}^{n}(x_i - \bar{x}) \cdot (y_i - \bar{y})}{\sqrt{\left(\frac{1}{n}\sum_{i=1}^{n}(x_i - \bar{x})^2\right) \cdot \left(\frac{1}{n}\sum_{i=1}^{n}(y_i - \bar{y})^2\right)}} \text{ mit } -1 \leq r \leq +1. \quad (4.21)$$

Seine Werte liegen immer zwischen minus eins und plus eins. Je näher der Korrelationskoeffizient sich dem Wert eins nähert, umso stärker ist der lineare positive Zusammenhang zwischen den beiden betrachteten Variablen. Liegen alle Beobachtungspunkte auf einer ansteigenden Geraden, nimmt der Korrelationskoeffizient genau den Wert $r = (+1)$ an. Je mehr sich der Korrelationskoeffizient dem Wert minus eins nähert, umso mehr ist der lineare Zusammenhang negativ. Liegen alle Beobachtungspunkte genau auf einer abfallenden Geraden, nimmt der Korrelationskoeffizient exakt den Wert $r = (-1)$ an. Nimmt der Korrelationskoeffizient Werte nahe null an, so kann auf einen fehlenden linearen Zusammenhang geschlossen werden. Ab welchem Korrelationswert können wir nun von einem linearen Zusammenhang ausgehen? In der Literatur wird häufig folgende Aufstellung verwendet:

$\lvert r\rvert < 0{,}5$	schwacher linearer Zusammenhang (*engl.*: weak linear association),
$0{,}5 \leq \lvert r\rvert < 0{,}8$	mittlerer linearer Zusammenhang (*engl.*: moderate linear association),
$\lvert r\rvert \geq 0{,}8$	großer linearer Zusammenhang (*engl.*: strong linear association).

4.4 Zusammenhang ordinalskalierter Variablen

Nicht immer sind die Voraussetzungen für die Anwendung des Produkt-Moment-Korrelationskoeffizienten erfüllt. Wie wäre beispielsweise vorzugehen, wenn eine der beiden Variablen – oder gar beide Variablen – anstelle des metrischen Skalenniveaus nur ein ordinales Skalenniveau aufweisen würden? Oder was wäre zu tun, wenn der Zusammenhang nicht linear, sondern nur monoton ist? Zunächst wollen wir uns hierfür einige praktische Beispiele ansehen.

- Aufgrund von Ausreißern können trotz stark linear ausgerichteter Datensätze geringe Produkt-Moment-Korrelationskoeffizienten zustande kommen. Dies wird durch das

Beispiel in Abb. 4.18 deutlich, in dem die Werbeausgaben eines Unternehmens und der in dem Produktfeld erreichte Marktanteil einander gegenübergestellt werden. Beide Punktwolken sind mit Ausnahme von einer Beobachtung völlig identisch. In Abbildungsteil 1 besteht ein sehr hoher linearer Zusammenhang zwischen Werbeausgaben und Marktanteil von $r = 0{,}96$. Verschiebt man – wie in Abbildungsteil 2 geschehen – nun einen Punkt nach rechts unten, verringert sich der Korrelationskoeffizient auf $r = 0{,}68$. Der Korrelationskoeffizient nach Pearson reagiert also sehr sensibel auf Ausreißer, was seine Interpretationsfähigkeit stark einschränkt. Wünschenswert wäre ein robusteres Zusammenhangsmaß.

- Abb. 4.19 zeigt einen Fragebogenausschnitt, bei dem das Design einer Weinflasche sowie die Zahlungsbereitschaft für diese Flasche jeweils auf einer fünfstufigen Skala gemessen werden. Beide Variablen besitzen kein metrisches Skalenniveau, sodass sich die Berechnung und die Interpretation des Korrelationskoeffizienten nach Pearson zunächst verbieten.
- Wiederum das gleiche Beispiel aufgreifend, ergibt sich folgender nichtlinearer Zusammenhang zwischen der Bewertung des Designs der Weinflasche und der Zahlungsbereitschaft (vgl. Abb. 4.20). Auch hier würde sich aufgrund der Nichtlinearität eine vergleichsweise geringe Produkt-Moment-Korrelation ergeben. Allerdings ist der dargestellte Zusammenhang aber zumindest monoton, d. h. mit der Bewertungsklasse für das Flaschendesign steigt mit sich verändernden Steigerungsraten auch die Klasse der Zahlungsbereitschaft. Im linearen Fall wären die Veränderungsraten konstant. Wir benötigen somit ein Zusammenhangsmaß, das in der Lage ist, auch die Stärke von monotonen Zusammenhängen zu messen.

Immer wenn die Voraussetzungen der Anwendung der Produkt-Moment-Korrelation (metrisches Skalenniveau und Linearität des Zusammenhangs) nicht erfüllt sind, können für ordinalskalierte Variablen oder monoton metrische Zusammenhänge die Koeffizienten *Spearmans Rho (ρ)* oder *Kendalls Tau (τ)* verwendet werden.

4.4.1 Die Rangkorrelation nach Spearman (Rho)

Mit Hilfe des Rangkorrelationskoeffizienten nach Spearman wird nicht ein *linearer*, sondern ein *monotoner* Zusammenhang zwischen zwei Rangreihen bestimmt. Der Rangkorrelationskoeffizient kann Werte zwischen $\rho = (-1)$ und $\rho = (+1)$ annehmen. Besitzen zwei gepaarte ordinale oder metrische Merkmale einen perfekten monotonen und positiven Zusammenhang (alle Beobachtungswerte liegen auf einer in ihrer Steigung variierenden aber stets ansteigenden Kurve), nimmt dieses Maß den Wert $\rho = (+1)$ an. Zwischen den Wertepaaren besteht in diesem Fall – entsprechend dem Verlauf in Abb. 4.20 – ein Zusammenhang, der im Verlauf unterschiedliche positive Steigungen aufweist. Besteht hingegen ein perfekter negativer monotoner Zusammenhang (alle Beobachtungswerte liegen auf einer in ihrem Gefälle variierenden stetig abfallenden Kurve), nimmt dieses Maß den Wert

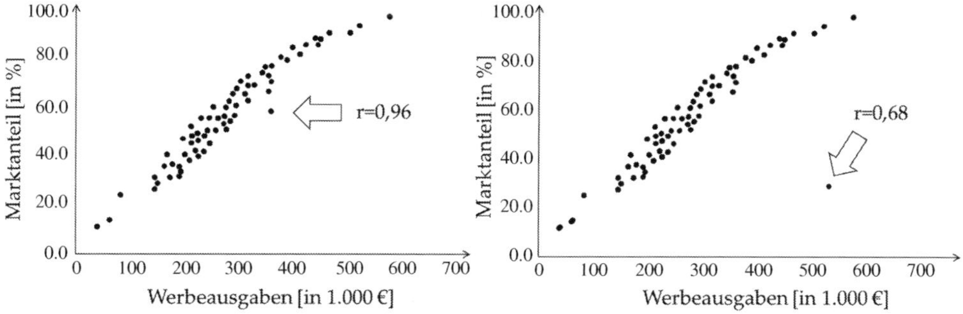

Abbildungsteil 1 Abbildungsteil 2

Abb. 4.18 Produkt-Moment-Korrelation bei Ausreißern

Frage 8: Wie bewerten Sie das Design der Weinflasche auf einer Skala von 1 (sehr schlecht) bis 5 (sehr gut)?

sehr schlecht	☐ 1	☐ 2	☐ 3	☐ 4	☐ 5	sehr gut

Frage 9: Wie viel würden Sie für die Flasche Wein bezahlen?

☐ bis 5 €	☐ 5,01-10 €	☐ 10,01-15 €	☐ 15,01-20 €	☐ 20,01-25 €

Abb. 4.19 Fragebogenteil zum Design einer Weinflasche

Abb. 4.20 Nichtlinearer Zusammenhang zweier Variablen

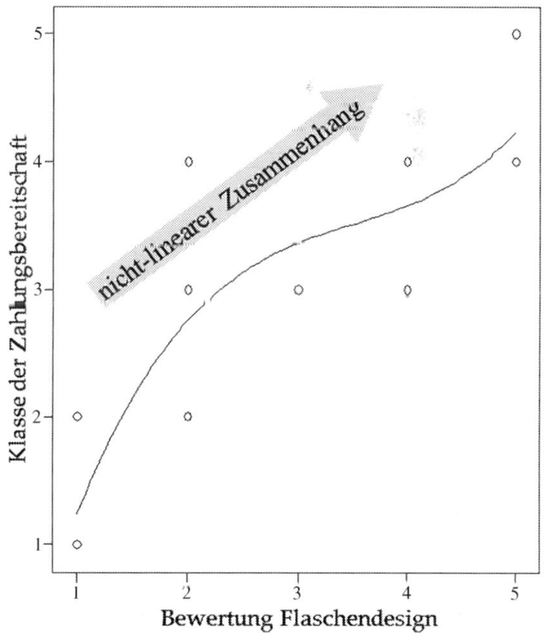

$\rho = (-1)$ an. Je mehr sich der Wert des Koeffizienten null nähert, umso mehr weichen die Wertepaare von einem perfekten monotonen Zusammenhang ab.

In seiner Grundidee bildet man bei Spearmans Rho für die beiden Datenreihen zunächst zwei Rangreihen, für die in einem zweiten Schritt Differenzen gebildet werden. Spearman fasst die beiden Rangreihen dabei wie Kardinalskalen auf, indem er unterstellt, dass die Abstände zwischen aufeinanderfolgenden Rangplätzen äquidistant – also gleichgroß – sind. Eine aus theoretischer Sicht eigentlich nicht zulässige Annahme, hierzu später aber mehr. Um die Vorgehensweise besser verstehen zu können, wollen wir ein Beispiel betrachten.

Angenommen, Sie haben tatsächlich die in Abb. 4.19 dargestellte Befragung durchgeführt und insgesamt 25 Personen hinsichtlich ihrer Einstellung zum Design einer Weinflasche und hinsichtlich ihrer Zahlungsbereitschaft auf einer jeweils fünfstufigen Skala befragt. Es entstehen die in Abb. 4.21 dargestellten Ergebnisse, die zunächst kodiert und dann in den Rechner eingegeben werden.

Jede Datenreihe wird dann hinsichtlich der Größe ihrer Ausprägung sortiert. In der Abb. 4.21 ist dies für die Bewertung des Designs der Flasche (Variable *flasche*) bereits geschehen. In einem nächsten Schritt werden die einzelnen Werte nun durch Rangplätze ersetzt. Insgesamt sind 25 Ränge zu vergeben, da insgesamt Bewertungen von 25 Per-

kodieren → sortieren →

preis_kl	flasche	preis_kl	flasche	preis_kl	flasche	rflasche
[0-5] €	sehr schlecht	1	1	1	1	3,0
[0-5] €	sehr schlecht	1	1	1	1	3,0
[0-5] €	sehr schlecht	1	1	1	1	3,0
[0-5] €	sehr schlecht	1	1	1	1	3,0
]5-10] €	sehr schlecht	2	1	2	1	3,0
]5-10] €	schlecht	2	2	2	2	9,0
]5-10] €	schlecht	2	2	2	2	9,0
]10-15] €	schlecht	3	2	3	2	9,0
]10-15] €	mittelmaeßig	3	2	3	3	9,0
]10-15] €	gut	3	2	3	4	9,0
]10-15] €	schlecht	3	2	3	2	9,0
]10-15] €	mittelmaeßig	4	2	3	3	9,0
]10-15] €	schlecht	3	3	3	2	14,0
]10-15] €	schlecht	3	3	3	2	14,0
]10-15] €	mittelmaeßig	3	3	3	3	14,0
]15-20] €	schlecht	3	4	4	2	18,0
]15-20] €	gut	4	4	4	4	18,0
]15-20] €	gut	4	4	4	4	18,0
]15-20] €	gut	4	4	4	4	18,0
]15-20] €	gut	4	4	4	4	18,0
]15-20] €	sehr gut	4	5	4	5	23,0
]15-20] €	sehr gut	4	5	4	5	23,0
]15-20] €	sehr gut	4	5	4	5	23,0
]15-20] €	sehr gut	4	5	4	5	23,0
]20-25] €	sehr gut	5	5	5	5	23,0

Rangbindung Bildung „Mittlerer Rang"

$$R(x_{i;..i+l}) = \frac{1}{l+1}\sum_{h=i}^{i+l} R(x_h)$$

Rang vergeben Bsp: Flasche

Abb. 4.21 Daten zur Befragung zum Design einer Weinflasche sonen vorliegen. Es verhält sich somit wie bei einem Wettkampf, bei dem 25 Starter ins Feld gehen. Am Ende belegt jeder Starter einen Platz irgendwo zwischen dem ersten und fünfundzwanzigsten Platz.

Nun haben wir in unserem Beispiel fünf Befragte, die auf die Frage nach dem Flaschendesign als Antwort *sehr schlecht* angekreuzt haben. Fünf Personen weisen in der Rangreihe somit den Wert *Eins* auf. Jeder dieser Befragten könnte somit den ersten Platz – also den Rangplatz 1 – für sich reklamieren, denn schließlich hat jeder der Befragten den niedrigsten Ausprägungswert angegeben. Wie geht man mit einem solchen Fall sogenannter *verbundener Ränge* (*engl.*: tied ranks) um, in dem Rangplätze zu vergeben sind, bei denen Beobachtungen mit gleichen Merkmalsausprägungen zu Grunde liegen.

Auf der Suche nach einer Lösung wenden wir uns zunächst der Vorgehensweise zu, die bei Sportwettkämpfen zur Anwendung kommen würde: Angenommen bei Olympischen Spielen ergäbe sich drei Mal die gleiche Bestzeit. Aufgrund der Freude über diese Spitzenleistung würde das Olympische Komitee auch drei Mal die Goldmedaille vergeben. Die Plätze zwei und drei blieben unbesetzt, sodass der nächste zu vergebende Rangplatz der Vierte wäre. Sicherlich könnte man in der Statistik analog vorgehen, indem jede der wertgleichen Ausprägungen den jeweils geringsten Rangplatz zugewiesen bekommt. Wir haben die Statistik aber bereits mehrfach als eine Disziplin kennen gelernt, bei der es vor allem um die Darstellung von Durchschnittswerten geht. Aus dieser Sicht müsste die Statistik die Medaillenvergabe auch diesmal über den Weg der Durchschnittsbildung regeln: Die drei Medaillen (Gold-Silber-Bronze) würden gedrittelt und jeder der drei Starter würde ein Drittel der goldenen, ein Drittel der silbernen und ein Drittel der bronzenen Medaille erhalten. Jeder der drei Starter würde ein Drittel des ersten, ein Drittel des zweiten und ein Drittel des dritten Platzes belegen, was im Durchschnitt einen zweiten Platz ergeben würde:

$$1/3 \cdot 1 + 1/3 \cdot 2 + 1/3 \cdot 3 = 1/3 \cdot (1 + 2 + 3) = 2 \quad (4.22)$$

Man spricht in diesem Fall von einem *durchschnittlichen Rang* (*engl.*: mean rank). Warum geht die Statistik nun so und nicht anders vor? Die Begründung ist nachvollziehbar: Bei acht Startern in einem Starterfeld würden in der Summe (1+2+3+4+5+6+7+8) = 36 Rangplätze vergeben. Bei drei Bestzeiten wird bei der „olympischen Lösung“ nur noch eine Rangsumme von (1+1+1+4+5+6+7+8) = 32 vergeben, während es bei der Bildung der Durchschnittsränge tatsächlich bei einer Rangsumme von (2+2+2+3+4+5+6+7 +8) = 36 bleibt.

An dieser Stelle wollen wir zu unserem Ausgangsbeispiel der Bewertung eines Flaschendesigns zurückkehren, bei dem fünf Mal die kleinste Bewertungsstufe eins gewählt wurde. Würde man für diese die Durchschnittsränge bilden, ergibt sich für alle Bewertungen der Rangplatz drei:

$$1/5 \cdot (1 + 2 + 3 + 4 + 5) = 3.$$

Auch bei der Bewertung *schlecht* – was der Bewertung zwei entspricht – liegen verbundene Ränge vor. Alle diese Bewertungen nehmen die Plätze sechs bis zwölf ein, sodass sich folgender Durchschnittsrang ergibt:

$$1/7 \cdot (6 + 7 + 8 + 9 + 10 + 11 + 12) = 9.$$

Analog wird für die restlichen Merkmalsausprägungen vorgegangen:

$\rightarrow$ Merkmalsausprägung drei: $1/3 \cdot (13 + 14 + 15) = 14$,

$\rightarrow$ Merkmalsausprägung vier: $1/5 \cdot (16 + 17 + 18 + 19 + 20) = 18$,

$\rightarrow$ Merkmalsausprägung fünf: $1/5 \cdot (21 + 22 + 23 + 24 + 25) = 23$.

Auch für die Datenreihe der Zahlungsbereitschaft sind danach Rangplätze zu vergeben, indem die Datenreihe wiederum nach dieser Variablen sortiert und danach die Rangplätze gemäß der oben geschilderten Vorgehensweise vergeben werden. Für die beiden Datenreihen ergeben sich dann die in Abb. 4.22 dargestellten Rangdatenreihen, auf die danach der bereits bekannte Produkt-Moment-Korrelationskoeffizient angewendet wird.

Anstelle der Originalwerte für x bzw. y werden also die Rangwerte R(x) bzw. R(y) und anstelle der Durchschnittswerte der Originalwerte $\bar{x}$ bzw. $\bar{y}$ werden die durchschnittlichen Ränge $\overline{R(x)}$ bzw. $\overline{R(y)}$ in der Formel für den Korrelationskoeffizienten nach Spearman

y_i	x_i	$R(y_i)$	$R(x_i)$	$R(y_i)$-ØR(y)	$R(x_i)$-ØR(x)	[$R(y_i)$-ØR(y)]* [R(xi)-ØR(x)]	$(R(y_i)\text{-ØR}(y))^2$	$(R(x_i)\text{-ØR}(x)^2$	d^2
1	1	2,5	3,0	-10,5	-10,0	105,0	110,3	100,0	0,3
1	1	2,5	3,0	-10,5	-10,0	105,0	110,3	100,0	0,3
1	1	2,5	3,0	-10,5	-10,0	105,0	110,3	100,0	0,3
1	1	2,5	3,0	-10,5	-10,0	105,0	110,3	100,0	0,3
2	1	6,0	3,0	-7,0	-10,0	70,0	49,0	100,0	9,0
2	2	6,0	9,0	-7,0	-4,0	28,0	49,0	16,0	9,0
2	2	6,0	9,0	-7,0	-4,0	28,0	49,0	16,0	9,0
3	2	11,5	9,0	-1,5	-4,0	6,0	2,3	16,0	6,3
3	3	11,5	14,0	-1,5	1,0	-1,5	2,3	1,0	6,3
3	4	11,5	18,0	-1,5	5,0	-7,5	2,3	25,0	42,3
3	2	11,5	9,0	-1,5	-4,0	6,0	2,3	16,0	6,3
3	3	11,5	14,0	-1,5	1,0	-1,5	2,3	1,0	6,3
3	2	11,5	9,0	-1,5	-4,0	6,0	2,3	16,0	6,3
3	2	11,5	9,0	-1,5	-4,0	6,0	2,3	16,0	6,3
3	3	11,5	14,0	-1,5	1,0	-1,5	2,3	1,0	6,3
4	2	20,0	9,0	7,0	-4,0	-28,0	49,0	16,0	121,0
4	4	20,0	18,0	7,0	5,0	35,0	49,0	25,0	4,0
4	4	20,0	18,0	7,0	5,0	35,0	49,0	25,0	4,0
4	4	20,0	18,0	7,0	5,0	35,0	49,0	25,0	4,0
4	4	20,0	18,0	7,0	5,0	35,0	49,0	25,0	4,0
4	5	20,0	23,0	7,0	10,0	70,0	49,0	100,0	9,0
4	5	20,0	23,0	7,0	10,0	70,0	49,0	100,0	9,0
4	5	20,0	23,0	7,0	10,0	70,0	49,0	100,0	9,0
4	5	20,0	23,0	7,0	10,0	70,0	49,0	100,0	9,0
5	5	25,0	23,0	12,0	10,0	120,0	144,0	100,0	4,0
Summe		325,0	325,0	0,0	0,0	1070,0	1191,0	1240,0	291,0
Mittelwert		13,0	13,0	0,0	0,0	42,8	47,6	49,6	11,6

Abb. 4.22 Rangplätze zur Befragung zum Design einer Weinflasche

verwendet:

$$\rho = \frac{S_{xy}}{S_x S_y} = \frac{\frac{1}{n}\sum_{i=1}^{n}\left(R(x_i) - \overline{R(x)}\right)\cdot\left(R(y_i) - \overline{R(y)}\right)}{\sqrt{\left(\frac{1}{n}\sum_{i=1}^{n}\left(R(x_i) - \overline{R(x)}\right)^2\right)\cdot\left(\frac{1}{n}\sum_{i=1}^{n}\left(R(y_i) - \overline{R(y)}\right)^2\right)}}. \qquad (4.23)$$

Wenden wir die Formel auf das obige Beispiel an, so ergeben sich folgende Ergebnisse:

$$\rightarrow \overline{R(x)} = \overline{R(y)} = \frac{1}{25}(1+2+3+\ldots+25) = \frac{1}{n}\cdot\frac{n\cdot(n+1)}{2} = \frac{1}{25}\cdot\frac{25\cdot(25+1)}{2} = 13$$

$$\rightarrow \frac{1}{n}\sum_{i=1}^{n}\left(R(x_i) - \overline{R(x)}\right)^2 = \frac{1}{25}\left((3-13)^2 + \ldots + (23-13)^2\right) = \frac{1240}{25} = 49{,}6$$

$$\rightarrow \frac{1}{n}\sum_{i=1}^{n}\left(R(y_i) - \overline{R(y)}\right)^2 = \frac{1}{25}\left((2{,}5-13)^2 + \ldots + (25-13)^2\right) = \frac{1191}{25} = 47{,}6$$

$$\rightarrow \sum_{i=1}^{n}\left(R(x_i) - \overline{R(x)}\right)\left(R(y_i) - \overline{R(y)}\right) = ((3-13)(2{,}5-13)) + \ldots + ((23-13)(20-13))$$

$$= 42{,}8$$

Damit ergibt sich:

$$\rho = \frac{\frac{1}{n}\sum_{i=1}^{n}\left(R(x_i) - \overline{R(x)}\right)\cdot\left(R(y_i) - \overline{R(y)}\right)}{\sqrt{\left(\frac{1}{n}\sum_{i=1}^{n}\left(R(x_i) - \overline{R(x)}\right)^2\right)\cdot\left(\frac{1}{n}\sum_{i=1}^{n}\left(R(y_i) - \overline{R(y)}\right)^2\right)}} \Leftrightarrow \qquad (4.24)$$

$$\rho = \frac{42{,}8}{\sqrt{49{,}6\cdot 47{,}6}} = 0{,}880.$$

Die Berechnung von Hand ist in dieser Form eher aufwändig. Vor der verbreiteten Verfügbarkeit von Computern wurde deshalb häufig eine *verkürzte Formel* verwendet, die sich aus einigen Umformungen ergibt, die an dieser Stelle nicht gezeigt werden sollen (siehe hierzu: Bortz et al. 2000, S. 415 ff.).

$$\rho = 1 - \frac{6\cdot\sum_{i=1}^{n} d_i^2}{n\cdot(n^2-1)} \text{ mit } d_i = \left(R(x_i) - R(y_i)\right). \qquad (4.25)$$

Für jedes Wertepaar wird zunächst die Differenz d_i der jeweiligen Rangplätze gebildet. In unserem Weinflaschenbeispiel ergibt sich für die erste Zeile beispielsweise $d_1 = (2{,}5 - 3{,}0) = (-0{,}5)$. Alle Differenzen werden danach quadriert (vgl. die Spalte d^2 in

Abb. 4.22) und anschließend aufaddiert. Für unser Beispiel ergibt sich folgendes Ergebnis:

$$\rho = 1 - \frac{6 \cdot \sum_{i=1}^{n} d_i^2}{n \cdot (n^2 - 1)} = 1 - \frac{6 \cdot 291}{25 \cdot \left(25^2 - 1\right)} = \frac{1746}{15.600} = 0{,}888. \tag{4.26}$$

Es ist eine leichte Abweichung des Ergebnisses zur nicht-verkürzten Formel festzustellen. Während sich aus der ersten Formel ein $\rho = 0{,}880$ ergibt, folgt aus der Berechnung der vereinfachten Formel ein $\rho = 0{,}888$. Der Grund hierfür liegt darin, dass die vereinfachte Formel strenggenommen nur dann angewendet werden darf, wenn keine Rangbindungen vorliegen. Dies ist bekanntermaßen in unserem Beispiel nicht der Fall.

In der Literatur finden sich Angaben darüber, dass die verkürzte Formel nur zu einer geringfügigen Verzerrung gegenüber dem Ergebnis der ausführlichen Formel führt, wenn der *Anteil der Rangbindungen geringer als 20 Prozent* ist. Dennoch sollten Ergebnisse in Grenzbereichen nur unter großem Vorbehalt interpretiert werden oder die folgende *korrigierte verkürzte Formel* verwendet werden (Bortz et al. 2000, S. 418).

$$\rho_{korr} = \frac{2 \cdot \left(\frac{N^3 - N}{12} - N\right) - T - U - \sum_{i=1}^{n} d_i^2}{2 \cdot \sqrt{\left(\frac{N^3 - N}{12} - T\right) \cdot \left(\frac{N^3 - N}{12} - U\right)}} \tag{4.27}$$

mit

- T als die Länge der b Rangbindungen der x-Variablen, wobei t_i der Anzahl der Rangbindungen in der i-ten der b Gruppen von Rangbindungen der x-Variablen entspricht:

$$T = \frac{\sum_{i=1}^{b} \left(t_i^3 - t_i\right)}{12}. \tag{4.28}$$

- U als die Länge der c Rangbindungen der y-Variablen, wobei u_i der Anzahl der Rangbindungen in der i-ten der c Gruppen von Rangbindungen der y-Variablen entspricht:

$$U = \frac{\sum_{i=1}^{c} \left(u_i^3 - u_i\right)}{12}. \tag{4.29}$$

Selbstverständlich würde man in der heutigen Zeit kaum mehr eine Rangkorrelation von Hand rechnen. Aufgrund der Bedeutung ordinaler Skalen in der Sozial- und Wirtschaftsforschung ist Spearmans Rangkorrelation in jeder gängigen Statistiksoftware implementiert. Dennoch besitzt Spearmans Rangkorrelation eine sehr ernstzunehmende theoretische Einschränkung: Da sie über die Differenzen der Ränge zu den Rangmittelwerten berechnet wird, muss inhaltlich immer gerechtfertigt werden können, dass aufeinanderfolgende Ränge äquidistante Positionen auf dem Untersuchungsmerkmal abbilden. Dieser Beweis dürfte bei ordinalen Variablen nicht einfach zu führen sein. Aus diesem Grund finden in den letzten Jahren neuere Rangkorrelationskoeffizienten Anwendung, die vor allem der Koeffizientenfamilie Kendalls Tau (τ) zugerechnet werden.

4.4.2 Kendalls Tau (τ)

Im Gegensatz zu Spearmans Rangkorrelation verzichtet Kendalls τ auf die Annahme äquidistanter Abstände zweier aufeinanderfolgender Rangplätze. Es basiert ausschließlich auf den ordinal zulässigen Informationen, ob eine Merkmalsausprägung größer oder kleiner als eine andere ist. Ob zwischen zwei Ausprägungen ein oder mehrere Rangplätze liegen, spielt keine Rolle. Kendalls τ stellt demnach geringere Anforderung an das Datenmaterial als der Korrelationskoeffizient nach Spearman.

Anhand eines kleinen Beispiels soll die Idee von Kendalls τ kurz erläutert werden: Angenommen, es läge ein perfekter positiv monotoner Zusammenhang zweier Variablen x und y wie in Abb. 4.23 dargestellt vor.

Wie bei Spearmans Rangkorrelation werden für die Variablen x und y zunächst die Rangplätze R(x) und R(y) vergeben. Eine der beiden Rangreihen wird nun der Größe nach sortiert und als *Ankerreihe* bezeichnet. Die Rangplätze der Ankerreihe sind danach

Variable x:	7	1	10	3	8
Variable y:	10	1	30	2	20

Vergabe von Rangplätzen
(ggf. mit Rangbindung)

R(x):	3	1	5	2	4
R(y):	3	1	5	2	4

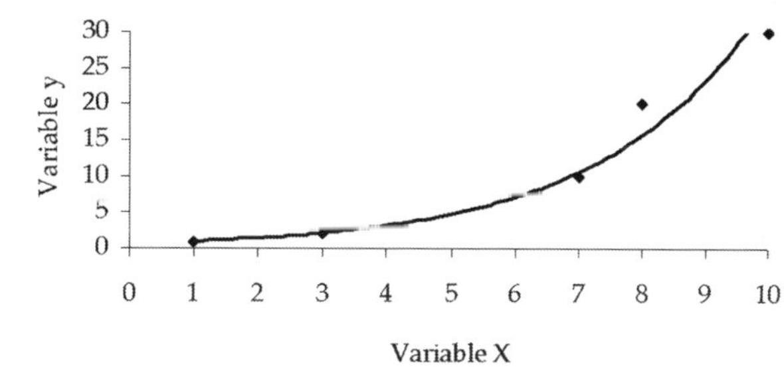

Erstellung einer Ankerreihe durch Sortierung von R(x)

Ankerreihe (R(x)):	1	2	3	4	5
Vergleichsreihe (R(y)):	1	2	3	4	5

Es werden alle existierenden Rangkombinationen der Vergleichsreihe miteinander verglichen.

$R(y_1)$- $R(y_2)$ ⇨(+)	$R(y_2)$- $R(y_3)$ ⇨(+)	$R(y_3)$- $R(y_4)$ ⇨(+)	$R(y_4)$- $R(y_5)$ ⇨(+)
$R(y_1)$- $R(y_3)$ ⇨(+)	$R(y_2)$- $R(y_4)$ ⇨(+)	$R(y_3)$- $R(y_5)$ ⇨(+)	
$R(y_1)$- $R(y_4)$ ⇨(+)	$R(y_2)$- $R(y_5)$ ⇨(+)		
$R(y_1)$- $R(y_5)$ ⇨(+)			

(+): Proversion; (-) Inversion

Abb. 4.23 Kendalls Tau bei einem perfekten positiven monotonen Zusammenhang immer vom kleinsten zum größten Wert geordnet. In Abb. 4.23 ist dies die Rangreihe R(x). Die andere Rangreihe – in unserem Fall R(y) – dient als *Vergleichsreihe*. Liegt ein perfekter positiver und monotoner Zusammenhang vor, muss die Vergleichsreihe automatisch ebenfalls vom kleinsten zum größten Wert geordnet sein. Im umgekehrten Fall eines perfekten negativen und monotonen Zusammenhangs ist die Vergleichsreihe automatisch vom größten zum kleinsten Wert sortiert. Abweichungen von diesen beiden Extremsituationen entsprechen Abweichungen von einem monotonen Zusammenhang.

Kendalls τ nutzt diese Information und ermittelt den Anteil der *Fehlordnung* (*engl.*: disarray) der Ränge in der Vergleichsreihe. Anders formuliert: In wie viel Prozent der Fälle weicht die Vergleichsreihe von einer sortierten Reihenfolge ab, wenn zuvor nach der Ankerreihe sortiert wurde?

Hierzu werden alle existierenden Rangkombinationen der Vergleichsreihe miteinander verglichen: Zunächst wird das erste Element der Vergleichsreihe mit allen folgenden Elementen verglichen. Ist der Rangplatz des ersten Elements kleiner als das Vergleichselement, liegt eine sogenannte *Proversion* vor. Im gegenteiligen Fall sprechen wir von einer *Inversion*. Da in unserem Beispiel alle Vergleichselemente (2, 3, 4, 5) größer als das erste Element (1) sind, liegen im ersten Schritt vier Proversionen und keine Inversionen vor. Im zweiten Schritt wird nun das zweite Element (2) der Vergleichsreihe mit den folgenden Elementen (3, 4, 5) der gleichen Reihe der Größe nach verglichen. Ein Vergleich mit dem ersten Element wurde ja bereits im ersten Schritt durchgeführt. Es entstehen drei Proversionen und keine Inversion. Schritt für Schritt werden alle weiteren Elemente der Vergleichsreihe miteinander verglichen. In unserem Fall sind dies 10 Vergleiche:

$$\frac{n \cdot (n-1)}{2} = \frac{5 \cdot (5-1)}{2} = 10. \tag{4.30}$$

Sind alle möglichen Vergleiche durchgeführt muss ermittelt werden, wie hoch der Überhang der Proversionen im Vergleich zur Anzahl der Inversionen ist. In unserem Beispiel sind es (Anzahl(Proversionen)-Anzahl(Inversionen)) $= (P - I) = (10 - 0) = 10$. Bei zehn der zehn Vergleiche entspricht die Vergleichsreihe genau der Struktur einer ansteigenden Rangreihe. Es liegt ein *perfekter positiver* und *monotoner* Zusammenhang vor. Ausdruck findet dies in der Berechnungsformel für *Kendalls* τ_a:

$$\tau_a = \frac{P - I}{n \cdot (n-1)/2} = \frac{10 - 0}{10} = 1. \tag{4.31}$$

Wäre der Zusammenhang *perfekt negativ monoton* gewesen, hätte sich eine Anzahl von 10 Inversionen und keine Proversion ergeben. Für Kendalls τ_a hätte sich Folgendes ergeben:

$$\tau_a = \frac{P - I}{n \cdot (n-1)/2} = \frac{0 - 10}{10} = (-1)\,. \tag{4.32}$$

Genau wie bei Spearmans Rangkorrelationskoeffizienten liegen die Werte von Kendalls τ_a im Intervall zwischen (-1) und $(+1)$. Besitzen zwei gepaarte ordinale oder metrische

Variable x: 2 1,5 3 4 5
Variable y: 4 1,3 5 3 2

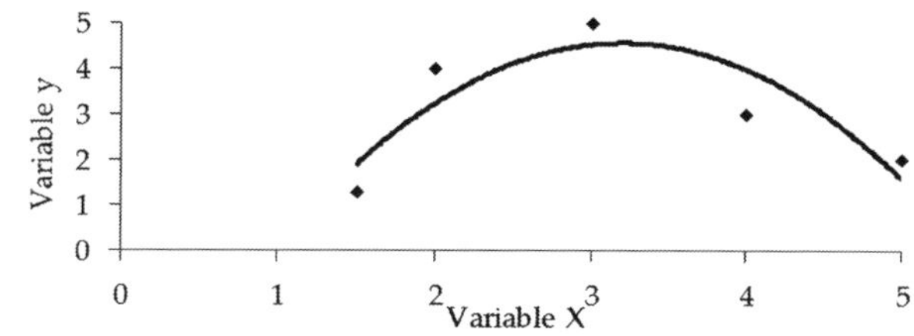

Vergabe von Rangplätzen
(ggf. mit Rangbindung)

R(x): 2 1 3 4 5
R(y): 4 1 5 3 2

Erstellung einer Ankerreihe durch Sortierung von R(x)
Ankerreihe (R(x)): 1 2 3 4 5
Vergleichsreihe (R(y)): 1 4 5 3 2

Es werden alle existierenden Rangkombinationen der Vergleichsreihe miteinander verglichen.

$R(y_1)$- $R(y_2)$ ⇨(+)	$R(y_2)$- $R(y_3)$ ⇨(+)	$R(y_3)$- $R(y_4)$ ⇨(-)	$R(y_4)$- $R(y_5)$ ⇨(-)
$R(y_1)$- $R(y_3)$ ⇨(+)	$R(y_2)$- $R(y_4)$ ⇨(-)	$R(y_3)$- $R(y_5)$ ⇨(-)	
$R(y_1)$- $R(y_4)$ ⇨(+)	$R(y_2)$- $R(y_5)$ ⇨(-)		
$R(y_1)$- $R(y_5)$ ⇨(+)			

(+): Proversion; (-) Inversion

Abb. 4.24 Kendalls Tau bei fehlendem monotonen Zusammenhang

Merkmale einen perfekten monotonen und positiven Zusammenhang (alle Beobachtungswerte liegen auf einer in ihrer Steigung variierenden aber stets ansteigenden Kurve), nimmt dieses Maß den Wert (+1) an. Besteht hingegen ein perfekter negativer monotoner Zusammenhang (alle Beobachtungswerte liegen auf einer in ihrem Gefälle variierenden abfallenden Kurve), nimmt dieses Maß den Wert (−1) an. Je mehr sich der Wert des Koeffizienten dem Wert null nähert, umso mehr weichen die Wertepaare von einem perfekten monotonen Zusammenhang ab. Dies ist darauf zurückzuführen, dass in diesem Fall die Sortierung der Vergleichsreihe nicht eindeutig positiv oder negativ ist und sich deshalb sowohl Proversionen als auch Inversionen ergeben. Liegen genauso viele Proversionen wie Inversionen vor, nimmt Kendalls τ_a einen Wert von null an. Dies ist in Abb. 4.24 der Fall:

$$\tau_a = \frac{P - I}{n \cdot (n-1)/2} = \frac{5-5}{10} = 0. \tag{4.33}$$

Auch die einfache Formel für *Kendalls* τ_a geht zunächst davon aus, dass *keine Rangbindungen* vorliegen. Sollten *Rangbindungen* vorliegen, ist die korrigierte Formel *Kendalls* τ_b zu verwenden. Diese lautet:

$$\tau_b = \frac{P - I}{\sqrt{\left(\frac{n \cdot (n-1)}{2} - T\right)\left(\frac{n \cdot (n-1)}{2} - U\right)}} \tag{4.34}$$

mit

- T als die Länge der b Rangbindungen der x-Variablen, wobei t_i der Anzahl der Rangbindungen in der i-ten der b Gruppen von Rangbindungen der x-Variablen entspricht:

$$T = \frac{\sum_{i=1}^{b} t_i\,(t_i - 1)}{2}. \tag{4.35}$$

- U als die Länge der c Rangbindungen der y-Variablen, wobei u_i der Anzahl der Rangbindungen in der i-ten der c Gruppen von Rangbindungen der y-Variablen entspricht:

$$U = \frac{\sum_{i=1}^{c} u_i\,(u_i - 1)}{2}. \tag{4.36}$$

Je mehr Rangbindungen in einer der Datenreihen vorliegen, umso kleiner wird der Wert von Kendalls τ_a im Vergleich zu Kendalls τ_b. Die Anwendung dieser wiederum sehr komplexen Formel wollen wir anhand unseres Weinflaschenbeispiels veranschaulichen (vgl. Abb. 4.25).

i	y_i	x_i	$R(y_i)$	$R(x_i)$	Proversionen	Inversionen
1	1	1	2,5	3,0	20	0
2	1	1	2,5	3,0	20	0
3	1	1	2,5	3,0	20	0
4	1	1	2,5	3,0	20	0
5	2	1	6,0	3,0	18	0
6	2	2	6,0	9,0	13	0
7	2	2	6,0	9,0	13	0
8	3	2	11,5	9,0	9	0
9	3	3	11,5	14,0	9	1
10	3	4	11,5	18,0	5	1
11	3	2	11,5	9,0	9	0
12	3	3	11,5	14,0	9	1
13	3	2	11,5	9,0	9	0
14	3	2	11,5	9,0	9	0
15	3	3	11,5	14,0	9	1
16	4	2	20,0	9,0	1	0
17	4	4	20,0	18,0	1	0
18	4	4	20,0	18,0	1	0
19	4	4	20,0	18,0	1	0
20	4	4	20,0	18,0	1	0
21	4	5	20,0	23,0	0	0
22	4	5	20,0	23,0	0	0
23	4	5	20,0	23,0	0	0
24	4	5	20,0	23,0	0	0
25	5	5	25,0	23,0	0	0
	Summe		325,0	325,0	197	4
	Mittelwert		13,0	13,0		

Rangbindung für Ankerreihe y_i (i = 1–4)

Rangbindung für Ankerreihe y_i (i = 5–7)

Rangbindung für Ankerreihe y_i (i = 8–15)

Unterschiedliche Varianten der Sortierung der Vergleichsreihe möglich. Proversionen und Inversionen bei Rangbindungen in der Ankerreihe werden deshalb nicht gezählt

Rangbindung für Ankerreihe y_i (i = 16–24)

Abb. 4.25 Kendalls Tau bei Rangbindungen

Nach der Rangvergabe der Datenreihen der Variablen Zahlungsbereitschaft (y) und Bewertung des Flaschendesigns (x) sind die Rangdatenreihen nach der Ankerreihe R(y) sortiert worden. Es wird deutlich, dass für beide Rangreihen Rangbindungen vorkommen. Für die ersten vier Rangdaten der Vergleichsreihe – alle haben den Wert 3,0 – finden sich jeweils 20 Proversionen und keine Inversion, da 20 der 25 Beobachtungen Werte größer als drei annehmen. Die fünfte Beobachtung der Vergleichsreihe $R(x_i)$ weist ebenfalls den Wert 3,0 auf. Auch hier würden 20 der folgenden 20 Beobachtungen größer als 3,0 sein und man würde an dieser Stelle deshalb ebenfalls die Angabe von 20 Proversionen erwarten. Bei Beobachtung fünf sind nun aber nur 18 Proversionen angegeben. Wie kommt dies zustande?

Letztlich ist es auf die Rangbindung der Ankerreihe $R(y_i)$ zurückzuführen. Die Beobachtungen fünf bis sieben weisen für alle $R(y_i)$ einen Rangplatz von 6,0 auf. Die vorliegende Sortierung der Vergleichsreihe $R(x_i)$ – bisher 3,0; 9,0 und 9,0 – ist dabei nur eine mögliche Variante, denn die Reihenfolge könnte ebenso 9,0; 9,0; 3,0 lauten. Auch dabei wäre nämlich die Ankerreihe noch korrekt vom kleinsten zum größten Wert sortiert. Die Berechnung von Kendalls τ_b geht deshalb davon aus, dass innerhalb der Rangbindungen der Ankerreihe, mögliche Proversionen und Inversionen in der Vergleichsreihe nicht gezählt werden. Für die Beobachtung fünf ergeben sich somit nur 18 Proversionen – nämlich alle Beobachtungswerte zwischen 8 und 25. Analog wird nun mit der Beobachtung acht umgegangen: Auch hier liegen für die Beobachtungen 8 bis 15 insgesamt acht Rangbindungen für die Ankerreihe vor, deren Sortierung wiederum eigentlich beliebig wäre. Mögliche Proversionen und Inversionen werden also wiederum nur für die Beobachtungen 16 bis 25 in Betracht gezogen. Für die Beobachtung neun ergeben sich deshalb neun Proversionen und eine Inversion.

Insgesamt ergeben sich somit 197 Proversionen und nur vier Inversionen, sodass gilt:

$$\tau_b = \frac{P - I}{\sqrt{\left(\frac{n\cdot(n-1)}{2} - T\right)\left(\frac{n\cdot(n-1)}{2} - U\right)}} \Leftrightarrow$$
$$\tau_b = \frac{197 - 4}{\sqrt{\left(\frac{25\cdot(25-1)}{2} - 73\right)\left(\frac{25\cdot(n-1)}{2} - 54\right)}} = 0{,}817 \tag{4.37}$$

mit

$$T = \frac{\sum_{i=1}^{b} t_i\,(t_i - 1)}{2} = \frac{4\cdot(4-1)+3\cdot(3-1)+8\cdot(8-1)+9\cdot(9-1)}{2} = 73,$$
$$U = \frac{\sum_{i=1}^{b} u_i\,(u_i - 1)}{2} = \frac{5\cdot(5-1)+7\cdot(7-1)+3\cdot(3-1)+5\cdot(5-1)+5\cdot(5-1)}{2} = 54.$$

Selbstverständlich kann Kendalls τ_b auch aus einer *quadratischen Kontingenztabelle* berechnet werden. So lassen sich die Datenreihen unseres Weinflaschenbeispiels in die

R(x) \ R(y)	2,5	6,0	11,5	20,0	25,0	Summe
3,0	4	1				5
9,0		2	4	1		7
14,0			3			3
18,0			1	4		5
23,0				4	1	5
Summe	4	3	8	9	1	25

Abb. 4.26 Kendalls Tau-b aus einer Kontingenztabelle

quadratische Kontingenztabelle in Abb. 4.26 übertragen. Die einzelnen Beobachtungen in den Zeilen und Spalten der Kontingenztabelle stellen dabei die einzelnen Wertepaare dar, welche der Prozedur der Anker- und Vergleichsreihe unterzogen wurden.

Die Anzahl der Proversionen ergibt sich wiederum aus dem Vergleich aller existierenden Rangkombinationen der Vergleichsreihe R(x). Es ergibt sich folgende Berechnung:

$$\begin{aligned} P = {} & 4 \cdot (2 + 4 + 1 + 3 + 1 + 4 + 4 + 1) + 1 \cdot (4 + 1 + 3 + 1 + 4 + 4 + 1) \\ & + 2 \cdot (3 + 1 + 4 + 4 + 1) + 4 \cdot (4 + 4 + 1) + 3 \cdot (4 + 4 + 1) \\ & + 1 \cdot (4 + 1) + 1 \cdot 1 + 4 \cdot 1 = 197. \end{aligned} \tag{4.38}$$

Für Inversionen gilt der umgekehrte Fall:

$$I = 4 \cdot 0 + 1 \cdot 0 + 2 \cdot 0 + 4 \cdot 0 + 3 \cdot 0 + 1 \cdot 0 + 1 \cdot (3 + 1) + 4 \cdot 0 = 4. \tag{4.39}$$

Gemäß der obigen Formel ließe sich Kendalls τ_b nun wieder bestimmen. Es wird deutlich, dass Kendalls τ also auch auf Kontingenztabellen angewendet werden kann. Das Skalenniveau beider Variablen muss aber ordinal und darf nicht nominal sein, da andernfalls die Größer- und Kleiner-Relationen inhaltlich nicht interpretierbar wären. Erfolgt eine Berechnung von Kendalls τ_b auf eine *nicht-quadratische Kontingenztabelle*, können selbst bei einem perfekten monotonen Zusammenhang die Werte (+1) und (−1) nicht erreicht werden. In diesem Fall sollte deshalb *Kendalls* τ_c berechnet werden:

$$\tau_c = \frac{2 \cdot \min[\text{Zeilenzahl; Spaltenzahl}]\,(P - I)}{(\min[\text{Zeilenzahl; Spaltenzahl}] - 1) \cdot n^2}. \tag{4.40}$$

Für das Beispiel aus Abb. 4.26 ergibt sich folgende Berechnung:

$$\tau_c = \frac{2 \cdot \min[5; 5] \cdot (197 - 4)}{(\min[5; 5] - 1) \cdot 25^2} = \frac{2 \cdot 5 \cdot (193)}{(5 - 1) \cdot 25^2} = 0{,}772. \tag{4.41}$$

4.5 Zusammenhangsmaße zweier Variablen mit unterschiedlichem Skalenniveau

Nachdem Zusammenhangsmaße zweier nominaler, zweier ordinaler oder zweier metrischer Variablen vorgestellt wurden, stellt sich die berechtigte Frage, wie der Zusammenhang zweier Variablen unterschiedlicher Skalenniveaus berechnet werden kann? Wie ließe sich beispielsweise der Zusammenhang zwischen der Variablen Geschlecht (nominal) und der Variablen Alter (metrisch) bestimmen? In den folgenden Abschnitten sollen diese Fälle kurz beschrieben werden.

4.5.1 Zusammenhang nominaler und metrischer Variablen

Ein in der Praxis regelmäßig angewendetes Korrelationsmaß zwischen einer nominalen und einer metrischen Variablen existiert nicht. Es empfehlen sich deshalb die folgenden möglichen Vorgehensweisen:

- In der Praxis wird in der Regel auf *statistische Testverfahren* (T-Test oder Varianzanalyse) zurückgegriffen, wenn Unterschiede zwischen Gruppen (nominal) hinsichtlich einer metrischen Variablen zu überprüfen sind. Diese Verfahren sind Gegenstand der Induktiven Statistik und benötigen Kenntnisse in der Wahrscheinlichkeitsrechnung, weshalb es an dieser Stelle mit dem Verweis auf die genannten Verfahren belassen werden soll.
- Es besteht natürlich auch die Möglichkeit, die metrischen Datenreihen durch Klassierung in ordinale Datenreihen zu *transformieren* und entsprechende Verfahren (Cramers V etc.) anzuwenden. In der Praxis ist diese Herangehensweise eher selten.
- Ebenfalls selten kommt die *Punktbiseriale Korrelation* (r_{pb}) zum Einsatz, wenn der Zusammenhang zwischen einer dichotomen (Sonderfall nominaler Skalen mit nur zwei Ausprägungen) und einer metrischen Variablen überprüft werden soll.

Diesen letzten Fall wollen wir anhand unseres Weinflaschenbeispiels etwas ausführlicher besprechen. Stellen Sie sich vor, dass bei der Befragung die Zahlungsbereitschaft in vollen Eurobeträgen angegeben werden sollte und zudem das Geschlecht der Befragten Person erfasst wurde. Die Zahlungsbereitschaft wäre somit eine metrische Variable (Variable: *preis*), während das Geschlecht der Befragten – mit null für *männlich* und eins für *weiblich* kodiert – eine dichotome Variable (Variable: *gesch*) darstellt. Es ergeben sich die in Abb. 4.27 dargestellten Beobachtungswerte.

Letztlich könnte man nun die Mittelwerte der Zahlungsbereitschaft getrennt nach männlichen und weiblichen Befragten ausweisen. Männliche Befragte zahlen durchschnittlich 17,17 €, weibliche Befragte 9,38 €. Die Zahlungsbereitschaft liegt bei Männern im Durchschnitt also höher als bei Frauen.

Abb. 4.27 Punktbiseriale Korrelation

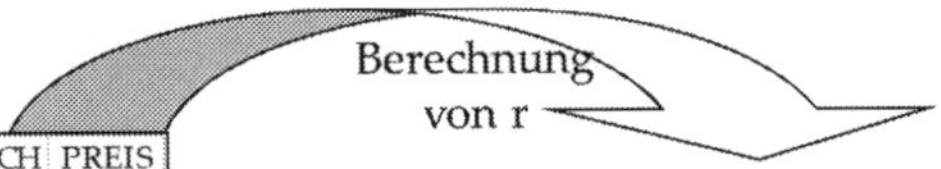

GESCH	PREIS
1	1,00
1	2,00
1	3,00
1	4,00
1	6,00
1	10,00
1	10,00
1	11,00
0	13,00
1	13,00
0	14,00
0	14,00
0	15,00
1	15,00
1	15,00
1	14,00
0	17,00
0	17,00
1	18,00
0	18,00
0	19,00
0	19,00
0	19,00
0	20,00
0	21,00

Correlations

		Geschlecht	Zahlungsbereitschaft
Geschlecht	Pearson Correlation	1	-,673**
	Sig. (2-tailed)		,000
	N	25	25
Zahlungsbereitschaft	Pearson Correlation	-,673**	1
	Sig. (2-tailed)	,000	
	N	25	25

**. Correlation is significant at the 0.01 level (2-tailed).

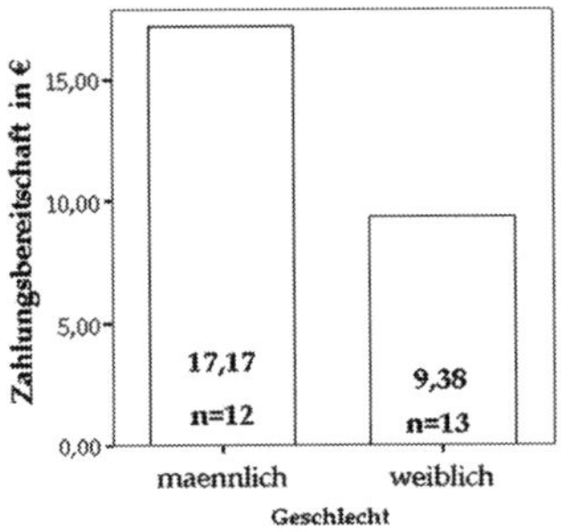

Kann hieraus bereits auf einen Zusammenhang zwischen Geschlecht und Zahlungsbereitschaft geschlossen werden? Und wie ließe sich die Stärke des Zusammenhangs bestimmen? Die Frage kann mit Hilfe der *Punktbiserialen Korrelation* beantwortet werden. Sie geht davon aus, dass die Korrelation nach Pearson auch auf die Kombination einer dichotomen mit einer metrischen Variablen angewendet werden darf. Diese zunächst erstaunliche Annahme wird damit begründet, dass eine mit null und eins kodierte Variable auch „metrisiert" betrachtet werden kann. Auf unser Beispiel bezogen würde das bedeuten: *Nimmt die Ausprägung der Variablen Geschlecht den Wert eins an, desto weiblicher ist die Person. Nimmt die Ausprägung den Wert null an, umso männlicher ist der Befragte.* Akzeptiert man diese Interpretation und wendet dann mit beiden Variablen die Korrelation nach Pearson an, entsteht wiederum ein Korrelationskoeffizient in den Intervallgrenzen zwischen $r_{pb}=(-1)$ und $r_{pb}=(+1)$.

Die untere Grenze $r_{pb}=(-1)$ würde bedeuten, dass alle Befragten mit der Kodierung null (männlich) höhere Werte bei der metrischen Variablen (Zahlungsbereitschaft) aufweisen als die mit eins kodierten (weiblichen) Befragten. Im umgekehrten Fall wird eine Punktbiseriale Korrelation von $r_{pb}=(+1)$ erreicht, wenn alle Befragten mit der Kodierung null (männlich) niedrigere Werte bei der metrischen Variablen (Zahlungsbereitschaft) aufweisen als die mit eins kodierten (weiblichen) Befragten. Je häufiger höhere und niedrigere Werte der metrischen Variablen (Zahlungsbereitschaft) in beiden Gruppen gemischt auftreten, umso weniger kann vom Geschlecht auf die Ausprägung der metrischen Variablen geschlossen werden und umgekehrt. Umso näher rückt dann die Punktbiseriale Korrelation an den Wert null heran.

Natürlich kann zur Berechnung der Punktbiserialen Korrelation die bereits bekannte Formel der Korrelation nach Pearson verwendet werden. Diese lässt sich aber auch wie folgt vereinfachen:

$$r_{pb} = \frac{\bar{y}_1 - \bar{y}_0}{S_y} \sqrt{\frac{n_0 \cdot n_1}{n^2}}, \tag{4.42}$$

wobei folgendes gilt:

→ n_0: Anzahl der Beobachtungen mit Ausprägung $x = 0$ des dichotomen Merkmals,
→ n_1: Anzahl der Beobachtungen mit Ausprägung $x = 1$ des dichotomen Merkmals,
→ n: Gesamtstichprobenumfang $n_0 + n_1$,
→ $\bar{y}_0$: Durchschnitt der metrischen Variablen (y) für die Fälle $x = 0$,
→ $\bar{y}_1$: Durchschnitt der metrischen Variablen (y) für die Fälle $x = 1$,
→ S_y: Standardabweichung der metrischen Variablen (y).

Für unser Beispiel ergibt sich:

$$r_{pb} = \frac{\bar{y}_1 - \bar{y}_0}{S_y} \sqrt{\frac{n_0 \cdot n_1}{n^2}} = \frac{9{,}38 - 17{,}17}{5{,}8} \sqrt{\frac{12 \cdot 13}{25^2}} = (-0{,}67)\,. \tag{4.43}$$

Die negative Punktbiseriale Korrelation bringt somit zum Ausdruck, dass die Befragten, deren dichotome Variablenausprägung eins entspricht (weiblich), eine durchschnittlich geringere Zahlungsbereitschaft aufweisen als die Befragten, deren dichotome Variablenausprägung null entspricht (männlich).

An dieser Stelle sei angemerkt, dass die Punktbiserialen Korrelation vor allem dann eingesetzt werden sollte, wenn es sich bei der dichotomen Variablen um eine echte und nicht um eine nachträglich erzeugte Dichotomie handelt. Eine echte Dichotomie liegt vor, wenn die Variable von Anbeginn nur zwei Ausprägungen besitzt – so beispielsweise die Ausprägungen männlich und weiblich für das Geschlecht. Wird eine metrische Variable hingegen nachträglich dichotomisiert – beispielsweise, indem aus einer metrischen Altersangabe zwei Altersgruppen erzeugt werden –, unterschätzt die Punktbiseriale Korrelation den wahren Zusammenhang der betrachteten Variablen, wenn die dichotomisierte Variable zuvor normalverteilt war (vgl. hierzu Bowers 1972 und Bortz und Schuster 2010, S. 173).

4.5.2 Zusammenhang nominaler und ordinaler Variablen

Wenn die Stärke eines Zusammenhanges zwischen einer nominalen und einer ordinalen Variablen bestimmt werden soll, wird gerne auf die Berechnung von Cramers V zurückgegriffen. Dies ist allerdings nur dann sinnvoll, wenn die Anzahl der Ausprägungen der ordinal skalierten Variablen nicht zu groß ist.

In der empirischen Praxis bietet sich häufig die Verwendung entsprechender *statistischer Testverfahren* (*U-Test* oder *H-Test*) an, denn es gilt in der Regel weniger den Zusammenhang als vielmehr die Unterschiede zwischen den (nominalen) Gruppen hinsichtlich der ordinalen Variablen zu überprüfen. Auch diese Verfahren sind Gegenstand der Induktiven Statistik und liegen somit nicht im Fokus dieses Lehrbuches.

Im besonderen Fall einer dichotomen nominalen Variablen bietet sich darüber hinaus die Verwendung einer *Biserialen Rangkorrelation* an. Treten keine Rangbindungen auf, erfolgt deren Berechnung wie folgt (Glass 1966):

$$r_{bisR} = \frac{2}{n} \cdot \left(\overline{R(y_1)} - \overline{R(y_0)}\right), \tag{4.44}$$

wobei folgendes gilt:

→ n: Gesamtstichprobenumfang $n_0 + n_1$,
→ $\overline{R(y_0)}$: Durchschnittsrang für die nominalen Fälle $x = 0$ der ordinalen Variablen (y),
→ $\overline{R(y_1)}$: Durchschnittsrang für die nominalen Fälle $x = 1$ der ordinalen Variablen (y).

Eine ausführlichere Darstellung – auch zur Vorgehensweise bei verbundenen Rängen – findet sich bei Bortz und Schuster (2010, S. 177 f.).

4.5.3 Zusammenhang ordinaler und metrischer Variablen

Vorschläge für ein derartiges Korrelationsmaß finden sich bei Janson und Vegelius (1982). In der wissenschaftlichen und praktischen Anwendung haben diese gesonderten Parameter niemals eine hohe Bedeutung erlangt. Dies liegt insbesondere daran, dass die vereinfachte Vorgehensweise der Nutzung des Korrelationskoeffizienten nach Spearman bzw. Kendalls τ eine mehr als ausreichende Lösung bietet: Letztlich sind zwei Herangehensweisen möglich:

1. Die metrische Datenreihe ist zu klassieren und somit in ein ordinales Skalenniveau zu transformieren. Damit lägen zwei ordinale Variablen vor, deren monotoner Zusammenhang mit der Korrelation nach Spearman oder mit Kendalls τ bestimmbar ist.
2. Die Beobachtungen der metrischen Datenreihe werden unklassiert einer üblichen Rangvergabe unterzogen, sodass auch hier zwei ordinale Rangreihen bestünden.

Zur Verdeutlichung wollen wir unser bekanntes Weinflaschenbeispiel dahingehend abwandeln, dass die 25 Personen ihre Zahlungsbereitschaft nicht mehr auf einer fünfstufigen Skala (ordinal), sondern in Form eines Eurobetrages (metrisch) anzugeben hatten. Es entstehen die Angaben in Abb. 4.28.

Die eigentlich auf metrischem Niveau erfasste Variable der Zahlungsbereitschaft (Variable: *preis*) wird in eine Rangreihe (Variable *rpreis*) transformiert. Wir verlieren dadurch

preis	rpreis
1,00 €	1,0
2,00 €	2,0
3,00 €	3,0
4,00 €	4,0
6,00 €	5,0
10,00 €	6,5
10,00 €	6,5
11,00 €	8,0
13,00 €	9,5
13,00 €	9,5
14,00 €	12,0
14,00 €	12,0
15,00 €	15,0
15,00 €	15,0
15,00 €	15,0
14,00 €	12,0
17,00 €	17,5
17,00 €	17,5
18,00 €	19,5
18,00 €	19,5
19,00 €	22,0
19,00 €	22,0
19,00 €	22,0
20,00 €	24,0
21,00 €	25,0

Bildung von zwei Rangreihen

flasche	rflasche	preis	rpreis
1	3,00	1,00	1,0
1	3,00	2,00	2,0
1	3,00	3,00	3,0
1	3,00	4,00	4,0
1	3,00	6,00	5,0
2	9,00	10,00	6,5
2	9,00	10,00	6,5
2	9,00	11,00	8,0
3	14,00	13,00	9,5
4	18,00	13,00	9,5
2	9,00	14,00	12,0
3	14,00	14,00	12,0
2	9,00	15,00	15,0
2	9,00	15,00	15,0
3	14,00	15,00	15,0
2	9,00	14,00	12,0
4	18,00	17,00	17,5
4	18,00	17,00	17,5
4	18,00	18,00	19,5
4	18,00	18,00	19,5
5	23,00	19,00	22,0
5	23,00	19,00	22,0
5	23,00	19,00	22,0
5	23,00	20,00	24,0
5	23,00	21,00	25,0

Berechnung von ρ oder τ

Abb. 4.28 Zusammenhang zwischen einer ordinalen und metrischen Variablen

die Information über Abstände in der Zahlungsbereitschaft, behalten aber die Information darüber, welche Person eine höhere Zahlungsbereitschaft aufweist. Letztlich wird durch die *Transformation der metrischen Datenreihe in eine Rangreihe* ein höheres (metrisches) Skalenniveau durch ein geringeres Skalenniveau (ordinal) ersetzt. Der hierfür gezahlte Preis, dass lediglich Aussagen über den monotonen Zusammenhang gemacht werden können, ist vergleichsweise gering, was letztlich die „Erfolglosigkeit" anderer Vorschläge für Koeffizienten zur Zusammenhangsmessung ordinaler und metrischer Variablen erklärt.

4.6 Korrelationsrechnung mit dem Computer

Bei der Berechnung von ρ oder τ mit Hilfe von SPSS oder Stata erfolgt eine Rangvergabe automatisch, sodass keine gesonderte Rangbildung vorgenommen werden muss. Es können die ursprünglich metrischen oder ordinalen Variablen direkt verwendet werden. Nur bei der Verwendung von Excel muss für beide Variablen zunächst eine Rangberechnung erfolgen.

4.6.1 Korrelationsrechnung mit SPSS

Um mit SPSS eine Korrelation nach Pearson zu berechnen, muss durch Verwendung der Befehlsfolge *Analyze → Correlate → Bivariate …* das *Bivariate Correlations*-Fenster geöffnet werden.[6] Bevor nun die zu berechnende Korrelation (Pearson, Kendalls τ_b oder Spearman) ausgewählt wird, sollte man sich über das Skalenniveau der beiden zu korrelierenden Variablen Gedanken machen. Wenn es um die Berechnung eines linearen Zusammenhanges zweier metrischer Variablen geht, sollte die Pearson-Korrelation ausgewählt werden. Geht es um den monotonen Zusammenhang zweier metrischer oder ordinaler Variablen, können Kendalls τ_b oder Spearman ausgewählt werden. Die zu korrelierenden Variablen sind danach zu markieren und durch Klicken auf den mittleren Pfeil in das Feld *Variables* zu verschieben. Durch Bestätigung durch *OK* erfolgt die gewünschte Berechnung.

Für das Beispiel der Körpergröße bei Hochzeitspaaren werden die Variablen Größe des Mannes (*gr_mann*) und der Frau (*gr_frau*) ausgewählt. Dem Ergebnisausdruck in Abb. 4.29 ist zu entnehmen, dass die Korrelation nach Pearson den Wert $r = 0{,}789$, Kendalls τ_b den Wert $\tau_b = 0{,}603$ und die Korrelation nach Spearman den Wert $\rho = 0{,}783$ annimmt.

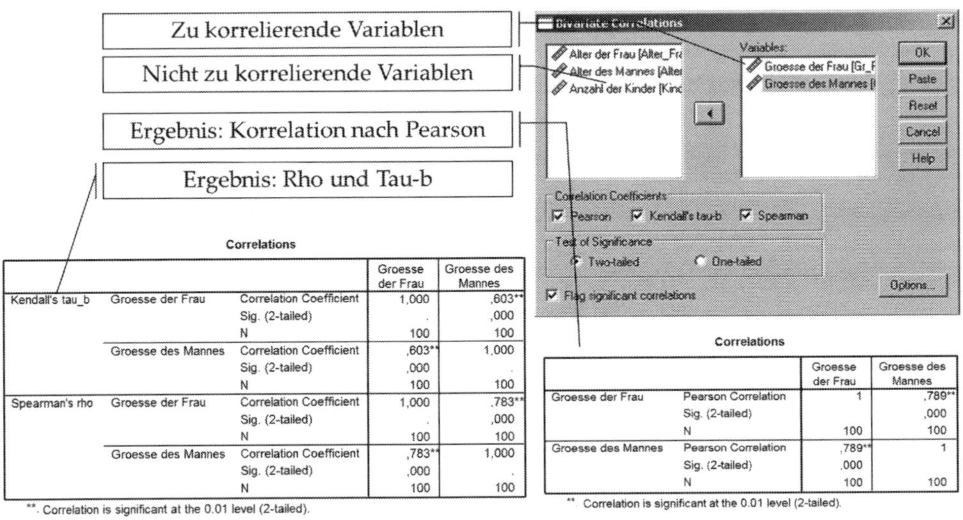

Correlations

			Groesse der Frau	Groesse des Mannes
Kendall's tau_b	Groesse der Frau	Correlation Coefficient	1,000	,603**
		Sig. (2-tailed)	.	,000
		N	100	100
	Groesse des Mannes	Correlation Coefficient	,603**	1,000
		Sig. (2-tailed)	,000	.
		N	100	100
Spearman's rho	Groesse der Frau	Correlation Coefficient	1,000	,783**
		Sig. (2-tailed)	.	,000
		N	100	100
	Groesse des Mannes	Correlation Coefficient	,783**	1,000
		Sig. (2-tailed)	,000	.
		N	100	100

**. Correlation is significant at the 0.01 level (2-tailed).

Correlations

		Groesse der Frau	Groesse des Mannes
Groesse der Frau	Pearson Correlation	1	,789**
	Sig. (2-tailed)		,000
	N	100	100
Groesse des Mannes	Pearson Correlation	,789**	1
	Sig. (2-tailed)	,000	
	N	100	100

**. Correlation is significant at the 0.01 level (2-tailed).

Abb. 4.29 Korrelationsrechnung mit SPSS

[6] In der deutschsprachigen SPSS Version ist die Befehlsfolge *Analysieren → Korrelation → Bivariat …*

4.6.2 Korrelationsrechnung mit Stata

Im Gegensatz zu SPSS befinden sich die Befehlsfenster zur Berechnung der drei verschiedenen Korrelationskoeffizienten an verschiedenen Stellen des Stata-Menüs *Statistics*.

Durch die Befehlsfolge *Statistics → Summaries, tables, and tests → Summary and descriptive statistics → Correlations and covariances* öffnet sich das Fenster zur Berechnung der Korrelation nach Pearson. Durch die Befehlsfolge *Statistics → Summaries, tables, and tests → Nonparametric tests of hypotheses → Spearman's rank* bzw. *Kendall's rank correlation* öffnet sich das jeweils gewünschte Fenster zur Berechnung des Korrelationskoeffizienten nach Spearman bzw. Kendalls τ.

In der ersten Eingabezeile (*Variables [leave empty for all]*) werden die zu korrelierenden Variablen eingegeben. In unserem Beispiel sind das die Körpergrößen der Männer (*gr_mann*) und der Frauen (*gr_frau*) bei einer Hochzeit. Für die Berechnung des Korrelationskoeffizienten nach Pearson reichen diese Angaben bereits aus. Durch Drücken von *OK* bzw. *Submit* wird der Stata-Befehl[7] ausgelöst.

Im Menü zur Berechnung der Korrelation nach Spearman oder zur Berechnung von Kendalls τ kann zusätzlich im Unterpunkt *List of statistics* die Berechnung verschiedenster Parameter ausgewählt werden. Es empfiehlt sich aber, mit dem Punkt *Calculate all pairwise correlation coefficients by using all available data* die Berechnung aller Koeffizienten von Kendall bzw. Spearman anzufordern. Durch Drücken von *OK* bzw. *Submit*

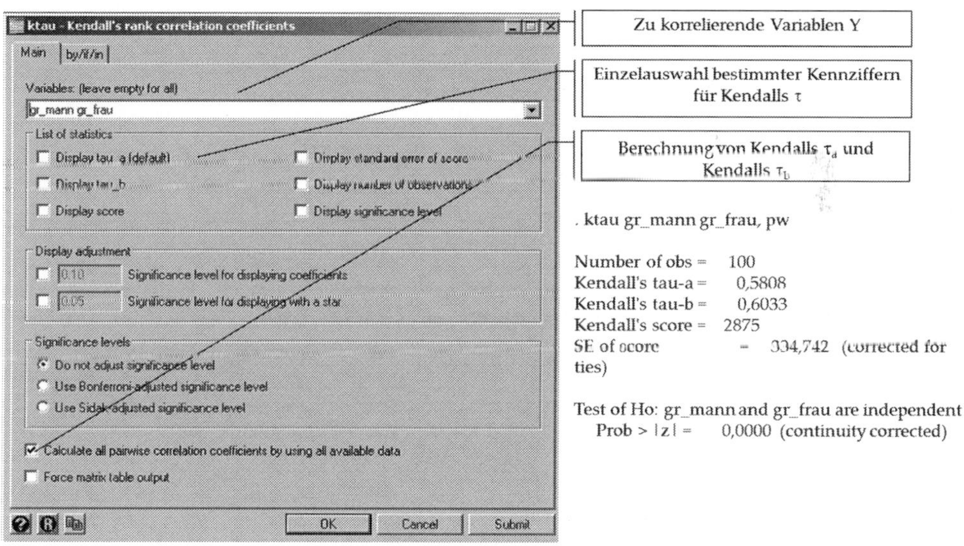

Abb. 4.30 Korrelationsrechnung mit Stata (Beispiel: Kendalls Tau)

[7] Syntaxbefehl: *correlate gr_mann gr_frau.*

wird der Stata-Befehl[8] ausgelöst. Für Kendalls τ ergeben sich die Werte $\tau_a = 0{,}581$ und $\tau_b = 0{,}603$. Die Berechnung der Korrelation nach Spearman erfolgt analog.

4.6.3 Korrelationsrechnung mit Excel

In Excel steht nur für die Korrelation nach Pearson eine vorprogrammierte Funktion bzw. Analysefunktion zur Verfügung. Mit dem Cursor markiert man zunächst die Zelle, in der der Korrelationskoeffizient berechnet werden soll. Über die Menüfolge *Formeln → Funktion einfügen* wird die Kategorie *Statistik* ausgewählt und danach die Funktion *Korrel* ausgewählt. In die Felder *Matrix1* und *Matrix2* werden nun die beiden Datenreihen eingegeben. Für unser Hochzeitsbeispiel finden sich die Daten der Körpergröße der Männer im Bereich D2:D101 und für die Körpergröße der Frauen in dem Bereich C2:C101. Das Korrelationsergebnis wird bei Veränderung der Originaldaten in den vordefinierten Bereichen jedes Mal mit verändert.

Die Korrelation nach Spearman lässt sich nur mit größerem Aufwand selbst programmieren. Zunächst müssen für die beiden Datenreihen Ränge vergeben werden, wonach nun nicht mehr die metrischen Originaldaten, sondern die Rangdatenreihen einer Korrelation nach Pearson unterzogen werden. Aus dem Abschn. 4.4.1 wissen wir nämlich, dass die Korrelation nach Spearman einer Korrelation nach Pearson mit Rangdatenreihen entspricht. Zur Rangvergabe steht in Excel zwar die Funktion *RANG* zur Verfügung, allerdings erfolgt bei Rangbindungen keine Berechnung durchschnittlicher Ränge. Excel weist bei aufsteigender Rangvergabe für verbundene Ränge vielmehr den jeweils niedrigsten Rangplatz aus und vollzieht damit die oben als „olympische Lösung“ bezeichnete Rangvergabe nach. Mit Hilfe des folgenden Korrekturterms lassen sich die durchschnittlichen Ränge bei Vorliegen von Rangbindungen allerdings bestimmen:

$$\begin{aligned}&\text{Korrekturterm:}\\&[\text{ANZAHL(Bezug)} + 1 - \text{RANG(Zahl; Bezug; 0)}\\&- \text{RANG(Zahl; Bezug; 1)}]/2.\end{aligned} \tag{4.45}$$

Die Angabe Bezug beschreibt den Bereich in Excel, der die Werte der beiden zu betrachtenden Variablen enthält (z. B. A2:B12). Der Korrekturterm ist zu jeder „olympischen“ Rangvergabe hinzu zu addieren:

$$\text{RANG(Zahl;Bezug;1)} + \text{Korrekturterm}. \tag{4.46}$$

Auf die so ermittelten Ränge kann nun die oben beschriebene Excel-Formel für den Korrelationskoeffizienten *Korrel(Matrix1; Matrix2)* angewendet werden. Abbildung 4.31 zeigt nochmals die Vorgehensweise der Berechnung der Korrelation nach Spearman mit Hilfe von Excel.

[8] Syntaxbefehl für Kendall's Tau: *ktau gr_mann gr_frau, pw*. Syntaxbefehl für Spearman's Rho: *ktau gr_mann gr_frau, pw*.

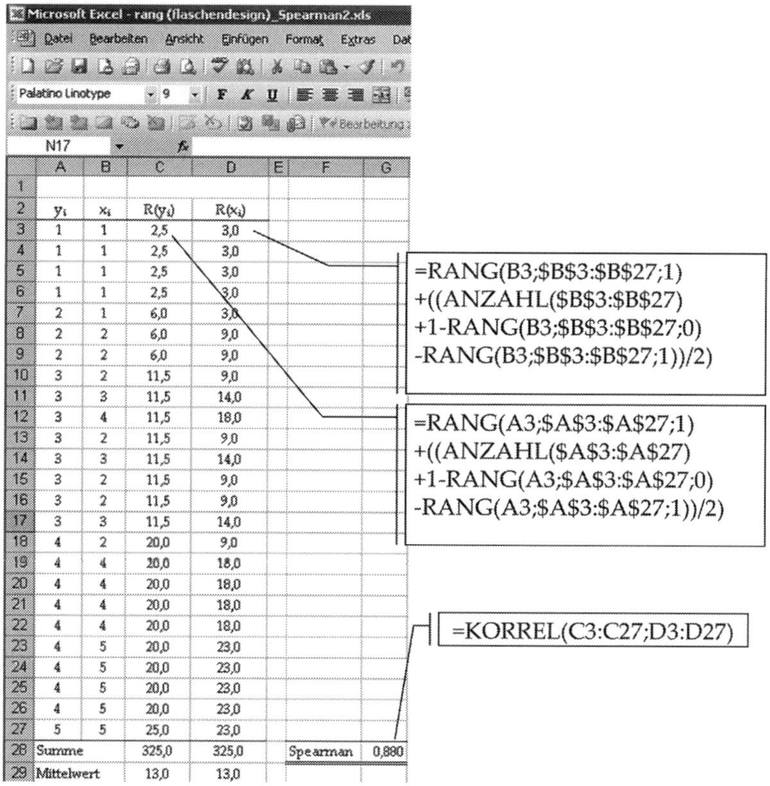

	A	B	C	D	E	F	G
1							
2	y_i	x_i	$R(y_i)$	$R(x_i)$			
3	1	1	2,5	3,0			
4	1	1	2,5	3,0			
5	1	1	2,5	3,0			
6	1	1	2,5	3,0			
7	2	1	6,0	3,0			
8	2	2	6,0	9,0			
9	2	2	6,0	9,0			
10	3	2	11,5	9,0			
11	3	3	11,5	14,0			
12	3	4	11,5	18,0			
13	3	2	11,5	9,0			
14	3	3	11,5	14,0			
15	3	2	11,5	9,0			
16	3	2	11,5	9,0			
17	3	3	11,5	14,0			
18	4	2	20,0	9,0			
19	4	4	20,0	18,0			
20	4	4	20,0	18,0			
21	4	4	20,0	18,0			
22	4	4	20,0	18,0			
23	4	5	20,0	23,0			
24	4	5	20,0	23,0			
25	4	5	20,0	23,0			
26	4	5	20,0	23,0			
27	5	5	25,0	23,0			
28	Summe		325,0	325,0		Spearman	0,880
29	Mittelwert		13,0	13,0			

Abb. 4.31 Korrelation nach Spearman mit Excel

Eine Berechnung von Kendalls τ mit Excel ist für umfangreichere Datensätze nur sehr mühsam und aufwändig zu programmieren. Sicherlich lässt sich mit Hilfe des Befehls = *ZÄHLENWENN(Bezug; Bedingung)* die Anzahl der Proversionen und Inversionen zählen. Die Angabe der Bedingung für diesen Befehl muss dabei für jede Zeile (Beobachtung) einzeln eingegeben werden, sodass eine Verwendung von Standard-Excel-Befehlen zur Berechnung von Kendalls τ eigentlich nicht in Erwägung gezogen werden sollte. Allerdings lässt sich mit käuflich zu erwerbenden Zusatzmodulen (Excel Add-ins) die Funktionalität von Excel so erweitern, dass auch Kendalls τ leicht errechenbar ist.

4.7 Scheinkorrelationen

Die Berechnung von Korrelationen ist ein statistisches Verfahren, das über die Gemeinsamkeit von Messwertpaaren Auskunft gibt. Ist der Wert des Korrelationskoeffizienten (nahe bei) null, so kann in der Regel davon ausgegangen werden, dass zwischen den die Messwertpaare bildenden Variablen kein *linearer* Zusammenhang besteht. Ist der Korrelationskoeffizient hingegen betragsmäßig groß, so kann nicht zwangsläufig auf einen *inneren* bzw. *kausalen* Zusammenhang geschlossen werden. So gibt es eine Reihe von Beispielen, bei denen sich zwar große Werte für den Korrelationskoeffizienten ergeben, ein inhaltlicher oder kausaler Zusammenhang zwischen den beiden Variablen hingegen mehr als absurd erscheint. Einige Beispiele seien hier aufgeführt:

- Es lässt sich über die Zeit von vielen Jahren hinweg feststellen, dass ein Zusammenhang zwischen den Einkommen von Pastoren und den Alkoholpreisen besteht. Darf man daraus den Schluss ziehen, dass das vermehrte Gehalt der Pastoren sofort in Alkohol umgesetzt wird?
- In Schweden wurden – ebenfalls in einer Zeitreihe – die jährliche Rate von Neugeborenen und die Entwicklung der Storchpopulation erhoben. Es wurde festgestellt, dass die Storchpopulation mit der Geburtenrate stark korreliert. Können wir daraus schließen, dass die Neugeborenen tatsächlich durch den Storch gebracht werden?
- Die Wahrscheinlichkeit, den ersten Herzinfarkt zu überleben, ist bei Rauchern um ein Vielfaches größer als bei Nichtrauchern. Ist Rauchen doch gesundheitsfördernd?
- Im Nachkriegsdeutschland konnte eine starke Korrelation zwischen Apfelsinenimporten und Todesfällen festgestellt werden. Sind Apfelsinen gesundheitsschädlich?
- Die Wahrscheinlichkeit im Bett zu sterben ist größer als die Wahrscheinlichkeit im Auto oder Flugzeug ums Leben zu kommen. Ist der Aufenthalt im Bett wirklich so gefährlich?
- Es lässt sich eine positive Korrelation zwischen der Körpergröße und dem Alkoholkonsum feststellen. Handelt es sich bei allen großen Menschen um Trinker?

Diese Beispiele machen deutlich, dass Korrelationen und deren Fehlinterpretationen geradezu der Tummelplatz von Demagogen und Propagandisten sind. Sie nutzen Aussagen wie „*die Statistik beweist …*“ für ihre Zwecke und nur der in Statistik gebildete Zuhörer weiß, dass mit Hilfe der Statistik zunächst nur eine Korrelation und keine Ursache-Wirkungsbeziehung festgestellt wird. Bei vorliegender Korrelation aber fehlender Ursache-Wirkungsbeziehung spricht man von *Scheinkorrelation* (*engl.*: spurious correlation).

Was steckt nun aber hinter Scheinkorrelationen, bei der Ursache-Wirkungsbeziehungen zunächst nicht offen auf der Hand liegen? Eine erste Erklärung liegt darin, dass sich Korrelationen manchmal rein *zufällig* ergeben. Diese zufälligen Korrelationen werden häufig auch als *nonsense correlation* bezeichnet.

Aber nicht immer steckt hinter einer hohen Korrelation nur *Unsinn* oder *Zufall*. Häufig können zwei Variablen alleine deshalb korrelieren, weil eine dritte Variable auf beide gemeinsam einen Einfluss ausübt (vgl. Abb. 4.32). Man spricht in einem solchen Fall von der sogenannten *common-cause*-Hypothese. Ein Beispiel ist der scheinbare Zusammenhang zwischen Storchpopulation und der Anzahl der Neugeborenen. Hierbei handelt es sich um eine Zeitreihe von Daten, die seit dem Beginn des 20. Jahrhunderts erhoben wurde. In dieser Zeit ist – nicht nur in Schweden – eine zunehmende Konversion der ruralen

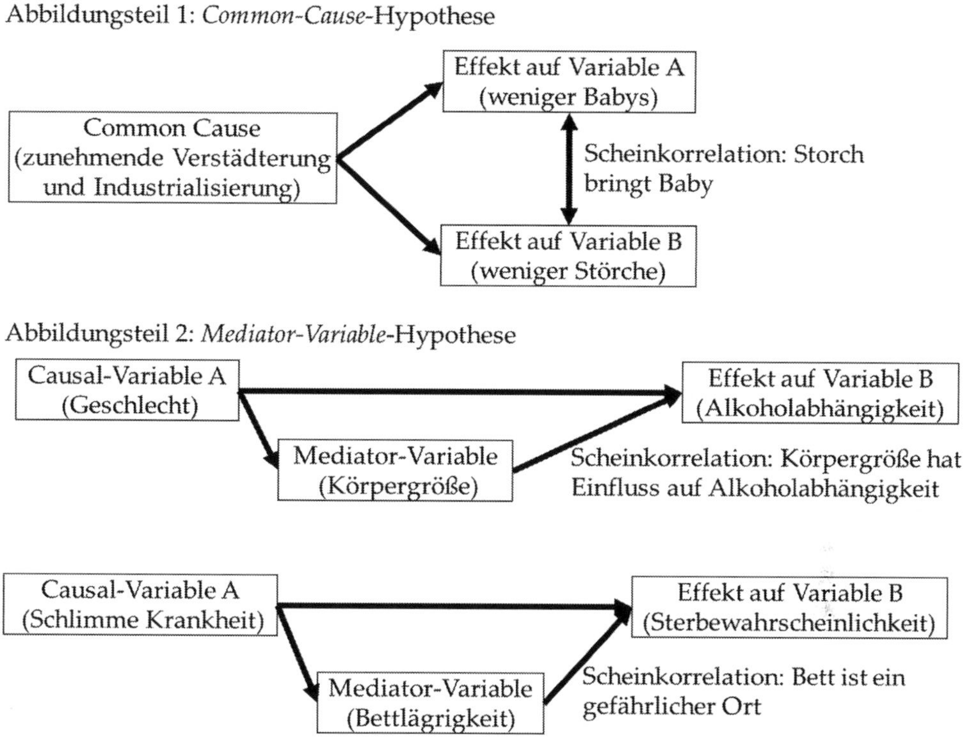

Abb. 4.32 Gründe für Scheinkorrelationen

Gesellschaft zur Industriegesellschaft und damit verbunden eine zunehmende Verstädterung zu verzeichnen gewesen. Diese Entwicklung führte einerseits zu einer Vertreibung bzw. Ausrottung von Störchen. Die verstärkte Industrialisierung führte andererseits auch zur Lebensform in Kernfamilien mit wenigen Kindern, während in ruralen Lebensformen noch Großfamilien mit vielen Kindern dominierten. Der gemeinsame Grund (*common-cause*) hinter dem gemeinsamen Trend der beiden Variablen (*Neugeborenenanzahl* und *Storchpopulation*) liegt in der Industrialisierung und der damit verbundenen Verstädterung. Analog ist dies auch auf das Beispiel der Schnapspreise und Pastorengehälter übertragbar. Denn dahinter stehen letztlich die allgemeine Inflationsentwicklung und die damit verbundene Anpassung von Löhnen und Gehältern.

Ein weiterer Grund für eine Scheinkorrelation kann durch den Einfluss einer *Mediator-Variablen* entstehen. Ein solcher Fall liegt vor, wenn eine Variable A mit einer Variablen B korreliert und der Einfluss der Variable A auf die Variable B über eine Mediator-Variable ausgeübt wird (vgl. Abb. 4.32). Die Korrelation zwischen Körpergröße und Alkoholkonsum kommt beispielsweise nur deshalb zustande, weil die Häufigkeit des Alkoholkonsums eindeutig auch vom Geschlecht abhängt: Männer weisen einen höheren Alkoholkonsum auf. Die eigentlich kausale Variable für den Alkoholkonsum stellt somit das Geschlecht dar. Da Männer im Durchschnitt auch größer als Frauen sind, stellt die Körpergröße die Mediator-Variable dar, über die die Variable Geschlecht ihren Einfluss auf die Variable Alkoholkonsum ausübt.

Auch kommt der Zusammenhang zwischen der Mediator-Variablen *Bettlägerigkeit* und der erhöhten *Sterbewahrscheinlichkeit* nur deshalb zustande, weil der kausale Grund einer schweren Krankheit über die Mediator-Variable *Bettlägerigkeit* seinen Einfluss auf die *Sterbewahrscheinlichkeit* ausübt.

Last but not least überleben Raucher ihren ersten Herzinfarkt nur deshalb häufiger als Nichtraucher, weil Raucher ihren Herzinfarkt in der Regel wesentlich jünger bekommen. Die eigentlich kausale Variable für die Überlebenswahrscheinlichkeit ist hier das Alter.

4.7.1 Partielle Korrelation

Besteht im Laufe einer Datenauswertung nun der Verdacht, dass eine Scheinkorrelation vorliegt, so müssen die Effekte der Variablen, die die Scheinkorrelation verursacht, herausgerechnet werden. Bei der *common-cause*-Hypothese muss also beispielsweise die Korrelation zwischen den Variablen A und B bereinigt um die Einflüsse aus der common-cause-Variablen berechnet werden. Die wahre Korrelation zwischen der Mediator-Variablen und der Variablen B kommt nur dann zum Ausdruck, wenn man zuvor die Effekte einer möglicherweise bestehenden *Causal-Variablen* herausrechnet. Die Vorgehensweise wollen wir anhand eines ökonomischen Beispiels betrachten:

Ein Tankstellenpächter einer bestimmten Marke – nennen wir sie einfach *SPARAL* – möchte wissen, ob ein Zusammenhang zwischen dem Preis für Superbenzin an seiner Tankstelle und seinem Marktanteil besteht. Hierzu korreliert er für 27 Tage den Preis des Superbenzins mit dem Marktanteil und erhält einen Korrelationskoeffizienten von $r_{yz} = (-0{,}723)$. Es ergibt sich also eine starke negative Korrelation, die aus ökonomischer Sicht auch sinnvoll ist: Je höher der Preis, umso geringer ist der Marktanteil und vice versa. Nun möchte der *SPARAL* Tankstellenpächter ebenfalls wissen, inwieweit der Preis der Nachbartankstelle *JETY* einen Einfluss auf seinen Marktanteil besitzt und ermittelt deshalb eine Korrelation zwischen dem Preis des *JETY* Superbenzins und dem *SPARAL*-Marktanteil. Er erhält nun einen Wert von $r_{xy} = (-0{,}664)$. Dieser Koeffizient scheint ihm aus ökonomischer Sicht überhaupt nicht sinnvoll. Je höher der Preis für Superbenzin bei seinem Konkurrenten *JETY*, umso geringer ist der Marktanteil seines Produktes *SPARAL*. Was kann der Grund für diese unerwartete Richtung des Zusammenhangs sein?

Neben oligopolbedingten Marktabschöpfungen der Tankstellen an Wochenenden und zu Ferienbeginn sind die Treibstoffpreise vornehmlich abhängig vom (antizipatorischen) Preis auf den Rohölmärkten. Gehen die Preise für Rohöl zurück bzw. erwartet der Markt einen Preisrückgang, so sinken die Preise für Benzin an allen Tankstellen. Im umgekehrten Fall führen steigende Rohölpreise immer auch zu einem Preisanstieg an allen Tankstellen.

Für die Preisentwicklung unserer beiden Tankstellen gibt es somit einen *common-cause*, nämlich den der Preisentwicklung auf dem Rohölmarkt. Dies führt dazu, dass es

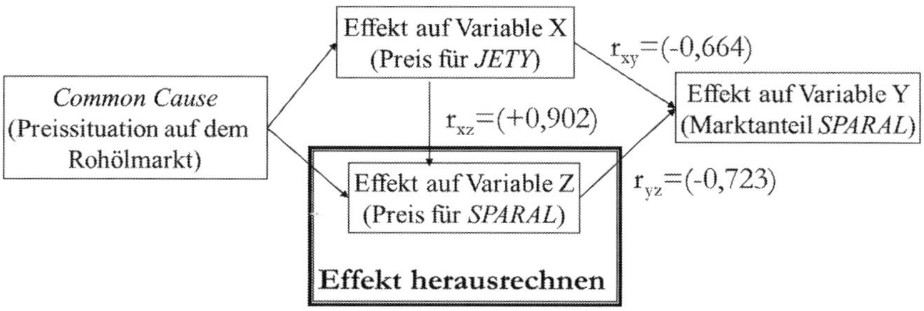

Abb. 4.33 Superbenzin und Marktanteil: Ein Beispiel für eine Scheinkorrelation

nicht nur zu den oben beschriebenen Korrelationen kommt, sondern ebenfalls zu einer gleichgerichteten Entwicklung bei den Superbenzinpreisen von *JETY* und *SPARAL* mit einer hohen positiven Korrelation von $r_{xz} = (+0{,}902)$. Beide Tankstellen erhöhen (senken) aufgrund der Situation auf den Rohölmärkten fast zeitgleich ihre Preise. Die einzelnen Korrelationen sind in Abb. 4.33 nochmals grafisch dargestellt.

Für den *SPARAL* Tankstellenpächter stellt sich aber nach wie vor die berechtigte Frage, wie groß der Zusammenhang zwischen dem Preis für das Superbenzin der Konkurrenz und dem eigenen Marktanteil ist. Um dies zu bestimmen, muss deshalb zunächst der Effekt des eigenen Superbenzinpreises herausgerechnet werden. Es geht also um die Frage, wie groß der verbleibende Einfluss des Konkurrenzpreises auf den eigenen Marktanteil noch ist, wenn man zuvor den Preis des eigenen Produktes – und damit verbunden auch die Entwicklungen auf den Rohölmärkten – herausgerechnet hat? Wie groß ist die Korrelation zwischen der Variablen X (Preis für *JETY*) und der Variablen Y (Marktanteil für *SPARAL*), wenn zuvor um die Variable Z (Preis für *SPARAL*) kontrolliert wird?

Man spricht in einem solchen Fall von einer *partiellen Korrelation* (*engl.*: partial correlation) zwischen den Variablen X und Y bei *kontrollierter Herausrechnung* der Einflüsse der Variablen Z. Die Berechnung ergibt sich dabei aus folgender Formel:

$$r_{xy.z} = \frac{r_{xy} - r_{xz} r_{yz}}{\sqrt{\left(1 - r_{xz}^2\right) \cdot \left(1 - r_{yz}^2\right)}} \Leftrightarrow$$
$$r_{xy.z} = \frac{-0{,}664 - (0{,}902 \cdot (-0{,}723))}{\sqrt{\left(\left(1 - 0{,}902^2\right) \cdot \left(1 - (-0{,}723)^2\right)\right)}} = -0{,}04. \tag{4.47}$$

Der partielle Korrelationskoeffizient ergibt einen Wert von $r_{xy.z} = (-0{,}04)$, was letztlich auf einen fehlenden Zusammenhang zwischen dem Preis für Superbenzin der *JETY*-Tankstelle auf den Marktanteil von *SPARAL* deutet. Der Pächter muss sich entsprechend dieser Analyse kaum um die preisliche Konkurrenzwirkung von *JETY* auf seinen Marktanteil sorgen, da der Einfluss nahe dem Wert null liegt.

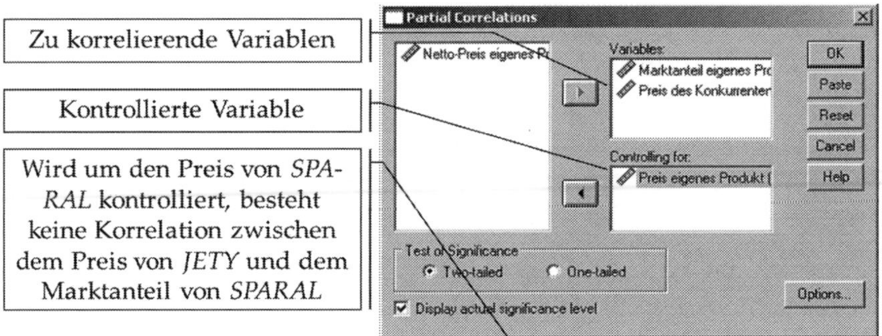

Correlations

Control Variables			Marktanteil Superbenzin SPARAL	Preis des Konkurrenten (Superbenzin JETY)
Preis eigenes Produkt (Superbenzin SPARAL)	Marktanteil Superbenzin SPARAL)	Correlation	1,000	-,041
		Significance (2-tailed)	.	,841
		df	0	24
	Preis des Konkurrenten (Superbenzin JETY)	Correlation	-,041	1,000
		Significance (2-tailed)	,841	.
		df	24	0

Abb. 4.34 Partielle Korrelation mit SPSS – Beispiel Superbenzin

4.7.2 Partielle Korrelation mit SPSS

Um mit SPSS eine partielle Korrelation zu berechnen, muss durch Verwendung der Befehlsfolge *Analyze* → *Correlate* → *Partial ...* das *Partial Correlation*-Fenster geöffnet werden.[9] Dort ist die zu kontrollierende Variable (Preis für *SPARAL* Superbenzin) unter *Controlling for:* und die zu korrelierenden Variablen (der Preis für *JETY* Superbenzin und der Marktanteil für *SPARAL*) unter *Variables* einzutragen. Es ergeben sich die *Partiellen Korrelationskoeffizienten* (vgl. Abb. 4.34).

4.7.3 Partielle Korrelation mit Stata

Mit Stata lässt sich die Analyse analog durchführen. Durch die Befehlsfolge *Statistics* → *Summaries, tables, and tests* → *Summary and descriptive statistics* → *Partial correlations* öffnet sich das folgende *Partial correlations coefficient*-Fenster.

In der ersten Eingabezeile (*Display partial correlation coefficient of variable:*) muss die Variable Y eingegeben werden. In der zweiten Eingabezeile (*Against variables:*) werden die beiden Variablen X und Z (und gegebenenfalls weitere) eingegeben. Durch

[9] In der deutschsprachigen SPSS Version ist die Befehlsfolge Analysieren → Korrelation → Partiell ...

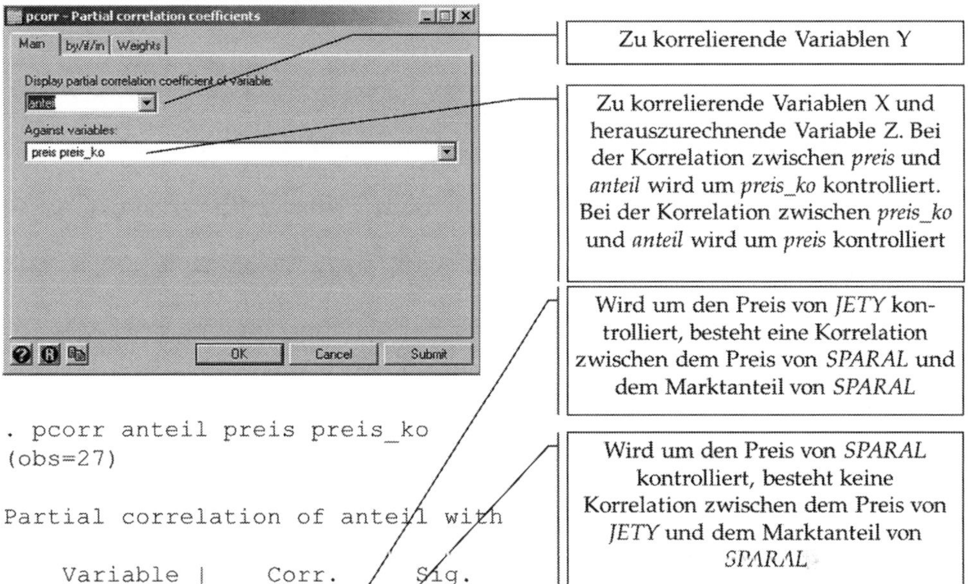


```
. pcorr anteil preis preis_ko
(obs=27)

Partial correlation of anteil with

    Variable |     Corr.      Sig.
-------------+--------------------
       preis |   -0,3836     0,053
    preis_ko |   -0,0412     0,841
```

Abb. 4.35 Partielle Korrelation mit Stata (Superbenzin)

Drücken von *OK* bzw. *Submit* wird der Stata-Befehl[10] ausgelöst. Der um den Preis von *JETY* kontrollierte Korrelationskoeffizient zwischen dem Preis für *SPARAL* und dem Marktanteil für *SPARAL* beträgt $r_{yz.x} = (-0{,}3836)$. Der um den Preis von *SPARAL* bereinigte Zusammenhang zwischen *JETY* und dem Marktanteil für *SPARAL* beträgt $r_{xy.z} = (-0{,}041)$. Vergleiche hierzu die Angaben in Abb. 4.35.

4.7.4 Partielle Korrelation mit Excel

Für die Berechnung von Partiellen Korrelationen stehen in Excel keine vorprogrammierten Funktionen bzw. Analysefunktionen zur Verfügung. Sie lassen sich nur mit einem etwas größeren Aufwand selbst programmieren. Zunächst müssen die Korrelationen zwischen allen beteiligten Variablen (r_{xy}, r_{xz}, r_{yz}) mit Hilfe des *KORREL*-Befehls berechnet werden. Danach lässt sich gemäß der Formel

$$r_{xy.z} = \frac{r_{xy} - r_{xz} r_{yz}}{\sqrt{\left(1 - r_{xz}^2\right) \cdot \left(1 - r_{yz}^2\right)}} \tag{4.48}$$

[10] Syntax (Pcorr Variable1 Kontrollvariable1 Kontrollvariable2 etc.): *pcorr anteil preis preis_ko*.

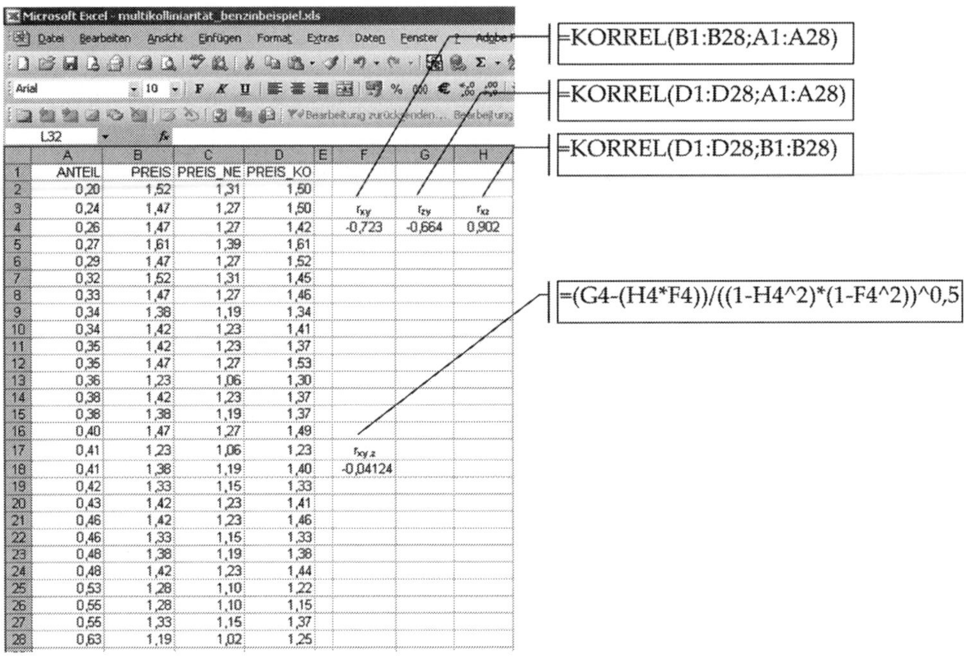

	A	B	C	D	E	F	G	H
1	ANTEIL	PREIS	PREIS_NE	PREIS_KO				
2	0,20	1,52	1,31	1,50				
3	0,24	1,47	1,27	1,50		r_{xy}	r_{zy}	r_{xz}
4	0,26	1,47	1,27	1,42		-0,723	-0,664	0,902
5	0,27	1,61	1,39	1,61				
6	0,29	1,47	1,27	1,52				
7	0,32	1,52	1,31	1,45				
8	0,33	1,47	1,27	1,46				
9	0,34	1,38	1,19	1,34				
10	0,34	1,42	1,23	1,41				
11	0,35	1,42	1,23	1,37				
12	0,35	1,47	1,27	1,53				
13	0,36	1,23	1,06	1,30				
14	0,38	1,42	1,23	1,37				
15	0,38	1,38	1,19	1,37				
16	0,40	1,47	1,27	1,49				
17	0,41	1,23	1,06	1,23		$r_{xy,z}$		
18	0,41	1,38	1,19	1,40		-0,04124		
19	0,42	1,33	1,15	1,33				
20	0,43	1,42	1,23	1,41				
21	0,46	1,42	1,23	1,46				
22	0,46	1,33	1,15	1,33				
23	0,48	1,38	1,19	1,38				
24	0,48	1,42	1,23	1,44				
25	0,53	1,28	1,10	1,22				
26	0,55	1,28	1,10	1,15				
27	0,55	1,33	1,15	1,37				
28	0,63	1,19	1,02	1,25				

Abb. 4.36 Partielle Korrelation mit Excel (Superbenzin)

der *Partielle Korrelationskoeffizient* programmieren. Beispielhaft sind die einzelnen Berechnungsformeln in Abb. 4.36 wiedergegeben.

4.8 Übungsaufgaben zum Abschnitt

Aufgabe 15

a) Ausgehend von den Daten der Aufgabe 8 (S. 56) haben Sie die Vermutung, dass der Preis die entscheidende Variable für die Bestimmung der Höhe des Absatzes ist. Um dies zu überprüfen, skizzieren Sie zunächst ein Streudiagramm!

b) Bestimmen Sie die Standardabweichung des Preises und die Kovarianz zwischen Preis und Absatzmenge!

c) Bestimmen Sie die Stärke des linearen metrischen Zusammenhanges zwischen dem Stück-Preis und der Absatzmenge innerhalb eines Landes!

d) Bestimmen Sie den Rangkorrelationskoeffizienten nach Spearman!

e) Wie lassen sich die Ergebnisse aus den beiden vorangehenden Teilaufgaben vor dem Hintergrund des Streudiagramms interpretieren?

Aufgabe 16

Die Auswertung aller 14 teilnehmenden Bundesländer an einer PISA Studie ergibt hinsichtlich der Variablen *naturwissenschaftliche Kompetenz (x)* und *Lesekompetenz (y)* folgende Informationen:

$$\rightarrow \bar{x}^2 = 3{,}20,$$

$$\rightarrow \sum_{i=1}^{n} (x_i - \bar{x})^2 = 3042{,}36,$$

$$\rightarrow \sum_{i=1}^{n} y_i = -309,$$

$$\rightarrow \sum_{i=1}^{n} y_i^2 = 10.545,$$

$$\rightarrow \sum_{i=1}^{n} (x_i - \bar{x})(y_i - \bar{y}) = 2987{,}81.$$

a) Wie groß ist der (ungewichtete) Durchschnittswert der Lesekompetenz?
b) Wie groß ist die empirische Standardabweichung der Lesekompetenz?
c) Wie groß ist der Variationskoeffizient der Lesekompetenz?
d) Bestimmen Sie die empirische Varianz der naturwissenschaftlichen Kompetenz!
e) Bestimmen Sie die Kovarianz zwischen den Variablen x und y!
f) Bestimmen Sie die Stärke des linearen metrischen Zusammenhanges zwischen Lese- und naturwissenschaftlicher Kompetenz!
g) Bestimmen Sie den Rangkorrelationskoeffizienten unter der Annahme, dass die Summe der quadrierten Rangdifferenzen der beiden Zahlenreihen den Wert 54 hat!

Aufgabe 17

Sie wollen feststellen, ob ein Zusammenhang zwischen dem *Wert der Einkäufe (y)* der Kunden und deren *Einkommen* in € (x) besteht. Für 715 Kunden berechnen Sie eine Kovarianz zwischen Einkommen und dem Warenwert der Einkäufe von $S_{XY} = 2{,}4$.

a) Welche Information über den Zusammenhang der Merkmale liefert Ihnen die Kovarianz?
b) Berechnen Sie den Korrelationskoeffizienten von Pearson! Es gilt:

$$\sum_{i=1}^{n} (x_i - \bar{x})^2 = 22.500 \text{ und } \sum_{i=1}^{n} (y_i - \bar{y})^2 = 17.000$$

c) Welcher Zusammenhang besteht aufgrund Ihrer Berechnung des Korrelationskoeffizienten zwischen den Merkmalen? Erklären Sie dieses!

Tab. 4.2 Blödzeitung

Beobachtung	1	2	3	4	5
$(x_i - \bar{x})(y_i - \bar{y})$	203,4	847,4	9329,4	4703,4	−225,6

Aufgabe 18

Die Blödzeitung hat – auf Basis von 5 Beobachtungen – eine Untersuchung über den Zusammenhang zwischen der *Anzahl der gelesenen Bücher X* einer Person und der bereits erlittenen schwereren *Erkältungen Y* veröffentlicht. Die Daten liegen in Tab. 4.2 vor.

Die Standardabweichung der gelesenen Bücher liegt bei 432,9 Büchern, die Standardabweichung der Erkältungen bei 7,5 Erkältungen.

a) Berechnen Sie den Korrelationskoeffizienten nach Person! Welchen Schluss wird die Blödzeitung gezogen haben?
b) Erklären Sie theoretisch, was unter einer Scheinkorrelation zu verstehen ist!
c) Wie deuten Sie das Ergebnis aus a) unter diesem Aspekt?

Aufgabe 19

Ein Marktforschungsinstitut ermittelt einen hohen betragsmäßigen Korrelationskoeffizienten zwischen Absatz und Preis von Kartoffelchips mit $r = (-0{,}7383)$. Sie stellen zufälligerweise fest, dass ein schwacher Zusammenhang zwischen dem Absatz von Kartoffelchips und dem Preis für Toilettenpapier mit $r = (+0{,}3347)$ besteht.

a) Wie wäre der Korrelationskoeffizient zwischen dem Absatz von Kartoffelchips und dem Preis für Toilettenpapier mit $r = (+0{,}3347)$ inhaltlich zu interpretieren?
b) Berechnen Sie [auf drei Nachkommastellen genau] den partiellen Korrelationskoeffizienten zwischen dem Absatz für Kartoffelchips und dem Preis für Toilettenpapier unter Herausrechnung des Preises für Kartoffelchips! Die Korrelation zwischen dem Preis für Toilettenpapier und dem Preis für Kartoffelchips beträgt $r = (-0{,}4624)$.
c) Wie ist das Ergebnis nun inhaltlich zu interpretieren?

Aufgabe 20

Das Produkt Funny wurde über mehrere Kalenderwochen in einer Vielzahl von Einzelhandelsgeschäften hinsichtlich des Marktanteiles untersucht. In einigen Geschäften gab es in verschiedenen Kalenderwochen Werbemaßnahmen. Es ergeben sich folgende Marktanteile:

Deskriptive Statistik

Werbung Outstore		N	Mittelwert	Standardabweichung
Nein	Werbung Outstore	21753	,00	,0000
	Marktanteil FUNNY	21753	,3688	,0943
Ja	Werbung Outstore	2427	1,00	,0000
	Marktanteil FUNNY	2427	,4090	,0963

Die Standardabweichung aller Beobachtungen für die Variable *Marktanteil FUNNY* beträgt 0,095. Besteht ein Zusammenhang zwischen Werbung (1 = Werbung; 0 = keine Werbung) und dem realisierten Marktanteil (metrisch)? Bestimmen Sie ein geeignetes Zusammenhangsmaß!

Literatur

Bortz J, Lienert GA, Boehnke K (2000) Verteilungsfreie Methoden der Biostatistik, 2. Aufl. Springer, Berlin und Heidelberg

Bortz J, Schuster C (2010) Statistik für Human- und Sozialwissenschaftler, 7. Aufl. Springer, Berlin und Heidelberg

Bowers J (1972) A note on comparing r-biserial and r-point biserial. Educational and Psychological Measurement 32:771–775

British Board of Trade (1990) Report on the Loss of the 'Titanic' (S.S.). British Board of Trade Inquiry Report (reprint), Allan Sutton Publishing, Gloucester

Glass GV (1966) Note on rank-biserial correlation. Educational and Psychological Measurement 26:623–631

Janson S, Vegelius J (1982) Correlation coefficients for more than one scale type. Multivariate Behaviorial Research 17:271–284

5 Regressionsanalyse

5.1 Erste Schritte einer Regressionsanalyse

Die Regressionsanalyse – häufig kurz als Regression bezeichnet – ist ein sehr wichtiges statistisches Analyseverfahren. Der Begriff taucht erstmalig 1877 in einer von Sir Francis Galton (1822–1911) abgefassten wissenschaftlichen Studie über Erbsensamen auf. In einer späteren Studie über die Körpergröße von Vätern und deren Söhnen wendete er den Gedanken der Regressionsanalyse erneut an. Er fand heraus, dass Söhne sehr großer (kleiner) Väter zwar groß (klein), aber etwas kleiner (größer) sind als diese. Die Körpergröße entwickelt sich somit immer wieder in Richtung des Durchschnitts zurück. Als Engländer bezeichnete Galton diesen Prozess als *Regression*, was mit *Rückschritt*, *Rückkehr* oder *rückläufige Entwicklung* übersetzt werden kann. Zwischen der Körpergröße der Söhne und der Väter besteht somit ein Zusammenhang, dessen Stärke mit Hilfe der Korrelation ausgedrückt werden könnte. Zu diesem Beispiel lässt sich aber durchaus mehr sagen. Wir unterstellen nicht nur einen Zusammenhang, sondern wir unterstellen auch die *kausale Richtung des Zusammenhangs*: Die Körpergröße der Söhne ist abhängig von der Körpergröße des Vaters und nicht umgekehrt. Entsprechend bezeichnete Galton die Größe der Söhne als *abhängige Variable* (*engl.*: dependent variable) und die Größe der Väter als *unabhängige Variable* (*engl.*: independent variable). An dieser Stelle sei allerdings vor dem Schluss gewarnt, die Regression beweise die Kausalität von Zusammenhängen: Die Kausalität – also die Wirkungsrichtung – muss zuvor theoretisch abgeleitet werden, bevor sie empirisch mit Hilfe der Regression bewiesen werden kann. Manchmal ist die Richtung der Kausalität nicht bestimmbar, wie zum Beispiel bei der Frage, ob das Alter des Bräutigams das Alter der Braut bestimmt oder umgekehrt. Oder beeinflusst sich das Alter der verheirateten Paare gar gegenseitig? Manchmal ist die Kausalität offensichtlich: So hat beispielsweise der Blutdruck keinen Einfluss auf das Alter, sondern das Alter einen Einfluss auf den Blutdruck. Auch hat die Körpergröße einen Einfluss auf das Körpergewicht, aber umgekehrt lässt sich dieser Zusammenhang wohl theoretisch kaum herleiten (Swoboda 1971, S. 308).

T. Cleff, *Deskriptive Statistik und Explorative Datenanalyse*,
DOI 10.1007/978-3-8349-4748-2_5

Nähern wir uns dem Thema der Regressionsanalyse mit Hilfe eines Beispiels: Ein Versandhandel nimmt ein neues Sommerkleid in seine Kollektion auf. Der Einkaufsmanager muss nun wissen, wie viele Kleider dieser Art er beschaffen muss, damit am Ende der Saison die eingekaufte Menge auch dem Umfang der Kundenbestellungen entspricht. Er möchte durch eine zuverlässige Absatzprognose verhindern, dass einerseits durch einen zu geringen Warenbestand einige Kunden kein Produkt geliefert bekommen oder der Versandhändler andererseits durch einen zu großen Warenbestand am Ende auf einem Teil der Kleider sitzen bleibt.

Wie kann der Absatz nun prognostiziert werden? Dem Ökonomen fallen hier natürlich sofort einige mögliche Prädiktoren bzw. erklärende Einflussvariablen ein:

- Wie groß war der Absatz eines ähnlichen Kleides in der Vorperiode?
- Wie hoch ist der Preis des Produktes?
- Wie groß ist die Abbildung des Kleides im Katalog?
- Wie groß ist das Werbebudget für dieses Kleid? etc.

Dabei wollen wir nicht nur wissen, welche unabhängigen Variablen einen Einfluss aufweisen, sondern wie groß dieser Einfluss letztlich auch ist. Uns reicht nämlich nicht die Aussage, dass die Größe der Abbildung des Kleides im Katalog einen Einfluss auf den Umfang der Kundenbestellungen ausübt, sondern wir müssen in Erfahrung bringen, wie groß die zu erwartenden Kundenbestellungen durchschnittlich sind, wenn das Kleid im Katalog beispielsweise auf 50 Quadratzentimetern abgebildet ist.

Betrachten wir zunächst den Fall, dass die künftige Kundennachfrage durch die Kundennachfrage eines ähnlichen Kleides aus der Vorperiode erklärbar wäre (*Äquivalenzmethode*). Für 100 Kleider einer gegebenen Preiskategorie ist dieser Zusammenhang als Streudiagramm in Abb. 5.1 dargestellt, wobei die Variable der künftigen Nachfrage abhängig von der Nachfrage der Vorperiode ist, sodass erstere auf der vertikalen y-Achse und letztere auf der horizontalen x-Achse aufgetragen wird.

Wenn die Punkte alle auf der Winkelhalbierenden liegen würden, dann entspräche die künftige Kundennachfrage der Periode (t) genau der abgesetzten Menge der Vorperiode (t − 1). Dies ist – wie leicht zu erkennen ist – nur selten der Fall. Vielmehr entsteht ein Streudiagramm mit zum Teil hohen Abweichungen, sodass ein Korrelationskoeffizient von nur $r = 0{,}42$ entsteht.

Wenn wir zur Erklärung des tatsächlichen Absatzes nun anstelle der äquivalenten Kleider der Vorperiode die Größe der Abbildungen im Hauptkatalog dieser Saison (t) heranziehen, kommen wir zum Streudiagramm in Abb. 5.2.

Es fällt sofort auf, dass die Punkte viel näher an der eingezeichneten Geraden liegen. Die Gerade wurde so ermittelt, dass sie den Verlauf der Punktwolke möglichst gut wiedergibt. Sie wäre somit besser für eine Prognose geeignet als die Gerade, die mit Hilfe der Äquivalenzmethode in Abb. 5.1 ermittelt wurde. Natürlich lässt sich die Nähe der Punkte zur Geraden auch durch den Maßstab der Achsen manipulieren. Der größere Korrelationskoeffizient von $r = 0{,}95$ zeigt aber letztlich, dass der lineare Zusammenhang zwischen

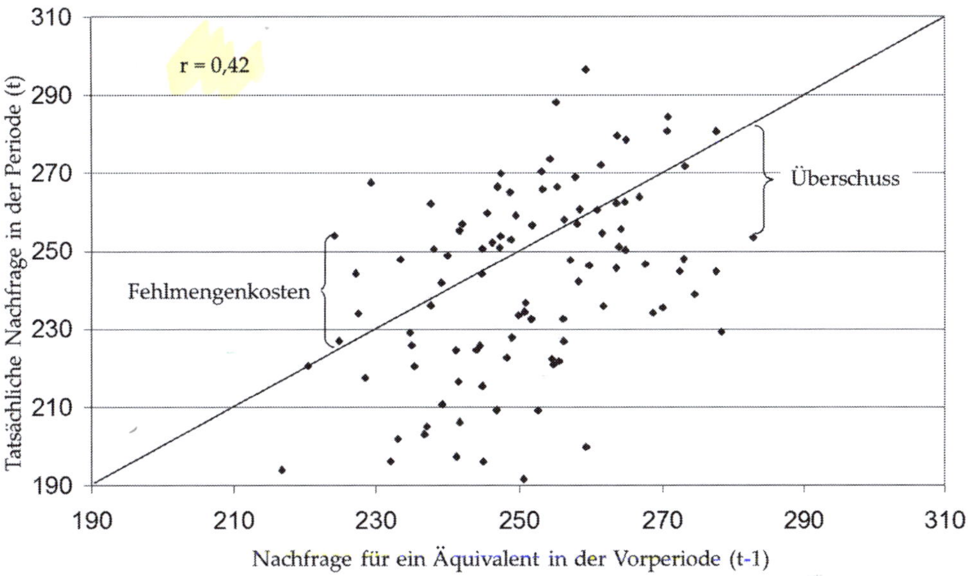

Abb. 5.1 Prognose der Nachfrage mit Hilfe der Äquivalenzmethode

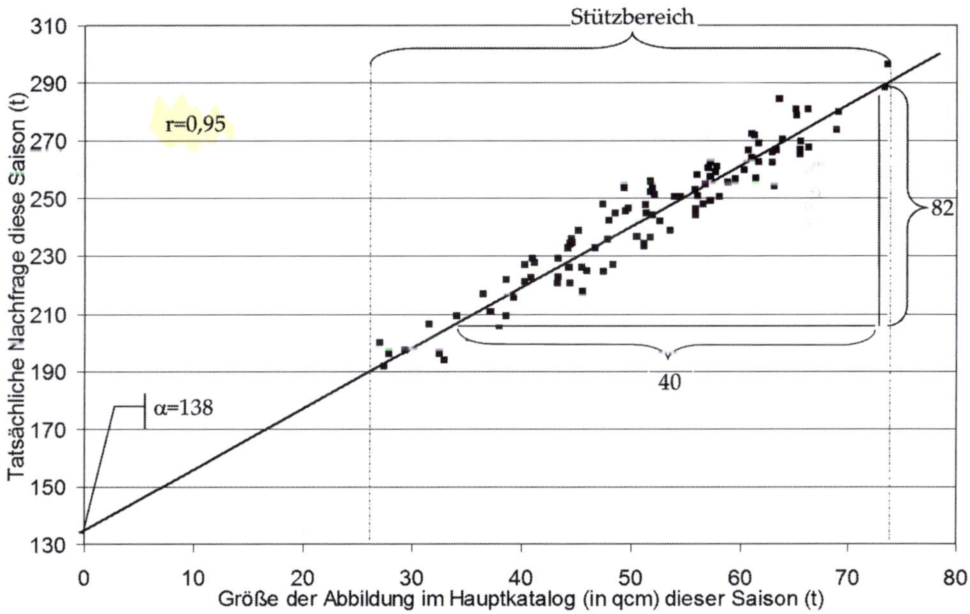

Abb. 5.2 Prognose der Nachfrage mit Hilfe der Abbildungsgröße

diesen beiden Variablen tatsächlich stärker ist: Die Punkte liegen sehr viel näher an der Geraden, d. h. Fehlmengenkosten und Kosten aufgrund von Lagerüberschüssen treten in geringerem Umfang auf. Dies gilt, wie gesagt, nur für Produkte einer festgelegten Preiskategorie.

5.2 Koeffizienten der bivariaten Regression

Jetzt wollen wir den Zusammenhang so bestimmen, dass wir zukünftig den Wert des Absatzes besser prognostizieren können. Wir unterstellen, dass die Beziehung zwischen der Größe der Abbildung im Hauptkatalog und dem tatsächlichen Absatz linear ist. Dies ist in unserem Fall sicherlich eine zulässige Annahme. Mit der Geraden haben wir einen Zusammenhang ermittelt, der die Punktwolke der Messwertpaare mehr oder weniger gut wiedergibt. Die *Geradengleichung* besteht dabei aus zwei Komponenten:

- Dem *konstanten Wert* (*engl.*: intercept), bei dem die Gerade die y-Achse schneidet. Diesen Punkt wollen wir α nennen. Mit ihm wird der Abstand der Geraden entlang der y-Achse zum Ursprung festgelegt.
- Dem *Steigungskoeffizienten* (β), der Auskunft über die Steigung (*engl.*: slope) der Geraden gibt. Ihm ist zu entnehmen, aus welcher Größenveränderung der Abbildung im Katalog, welche Veränderung in der Nachfrage entsteht. Ist die Steigung der Geraden beispielsweise gleich zwei, dann ändert sich der Wert auf der y-Achse um zwei Einheiten, wenn sich der entsprechende Wert auf der x-Achse um eine Einheit verändert. Das bedeutet, dass eine flach verlaufende Steigung tendenziell einen geringeren Einfluss der x-Werte auf die y-Werte ausdrückt als eine Gerade mit einer starken Steigung oder einem starken Gefälle.

Die Gerade in diesem Streudiagramm kann also mit Hilfe der algebraischen Geradengleichung dargestellt werden:

$$\hat{y} = \alpha + \beta \cdot x. \tag{5.1}$$

Sie schneidet die y-Achse beim Wert 138, es gilt also $\alpha = 138$ (vgl. Abb. 5.2). Ihre Steigung berechnet sich aus dem Steigungsdreieck (Quotienten) $\beta = 82/40 \approx 2{,}1$. Mit einer Zunahme der Abbildungsgröße um zehn Quadratzentimeter steigt somit die Nachfrage um 21 Kleider. Insgesamt ergibt sich die Geradengleichung:

$$\hat{y} = 138 + 2{,}1 \cdot x. \tag{5.2}$$

Wird ein Kleid auf einer Fläche von 50 Quadratzentimetern beworben, so ist ein Absatz von

$$\hat{y} = 138 + 2{,}1 \cdot 50 = 243 \text{ Kleidern} \tag{5.3}$$

zu erwarten.

Bei 70 Quadratzentimetern ergeben sich entsprechend

$$\hat{y} = 138 + 2{,}1 \cdot 70 = 285 \text{ Kleider.} \tag{5.4}$$

Wie gesagt: Es handelt sich um eine Schätzgerade, welche den durchschnittlichen Einfluss der x-Variablen auf die y-Variable mit Hilfe einer mathematischen Funktion *schätzt*. Die Schätzwerte werden deshalb auch mit $\hat{y}$ („y-Dach") und die Anpassungsgerade als *Schätzgerade* bezeichnet, während die tatsächlich realisierten y-Werte mit einem einfachen y beschrieben werden. Obwohl die Schätzgerade durch den gesamten Quadranten verläuft, ist der Zusammenhang zwischen der x- und der y-Variablen strenggenommen nur für den Bereich berechnet worden, für den auch Beobachtungen vorliegen. Diesen Bereich nennt man *Stützbereich*. Verwendet man die Regressionsfunktion für Schätzungen außerhalb dieses Bereiches (z. B. im Rahmen einer Prognose), kann dies nur unter der Annahme erfolgen, dass sich der festgestellte Zusammenhang außerhalb des Stützbereiches nicht von den Zusammenhängen innerhalb des Stützbereiches unterscheidet.

Zur besseren Veranschaulichung betrachten wir Abb. 5.3, die einen Ausschnitt aus Abb. 5.2 darstellt. Der dort markierte Beobachtungspunkt entspricht dem Kleidermodell mit der Nummer 23, das auf einer Abbildungsgröße von 47,4 Quadratzentimetern beworben wurde und daraufhin insgesamt 248 Mal verkauft wurde. Die Regressionsgerade hätte bei dieser Abbildungsgröße einen durchschnittlichen Absatz von rund 238 Kleidern geschätzt. Die Differenz zwischen tatsächlichem Absatz und dem durch die Regression geschätzten Absatz wird als Residuum (*engl.*: residual) oder einfach als Fehler (*engl.*: error term) bezeichnet. Die Berechnung lautet entsprechend:

$$u_i = (y_i - \hat{y}_i)\,. \tag{5.5}$$

Für Kleidermodell Nummer 23 ergibt sich ein *Residuum* von:

$$u_{23} = (y_{23} - \hat{y}_{23}) = 248 - 237{,}5 = 10{,}5. \tag{5.6}$$

Somit kann jeder Punkt auch als Kombination des Ergebnisses der Regressionsgeraden $\hat{y}$ und des jeweiligen Residuums ausgedrückt werden:

$$y_i = \hat{y}_i + u_i\,. \tag{5.7}$$

Bisher bleibt allerdings immer noch ungeklärt, welche Regel für die Bestimmung dieser Geraden gelten soll, wie sie sich algebraisch ableiten lässt.

Wir haben von der Geraden bisher nur erwartet, dass sie „so nah wie möglich" an möglichst vielen Messwertpaaren „vorbei kommt" und die Abweichungen ober- und unterhalb der Geraden auf ein Minimum reduziert und unsystematisch verteilt sind. In Abb. 5.2 entstehen durch Abweichungen zwischen der tatsächlichen Kundennachfrage und der Geraden nach oben Fehlmengenkosten bzw. durch Abweichungen nach unten Lagerüberschüsse. Da wir beides verhindern wollen, bestünde nun eine Möglichkeit, die Gerade so

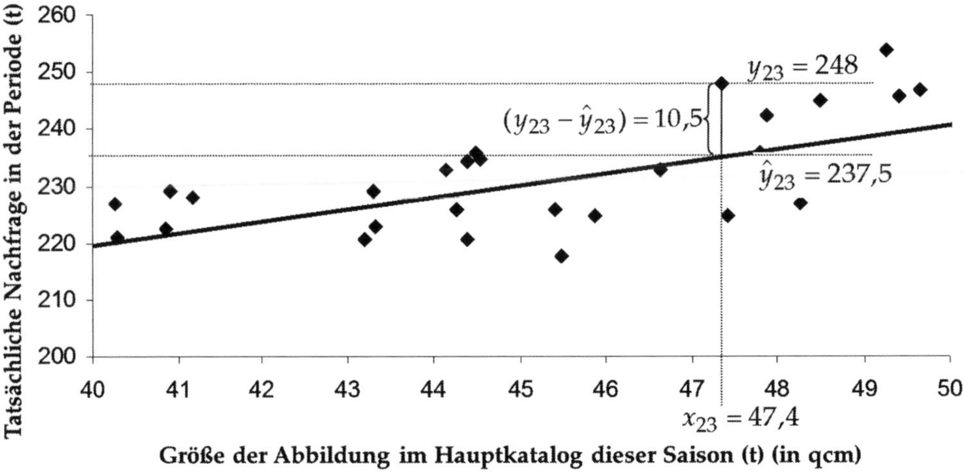

Abb. 5.3 Berechnung von Residuen

zu positionieren, dass die Summe der Abweichungen zwischen den tatsächlichen Punkten y_i und den jeweiligen Punkten auf der Geraden $\hat{y}_i$ möglichst nahe null ist. Das Problem dieser Vorgehensweise liegt nun aber darin, dass es eine Vielzahl möglicher Geraden mit unterschiedlich guter Qualität der Anpassung an die Punktwolke gibt, die diese Bedingung erfüllen. Eine Auswahl dieser Geraden ist in Abb. 5.4 dargestellt.

Der Grund hierfür ist leicht erklärt: Die Abweichungen nach oben und nach unten heben sich gegenseitig auf und ergeben eine Summe der Abweichungen von null. Alle Geraden die durch den bivariaten Schwerpunkt – also durch das Wertepaar der Mittelwerte

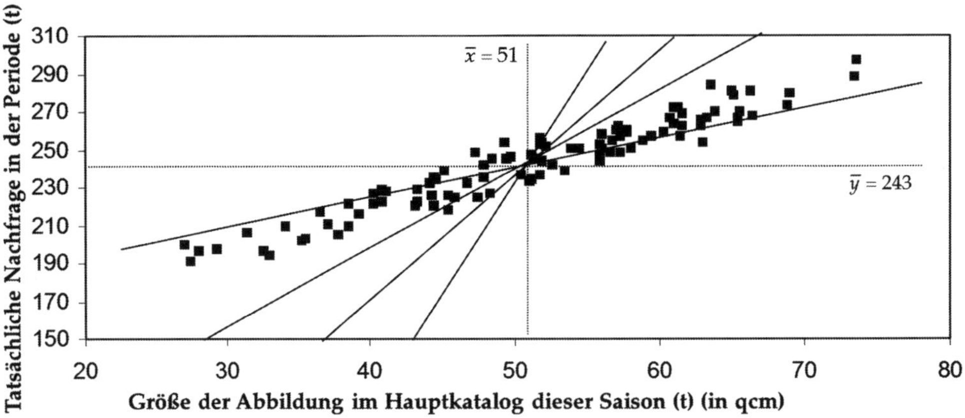

Abb. 5.4 Ausgleichsgeraden mit Bedingung „minimale Summe der Abweichungen"

der x- und der y-Variablen – verlaufen, erfüllen eben diese Bedingung:

$$\sum_{i=1}^{n} (y_i - \hat{y}_i) = 0. \tag{5.8}$$

Die Qualitätsunterschiede in der Anpassung der Punktwolke durch die verschiedenen Geraden lässt das Konstruktionskriterium als wenig sinnvoll erscheinen. Vielmehr sollte ein Verfahren nur eine eindeutige Gerade generieren, bei der sich Abweichungen nach oben und unten nicht gegenseitig aufheben und der gesamte Fehler der Abweichungen zudem minimiert wird. Häufig wird die Gerade deshalb so gebildet, dass die *Summe der quadrierten Abweichungen* der tatsächlichen Punkte y_i von den jeweiligen Punkten auf der Geraden $\hat{y}_i$ *minimiert wird.*[1] Es gilt somit für die Minimierung des gesamten Fehlers:

$$\sum_{i=1}^{n} u_i^2 = \sum_{i=1}^{n} (y_i - \hat{y}_i)^2 \to \min . \tag{5.9}$$

Diese Methode der Erstellung der sogenannten Regressionsgeraden (*engl.*: regression line) nennt man auch die *Kleinste-Quadrate-Methode* (*engl.*: ordinary least squares method – OLS). Es kann gezeigt werden, dass auch diese Gerade durch den bivariaten Schwerpunkt – also das Wertepaar $(\bar{x}; \bar{y})$ – verläuft, diesmal ergibt sich aber nur eine einzige und damit eindeutige Regressionsgerade, welche die Bedingung des minimalen quadrierten Fehlers erfüllt. Setzen wir für den Schätzwert $\hat{y}_i$ nun die entsprechende Gleichung der Regressionsgeraden ein, so erhalten wir:

$$f(\alpha; \beta) = \sum_{i-1}^{n} (y_i - \alpha - \beta x_i)^2 \to \min. \tag{5.10}$$

Das gesuchte Minimum erhält man, indem die notwendigen Bedingungen für ein Minimum heranzieht, also die Funktion $f(\alpha; \beta)$ einmal nach α und einmal nach β abgeleitet und danach beide Ableitungen gleich null setzt:

(i)

$$\begin{aligned} \frac{\partial f(\alpha, \beta)}{\partial \alpha} &= \sum_{i=1}^{n} 2 \cdot (y_i - \alpha - \beta \cdot x_i) \cdot (-1) = 0 \\ &\Leftrightarrow \sum_{i=1}^{n} y_i = n \cdot \alpha + \beta \sum_{i=1}^{n} x_i \Leftrightarrow \alpha = \bar{y} - \beta \cdot \bar{x}, \end{aligned} \tag{5.11}$$

[1] Damit sich positive und negative Abweichungen nicht gegenseitig aufheben, hatten wir bereits bei der Berechnung der Varianz die Lösung der Quadrierung angewendet.

(ii)

$$\frac{\partial f(\alpha,\beta)}{\partial \beta} = \sum_{i=1}^{n} 2 \cdot (y_i - \alpha - \beta \cdot x_i) \cdot (-x_i) = 0$$
$$\Leftrightarrow \sum_{i=1}^{n} (x_i y_i) = \alpha \sum_{i=1}^{n} x_i + \beta \sum_{i=1}^{n} x_i^2. \tag{5.12}$$

Die Umformungen in (i) ergeben somit bereits die Formel für die Konstante α. Durch Gleichsetzung der beiden Gleichungen (i) und (ii) ergibt sich:

$$n \cdot a + \beta \sum_{i=1}^{n} x_i - \sum_{i=1}^{n} y_i = \alpha \sum_{i=1}^{n} x_i + \beta \sum_{i=1}^{n} x_i^2 - \sum_{i=1}^{n} x_i y_i, \tag{5.13}$$

sodass folgendes gilt:

$$\beta = \frac{\alpha \sum_{i=1}^{n} x_i - n \cdot a - \sum_{i=1}^{n} x_i y_i + \sum_{i=1}^{n} y_i}{\left(\sum_{i=1}^{n} x_i - \sum_{i=1}^{n} x_i^2\right)}. \tag{5.14}$$

Dies wiederum in (i) eingesetzt ergibt:

$$\alpha = \frac{\sum_{i=1}^{n} x_i^2 \sum_{i=1}^{n} y_i - \sum_{i=1}^{n} x_i \sum_{i=1}^{n} x_i y_i}{n \sum_{i=1}^{n} x_i^2 - \left(\sum_{i=1}^{n} x_i\right)^2}, \tag{5.15}$$

Letzteres in die Gleichung (ii) eingesetzt, führt zu folgender Gleichung:

$$\sum_{i=1}^{n} (x_i y_i) = \frac{\sum_{i=1}^{n} x_i^2 \sum_{i=1}^{n} y_i - \sum_{i=1}^{n} x_i \sum_{i=1}^{n} x_i y_i}{n \sum_{i=1}^{n} x_i^2 - \left(\sum_{i=1}^{n} x_i\right)^2} \sum_{i=1}^{n} x_i + \beta \sum_{i=1}^{n} x_i^2. \tag{5.16}$$

Nach einigen Umformungen ergibt sich die Formel für den Steigungskoeffizienten der Regression:

$$\frac{n \sum_{i=1}^{n} (x_i y_i) - \sum_{i=1}^{n} y_i \sum_{i=1}^{n} x_i}{n \sum_{i=1}^{n} x_i^2 - \left(\sum_{i=1}^{n} x_i\right)^2} = \frac{\text{cov}(x,y)}{S_x^2} = \frac{r \cdot S_y}{S_x} = \beta. \tag{5.17}$$

Selbstverständlich erfolgt eine Berechnung der Regressionskoeffizienten heute nicht mehr von Hand, sondern mit Hilfe entsprechender Software. Auf die Bestimmung einer Regression mit Hilfe des Computers wird in Abschn. 5.5 eingegangen.

5.3 Multivariate Regressionskoeffizienten

Im vorangehenden Kapitel haben wir uns ausschließlich mit Verfahren zur Prüfung von bivariaten Zusammenhängen beschäftigt. Dies mag zur Berechnung einfacher Modelle durchaus ausreichen. Wie geht man nun aber vor, wenn man aufgrund theoretischer Überlegungen zur Annahme gelangt, dass ein ganzes Bündel von Variablen einen gemeinsamen Einfluss auf eine abhängige Variable ausübt. Greifen wir hierzu erneut unser Beispiel des Versandhändlers auf: Wir konnten feststellen, dass die bivariate Regression der Absatzprognose mit Hilfe der Abbildungsgröße im Hauptkatalog besser geeignet war als die mit Hilfe der Absatzzahlen eines äquivalenten Kleides aus dem Vorjahr. Kann man in der Praxis nun aber davon ausgehen, dass immer nur ein Einflussfaktor wirkt? Realistischerweise wohl kaum. Warum versuchen wir nicht, beide Variablen – *Abbildungsgröße* und *Absatz im Vorjahr* – *gleichzeitig* für die Prognose des Absatzes zu verwenden? Der Zusammenhang einer multivariaten Regressionsfunktion leitet sich analog zum bivariaten Fall ab. Auch hier lässt sich die Kleinste-Quadrate-Methode anwenden, wobei die sich hieraus ergebende Regressionsgleichung aus mehr als zwei Komponenten besteht. Wiederum wird davon ausgegangen, dass $\alpha = \beta_0$, β_1 und β_2 so gebildet werden, dass die Summe der quadrierten Residuen minimal ist. Im generellen Fall von k unabhängigen Variablen und n Beobachtungen liegt folgende Matrixschreibweise der Regressionsgleichung vor:

$$
\begin{aligned}
y = X \cdot \beta + u &= \begin{bmatrix} y_0 \\ \dots \\ y_n \end{bmatrix} = \begin{bmatrix} 1 & + & x_{11} & + & \dots & + & x_{k1} \\ \dots & + & \dots & + & \dots & + & \dots \\ 1 & + & x_{1n} & + & \dots & + & x_{kn} \end{bmatrix} \begin{bmatrix} \beta_0 \\ \dots \\ \beta_k \end{bmatrix} + \begin{bmatrix} u_1 \\ \dots \\ u_n \end{bmatrix} \\
&= \begin{bmatrix} \beta_0 & + & \beta_1 x_{11} & + & \dots & + & \beta_k x_{k1} & + & u_1 \\ \dots & + & \dots & + & \dots & + & \dots & + & \dots \\ \beta_0 & + & \beta_1 x_{1n} & + & \dots & + & \beta_k x_{kn} & + & u_n \end{bmatrix}.
\end{aligned}
\tag{5.18}
$$

Es kann gezeigt werden, dass die minimale Summe der quadrierten Residuen genau dann gegeben ist, wenn sich der Vektor der Regressionskoeffizienten $\beta = (\alpha = \beta_0; \beta_1; \dots; \beta_k)$ wie folgt bildet:

$$\beta = \left(X'X\right)^{-1} X'y. \tag{5.19}$$

Bezogen auf unser Beispiel, kann die *multivariate Regressionsfunktion* also mit Hilfe folgender Gleichung bestimmt werden:

$$\hat{y} = \alpha + \beta_1 \cdot \text{Abbildungsgröße} + \beta_2 \cdot \text{Vorjahresabsatz} = \alpha + \beta_1 x_1 + \beta_2 x_2. \tag{5.20}$$

Die Gleichung besteht nach wie vor

- aus einem konstanten Term $\alpha = \beta_0$,
- aus einem ersten Steigungskoeffizienten β_1, der den Einfluss der Größenveränderung der Abbildung im Katalog auf die Nachfrage beschreibt und
- einem zweiten Steigungskoeffizienten β_2, der den Einfluss der Verkaufszahlen aus der Vorperiode auf die Nachfrage ausdrückt.

5.4 Die Anpassungsgüte der Regression

Mit einer Regression versucht man also, den durchschnittlichen funktionalen Zusammenhang zweier oder mehrerer Variablen zu beschreiben. In Abb. 5.1 und 5.2 haben wir allerdings auch gesehen, dass die ermittelten Regressionsgeraden die y-Werte vieler Punkte über- bzw. unterschätzt, sodass Überschuss- bzw. Fehlmengenkosten entstehen. Deshalb muss die Frage erlaubt sein, wie gut die Qualität einer Regressionsgeraden ist? Oben hatten wir bereits festgestellt, dass sich die Abbildungsgröße im Katalog (Abb. 5.2) besser zur Prognose des Absatzes eignet als die Äquivalenzmethode (Abb. 5.1). Wir schlossen dies aus der größeren Nähe der Punkte zur Regressionsgeraden und dem größeren Korrelationskoeffizienten. Allgemein können wir hieraus schließen, dass eine Regressionsgerade umso besser ist, je näher die einzelnen Beobachtungspunkte an der Regressionsgeraden liegen. Ein perfekter linearer Zusammenhang besteht, wenn die Beobachtungspunkte alle auf der Regressionsgeraden liegen. Es ergibt sich in diesem Fall ein Korrelationskoeffizient von $r = (\pm 1)$. Streuen die Punkte hingegen in weitem Abstand zur Regressionsgeraden, wäre die Prognose ungenau. Der Korrelationskoeffizient läge dann unweit von null.

Zur Bewertung der Anpassungsgüte (*engl.*: goodness-of-fit) im bivariaten Fall könnte also der Korrelationskoeffizient dienen. Der gebräuchlichere Parameter ist allerdings das sogenannte *Bestimmtheitsmaß* R^2. Dieses entspricht im bivariaten Fall genau dem Quadrat des Korrelationskoeffizienten, ist aber auch bei mehreren unabhängigen x-Variablen anwendbar. Aufgrund der Quadrierung nimmt R^2 nur Werte zwischen null und eins an: $R^2 = 0$, wenn die Anpassungsgüte der Regressionsgeraden an die Beobachtungspunkte ungenügend ist und $R^2 = 1$, wenn die Anpassungsgüte perfekt ist.

Das Bestimmtheitsmaß bietet zudem die Möglichkeit, den durch die Varianz der x-Variablen erklärten Varianzanteil der y-Variablen angeben zu können. In unserem Beispiel (Abb. 5.2) ergibt sich ein Bestimmtheitsmaß von $R^2 = 0{,}96^2 = 0{,}9216 = 92{,}16\,\%$. Inhaltlich bedeutet dies, dass 92,16 % der Varianz des *Absatzes* (y-Variable) durch die Varianz der *Größe der Abbildung im Hauptkatalog* (x-Variable) erklärt werden kann.

In Abb. 5.5 ist die Idee der Erklärung von Varianzanteilen in Venn-Diagrammen veranschaulicht. Abbildungsteil 1 stellt nochmals die Idee einer bivariaten Regression (*engl.*: Simple Regression) dar. Der obere Kreis repräsentiert die Varianz der abhängigen y-Variablen (*Absatz*), der untere Kreis die Varianz der x_1-Variablen (*Abbildungsgröße*). Die Schnittmenge spiegelt den Erklärungsanteil der Varianz der y-Variablen (*Absatz*) durch die Varianz der x_1-Variable (*Abbildungsgröße*) wider. Je größer diese Schnittmenge ist, umso besser gelingt es der x_1-Variablen (*Abbildungsgröße*), die Varianz der abhängigen y-Variablen zu erklären.

In Abbildungsteil 2 kommt – im Rahmen einer multivariaten Regression – die weitere Erklärungsvariable *Vorjahresabsatz* (x_2) hinzu. Hierdurch nimmt die Schnittmenge zwischen der Varianz der y-Variablen (*Absatz*) einerseits und den Varianzen der beiden erklärenden Variablen *Abbildungsgröße* (x_1) und *Vorjahresabsatz* (x_2) andererseits zu. Die Varianzen der beiden unabhängigen x-Variablen erklären durch die Regressionsgeraden $\hat{y}$

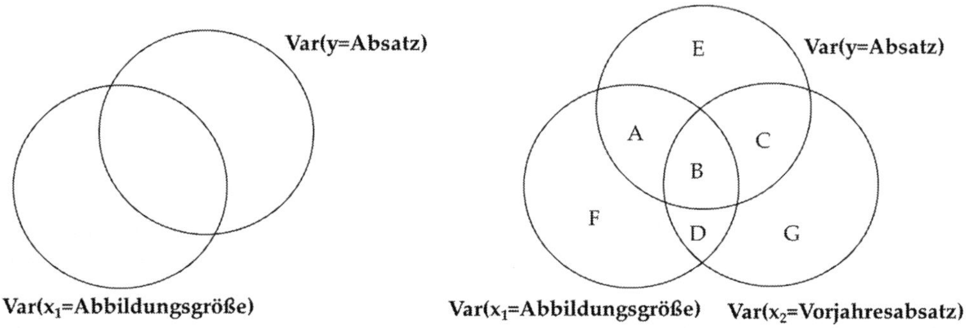

Bivariate Regression
(*Simple Regression*):
Die Schnittmenge repräsentiert den durch die *Abbildungsgröße* (x_1) erklärten Varianzanteil des *Absatzes* (y).

Abbildungsteil 1

Multiple Regression
(*Multiple Regression*):
Die Schnittmengen A, B und C repräsentieren die durch die *Abbildungsgröße* (x_1) und *Vorjahresabsatz* (x_2) erklärten Varianzanteile des *Absatzes* (y).

Abbildungsteil 2

Abb. 5.5 Die Idee multivariater Analysen

somit:

$$R^2 = \left(\frac{(A + B + C)}{(A + B + C + E)}\right) \cdot 100 \text{ Prozent der Varianz von y.} \qquad (5.21)$$

Die allgemeine Formel für das R^2 einer multivariaten Regression berechnet sich entsprechen wie folgt:

$$R^2 = \frac{S_{\hat{y}}^2}{S_y^2} = \frac{\frac{1}{n}\sum_{i=1}^{n}(\hat{y}_i - \bar{y})^2}{\frac{1}{n}\sum_{i=1}^{n}(y_i - \bar{y})^2}. \qquad (5.22)$$

Häufig wird zur Berechnung von R^2 nicht der Quotient der Varianzen, sondern der um (1/n) gekürzte Term herangezogen. Es handelt sich dabei um den *Quotienten* aus der *Quadratsumme der Regression* (*engl.*: explained sum of squares) $RSS = \sum_{i=1}^{n}(\hat{y}_i - \bar{y})^2$ und der *gesamten Quadratsumme* (*engl.*: total sum of squares) $TSS = \sum_{i=1}^{n}(y_i - \bar{y})^2$:

$$R^2 = \frac{RSS}{TSS} = \frac{\sum_{i=1}^{n}(\hat{y}_i - \bar{y})^2}{\sum_{i=1}^{n}(y_i - \bar{y})^2}. \qquad (5.23)$$

Umgekehrt kann man R^2 auch über den nicht erklärten Anteil der Varianz der y-Variablen berechnen:

$$S_e^2 = \frac{1}{n}\sum_{i=1}^{n}(y_i - \hat{y}_i)^2. \tag{5.24}$$

Im Abbildungsteil 2 der Abb. 5.5 entspricht dies der Fläche E. Das Bestimmtheitsmaß definiert sich dann wie folgt:

$$R^2 = 1 - \frac{S_\varepsilon}{S_y} = 1 - \frac{\frac{1}{n}\sum_{i=1}^{n}(y_i - \hat{y}_i)^2}{\frac{1}{n}\sum_{i=1}^{n}(y_i - \bar{y})^2}. \tag{5.25}$$

Oder es wird mit Hilfe der Quadratsumme der Residuen (*engl.*: residual sum of squares) $ESS = \sum_{i=1}^{n}(y_i - \bar{y})^2$ ausgedrückt:

$$R^2 = 1 - \frac{ESS}{TSS} = 1 - \frac{\sum_{i=1}^{n}(y_i - \hat{y}_i)^2}{\sum_{i=1}^{n}(y_i - \bar{y})^2}. \tag{5.26}$$

Über das Bestimmtheitsmaß hinaus gibt es zur Beurteilung der Anpassungsgüte bei multivariaten Regressionen auch noch das korrigierte Bestimmtheitsmaß. Dies werden wir in Abschn. 5.6 kennen lernen.

5.5 Regressionsrechnung mit dem Computer

5.5.1 Regressionsrechnung mit Excel

Excel bietet die Möglichkeit, über die Funktion *RGP* die wichtigsten Parameter einer Regression zu berechnen. Diese Funktion ist relativ inflexibel und umständlich durchzuführen und soll deshalb nur in einer Fußnote erläutert werden.[2] Weitaus flexibler ist

[2] Ausgehend vom Datensatz Versandhandel.xls muss zunächst ein Bereich im Excel-Sheet markiert werden, in den die Regressionsergebnisse geschrieben werden sollen. Bei k Regressoren – in unserem Fall ist $k = 2$ – muss dieser Bereich 5 Zeilen und $(k + 1)$ Spalten enthalten. Danach wird über die Menüpunkte Formeln → Funktion einfügen → Statistik der Befehl RGP gewählt. In das Feld Y_Werte wird nun der Bereich der abhängigen y-Variablen (B2:B101), in das Feld X_Werte der Bereich der x-Variablen (C2:D101) eingegeben. Soll die Regression eine Konstante enthalten muss in das Feld Konstante der Wert 1 eingegeben werden. Im Feld Statistik muss ebenfalls eine Eins eingegeben werden. Der Befehl wird dann NICHT durch Betätigung der Eingabetaste ausgelöst, sondern durch gleichzeitige Betätigung der Tasten String+Umschalt+Eingabe. In der ersten Zeile werden die Koeffizienten $\beta 1$ bis βk ausgewiesen. In der letzten Spalte der ersten Zeile findet sich

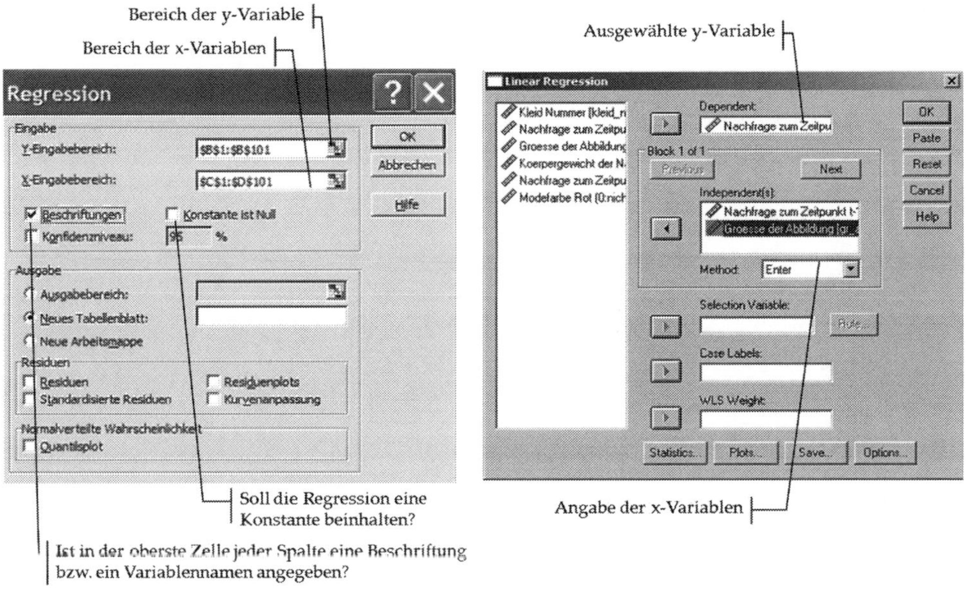

Abbildungsteil 1: Regression mit Excel   Abbildungsteil 2: Regression mit SPSS

Abb. 5.6 Regression mit Excel und SPSS

die Bestimmung der Regressionsfunktion durch die Excel Analyse-Funktion *Regression*. Damit diese Funktion dauerhaft verfügbar ist, muss mit dem Add-Ins-Manager[3] das Modul *Analyse-Funktionen* einmal aktiviert werden. Erst danach kann über die Schaltflächenkombination *Daten* → *Datenanalyse* der Befehl *Regression* aufgerufen werden. Es öffnet sich das in Abbildungsteil 1 aus Abb. 5.6 dargestellte Fenster, in dem die Bereiche für die abhängige und für die unabhängigen Variablen zugewiesen werden müssen. Zu beachten ist, dass alle ausgewählten unabhängigen Variablen in den Excel-Spalten *nebeneinander* stehen müssen und *keine fehlenden Werte* beinhalten dürfen. Anhand der Datei *Versandhandel.xls* ist dies beispielhaft durchgeführt worden. Da sich der entstehende Ergebnisoutput von dem der anderen Softwarepakete nicht unterscheidet, wird für die Ergebnisinterpretation auf Abschn. 5.5.2 verwiesen.

der Wert der Konstante α. In den weiteren Zeilen erfolgt die Ausgabe von weiteren Parametern, die zum Teil bisher noch nicht besprochen wurden, die an dieser Stelle aber dennoch kurz genannt werden sollen. In der zweiten Zeile werden die Standardfehler der Koeffizienten, in der dritten Zeile wird das Bestimmtheitsmaß (R2) und der Standardfehler der Residuen und in der vierten Zeile der F-Wert und die dazugehörigen Freiheitsgrade ausgewiesen. In der letzten Zeile erfolgt die Angabe der Quadratsummen der Regression (RSS) und der Residuen (ESS).

[3] Für Excel 2010 ist dieser über die Schaltflächenkombination *Datei* → *Optionen* → *Add-ins* → *Gehe zu* erreichbar.

5.5.2 Regressionsrechnung mit SPSS und Stata

Ähnlich erfolgt die Handhabung bei professioneller Statistiksoftware. In SPSS öffnet sich durch die Befehlsfolge *Analyze → Regression → Linear …*[4] das in Abbildungsteil 2 der Abb. 5.6 dargestellte Befehlsfenster *Linear Regression*. Auch hier müssen die abhängige und die unabhängigen Variablen zugewiesen und die Auswahl danach mit *OK* bestätigt werden.

In Stata erfolgt die Öffnung des Regressionsmenüs über die Menüfolge *Statistics → Linear models and related → Linear regression*. Danach müssen die abhängige Variable im Feld *Dependent variable* und die unabhängigen Variablen im Feld *Independent variable* eingegeben werden und der Befehl mit *OK* oder *Submit* ausgelöst werden.

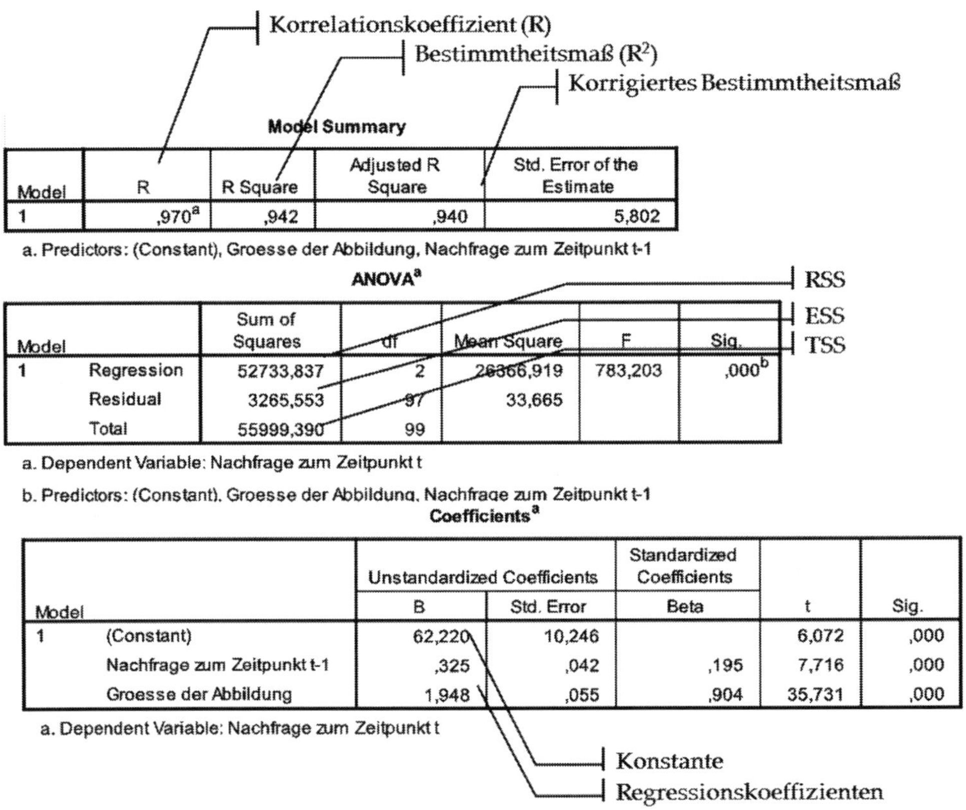

Model Summary

Model	R	R Square	Adjusted R Square	Std. Error of the Estimate
1	,970[a]	,942	,940	5,802

a. Predictors: (Constant), Groesse der Abbildung, Nachfrage zum Zeitpunkt t-1

ANOVA[a]

Model		Sum of Squares	df	Mean Square	F	Sig.
1	Regression	52733,837	2	26366,919	783,203	,000[b]
	Residual	3265,553	97	33,665		
	Total	55999,390	99			

a. Dependent Variable: Nachfrage zum Zeitpunkt t

b. Predictors: (Constant), Groesse der Abbildung, Nachfrage zum Zeitpunkt t-1

Coefficients[a]

Model		Unstandardized Coefficients		Standardized Coefficients	t	Sig.
		B	Std. Error	Beta		
1	(Constant)	62,220	10,246		6,072	,000
	Nachfrage zum Zeitpunkt t-1	,325	,042	,195	7,716	,000
	Groesse der Abbildung	1,948	,055	,904	35,731	,000

a. Dependent Variable: Nachfrage zum Zeitpunkt t

Abb. 5.7 Regressionsoutput der Funktion Regression bei SPSS

[4] In der deutschsprachigen SPSS Version ist die Befehlsfolge Analysieren → Regression → Linear …

Die Berechnungsergebnisse werden danach in einer Tabellenform ausgewiesen, die sich zwischen den einzelnen Softwarepaketen kaum unterscheidet. In einer ersten Tabelle werden bestimmte Regressionsstatistiken wie der Korrelationskoeffizient und Bestimmtheitsmaße, in einer zweiten Tabelle die Quadratsummen und in einer dritten Tabelle die Statistiken bezüglich der Regressionskoeffizienten dargestellt. Abbildung 5.7 stellt die Ergebnistabellen der Funktion *Regression* bei SPSS dar.

Diesen Ergebnissen kann nun entnommen werden, dass sich der Absatz der Periode (t) durch folgende Gleichung bestimmen lässt:

$$\hat{y} = 62{,}22 + 1{,}95 \cdot \text{Abbildungsgröße} + 0{,}33 \cdot \text{Vorjahresabsatz}. \tag{5.27}$$

Wird ein Kleid auf einer Fläche von 50 Quadratzentimetern beworben und ist ein ähnliches Kleid im letzten Jahr rund 150 Mal verkauft worden, so ist ein durchschnittlicher Absatz von $\hat{y} = 62{,}22 + 1{,}95 \cdot 50 + 0{,}33 \cdot 150 \approx 209$ Kleidern zu erwarten.

Die durch die Regression erklärte Quadratsumme beträgt 52.733,837. Die insgesamt zu erklärende Quadratsumme ist 55.999,390, sodass eine nicht durch die Regression erklärte Quadratsumme von lediglich $55.999{,}390 - 52.733{,}837 = 3265{,}553$ verbleibt. Daraus ließe sich nun auch das Bestimmtheitsmaß berechnen, wenn es nicht oben bereits angegeben wäre:

$$R^2 = \frac{52.733{,}873}{55.999{,}390} = 94{,}2\,\%. \tag{5.28}$$

Die Varianz der verwendeten unabhängigen x-Variablen (Nachfrage eines äquivalenten Kleides in der Vorsaison; Größe der Abbildung im Hauptkatalog) erklärt zu $R2 = 94{,}2\,\%$ die Varianz der abhängigen Variablen – in diesem Fall den Absatz eines Kleides in dieser Saison.

5.6 Anpassungsgüte multivariater Regressionen

Die Hinzunahme einer weiteren erklärenden x-Variablen führt in unserem Beispiel zu einer Verbesserung des Modells, denn das Bestimmtheitsmaß konnte im Vergleich zur Regression mit alleiniger Berücksichtigung der Abbildungsgröße von $R^2 = 0{,}90$ auf $R^2 = 0{,}94$ gesteigert werden. Welchen Wert hätte das Bestimmtheitsmaß eigentlich angenommen, wenn wir anstelle der Verkaufszahlen eines äquivalenten Kleides aus der Vorperiode eine „völlig verrückte" Variable wie das jeweilige *Körpergewicht der Näherin des Kleides* hinzugefügt hätten. Gemäß Definition wäre das Bestimmtheitsmaß im schlechtesten Fall konstant bei $R^2 = 0{,}90$ geblieben, denn nach wie vor würde die Abbildungsgröße im Katalog ihre Erklärungskraft behalten. Die Quadratsumme der Regression bleibt also im schlechtesten Fall konstant. Generell gilt also, dass durch Hinzunahme einer zusätzlichen Variablen das *Bestimmtheitsmaß im schlechtesten Fall gleich bleibt*.

Ungeübte Anwender der Regressionsanalyse könnten nun auf die Idee kommen, möglichst viele erklärende Variablen in das Modell zu integrieren, um das Bestimmtheitsmaß

„nach oben zu treiben". Dies widerspricht dem Konstruktionsziel von Modellen, einen Sachverhalt mit möglichst wenigen Einflussvariablen zu erklären. Im Gegenteil: Durch wahllose Hinzunahme zusätzlicher Variablen steigt die Gefahr, dass sich unter den Variablen solche mit keiner oder einer nur sehr geringen Erklärungskraft befinden. Man spricht in solchen Fällen von einer *Überparametrisierung* des Modells.

In der Praxis wird deshalb häufig ein *Korrigiertes Bestimmtheitsmaß*[5] (*engl.*: Adjusted R^2) berechnet, das die Überparametrisierung eines Modells bestraft. Mit jeder weiteren hinzugenommenen Variablen erhöht sich der „Bestrafungsabschlag". Bezeichnet man n als Anzahl der Beobachtungen und als k die Anzahl der im Modell berücksichtigten Variablen (inklusive der Konstanten), berechnet sich das korrigierte Bestimmtheitsmaß wie folgt:

$$R^2_{adj} = R^2 - \frac{\left(1 - R^2\right)(k - 1)}{(n - k)} = 1 - \left(1 - R^2\right)\frac{n - 1}{n - k}. \tag{5.29}$$

Es lohnt sich nur dann eine zusätzliche Variable in das Modell aufzunehmen, wenn der dadurch zusätzlich gewonnene Erklärungswert größer als der „Bestrafungsabschlag" des *Korrigierten Bestimmtheitsmaßes* ist. Bei der Konstruktion von Modellen sollte die Hinzunahme neuer Variablen dann beendet werden, wenn das *Korrigierte Bestimmtheitsmaß* nicht mehr gesteigert werden kann. Das *Korrigierte Bestimmtheitsmaß* eignet sich also zum Vergleich von Regressionsmodellen mit einer unterschiedlichen Anzahl von Regressoren und einer unterschiedlichen Anzahl von Beobachtungen.

Durch die „Bestrafung" geht allerdings die ursprüngliche Interpretation von R^2 – der Anteil Varianz der y-Variablen, der durch die Varianz der x-Variablen erklärt wird – verloren. Hierzu muss nach wie vor der unkorrigierte R^2-Wert herangezogen werden. In ungünstigen Fällen kann das *Korrigierte Bestimmtheitsmaß* sogar negative Werte annehmen. Für $R^2 = 0$ und $k > 1$ gilt beispielsweise:

$$R^2_{adj} = 0 - \frac{(1 - 0)(k - 1)}{(n - k)} = \left(-\frac{(k - 1)}{(n - k)}\right) < 0. \tag{5.30}$$

5.7 Regression mit unabhängiger Dummy-Variable

In der bisherigen Darstellung der Regression hatten sowohl die (abhängige) y-Variable als auch alle (unabhängigen) x-Variablen metrisches Skalenniveau. Die Verwendung anderer Skalentypen ist in einer Kleinste-Quadrate-Regression auch nicht unproblematisch. Im Gegenteil: *Die Verwendung ordinaler und nominaler Variablen ist in einer Kleinste-Quadrate-Regression – mit einer kleinen Ausnahme – nicht zulässig!* Wir wollen uns mit dieser Ausnahme kurz befassen.

In der Darstellung der Korrelationsrechnung konnten wir bereits feststellen, dass sogenannte Dummy-Variablen – also nominale Variablen, die nur die Ausprägung null und

[5] In der Literatur finden sich auch die Bezeichnungen adjustiertes oder bereinigtes Bestimmtheitsmaß.

eins besitzen – unter bestimmten Annahmen auch als „quasi-metrische" Variablen aufgefasst werden können (vgl. Abschnitt 4.5.1). Es lässt sich zeigen, dass ihre Wirkungen in der Regressionsrechnung ebenfalls sehr gut interpretiert werden können. Betrachten wir hierzu unser Versandhandelsbeispiel: Sie haben die Vermutung, dass die Kleiderfarbe *Rot* den Kleiderabsatz im Vergleich zu anderen Farben erhöht. Sie entscheiden sich deshalb für eine Regression mit den unabhängigen Variablen

- *Größe der Abbildung im Katalog [in qcm]* und
- *Rot als Farbe des Kleides [1: ja; 0: nein].*

Letztere Variable stellt eine Dummy-Variable mit den zwei möglichen Ausprägungen *rotes Kleid* oder *kein rotes Kleid* dar. Es ergeben sich die in Abb. 5.8 dargestellten Regressionsergebnisse.

Die Regression ergibt somit die folgende algebraische Form:

$$\hat{y} = 142{,}9 + 1{,}95 \cdot \text{Abbildungsgröße} + 6{,}1 \cdot \text{Rot}. \tag{5.31}$$

Der Kleiderabsatz würde sich mit jedem Quadratzentimeter Abbildungsgröße um durchschnittlich 1,95 Kleider erhöhen ($\beta_1 = 1{,}95$). Dabei ist der Absatz roter Kleider um

	kleid_nr	nachfr_t	gr_abbild	Rot
1	1	245	48,49	0
2	2	197	29,32	0
3	3	202	35,27	0
4	4	194	32,99	0
5	5	288	73,37	1
6	6	239	45,10	0
7	7	263	61,63	0
8	8	264	61,00	0
9	9	247	49,66	0
10	10	220	44,39	0
11	11	225	47,43	0

Model Summary

Model	R	R Square	Adjusted R Square	Std. Error of the Estimate
1	,955[a]	,911	,910	7,154

a. Predictors: (Constant), Modefarbe Rot (0:nicht rot; 1: rot), Groesse der Abbildung

ANOVA[b]

Model		Sum of Squares	df	Mean Square	F	Sig.
1	Regression	51035,5	2	25517,8	498,65	,000[a]
	Residual	4963,9	97	51,2		
	Total	55999,4	99			

a. Predictors: (Constant), Modefarbe Rot (0:nicht rot; 1: rot), Groesse der Abbildung

b. Dependent Variable: Nachfrage zum Zeitpunkt t

Coefficients[a]

Model		Unstandardized Coefficients		Standardized Coefficients	t	Sig.
		B	Std. Error	Beta		
1	(Constant)	142,942	3,874		36,896	,000
	Groesse der Abbildung	1,945	,078	,902	24,820	,000
	Modefarbe Rot (0:nicht rot; 1: rot)	6,061	2,480	,089	2,444	,016

a. Dependent Variable: Nachfrage zum Zeitpunkt t

Abb. 5.8 Regressionsoutput mit einer Dummy-Variablen

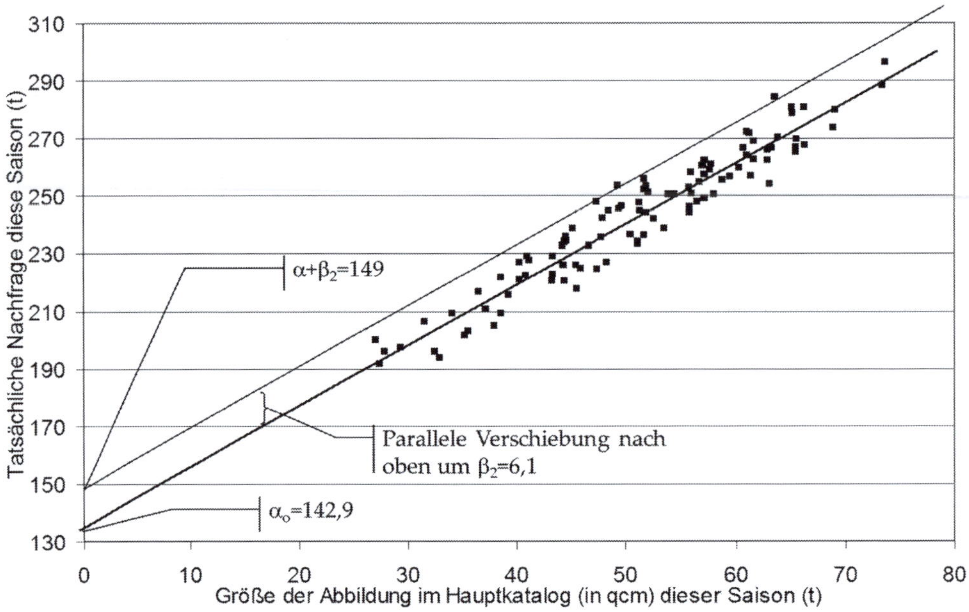

Abb. 5.9 Grafische Wirkung einer Dummy-Variablen

rund sechs Einheiten höher als im Durchschnitt aller anderen Kleiderfarben ($\beta_2 = 6{,}1$). Letztlich bewirkt eine Dummy-Variable für die mit eins kodierten Beobachtungen (Kleid ist rot) also eine Verschiebung der Regressionsgeraden um die Größe des Regressionskoeffizienten (6,1). Die *Steigung* der Regressionsgeraden bleibt für jede Kleiderfarbe (*rot* oder *nicht rot*) in Bezug auf die metrische Variable (*Abbildungsgröße*) unverändert. Lediglich die *Lage* der Regressionsgeraden ist bei positiven Regressionskoeffizienten für die *mit eins kodierten Dummy-Variablen* nach oben und bei negativen Regressionskoeffizienten nach unten verschoben (vgl. Abb. 5.9).

Die mit null kodierten Teile der Dummy-Variablen dienen somit als Vergleichsgruppe (Benchmark). Vorstellbar wäre deshalb auch, dass mehr als eine Dummy-Variable definiert würde, so z. B. die drei Variablen *Rot* (*Rot als Farbe des Kleides [1: ja; 0: nein]*), *Grün* (*Grün als Farbe des Kleides [1: ja; 0: nein]*) und *Blau* (*Blau als Farbe des Kleides [1: ja; 0: nein]*). Jeder der Koeffizienten ergibt die jeweilige Abweichung der drei Farben zu allen anderen verbleibenden Kleiderfarben, die weder rot, noch grün oder blau sind. Erhielte man beispielsweise die Regression

$$\hat{y} = 140 + 1{,}9 \cdot \text{Abbildungsgröße} + 6 \cdot \text{Rot} + 5 \cdot \text{Grün} + 4 \cdot \text{Blau}, \qquad (5.32)$$

dann lägen die roten Kleider mit sechs Einheiten über den Kleiderfarben, die nicht rot, grün oder blau sind. Grüne Kleider lägen mit fünf und blaue Kleider mit vier Einheiten über dieser Vergleichsmarke.

5.8 Hebelwirkungen von Beobachtungen

Betrachten wir in Abb. 5.10 zwei ausgewählte Beobachtungspunkte unseres Versandhandelsbeispiels: Verändern wir hypothetisch einmal die Lage des äußersten Punktes des Kleids, das auf 27,1 qcm beworben und insgesamt 200 Mal verkauft wurde, indem wir den Absatz bei gleich bleibender Werbefläche um 150 auf insgesamt 50 reduzieren. In Abb. 5.10 ist dies durch den linken Pfeil nach unten eingetragen. Die Steigung der danach berechneten gestrichelten Regressionsgeraden (Regression 2) würde sich von 2,1 auf 2,4 erhöhen, wodurch auch der Wert der Konstanten von 135 auf 118 sinkt. Die Verringerung der Abverkaufszahlen am linken Rand der Punktwolke zieht die Regressionsgerade auf der linken Seite – wie bei einer Balkenwaage – nach unten. Wir wollen an dieser Stelle nochmals das Sinnbild einer Waage bemühen, auf die wir auf der linken Seite ein schwereres Gewicht legen, wodurch die Waage auf der linken Seite nach unten gezogen wird. Im mittleren Bereich bleibt die Waage am Zünglein befestigt. Auch die Regressionsgerade verläuft weiterhin durch das „Zünglein des bivariaten Schwerpunkts".

Vergleichen wir die beschriebenen Wirkungen mit einer Veränderung einer Beobachtung aus dem mittleren Bereich der Punktwolke. Auch bei dieser Beobachtung wollen wir den Abverkauf ceteris paribus um insgesamt 150 reduzieren. Diesmal ergibt sich der durch Regression 3 beschriebene Verlauf, bei dem die Steigung im Vergleich zur ursprünglichen Regression unverändert geblieben und lediglich der Wert der Konstanten von 135 auf 133 zurückgegangen ist. Die Absenkung hat somit keinen Einfluss auf die marginalen Effekte der x-Variablen, also auf den Steigungskoeffizienten. Sie drückt sich lediglich durch eine parallele Verschiebung der Regressionsgeraden nach unten aus.

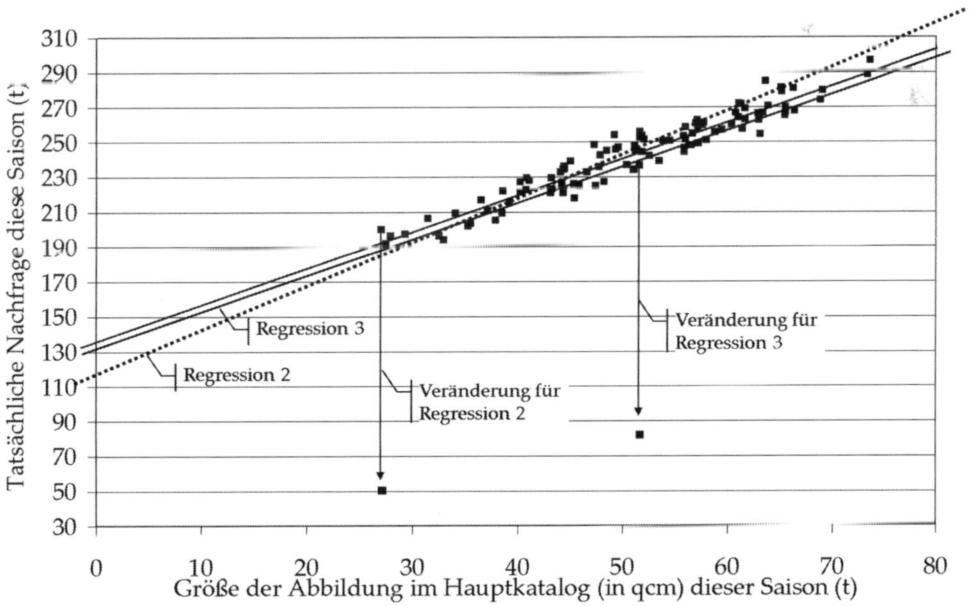

Abb. 5.10 Leverage Effekt

Es wird somit deutlich, dass Beobachtungspunkte an den äußeren Rändern einen stärkeren Einfluss auf die Steigung der Regressionsgeraden aufweisen als Beobachtungspunkte in der Mitte einer Punktwolke. Man spricht von einer stärkeren *Hebelwirkung* (*engl.*: leverage) dieser Beobachtungspunkte. Da nun gerade die unerwünschten Ausreißer an den äußeren Rändern liegen, müssen diese bei der Erstellung einer Regression besonders beachtet werden. Es ist ratsam, die Regression einmal mit und einmal ohne Ausreißer zu berechnen und aus der Differenz zwischen den beiden Ergebnissen den Einfluss der Ausreißer auf die Steigung der Regressionsgeraden zu bestimmen. Sollte ein entscheidender Einfluss ausgeübt werden, sollte eine Herausnahme der Ausreißer oder die Verwendung einer nichtlinearen Funktion (vgl. Abschn. 5.9) in Erwägung gezogen werden.

5.9 Nichtlineare Regressionen

Wenn man von einer linearen bivariaten Regression spricht, verbindet man damit intuitiv einen linearen Verlauf der Regression in Form von einer Geraden. Ein Einwand könnte deshalb lauten, dass Zusammenhänge in der Realität nicht zwangsläufig durch eine Gerade abgebildet werden können. Ein sehr berechtigter Einwand, weshalb wir uns die inhaltliche Bedeutung des Begriffs *linear* eingehender betrachten wollen. Zusammenhänge lassen sich hinsichtlich ihrer Linearität in zwei Kategorien einteilen:

- Zusammenhänge, bei denen die Regressionskoeffizienten ($\alpha, \beta_1, \beta_2, \ldots, \beta_k$) linear bzw. nichtlinear sind. Bleiben die Regressionskoeffizienten für alle x-Werte konstant, spricht man von einer *in den Parametern linearen Regression.* Nur in einem solchen Fall kommen wir mit der Berechnung einer einzigen Kleinste-Quadrate-Regression aus. Verändern sich die Regressionskoeffizienten in Abhängigkeit der x-Werte, spricht man von einer nichtlinearen Regression in den Parametern. Für verschiedene Abschnitte der x-Achse könnten dann jeweils getrennte Kleinste-Quadrate-Regressionen berechnet werden. Im oben skizzierten Beispiel aus Abb. 5.7 liegt also eine lineare Regression in den Parametern vor, denn über die gesamte x-Achse verändern weder die Konstante ($\alpha = 62{,}22$) noch die beiden anderen Regressionskoeffizienten ($\beta_1 = 1{,}95$ und $\beta_2 = 0{,}33$) ihre Werte.
- Zusammenhänge, bei denen die unabhängigen x-Variablen einen linearen bzw. einen nichtlinearen Einfluss auf die abhängige y-Variable ausüben, die Regressionskoeffizienten (α, β_1, β_2, $\ldots$, β_k) allerdings konstant bleiben (in den Parametern lineare Regression). Abbildung 5.11 zeigt Beispiele für derartige nichtlineare Zusammenhänge. In Abbildungsteil 4 liegt beispielsweise ein logarithmischer Zusammenhang vor. Man spricht von einer *in den Variablen nichtlinearen Regression*, kurz: von einer nichtlinearen Regression. Bleiben die Regressionskoeffizienten wie in Abb. 5.11 konstant, kann eine Kleinste-Quadrate-Regression durchgeführt werden, obwohl eine Nichtlinearität vorliegt. Das obige Versandhausbeispiel ist aufgrund der Linearität des Zusammenhanges auch in den Variablen linear.

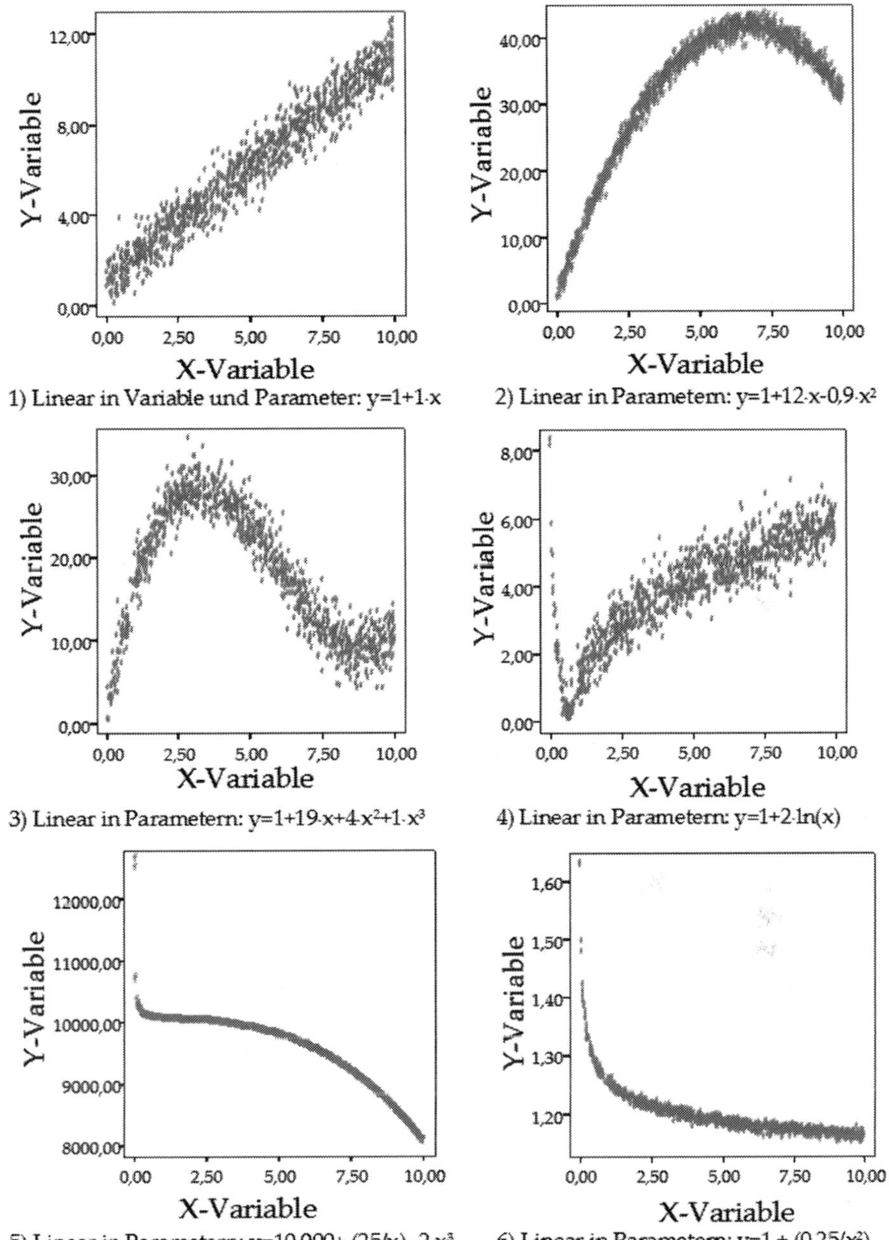

Abb. 5.11 In den Variablen nichtlineare Verläufe

Umsatz [in10.000 €]	Anzahl Berater in der Niederlassung
57,96	37
57,15	16
55,06	5
58,11	38
56,11	14
61,08	179
60,36	130
51,28	1
57,05	25
54,10	5
57,94	42
58,13	42
59,95	102
60,50	188
58,94	101
59,56	117
58,02	44
58,82	56
60,07	113
57,20	30
58,02	43
59,41	77
56,26	19
60,21	152
57,98	39
59,00	81
58,29	28

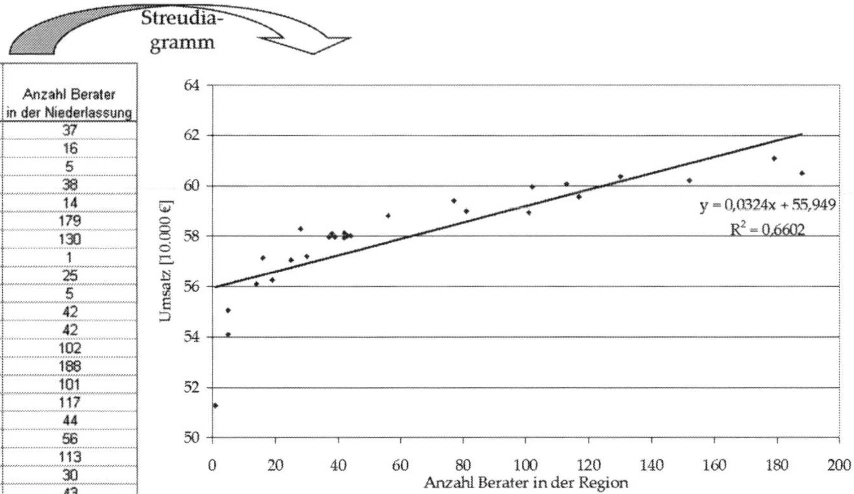

Abb. 5.12 Beispiel eines in den Variablen nichtlinearen Verlaufs (1)

Mit Hilfe einer Kleinste-Quadrate-Regression lassen sich also auch nichtlineare Zusammenhänge darstellen, sodass eine Regression keine Beschränkung auf eine Gerade darstellen muss. Die genaue Vorgehensweise bei Vorliegen eines in den Variablen nichtlinearen Verlaufes wollen wir anhand eines Beispiels betrachten. Gegeben seien die in Abb. 5.12 dargestellten monatlichen *Umsatzdaten [in 10.000 €]* und die jeweilige *Anzahl an Beratern* in 27 verschiedenen Niederlassungen eines Unternehmens. Würde auf Basis dieser Daten eine lineare Regression berechnet, entsteht die im Streudiagramm eingetragene Regressionsgerade:

$$\hat{y} = 0{,}0324 \cdot x + 55{,}945; \quad R^2 = 0{,}66. \tag{5.33}$$

Erhöht sich die Anzahl der Berater in einem Bezirk um eins, so steigt der Umsatz durchschnittlich um

$$\Delta\hat{y} = 0{,}0324 \cdot 1 \cdot [10.000\,€] = 3240\,€. \tag{5.34}$$

Bei genauer Betrachtung fällt allerdings auf, dass diese Regressionsgerade systematischen Fehlern unterliegt. Im Bereich zwischen 20 und 100 Beratern unterschätzt die Regressionsgerade durchgängig den Umsatz, während im Bereich ab 140 Beratern eine durchgängige Überschätzung erfolgt. Der Grund hierfür liegt im nichtlinearen Zusammenhang zwischen den x- und y-Werten. Es liegt ein in den Variablen nichtlinearer Verlauf vor.

Umsatz [in10.000 €]	ln(Anzahl Berater in der Niederlassung)
57,96	3,61
57,15	2,77
55,06	1,61
58,11	3,64
56,11	2,64
61,08	5,19
60,36	4,87
51,28	0,00
57,05	3,22
54,10	1,61
57,94	3,74
58,13	3,74
59,95	4,62
60,50	5,24
58,94	4,62
59,56	4,76
58,02	3,78
58,82	4,03
60,07	4,73
57,20	3,40
58,02	3,76
59,41	4,34
56,26	2,94
60,21	5,02
57,98	3,66
59,00	4,39
58,29	3,33

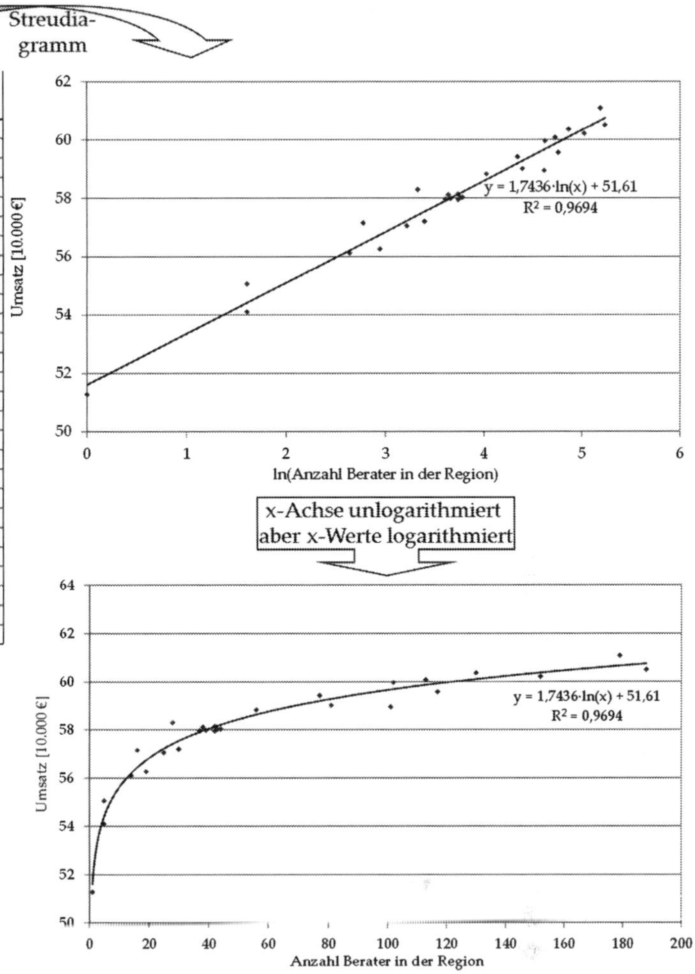

Abb. 5.13 Beispiel eines in den Variablen nichtlinearen Verlaufs (2)

Wurde man nun die x-Variable logarithmieren – da die Form der Punktwolke einen logarithmischen Verlauf nahe legt –, entstünde das in Abb. 5.13 dargestellte obere Streudiagramm, auf dessen x-Achse nun nicht mehr die *Anzahl der Berater*, sondern die *logarithmierte Anzahl der Berater* aufgetragen ist. Die gebildete Regressionsgerade

$$\hat{y} = 1{,}7436 \cdot \ln(x) + 51{,}61 \qquad (5.35)$$

unterliegt *keinen systematischen Fehlern* mehr, da sich positive und negative Abweichungen über den gesamten Verlauf der Regressionsgeraden abwechseln. Das berechnete Bestimmtheitsmaß steigt zudem auf $R^2 = 0{,}97$.

Natürlich könnte man die Skalierung der x-Achse auch unlogarithmiert belassen (vgl. unteres Streudiagramm in Abb. 5.13) und dennoch die logarithmische Regression in das Streudiagramm eintragen. Hierdurch wird optisch der nichtlineare Zusammenhang der Variablen verdeutlicht. Die algebraische Form der Regressionsfunktion würde sich hierdurch selbstverständlich nicht verändern, da es sich lediglich um eine veränderte grafische Darstellung der gleichbleibenden funktionalen Beziehung $\hat{y} = 1{,}7436 \cdot \ln(x) + 51{,}61$ handelt.

5.10 Ansätze einer Regressionsdiagnostik

In den letzten Abschnitten haben wir gelernt, wie man den Zusammenhang zwischen mehreren unabhängigen und einer abhängigen Variablen in Form einer Regressionsfunktion bestimmen kann. So konnten wir feststellen, dass sich der Absatz eines Kleides durch folgende Regression bestimmen lässt:

$$\hat{y} = 62{,}22 + 1{,}95 \cdot \text{Abbildungsgröße} + 0{,}33 \cdot \text{Vorjahresabsatz}. \quad (5.36)$$

Darüber hinaus konnten wir mit Hilfe des (korrigierten) Bestimmtheitsmaßes bereits etwas über die Anpassungsgüte und somit über die Qualität der aufgestellten Regression aussagen. Dies würde beispielsweise einen Qualitätsvergleich zweier möglicher Regressionen erlauben. Wie lassen sich aber außerdem systematische Fehler in einer Regression aufspüren? Diese Frage lässt sich nur beantworten, indem wir uns die Beschreibung der einzelnen Beobachtungen mit Hilfe einer bivariaten Regression nochmals betrachten: Jeder tatsächliche y-Wert lässt sich als Kombination aus dem durch die Regression geschätzten Wert ($\hat{y}_i$) und der dazugehörigen Abweichung (u_i) ausdrücken. Da $\hat{y}_i$ wiederum ein Ergebnis der Regressionsgleichung aus x_i darstellt, ergibt sich:

$$y_i = \hat{y}_i + u_i = \alpha + \beta \cdot x_i + u_i. \quad (5.37)$$

Um systematische Fehler in einer Regression zu vermeiden und die Qualität einer Regression einschätzen zu können, sollten wir bestimmte Kriterien an den Fehlerterm u stellen:

1. *Positive und negative Werte heben sich gegenseitig auf*. Diese Bedingung ist in der Regressionsrechnung automatisch erfüllt.
2. *Die unabhängigen Variablen (x-Variablen) der Regression korrelieren nicht mit dem Fehlerterm* (u). Beispielsweise sollte der in Abschn. 5.8 beschriebene Fall nicht auftreten, bei dem in bestimmten Bereichen der x-Achse Abweichungen nur in eine Richtung (z. B. nur nach oben) auftreten. Dies würde bedeuten, dass die y-Werte systematisch über- bzw. unterschätzt würden. Ein Vorschlag zur Lösung dieses Problems findet sich im nächsten Punkt.

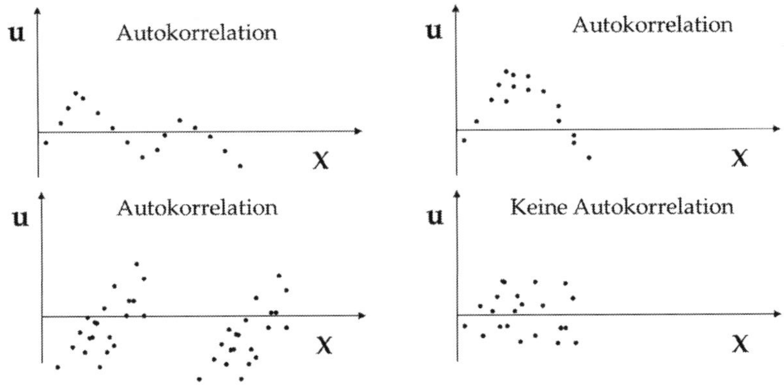

Abb. 5.14 Autokorrelierte und nicht-autokorrelierte Verläufe der Fehlerterme

3. Ähnlich ist nämlich die Forderung, dass die Fehlerterme nicht untereinander korrelieren sollten:

$$\text{Cov}\left(u_i; u_j\right) = 0 \quad i \neq j. \tag{5.38}$$

   Man nennt dies auch die Bedingung einer *fehlenden Autokorrelation*. Es bedeutet zunächst nichts anderes, als dass keine Systematik zwischen Fehlertermen auftreten darf. Eine Autokorrelation wäre in unserem Versandhandelsbeispiel beispielsweise dann gegeben, wenn es bei einer Abbildungsgröße bis zu 40 Quadratzentimetern und einer Abbildungsgröße ab 60 Quadratzentimetern vornehmlich positive und bei einer Abbildungsgröße zwischen 40 und 60 Quadratzentimetern vornehmlich negative Abweichungen gegeben hätte. Weitere drei mögliche Verläufe autokorrelierter Fehlerterme sind in Abb. 5.14 dargestellt. Es wird deutlich, dass nicht nur methodisch, sondern vor allem auch inhaltlich das Auftreten systematischer Fehler unerwünscht ist. In der Regel ist die Autokorrelation auf einen Fehler in der Modellspezifikation zurückzuführen, sodass das gewählte Modell überdacht werden sollte. Dies kann durch Transformation in nichtlineare Funktionsverläufe (z. B. bei nicht-proportionalen Zuwächsen) oder durch Zufügen einer möglicherweise fehlenden Variablen bzw. eines bisher nicht berücksichtigten Einflusses geschehen.
4. Die Varianz für jedes u_i ist konstant: $\text{Var}(u_i) = \sigma^2$. Diese Voraussetzung wird als Varianzhomogenität oder *Homoskedastizität* (homo steht für gleich bzw. gleichartig und Skedastizität für die Varianz) bezeichnet. Ist diese Bedingung nicht erfüllt, spricht man von Varianzungleichheit oder Heteroskedastizität. Diese liegt vor, wenn in unterschiedlichen Bereichen der x-Achse die Punkte unterschiedlich stark streuen, was nicht selten auf eine fehlende Variable im Modell zurückzuführen ist, welche die Ausschläge in diesem Bereich erklären könnten. Abbildung 5.15 zeigt Beispiele für diesen unerwünschten Effekt. Auch hier sollte das Modell auf Fehlspezifikation (vergessene Variablen oder Wahl eines falschen funktionalen Verlaufes) überprüft werden.

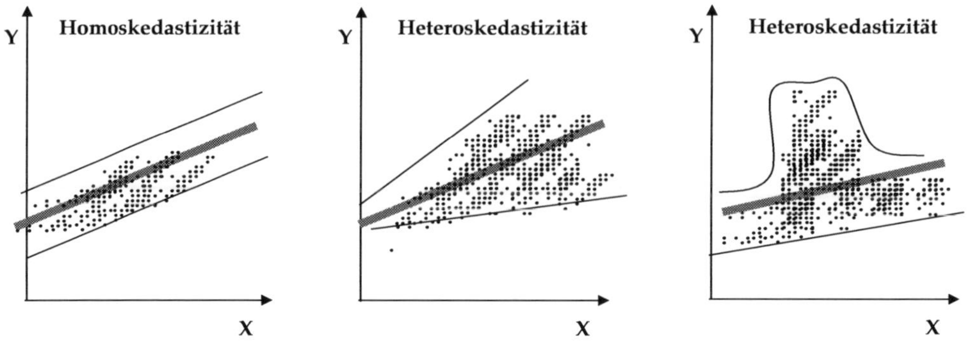

Abb. 5.15 Homoskedastizität und Heteroskedastizität

Die Überprüfung der Qualitätskriterien für den Fehlerterm u kann mit Hilfe einer grafischen Analyse erfolgen (siehe beispielsweise Abb. 5.14 und 5.15). Allerdings ist diese Vorgehensweise nicht immer ausreichend, sodass in der Praxis auf statistische Testverfahren aus der Induktiven Statistik zurückgegriffen wird. Diese Verfahren werden an dieser Stelle nicht weiter erläutert.

5. Bei Regressionen mit mehr als einer unabhängigen x-Variablen dürfen die unabhängigen x-Variablen keinen Zusammenhang aufweisen. Wird der Zusammenhang zwischen zwei oder mehr x-Variablen zu groß, tritt eine sogenannte *Multikollinearität* auf, welche die Regressionsergebnisse verfälscht.

Letztlich bedeutet dieses Kriterium nichts anderes, als dass als erklärende x-Variablen zwei Variablen gewählt werden, die letztlich nicht dasselbe oder zumindest nicht ähnliches aussagen. Schätzt man beispielsweise aus der SPSS-Datei *Multikollinearität_Benzinbeispiel.sav* den Marktanteil für Benzin mit Hilfe des Brutto- und des Nettopreises, so erhält man den in Abb. 5.16 dargestellten Output.

SPSS ist es unmöglich, den Einfluss des Brutto- und des Nettopreises gleichzeitig zu berechnen. Der Grund hierfür liegt letztlich darin, dass sich der Bruttopreis direkt aus dem Nettopreis zuzüglich der Umsatzsteuer ableitet. Beide Variablen sind somit linear abhängig. Bei einer angenommenen Umsatzsteuer von 19 Prozent ergibt sich der Zusammenhang:

$$\text{Nettopreis} = \text{Bruttopreis}/1{,}19, \tag{5.39}$$

sodass die Regression

$$\hat{y} = \beta_o + \beta_1 \cdot \text{Nettopreis} + \beta_2 \cdot \text{Bruttopreis} \tag{5.40}$$

umgeformt werden kann in:

$$\hat{y} = \beta_o + \left(\frac{\beta_1}{1{,}19} + \beta_2\right) \cdot \text{Bruttopreis} \Leftrightarrow \hat{y} = \alpha + \beta \cdot \text{Bruttopreis}. \tag{5.41}$$

Coefficients[a]

	Unstandardized Coefficients		Standardized Coefficients		
	B	Std. Error	Beta	t	Sig.
(Constant)	1,442	,201		7,171	,000
Netto-Preis eigenes Produkt (Superbenzin SPARAL)	-,871	,167	-,723	-5,229	,000

a. Dependent Variable: Marktanteil eigenes Produkt (Superbenzin SPARAL)

Excluded Variables[b]

Model		Beta In	t	Sig.	Partial Correlation	Collinearity Statistics
						Tolerance
1	Bruttopreis	.[a]	.	.	.	,000

a. Predictors in the Model: (Constant), Netto-Preis eigenes Produkt (Superbenzin SPARAL)

b. Dependent Variable: Marktanteil eigenes Produkt (Superbenzin SPARAL)

Abb. 5.16 Lösung bei perfekter Multikollinearität

Es hätten die zwei Regressionskoeffizienten β_1 und β_2 berechnet werden müssen, obwohl nur eine linear unabhängige Variable (Bruttopreis oder Nettopreis) vorliegt. *Liegt perfekte Multikollinearität vor, ist eine numerische Bestimmung bestimmter Regressionskoeffizienten unmöglich.*[6] Die meisten Computerprogramme entfernen deshalb eine der beiden Variablen aus dem Modell, was nicht nur methodisch, sondern auch inhaltlich sinnvoll ist. Welchen zusätzlichen Erklärungswert hätte man überhaupt vom Nettopreis erwarten können, wenn der Bruttopreis bereits im Modell enthalten ist?

Perfekte Multikollinearität kommt in der Praxis nur sehr selten vor. Vielmehr sind Multikollinearitäten dort *high but not perfect*. Wenn vom Multikollinearitätsproblem gesprochen wird, versteht man darunter eine sogenannte *imperfect multicollinearity*, was nicht eine Frage des Auftretens oder Nichtauftretens, sondern eine Frage der Stärke des Zusammenhangs unabhängiger x-Variablen ist. Warum ist eine nicht perfekte Multikollinearität nun ebenfalls ein Problem bei der Bestimmung der Regression?

Betrachten wir ein Beispiel: Was wäre, wenn wir zur Schätzung des Marktanteils für Benzin den eigenen Preis, aber auch den Konkurrenzpreis heranziehen? Aus Abschn. 4.7.1 wissen wir noch, dass beide Preise nicht perfekt, aber mit $r = 0{,}902$ relativ hoch korrelieren. Es läge also eine nicht perfekte Multikollinearität vor und diese führt häufig zu folgenden Effekten:

- Würde der Preis des Konkurrenten in der Regression *weggelassen*, würde das *Bestimmtheitsmaß nur geringfügig* um 0,001 auf $R^2 = 0{,}522$ *sinken*. Der zusätzliche

[6] In Abschn. 5.3 wurde die Berechnung der Regressionskoeffizienten $\beta = (\alpha = \beta_0; \beta_1; \ldots; \beta_k)$ wie folgt angegeben: $\beta = (X'X)^{-1} X'y$. Die Invertierbarkeit von $(X'X)$ setzt voraus, dass die Matrix X einen vollen Rang aufweist. Im Falle perfekter Multikollinearität sind aber mindestens zwei Spalten der Matrix linear abhängig, sodass $(X'X)$ nicht mehr invertierbar ist.

Einfluss des Konkurrenzpreises scheint nur gering zu sein. Würde man allerdings den Preis des Konkurrenten als einzige Variable zur Erklärung des Absatzes in der Regression verwenden, wäre die Erklärungskraft mit $R^2 = 0{,}44$ doch sehr hoch. Ein erster möglicher Hinweis auf Multikollinearität, denn scheinbar besitzen der eigene Preis und der Konkurrenzpreis ein ähnliches Verhalten bei der Erklärung der Marktanteilsentwicklung.

- *Das Vorzeichen eines Regressors ist ungewöhnlich.* So scheint der Preis der Konkurrenz die gleiche Wirkungsrichtung auf den Marktanteil aufzuweisen, wie der eigene Preis: Je höher der Konkurrenzpreis, umso niedriger der Marktanteil.
- Fügt man nur eine neue Beobachtung hinzu oder entfernt man eine Beobachtung aus dem Datensatz, führt dies zu sehr starken Veränderungen bei den Regressionskoeffizienten. *Im Falle von Multikollinearität reagieren die Regressionskoeffizienten sehr instabil auf kleinste Veränderungen im Datensatz.* Würde man beispielsweise die Beobachtung 27 aus dem Datensatz *Multikollinearität_Benzinbeispiel.sav* (Abschn. 4.7.1.) entfernen und die Regression neu bestimmen, würde der Einfluss des eigenen Preises von $\beta_1 = -0{,}799$ auf $\beta_1 = -0{,}559$ betragsmäßig um mehr als 30 Prozent reduziert.
- Ein letzter Hinweis auf Multikollinearität kann mit Hilfe der sogenannten *Variance Inflation Factors (VIF)* geführt werden. Für jede unabhängige x-Variable wird einzeln überprüft, in wie weit ein Zusammenhang mit den anderen unabhängigen x-Variablen der Regression besteht. Hierzu werden für jede unabhängige Variable zunächst sogenannte *Auxiliary Regression* gebildet. Liegen in einer Regression beispielsweise fünf unabhängige x-Variablen vor, so sind insgesamt fünf Auxiliary Regression zu bilden. In einer ersten werden die erste unabhängige x-Variable (x_1) als abhängige und die restlichen unabhängigen x-Variablen (x_2 bis x_5) als unabhängige Variablen definiert. Es entsteht die Regression:

$$x_1 = \alpha_o + \alpha_1 \cdot x_2 + \alpha_2 \cdot x_3 + \alpha_3 \cdot x_4 + \alpha_4 \cdot x_5. \tag{5.42}$$

Je größer das Bestimmtheitsmaß $R^2{}_{Aux(1)}$ dieser Auxiliary Regression ist, umso stärker ist der unerwünschte Zusammenhang zwischen der unabhängigen Variablen x_1 und den anderen unabhängigen Variablen der Regressionsgleichung. Da Multikollinearität dann vorliegt, wenn zwei oder mehr unabhängige x-Variablen in einem Zusammenhang untereinander stehen, kann dieses Problem also durch das $R^2{}_{Aux(i)}$ der Auxiliary Regression der i-ten unabhängigen Variablen zum Ausdruck gebracht werden. Das Konzept des *Variance Inflation Factor (VIF)* baut auf der Idee der Auxiliary Regression auf, indem für jede unabhängige x-Variable folgender Quotient gebildet wird:

$$VIF_i = \frac{1}{1 - R^2_{Aux(i)}}. \tag{5.43}$$

Liegt der $R^2{}_{Aux}$ -Wert der Auxiliary Regression einer unabhängigen Variablen bei (nahe) null – liegt also keine Multikollinearität vor –, dann ist *VIF = 1*. Ist das $R^2{}_{Aux}$ einer

Auxiliary Regression hingegen sehr groß – liegt also Multikollinearität vor – strebt VIF gegen eine große Zahl. Hair et al. (2006, S. 230) nennen als häufig verwendeten Grenzwert einen *Variance Inflation Factor* von VIF = 10, empfehlen bei kleinen Stichproben aber restriktiver zu sein. Jeder Forscher sollte den akzeptablen Grad an Multikollinearität für sich selbst festlegen und die Robustheit der Ergebnisse bei einem auffällig erhöhtem *Variance Inflation Factor* überprüfen. Es sollte allerdings bedacht werden, dass mit einem *Variance Inflation Factor* von VIF = 5,3 bereits eine sehr hohe multiple Korrelation von r = 0,9 verbunden ist. Der Autor dieses Buches überprüft deshalb bereits bei einem *Variance Inflation Factor* von VIF = 1,7 – dies entspricht immerhin schon einer multiplen Korrelation von r = 0,64 – die Robustheit der Ergebnisse bei geringfügigen Veränderungen der Stichprobe.

- Einige Statistikpakete weisen neben dem VIF auch die sogenannte *Toleranz* aus:

$$\text{Tolerance} = \left(1 - R^2_{\text{Aux}}\right). \tag{5.44}$$

Für sie gilt, dass Multikollinearität nicht vorliegt, wenn der Wert der *Toleranz* (nahe) bei eins liegt. Je mehr sich der Wert der *Toleranz* der Zahl null nähert, umso größer ist die vorliegende Multikollinearität. In Abb. 5.17 sind die *VIF*s und die *Toleranzen* des Datensatzes *Multikollinearität_Benzinbeispiel.sav* am rechten Tabellenrand angegeben. Beide Kennziffern weisen eindeutig auf eine Multikollinearität.

Die Auswirkungen der Multikollinearität sind nicht wünschenswert. Einflüsse sollten nicht nur mit korrektem Vorzeichen in der Regression auftreten, sondern unabhängig von kleinen Veränderungen im Datensatz stabil bleiben. Multikollinearität sollte deshalb durch folgende Maßnahmen beseitigt werden:

- Eine der korrelierenden Variablen sollte aus der Regression entfernt werden. Hierfür sollten vor allem die Variablen mit einem hohen *Variance Inflation Factor (VIF)* in Betracht gezogen werden. Dabei ist zu beachten, dass bei der Herausnahme von Variablen schrittweise vorgegangen werden sollte. Das Entfernen einer Variablen mit einem

Coefficients[a]

	Unstandardized Coefficients		Standardized Coefficients			Collinearity Statistics	
	B	Std. Error	Beta	t	Sig.	Tolerance	VIF
(Constant)	1,446	,206		7,023	,000		
Netto-Preis eigenes Produkt (Superbenzin SPARAL)	-,799	,393	-,663	-2,035	,053	,187	5,348
Preis des Konkurrenten (Superbenzin JETY)	-,065	,319	-,066	-,202	,841	,187	5,348

a. Dependent Variable: Marktanteil eigenes Produkt (Superbenzin SPARAL)

Abb. 5.17 Lösung bei nicht perfekter Multikollinearität

hohen VIF-Wert reduziert nämlich die VIF-Werte der in der Regression verbleibenden Variablen.

- Nicht selten können die korrelierenden Variablen auch mit Hilfe einer Faktorenanalyse zu einer Variablen zusammengefasst werden (vgl. Kap. 8).
- Multikollinearität kann in einer Stichprobe vorliegen, auch wenn in der Grundgesamtheit die entsprechenden Variablen nicht multikollinear sind. Multikollinearität muss somit nicht nur ein Phänomen der Grundgesamtheit, sondern kann auch das Phänomen einer zu kleinen Stichprobe sein. Es sollten dann zusätzliche Objekte/Subjekte in die bestehende Stichprobe gezogen werden.
- Die aufgestellten theoretischen Zusammenhänge des Modells sollten nochmals überdacht werden. Insbesondere sollte die Frage geklärt werden, ob das aufgestellte Regressionsmodell überparametrisiert ist.

5.11 Übungsaufgaben zum Abschnitt

Aufgabe 21

Sie arbeiten in der Marktforschungsabteilung eines Kaffeerösters. In einem Marktforschungsprojekt haben Sie den Marktanteil Ihres Kaffees und den dazugehörigen Preis [in Euro] in verschiedenen Märkten ermittelt. Der Marktanteil liegt zwischen 0,20 und 0,55. Sie versuchen den Einfluss des Preises auf den Marktanteil mit Hilfe der unten angegebenen Regression zu schätzen.

Regressionsfunktion: $\text{Marktanteil} = \hat{y} = 1{,}26 - 0{,}298 \cdot \text{Preis}$

a) Welcher Marktanteil ist bei einem Kaffeepreis von drei Euro durchschnittlich zu erwarten?
b) Sie möchten den Marktanteil auf 40 % erhöhen. Zu welchem Preis müssen Sie Ihren Kaffee durchschnittlich abgeben?
c) Die Regression ergibt ein R^2 von 0,42. Was können wir mit Hilfe dieses Parameters inhaltlich aussagen?
d) Wie groß ist in diesem Fall die gesamte Quadratsumme, wenn die Fehler-Quadratsumme der Regression 0,08 beträgt?

Aufgabe 22

Sie haben die Vermutung, dass in Aufgabe 8 (S. 56) nicht allein der Preis für den Absatz eines Produktes entscheidend ist. Sie führen deshalb mit Excel (oder einem Statistikpaket wie SPSS) eine multivariate Regression durch. In folgender Tabelle sind die Ergebnisse der Regression aufgeführt.

a) Leiten Sie die Regressionsfunktion in algebraischer Form aus unten stehender Tabelle ab!
b) Besitzt das Modell eine Aussagekraft zur Absatzbestimmung? Welche Kennzahl spielt für diese Aussage eine Rolle und welchen Wert nimmt sie an?

c) Angenommen, Sie würden den Preis in jedem Land um 1000 GE senken. Wie viel Produkte würden Sie mehr absetzen?

d) Wie äußert sich eine Erhöhung der Werbeausgaben um 100.000 GE? Erklären Sie das eigenartige Ergebnis und schlagen Sie Maßnahmen zur Verbesserung der Schätzgleichung vor!

Regressions-Statistik	
Multipler Korrelationskoeffizient	0,975
Bestimmtheitsmaß	0,951
Adjustiertes Bestimmtheitsmaß	0,927
Standardfehler	0,510
Beobachtungen	10

ANOVA				
	Freiheitsgrade (df)	*Quadrat-summen (SS)*	*Prüfgröße (F)*	*F krit*
Regression	3	30,439	39,008	0,000
Residue	6	1,561		
Gesamt	9	32,000		

	Koeffizienten	*Standard-fehler*	*t-Statistik*	*P-Wert*
Schnittpunkt	24,346	3,107	7,84	0,000
Anzahl Niederlassungen	0,253	0,101	2,50	0,047
Stückpreis [in 1.000 GE]	-0,647	0,080	-8,05	0,000
Werbebudget [in 100.000 GE]	-0,005	0,023	-0,24	0,817

Aufgabe 23

In einem Marktforschungsprojekt haben Sie den Marktanteil Ihres Produktes in verschiedenen Märkten ermittelt. Der Marktanteil [in %] liegt zwischen 51,28 Prozent und 61,08 Prozent. Sie versuchen die Einflussfaktoren auf den Marktanteil mit Hilfe der unten angegebenen Regression zu schätzen.

Regressions-Statistik	
Multipler Korrelationskoeffizient	???
Bestimmtheitsmaß	???
Adjustiertes Bestimmtheitsmaß	???
Standardfehler	0,652
Beobachtungen	27

ANOVA				
	Freiheitsgrade (df)	*Quadrat-summen (SS)*	*Prüfgröße (F)*	*F krit*
Regression	2	124,265	145,971	0,000
Residue	24	???		
Gesamt	26	134,481		

	Koeffizienten	*Standard-fehler*	*t-Statistik*	*P-Wert*
Schnittpunkt	38,172	1,222	31,24	0,000
Eigener Preis	-7,171	0,571	-12,56	0,000
Logarithmus Konkurrenzpreis	0,141	0,670	0,21	0,835

a) Leiten Sie die Regressionsfunktion in algebraischer Form aus obiger Tabelle ab!
b) Bestimmen Sie das R^2 und das korrigierte R^2!
c) Wie groß ist die Quadratsumme der Residuen?
d) Besitzt das Modell eine Aussagekraft zur Bestimmung des Marktanteiles?
e) Wie ist das Modell sinnvoll zu verbessern?
f) Wie äußert sich eine Preiserhöhung des eigenen Produktes um eine Geldeinheit?

Aufgabe 24

Sie arbeiten in der Marktforschungsabteilung eines Herstellers für Mundhygieneprodukte. In einem Marktforschungsprojekt haben Sie über drei Jahre den wöchentlichen Absatz der Zahnpasta *Sensoweiß* im *Lecker-Markt* ermittelt. Sie versuchen, die Einflussfaktoren auf den wöchentlichen Marktanteil mit Hilfe der unten angegebenen Regression zu schätzen. Zu den potenziellen Einflussfaktoren zählen

- der Preis von *Sensoweiß* (in €),
- *Sensoweiß* mit Handzettel von *Lecker* beworben (0 = nein; 1 = ja),
- andere Zahncreme mit Handzettel von *Lecker* beworben (0 = nein; 1 = ja),
- andere Zahncreme in Tageszeitung durch *Lecker* beworben (0 = nein; 1 = ja),
- *Sensoweiß* in Tageszeitung durch *Lecker* beworben (0 = nein; 1 = ja),
- *Sensoweiß* war mit Abbildung in Handzettel von *Lecker* beworben (0 = nein; 1 = ja).

Regressions-Statistik	
Multipler Korrelationskoeffizient	0,883
Bestimmtheitsmaß	0,780
Adjustiertes Bestimmtheitsmaß	0,771
Standardfehler	187,632
Beobachtungen	156

ANOVA				
	Freiheitsgrade (df)	*Quadrat-summen (SS)*	*Prüfgröße (F)*	*F krit*
Regression	6	18627504,189	84,000	0,000
Residue	149	5245649,061		
Gesamt	155	23873153,250		

	Koeffizienten	*Standard-fehler*	*Stand. Koeff. Beta*	*P-Wert*
Schnittpunkt	9897,875	146,521		0,000
Preis Sensoweiß [in €]	-949,518	59,094	-0,64	0,000
HZ-Werbung Sensoweiß	338,607	188,776	0,19	0,075
HZ-Werbung andere ZC	-501,432	74,345	-0,27	0,000
TZ-Werbung Sensoweiß	-404,053	87,042	-0,18	0,000
TZ-Werbung andere ZC	245,758	73,186	0,13	0,001
HZ-Werbung mit Abb Sensow.	286,195	202,491	0,15	0,160

a) Leiten Sie die Regressionsgleichung in algebraischer Form aus obiger Tabelle ab!

b) Welcher Absatz ist für *Sensoweiß* bei einem Preis für Zahncreme von 2,50 € durchschnittlich zu erwarten, wenn *Sensoweiß* durch den *Leckermarkt* nicht und eine Konkurrenzzahncreme nur durch einen Handzettel beworben wird?

c) Interpretieren Sie die Maße R, R^2 und korrigiertes R^2! Geben Sie insbesondere an, zu welchem Zweck das korrigierte R^2 dient!

d) Wozu benötigt man Beta?

e) Angenommen, Sie wollten das Modell verbessern, indem Sie zur Erklärung des Absatzes nun zusätzlich einen Preisschwelleneffekt ab dem Preis von 2,50 € einführen wollen. Welches Skalenniveau hat die Variable *Preisschwelleneffekt* und mit welchen Werten sollte die Variable in der Regression kodiert werden?

Aufgabe 25

Die Fast-Food-Kette *Burger-Slim* möchte ein neues Kindermenü auf den Markt bringen. Zu diesem Zweck werden bei 2261 Franchisepartnern unterschiedlichste Menükombinationen in ihrer Wirkung auf den Gesamterlös untersucht. Die angebotenen Menüs beinhalten immer einen Slim-Burger. Je nach Filiale können Getränke in der Größe zwischen 0,1 und 1,0 Liter, ein Salat, ein Eis bzw. ein Spielzeug dazu gegeben werden. Folgende Variablen stehen Ihnen also zur Verfügung:

- Erloes: Erlös durch den Menüverkauf in dieser Filiale [in GE],
- Salat: Salat = 1 (beinhaltet einen Salat); Salat = 0 (beinhaltet keinen Salat),

- Eis: Eis = 1 (Menü beinhaltet ein Eis); Eis = 0 (Menü beinhaltet kein Eis),
- Spiel: Spiel = 1 (beinhaltet ein Spiel); Spiel = 0 (beinhaltet kein Spiel),
- Gr_Getr: Größe des ausgegebenen Getränkes,
- Preis: Abgabepreis des Menüs in der Filiale.

Sie führen zwei Regressionen mit untenstehenden Ergebnissen durch.

Regression 1:

Regressions-Statistik	
Multipler Korrelationskoeffizient	???
Bestimmtheitsmaß	???
Adjustiertes Bestimmtheitsmaß	0,747
Standardfehler	3911,430
Beobachtungen	2261

ANOVA				
	Freiheitsgrade (df)	*Quadratsummen (SS)*	*Prüfgröße (F)*	*F krit*
Regression	4	???	1668,726	0,000
Residue	2256	34515190843,303		
Gesamt	2260	136636463021,389		

	Koeffizienten	*Standard-fehler*	*Stand. Koeff. Beta*	*t-Statistik*	*P-Wert*
Schnittpunkt	25949,520	265,745		97,648	0,000
Preisangabe	4032,796	73,255	0,58	55,051	0,000
Salat=1 (ja)	-7611,182	164,631	-0,49	-46,232	0,000
Eis=1 (ja)	3708,259	214,788	0,18	17,265	0,000
Spiel=1 (ja)	6079,439	168,553	0,38	36,068	0,000

Regression 2:

Regressions-Statistik	
Multipler Korrelationskoeffizient	0,866
Bestimmtheitsmaß	0,750
Adjustiertes Bestimmtheitsmaß	0,750
Standardfehler	3891,403
Beobachtungen	2261

ANOVA				
	Freiheitsgrade (df)	*Quadratsummen (SS)*	*Prüfgröße (F)*	*F krit*
Regression	5	102488948863,420	1353,613	0,000
Residue	2255	34147514157,969		
Gesamt	2260	136636463021,389		

	Koeffizienten	*Standard-fehler*	*Stand. Koeff. Beta*	*P-Wert*	*Toleranz*	*VIF*
Schnittpunkt	25850,762	265,143		0,000		
Preisangabe	-30,079	827,745	-0,004	0,971	0,008	129,174
Getränkegröße	24583,927	4989,126	0,590	0,000	0,008	129,174
Salat=1 (ja)	-7619,569	163,797	-0,490	0,000	0,999	1,001
Eis=1 (ja)	3679,932	213,765	0,182	0,000	0,997	1,003
Spiel=1 (ja)	6073,666	167,694	0,382	0,000	0,999	1,001

a) Berechnen Sie aus Regression 1 das R^2!

b) Wozu benötigt man das korrigierte R^2?

c) Wiederum ausgehend von Regression 1, wie hoch ist der durchschnittliche Erlös bei einem Menü zum Preis von fünf Euro, das ein Getränk von 0,5 Litern, einen Salat und ein Spiel enthält?

d) Ausgehend von der zweiten Regression, welche der Variablen besitzt den zweitgrößten Einfluss? Begründen Sie Ihre Aussage!

e) Vergleichen Sie nun die Ergebnisse der Regressionen 1 und 2! Welche der beiden Lösungen würden Sie in einer Präsentation für den Auftraggeber berücksichtigen?

f) Betrachten Sie nun das Streudiagramm in Abb. 5.18! Welches Problem liegt hier vor? Beschreiben Sie die inhaltlichen Auswirkungen auf die Interpretationsfähigkeit der Ergebnisse von Regression 1 bzw. Regression 2! Wie könnte das Problem beseitigt werden?

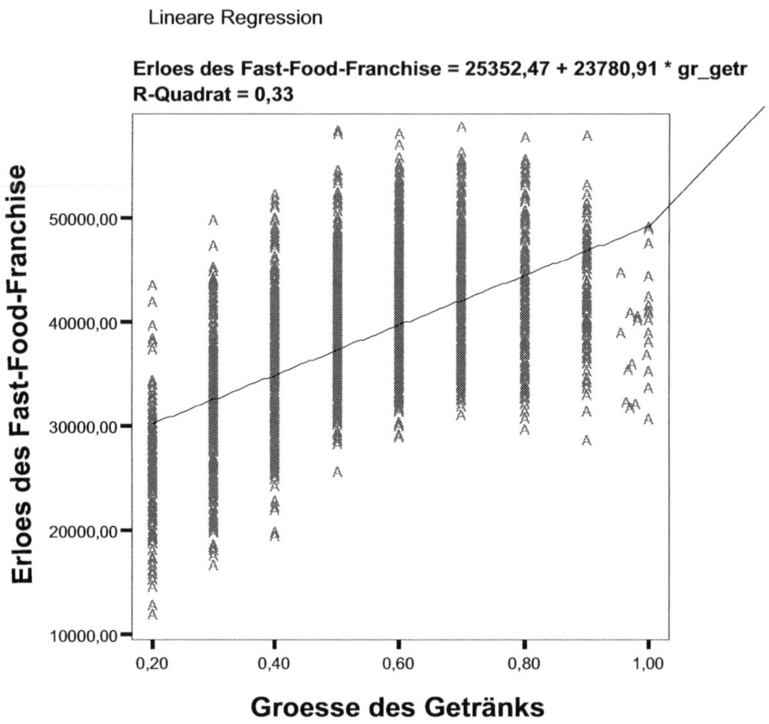

Abb. 5.18 Getränkegröße

Literatur

Hair J et al (2006) Multivariate Data Analysis, 6. Aufl. Prentice Hall International, Upper Saddle River, NJ

Swoboda H (1971) Exakte Geheimnisse: Knauers Buch der modernen Statistik. Knauer, München, Zürich

Zeitreihen- und Indexrechnung

6

Im vorangehenden Kapitel haben wir mit Hilfe einer Reihe von möglichen unabhängigen Variablen den Absatz eines Kleides prognostiziert. Dabei haben sich die Merkmalsausprägungen auf ein und denselben Zeitpunkt bezogen, denn zur Bestimmung der Absatzmenge (als abhängige Variable) wurde die Größe der Abbildung im Katalog (als unabhängige Variable) zum selben Zeitpunkt bzw. zum selben Zeitraum herangezogen. Beziehen sich alle Informationen auf denselben Zeitraum, spricht man von einer *Querschnittsanalyse* (*engl.*: cross-section analysis). Werden die Daten hingegen zeitlich geordnet analysiert, spricht man von einer *Zeitreihenanalyse* (*engl.*: time series analysis) oder einer *Längsschnittanalyse* (*engl.*: longitudinal-section analysis). Voraussetzung hierfür ist das Vorliegen der unabhängigen und abhängigen Variablen in Form einer Zeitreihe (*engl.*: time series), bei der die Daten eines Datensatzes jeweils einem bestimmten Zeitpunkt ($t = 1, \ldots, n$) zugeordnet werden. Das kann im einfachsten Fall bedeuten, dass ausschließlich die Zeit selbst als unabhängige Variable auf der x-Achse aufgetragen wird. Die Zeitreihe ist in diesem Fall nichts anderes als die Verbindung von gleichartigen Sachverhalten über verschiedene Zeiträume hinweg. Abbildung 6.1 zeigt ein solches Beispiel anhand der Preisentwicklung von Dieselkraftstoff.

In Theorie und Praxis kommen häufig aber auch kompliziertere Fälle von Zeitreihenanalysen vor: So hängt der Konsum in der nächsten Periode nicht von der Zeit selbst, sondern – je nach theoretischem Ansatz – vom Einkommen in der gleichen oder einer Vorperiode ab. In einem anderen Beispiel ergibt sich zum Zeitraum t die Nachfrage nach einem bestimmten Konsumgut y_t aus dem Preis (p_t), den Werbeausgaben (a_t) derselben Periode und der Nachfrage aus der Vorperiode (y_{t-1}). Ist die unabhängige Variable auf der x-Achse also nicht die Zeitvariable selbst, sondern eine an die Zeit gebundene (andere) unabhängige Variable, wird das methodische Vorgehen sehr viel aufwändiger, sodass an dieser Stelle lediglich auf einführende und leicht verständliche Literaturquellen verwiesen werden soll (vgl. z. B. Götze 2010 oder Greene 2012).

Es sind vor allem Darstellungen von Zeitreihen, die uns in der täglichen Presse immer wieder begegnen: Entwicklungen der Arbeitslosenquote, der Preise und des Wirtschafts-

T. Cleff, *Deskriptive Statistik und Explorative Datenanalyse*,
DOI 10.1007/978-3-8349-4748-2_6

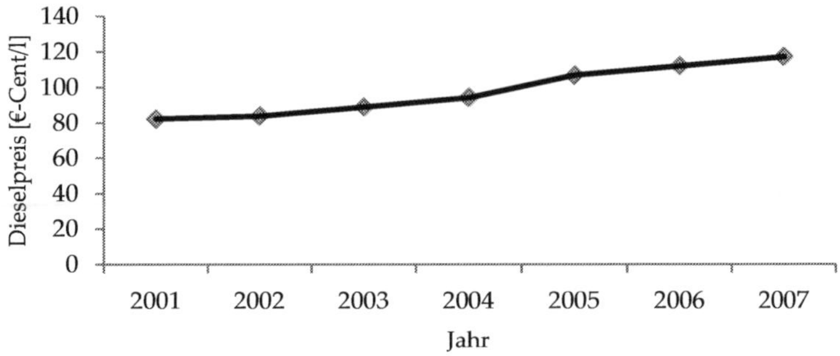

Abb. 6.1 Preisentwicklung von Dieselkraftstoff

wachstums werden mit Spannung von den Medien erwartet, und so manchem Manager treiben fallende Umsatzkurven Schweißperlen auf die Stirn. Die Ursache für diesen „medialen Erfolg" von Zeitreihen ist einfach: Eine zeitpunktbezogene Betrachtung wird durch Zeitreihen dynamisiert. Swoboda (1971, S. 96) verwendet den treffenden Vergleich eines Filmes, der ebenfalls aus Einzelbildern zusammengesetzt ist, die durch das Hintereinanderabspielen eine Dynamik erzeugen, die Muster und Handlungen erkennen und im Hinblick auf die Zukunft ausmalen lassen. An dieser Stelle wollen wir deshalb die in der Praxis am häufigsten verwendete Technik zur Messung der Dynamik, nämlich die Indexrechnung, anhand unterschiedlicher Beispiele genauer untersuchen.

6.1 Preisindizes

Die einfachste Form, Preisveränderungen über einen Zeitverlauf auszudrücken, ist die Angabe der *(ungewichteten) prozentualen Preisveränderung* in einer Berichtsperiode im Vergleich zu einem früheren Zeitpunkt: der sogenannten Ausgangs- oder Basisperiode (*engl.*: base period). In Tab. 6.1 sind beispielhaft die Jahresdurchschnitte für die Preise von unterschiedlichen Kraftstoffen angegeben. Möchte man die prozentuale Preisveränderung für Dieselkraftstoff in der *Berichtsperiode* 2007 im Vergleich zur *Basisperiode* 2001 ermitteln, so ergibt sich folgendes *Preisrelativ* (*engl.*: price relative):

$$P^*_{\text{Basisperiode}=0,\text{Berichtsperiode}=t} = \frac{\text{Preis in der Berichtsperiode } (p_t)}{\text{Preis in der Basisperiode } (p_0)}\,, \tag{6.1}$$

$$P^*_{2001,2007} = \frac{p_{2007}}{p_{2001}} = \frac{117{,}0}{82{,}2} = 1{,}42. \tag{6.2}$$

Im Vergleich zum Jahr 2001 hat sich in 2007 der Preis für Dieselkraftstoff um rund 42 Prozent erhöht. Im Prinzip können Preisrelative für jede beliebige Kombination aus Basis- und Berichtsjahr berechnet werden. So sind beispielhaft auch die Preisrelative in

Tab. 6.1 Durchschnittswerte für Diesel- und Ottokraftstoffe in Deutschland (Mineralölwirtschaftsverband http://www.mwv.de. Eigene Berechnungen.)

Preis in Cent/l	2001	2002	2003	2004	2005	2006	2007
Superbenzin	102,4	104,8	109,5	114,0	122,3	128,9	134,4
Normalbenzin	100,2	102,8	107,4	111,9	120,0	126,7	132,7
Diesel	82,2	83,8	88,8	94,2	106,7	111,8	117,0
Preisrelativ Diesel (Basisjahr 2001)	1,00	1,02	1,08	1,15	1,30	1,36	1,42
Preisrelativ Diesel (Basisjahr 2005)	0,77	0,79	0,83	0,88	1,00	1,05	1,10
Absatz in 1000 t und (Verbrauchsanteil in %)	2001	2002	2003	2004	2005	2006	2007
Superbenzin	18.979 (33,6 %)	18.785 (33,7 %)	18.140 (33,7 %)	17.642 (32,7 %)	16.870 (32,5 %)	16.068 (31,5 %)	15.718 (31,2 %)
Normalbenzin	8970 (15,9 %)	8409 (15,1 %)	7710 (14,3 %)	7395 (13,7 %)	6561 (12,6 %)	6181 (12,1 %)	5574 (11,1 %)
Diesel	28.545 (50,5 %)	28.631 (51,3 %)	27.944 (52,0 %)	28.920 (53,6 %)	28.531 (54,9 %)	28.765 (56,4 %)	29.059 (57,7 %)
Alle Kraftstoffe	56.494	55.825	53.794	53.957	51.962	51.014	50.351
Mengenrelativ Diesel (Basisjahr 2001)	1,00	1,00	0,98	1,01	1,00	1,01	1,02

Bezug auf das Basisjahr 2005 in Tab. 6.1 angegeben. Im Jahr 2007 ist demnach ein Preisanstieg von 10 Prozent im Vergleich zum Basisjahr 2005 zu verzeichnen, während der Preis im Jahr 2001 noch um 23 Prozent (= 1,00 – 0,77) unter dem Preis aus dem Basisjahr 2005 lag.

Am Kraftstoffbeispiel lässt sich der Vorteil einer Indexierung sehr gut verdeutlichen: Indexreihen machen dynamische Entwicklungen vergleichbar und drängen absolute Niveauunterschiede in den Hintergrund! Stellt man die Entwicklung der absoluten Preise für Diesel, Super- und Normalbenzin (vgl. Abb. 6.2, Abbildungsteil 1) der Entwicklung der jeweiligen Indexreihen des Basisjahres 2001 (vgl. Abb. 6.2, Abbildungsteil 2) gegenüber, so wird die unterschiedliche Preisdynamik bei der indexierten Darstellung sofort deutlich. Der größere Preisauftrieb für Diesel – der in Abbildungsteil 1 nur sehr schwer zu erkennen ist – rückt durch die Indexierung (Abbildungsteil 2) in den Vordergrund der Betrachtung, während absolute Preisunterschiede der Abbildung nicht mehr entnommen werden können.

Soll die Preisveränderung zwischen zwei Jahren berechnet werden, von denen keines ein Basisjahr darstellt, müssen die Preisrelative *umbasiert* werden. Betrachten wir

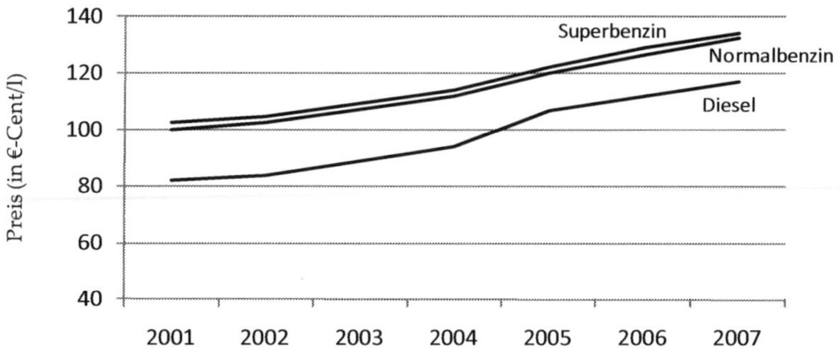

Abbildungsteil 1

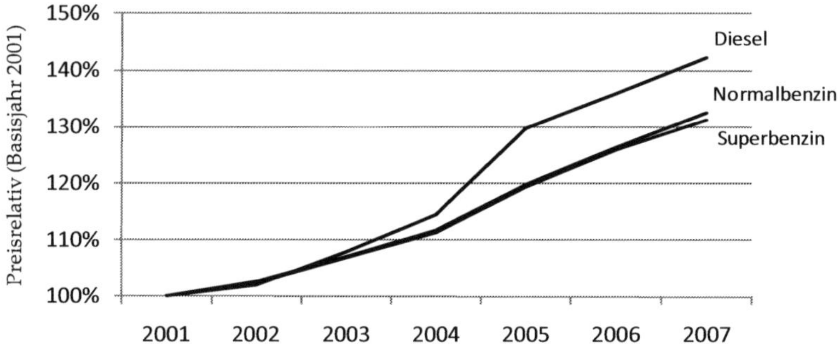

Abbildungsteil 2

Abb. 6.2 Preisentwicklung von Kraftstoffen

beispielsweise die Dieselkraftstoff-Preisrelative für das Basisjahr 2001 und fragen uns, wie groß die Preisveränderung zwischen 2004 und 2007 ist. Sie beträgt nicht 27 Prozent (= 142 − 115), sondern 27 Prozentpunkte bezüglich des betrachteten Basisjahres 2001! Besser wäre es, eine *Umbasierung*[1] auf das Jahr 2004 vorzunehmen, indem die alte Preisrelativreihe mit dem Basisjahr 2001 durch das Preisrelativ des Jahres 2004 geteilt wird:

$$P^*_{\text{neue Basisperiode},t} = \frac{P^*_{\text{Basisperiode(alt)}}}{P^*_{\text{Basisperiode(neu)}}}. \qquad (6.3)$$

[1] An dieser Stelle sei bereits angemerkt, dass von einer Umbasierung im strengen Sinne nur dann gesprochen werden kann, wenn der mit der Zeitreihe verbundene Warenkorb verändert wird (vgl. hierzu Abschn. 6.5).

Für die prozentuale Veränderung zwischen 2004 und 2007 ergibt sich somit eine Veränderungsrate von 23 Prozent:

$$P^*_{2004,2007} = \frac{P^*_{2001,2007}}{P^*_{2001,2004}} = \frac{1{,}42}{1{,}15} = 1{,}23. \tag{6.4}$$

Das dargestellte Preisrelativ als *ungewichtete prozentuale Preisveränderung* eines homogenen Gutes ist nicht mehr anwendbar, wenn *heterogene Produktgruppen* vorliegen. Verlassen wir die – wahrscheinlich nur für Fahrer von Dieselfahrzeugen interessante – Fragestellung und möchten stattdessen berechnen, wie sich die Preise aller Treibstoffarten im Aggregat (Diesel, Benzin und Superbenzin) entwickelt haben, findet der sogenannte *gewichtete aggregierte Preisindex* (*engl.*: weighted aggregated price index) Anwendung. Hierbei wird die Preisentwicklung einer Produktgruppe, einer Branche oder einer gesamten Volkswirtschaft anhand definierter Warenkörbe ermittelt. Der vom Statistischen Bundesamt ermittelte Verbraucherpreisindex für die Bundesrepublik Deutschland umfasst beispielsweise ca. 700 Produkte des Alltags, für die monatlich Preise ermittelt werden. Dabei gehen die einzelnen Preise nur mit einer bestimmten Gewichtung ein, die sich aus dem Verbrauch eines durchschnittlichen Konsumenten aus einem repräsentativen deutschen Haushalt bestimmt. Beispielsweise beträgt der Anteil der Kaltmietpreise 20,3 Prozent im Verbraucherpreisindex. In Abweichung vom Durchschnittskonsumenten können individuell unterschiedliche Lebensweisen natürlich auch zu anderen *persönlichen* Teuerungsraten führen.[2]

Die Vergleichbarkeit von Preisen unterschiedlicher Perioden bleibt nur dann gewährleistet, wenn die Zusammensetzung des Warenkorbes und die Gewichtungen der im Warenkorb enthaltenen Produkte über den Zeitverlauf unverändert bleiben (*engl.*: fixed-weighted aggregated price index). Auf das obige Beispiel für Diesel- und Ottokraftstoffpreise bezogen, stellt sich nämlich nicht die Frage, wie sich die Nachfrage insgesamt wertmäßig verändert hat, sondern wie sich der Preis für eine *feste Menge* Diesel, Benzin und Superbenzin vom Basis- zum Beobachtungsjahr verändert hat. In der Praxis bleiben die Verbrauchsanteile aber über die Zeit hinweg nicht konstant. Der Anteil nachgefragten Diesels nimmt im Beobachtungszeitraum zuungunsten anderer Kraftstoffe kontinuierlich zu. Bei der Festlegung der *feststehenden Gewichte* bestehen deshalb zwei Möglichkeiten:

---

[2] Vgl. hierzu die Informationen zur Verbraucherpreisstatistik auf folgender Webseite: http://www.destatis.de. Auf dieser Webseite ist auch die Berechnung einer individuellen Preissteigerungsrate über den „Persönlichen Inflationsrechner" möglich.

1. Werden die Gewichte aus dem durchschnittlichen Verbrauch der Basisperiode (t = 0) ermittelt, handelt es sich um den – weltweit wohl bekanntesten und auch vom Statistischen Bundesamt verwendeten – *Index nach Laspeyres*[3]:

$$P^L_{0,t} = \frac{\sum_{i=1}^{n} \frac{p_{i,t}}{p_{i,0}} \cdot p_{i,0} \cdot q_{i,0}}{\sum_{i=1}^{n} p_{i,0} \cdot q_{i,0}} = \frac{\sum_{i=1}^{n} p_{i,t} \cdot q_{i,0}}{\sum_{i=1}^{n} p_{i,0} \cdot q_{i,0}}. \quad (6.5)$$

Nicht selten werden Indexzahlen mit dem Wert 100 oder 1000 (DAX) multipliziert. So gibt das Statistische Bundesamt die Inflation durch den mit 100 multiplizierten Wert von $P^L_{0,t}$ an:[4]

$$100 \cdot P^L_{0,t} = 100 \cdot \frac{\sum_{i=1}^{n} p_{i,t} \cdot q_{i,0}}{\sum_{i=1}^{n} p_{i,0} \cdot q_{i,0}}. \quad (6.6)$$

Im obigen Kraftstoffbeispiel werden in der Basisperiode des Jahres 2001 insgesamt $q_{Diesel,2001} = 28.545.000$ Tonnen Diesel, $q_{Benzin,2001} = 8.970.000$ Tonnen Normalbenzin und $q_{Super,2001} = 18.979.000$ Tonnen Superbenzin nachgefragt. Es stellt sich die Frage, wie sich der gesamte Kraftstoffpreis im Jahr 2007 im Vergleich zum Basisjahr 2001 hypothetisch entwickelt hätte, wenn die Gewichtungen – und somit die Verbrauchsanteile für die verschiedenen Kraftstoffe – gleich geblieben wären. Im Zähler werden zunächst die Preisniveaus der Beobachtungsperiode t = 2007 ($p_{i,2007}$) für Diesel, Benzin und Superbenzin mit den durchschnittlichen Verbrauchsmengen aus der Basisperiode 2001 $q_{i,2001}$ gewichtet und danach aufaddiert. Analog erfolgt eine Addition der mit den Preisen der Basisperiode ($p_{i,2001}$) bewerteten Anteile der Basisperiode im Nenner. Es entsteht die folgende gewichtete prozentuale Preisveränderung:

$$P^L_{Basisjahr,Berichtsjahr} = \frac{\sum_{i=1}^{n} p_{i,Berichtsjahr} \cdot q_{i,Basisjahr}}{\sum_{i=1}^{n} p_{i,Basisjahr} \cdot q_{i,Basisjahr}} = P^L_{0,t} = \frac{\sum_{i=1}^{n} p_{i,t} \cdot q_{i,0}}{\sum_{i=1}^{n} p_{i,0} \cdot q_{i,0}}, \quad (6.7)$$

$$P^L_{2001,2007} = \frac{134{,}4 \cdot 18.979 + 132{,}7 \cdot 8970 + 117 \cdot 28.545}{102{,}4 \cdot 18.979 + 100{,}2 \cdot 8970 + 82{,}2 \cdot 28.545} = 1{,}3647. \quad (6.8)$$

[3] Ernst Louis Etienne Laspeyres (1834–1913) war Geheimer Hofrat und Professor für Volkswirtschaftslehre an den Universitäten in Basel, Riga, Dorpat, Karlsruhe und Gießen. Seinen Namen verdankt er seinen portugiesischen Vorfahren, die über Frankreich nach Deutschland auswanderten. Er wendete den Preisindex erstmals für Güterpreisentwicklungen im Hamburger Hafen an.

[4] Im weiteren Verlauf des Kapitels werden die Indexwerte nur dann mit 100 multipliziert, wenn dies ausdrücklich angegeben ist.

Anstelle der absoluten Marktmengen können auch die Verbrauchsanteile verwendet werden, da der Bruch lediglich um den Kehrwert der Gesamtverbrauchsmenge des Basisjahres erweitert ist:

$$P^L_{0,t} = \frac{\sum\limits_{i=1}^{n} p_{i,t} \cdot q_{i,0}}{\sum\limits_{i=1}^{n} p_{i,0} \cdot q_{i,0}} = \frac{\sum\limits_{i=1}^{n} p_{i,t} \cdot \frac{q_{i,0}}{\sum\limits_{j=1}^{n} q_{j,0}}}{\sum\limits_{i=1}^{n} p_{i,0} \cdot \frac{q_{i,0}}{\sum\limits_{j=1}^{n} q_{j,0}}} = \frac{\sum\limits_{i=1}^{n} p_{i,t} \cdot f_{q_{i,0}}}{\sum\limits_{i=1}^{n} p_{i,0} \cdot f_{q_{i,0}}}, \tag{6.9}$$

$$P^L_{2001,2007} = \frac{134{,}4 \cdot 33{,}6\,\% + 132{,}7 \cdot 15{,}9\,\% + 117 \cdot 50{,}5\,\%}{102{,}4 \cdot 33{,}6\,\% + 100{,}2 \cdot 15{,}9\,\% + 82{,}2 \cdot 50{,}5\,\%} = 1{,}3647. \tag{6.10}$$

Das Preisniveau ist somit von 2001 bis 2007 um 36,5 Prozent angestiegen.

Insgesamt muss man sich bei der Preisveränderungsmessung durch den Index nach Laspeyres der damit verbundenen Probleme bewusst sein. Das sind zunächst einmal diejenigen, die generell bei gewichteten aggregierten Indizes auftreten und somit die später noch folgenden Indizes ebenfalls betreffen:

An erster Stelle ist die *Repräsentativität der Zusammensetzung des Warenkorbes* zu nennen. Ausgehend von unserem Kraftstoffbeispiel interessiert es einen Autofahrer eines Benzinfahrzeuges überhaupt nicht, wenn der Preis für Diesel zunimmt, der Preis für Benzin aber unverändert bleibt. Er wird dann vielleicht mit Verwunderung vernehmen, dass der Index für die durchschnittlichen Kraftstoffpreise angeblich steigt. Auch wird ein Eigenheimbesitzer einen durch Mietpreiserhöhungen bedingten Anstieg des Verbraucherpreisindex nicht wahrnehmen. Ein Mieter hingegen wird vielleicht behaupten, dass die vom Statistischen Bundesamt angegebene Preissteigerungsrate nicht im Geringsten die wahre Preissteigerung widerspiegelt. Je unterschiedlicher Verbrauchsstrukturen sind, umso mehr tritt dieses Problem zu Tage. Dass ein Index die individuellen Preisveränderungen von Herrn Schmidt oder Frau Müller zum Ausdruck bringt, kann und soll ein aggregierter Index auch nicht leisten. Es geht vielmehr um die Summe der Ausgaben aller Haushalte, aus der dann die durchschnittlichen Verbrauchsanteile ermittelt werden. Zwangsläufig erfasst die so ermittelte Zahl weder die individuellen Preisänderungen von Single- oder Mehrpersonenhaushalten, noch die Preisänderungen von reichen und armen Haushalten genau. Vielleicht existiert in der ganzen Bundesrepublik kein einziger Haushalt, dessen Verbrauchsanteile denen des „repräsentativen Haushaltes" entsprechen. In der Gesamtsumme aller Haushalte ist die Preisentwicklung allerdings durchaus stimmig abgebildet. Aufgrund dieser Problematik ermöglicht das Statistische Bundesamt auf seiner Internetseite die Berechnung individueller Preissteigerungsraten. Hierzu müssen die individuellen Verbrauchsanteile selbst angegeben werden.

Ein weiteres Problem ist mit der Verkaufsstelle und der Qualität des Produktes verbunden. Natürlich existieren regionale Preisunterschiede. Aber selbst innerhalb eines Stadtviertels kann der Preis von 250 g Butter um mehrere Eurocent differieren, sodass bei veränderter Wahl der Verkaufsstätten die Preisschwankungen künstlich erzeugt würden.

Die Preisermittler der statistischen Ämter sind deshalb dazu angehalten, Verkaufsstellen und Produktqualitäten möglichst nicht zu wechseln (Krämer 2008, S. 87).

Neben den generellen Problemen einer aggregierten Indexbildung bestehen folgende, für den Laspeyres Index spezifische, Besonderheiten: Sie hängen mit den sich dynamisch ändernden Konsum- oder Einkaufsgewohnheiten, die auf einen statischen Warenkorb aus der Vergangenheit treffen, zusammen: Kommt es nach Aufstellung des Warenkorbes in der Basisperiode zu einem vermehrten *Verkaufsstellenwechsel der Kunden* (z. B. von kleinen Fachhändlern zu Großmärkten), kann sich die durch den Index gemessene Preisentwicklung von der tatsächlichen Preisentwicklung unterscheiden.

Gleiches gilt für den Fall, dass Kunden vermehrt bestehende Güter durch neue – im Warenkorb bisher nicht enthaltene – *Produkte substituieren* oder sich die *Verbrauchsanteile im Warenkorb verändern*. Insbesondere in schnelllebigen Branchen wie der Computerindustrie ist die Bezugnahme auf den Preis einer alten Rechnerkonfiguration der Basisperiode verzerrend. Die sich im Zeitablauf verändernden Präferenzen der Verbraucher stehen einer feststehenden Gewichtung von Produkten im Warenkorb einer weit zurückliegenden Basisperiode also entgegen. Um letztlich tatsächliche Preisveränderungen und nicht Veränderungen in der Qualität der Produkte zu messen, verändert das Statistische Bundesamt bei der Berechnung des Verbraucherpreisindex in zumeist fünfjährigen Abständen die Zusammensetzung des Warenkorbes, sodass im Jahr 2008 das Basisjahr von 2000 auf 2005 umgestellt wurde.

2. Um dem Problem veralteter Warenkörbe entgegenzuwirken, geht der *Index nach Paasche*[5] für jede Periode von einem neuen Warenkorb aus, dessen Verbrauchsanteile genau denen des betrachteten Berichtsjahres entsprechen. Mit dieser aufwendigen Vorgehensweise einer periodenweisen Neuerstellung des Warenkorbes ist bereits einer der Nachteile dieses Index genannt. Für jeden dieser periodischen Warenkörbe wird danach sowohl sein Gesamtwert für das jeweilige Berichtsjahr als auch sein hypothetischer Gesamtwert für das gewählte Basisjahr ermittelt. Dieser hypothetische Gesamtwert im Basisjahr ist nichts anderes als der Wert, den man für einen im Berichtsjahr vorliegenden Warenkorb in einem zurückliegenden Basisjahr hätte bezahlen müssen. Der Gesamtwert der Berichtsperiode und der hypothetische Wert in der Basisperiode bilden Zähler und Nenner des Paasche Index:

$$P^{P}_{\text{Basisjahr},\text{Berichtsjahr}} = \frac{\sum_{i=1}^{n} p_{i,\text{Berichtsjahr}} \cdot q_{i,\text{Berichtsjahr}}}{\sum_{i=1}^{n} p_{i,\text{Basisjahr}} \cdot q_{i,\text{Berichtsjahr}}} = P^{P}_{0,t} = \frac{\sum_{i=1}^{n} p_{i,t} \cdot q_{i,t}}{\sum_{i=1}^{n} p_{i,0} \cdot q_{i,t}}. \tag{6.11}$$

Im folgenden Rechenbeispiel soll erneut die Preissteigerung von Kraftstoffen zwischen dem Basisjahr 2001 und dem Berichtsjahr 2007 – nun aber mit Hilfe des Paa-

[5] Der Nationalökonom Hermann Paasche (1851–1925) lehrte an den Hochschulen Aachen, Rostock, Marburg und Charlottenburg und war zudem engagierter Politiker im Reichstag, dessen Vizepräsident er über mehrere Jahre war.

sche Index – ermittelt werden: Im Berichtsjahr 2007 ergibt sich ein Kraftstoffwarenkorb mit $q_{Diesel,2007} = 29.059.000$ Tonnen, $q_{Benzin,2007} = 5.574.000$ Tonnen und $q_{Super,2007} = 15.718.000$ Tonnen, dessen Gesamtwert sich aus den mit diesen vorgegebenen Mengen gewichteten und danach aufaddierten Preisniveaus für Diesel, Benzin und Superbenzin ergibt (siehe Zähler). Dieser Wert wird ins Verhältnis zu den mit den Preisen der Basisperiode ($p_{i,2001}$) bewerteten Anteilen der Berichtsperiode im Nenner gesetzt. Es ergibt sich demnach:

$$P^P_{2001,2007} = \frac{\sum_{i=1}^{n} p_{i,2007} \cdot q_{i,2007}}{\sum_{i=1}^{n} p_{i,2001} \cdot q_{i,2007}}, \tag{6.12}$$

$$P^P_{2001,2007} = \frac{134{,}4 \cdot 15.718 + 132{,}7 \cdot 5574 + 117 \cdot 29.059}{102{,}4 \cdot 15.718 + 100{,}2 \cdot 5574 + 82{,}2 \cdot 29.059} = 1{,}3721. \tag{6.13}$$

Wiederum mit den Verbrauchsanteilen gewichtet ergibt sich ebenfalls:

$$P^P_{2001,2007} = \frac{134{,}4 \cdot 31{,}2\,\% + 132{,}7 \cdot 11{,}1\,\% + 117 \cdot 57{,}7\,\%}{102{,}4 \cdot 31{,}2\,\% + 100{,}2 \cdot 11{,}1\,\% + 82{,}2 \cdot 57{,}7\,\%} = 1{,}3721, \tag{6.14}$$

d. h., dass das Preisniveau von 2001 bis 2007 um 37,2 Prozent angestiegen ist. Vergleicht man die Ergebnisse des Laspeyres Index (36,5 Prozent) mit denen des Paasche Index (37,2 Prozent), so liegt die Inflationsrate beim Paasche Index über der des Laspeyres Index. Ist dies der Fall, haben die Kunden zwischen den beiden Perioden ihre Nachfrage zu den Produkten, die sich – relativ gesehen – stärker verteuert haben, verschoben. Zwar ist in unserem Beispiel der Dieselkraftstoff in absoluten Beträgen gerechnet nach wie vor billiger als die anderen Kraftstoffe, was wohl letztlich auch dessen Zunahme der Verbrauchsanteile von 50,5 Prozent auf 57,7 Prozent zwischen 2001 und 2007 erklärt. Allerdings beträgt die Preissteigerung rund 42 Prozent, während sich Normalbenzin nur um 32 Prozent und Superbenzin nur um 31 Prozent verteuerten. Die Kunden greifen somit in der Berichtsperiode zu einem größeren Anteil nach einem überdurchschnittlich verteuerten Produkt, als sie es in der Basisperiode getan haben.[6] Im umgekehrten Fall – also einem größeren Laspeyres Index – entwickelt sich die Nachfrage im Zeitverlauf zugunsten von Produkten mit einer unterdurchschnittlichen Preissteigerung. Die Kunden substituieren in diesem Fall Produkte mit einer überdurchschnittlichen Preissteigerung durch Produkte mit unterdurchschnittlicher Teuerungsrate. Aufgrund dieser ökonomischen Rationalität liegt der Laspeyres Preisindex fast immer über dem Paasche Index, auch wenn dies – wie unser Beispiel gezeigt hat – nicht immer der Fall sein muss. Insbesondere bei erfolgreichen und teuren Lifestyle-Produkten erhöht sich die Nachfrage trotz überdurchschnittlicher Preisentwicklung. Zusammenfassend lässt sich festhalten, dass der Preisindex nach Laspeyres

[6] Die Verbrauchsverschiebung kommt auch dadurch zum Ausdruck, dass im gleichen Zeitraum der Anteil der neu zugelassenen Dieselfahrzeuge in Deutschland von 34,5 Prozent auf 47,8 Prozent und in Europa von 36,7 Prozent auf 53,6 Prozent gestiegen ist (ACEA, European Automobile Manufacturers' Association: http://www.acea.be/index.php/collection/statistics).

höher (niedriger) als der Paasche Index ist, wenn Preis- und Mengenentwicklung negativ (positiv) miteinander korrelieren (vgl. Rinne 2008, S. 106).

Aufgrund der divergierenden Ergebnisse schlug Irving Fisher (1867–1947) das *geometrische Mittel* aus dem Index nach Laspeyres und dem Index nach Paasche zur Berechnung des sogenannten *Index nach Fisher* vor:

$$P_{0,t}^{F} = \sqrt{P_{0,t}^{L} \cdot P_{0,t}^{P}}. \tag{6.15}$$

Dieser beschreitet somit einen „diplomatisch ausgleichenden" Weg zweier widerstreitender Konzepte, unterstellt allerdings unterschiedliche Warenkörbe mit verschiedenen Produkten und Gewichtungen, sodass ein eindeutiges Warenkorbkonzept fehlt. Auch bleibt das generelle Problem der jährlich notwendigen Neudefinition der Verbrauchsanteile im Warenkorb für den Index nach Paasche bestehen, was letztlich eine Neuberechnung der Inflationsraten – auch der zurückliegenden Jahre – erfordert. Inflationsraten der Vergangenheit stehen somit nicht fest, sondern verändern sich in Abhängigkeit vom jeweils aktuellen Warenkorb.

6.2 Mengenindizes

Neben dem Preisindex gibt es eine Reihe wichtiger anderer Indizes, von denen besonders der Mengenindex (*engl.*: quantity index) bedeutsam ist. Analog zum einfachen Preisrelativ lässt sich die Mengenveränderung eines homogenen Produktes durch ein *ungewichtetes Mengenrelativ* darstellen. Für die Veränderung des Dieselkraftstoffabsatzes ergibt sich aus Tab. 6.1 folgendes Mengenrelativ:

$$Q_{0,t}^{*} = \frac{\text{Menge in der Berichtsperiode } (q_t)}{\text{Menge in der Basisperiode } (q_0)}, \tag{6.16}$$

$$Q_{2001,2003}^{*} = \frac{q_{t=2003}}{q_{t=2001}} = \frac{27.944}{28.545} = 0{,}98. \tag{6.17}$$

Die Nachfragemenge für Dieselkraftstoff ist 2003 im Vergleich zum Jahr 2001 um zwei Prozent zurückgegangen. Verlässt man die Ebene eines homogenen Produktes und fragt nach der mengenmäßigen Entwicklung eines Warenkorbes zu konstanten Preisen, so findet der sogenannte *gewichtete aggregierte Mengenindex* (*engl.*: weighted aggregated quantity index) Anwendung. Wenn auch hier wiederum zwei verschiedene Konzepte – Mengenindex nach Laspeyres und Mengenindex nach Paasche – möglich sind, so verfolgen beide die gleiche Grundidee:

Wie hat sich die – mit konstanten Preisen einer gegebenen Periode – gewichtete Menge eines definierten Warenkorbes zwischen einer Basisperiode und einer Beobachtungsperiode verändert? Wiederum unterscheiden sich die Konzepte nur dadurch, dass der Mengenindex nach Laspeyeres von einem in der Basisperiode definierten Warenkorb und den damit verbundenen konstanten Preisen ausgeht, während der Mengenindex nach Paasche den Warenkorb und die konstanten Preise der Beobachtungsperiode zugrunde legt. Bei beiden Konzepten verbietet sich die Verwendung der relativen Mengenanteile als Mengenangaben. Vielmehr müssen die absoluten Mengenbeträge eines Warenkorbs verwendet werden:

Mengenindex nach Laspeyres:

$$Q_{0,t}^{L} = \frac{\sum_{i=1}^{n} q_{i,t} \cdot p_{i,0}}{\sum_{i=1}^{n} q_{i,0} \cdot p_{i,0}} \tag{6.18}$$

Mengenindex nach Paasche:

$$Q_{0,t}^{P} = \frac{\sum_{i=1}^{n} q_{i,t} \cdot p_{i,t}}{\sum_{i=1}^{n} q_{i,0} \cdot p_{i,t}} \tag{6.19}$$

Mengenindex nach Fisher:

$$Q_{0,t}^{F} = \sqrt{Q_{0,t}^{L} \cdot Q_{0,t}^{P}} \tag{6.20}$$

Wichtige Anwendungen für Mengenindizes sind Zeitreihen über die Industrieproduktion oder die Kapazitätsauslastung. Aber auch auf anderen Gebieten sind Anwendungen vorstellbar: Wie hat sich beispielsweise der Kraftstoffabsatz zwischen 2001 und 2007 einerseits zu konstanten Preisen aus 2001 und andererseits zu konstanten Preisen aus 2007 entwickelt (vgl. Tab. 6.1)?

Mengenindex nach Laspeyres (konstante Preise aus 2001):

$$Q_{2001,2007}^{L} = \frac{\sum_{i=1}^{n} q_{i,2007} \cdot p_{i,2001}}{\sum_{i=1}^{n} q_{i,2001} \cdot p_{i,2001}}, \tag{6.21}$$

$$Q_{2001,2007}^{L} = \frac{15.718 \cdot 102{,}4 + 5574 \cdot 100{,}2 + 29.059 \cdot 82{,}2}{18.979 \cdot 102{,}4 + 8970 \cdot 100{,}2 + 28.545 \cdot 82{,}2} = 0{,}8782. \tag{6.22}$$

Mengenindex nach Paasche (konstante Preise aus 2007):

$$Q_{2001,2007}^{P} = \frac{\sum_{i=1}^{n} q_{i,2007} \cdot p_{i,2007}}{\sum_{i=1}^{n} q_{i,2001} \cdot p_{i,2007}}, \tag{6.23}$$

$$Q_{2001,2007}^{P} = \frac{15.718 \cdot 134{,}4 + 5574 \cdot 132{,}7 + 29.059 \cdot 117}{18.979 \cdot 134{,}4 + 8970 \cdot 132{,}7 + 28.545 \cdot 117} = 0{,}8830. \tag{6.24}$$

Die Ergebnisse zeigen, dass der mit den Preisen der Basisperiode 2001 bewertete Kraftstoffabsatz (Mengenindex nach Laspeyres) in 2007 im Vergleich zu 2001 um 12,2 Prozent und der mit den Preisen der Beobachtungsperiode 2007 gewichtete Kraftstoffabsatz um nur 11,7 Prozent zurückgegangen ist (Mengenindex nach Paasche). Auch hier unterscheiden sich also die Werte der beiden Mengenindizes voneinander.

6.3 Wertindizes (Umsatzindizes)

Nachdem Indizes zur Preis- und Mengenentwicklung abgeleitet wurden, liegt es nahe, auch für die Wertentwicklung eines Warenkorbes einen Index zu ermitteln (*engl.*: *value index*). Schließlich ist der Wert eines Gutes nichts anderes als das zugehörige mathematische Produkt aus Preis und Menge. Interessanterweise lässt sich der Wertindex – häufig auch als Umsatzindex bezeichnet – weder allein aus dem Produkt von Laspeyres Preis- und Mengenindex noch allein aus dem Produkt von Paasches Preis- und Mengenindex ableiten.[7] Nur das Produkt aus Fishers Preis- und Mengenindex ergibt tatsächlich den gültigen Wertindex. Alternativ kommt man allerdings auf das gleiche Ergebnis, wenn man entweder Paasches Mengenindex mit Laspeyres Preisindex, oder Laspeyres Mengenindex mit Paasches Preisindex multipliziert. Es gilt somit:

$$W_{0,t} = \frac{\sum_{i=1}^{n} p_{i,t} \cdot q_{i,t}}{\sum_{i=1}^{n} p_{i,0} \cdot q_{i,0}} = Q^{F}_{0,t} \cdot P^{F}_{0,t} = Q^{L}_{0,t} \cdot P^{P}_{0,t} = Q^{P}_{0,t} \cdot P^{L}_{0,t}. \tag{6.25}$$

Der Kraftstoffumsatz ist 2007 im Vergleich zu 2001 um 20,5 Prozent gestiegen. Die Berechnungen ergeben sich dabei wie folgt:

$$W_{2001,2007} = Q^{L}_{2001,2007} \cdot P^{P}_{2001,2007} = 0{,}8782 \cdot 1{,}3721 = 1{,}2050 \tag{6.26}$$

oder über:

$$W_{2001,2007} = Q^{P}_{2001,2007} \cdot P^{L}_{2001,2007} = 0{,}8830 \cdot 1{,}3647 = 1{,}2050. \tag{6.27}$$

6.4 Deflationierung von Zeitreihen

Eine wichtige Aufgabe von Preisindizes ist die Deflationierung von Zeitreihen. Viele ökonomische Zeitreihen – z. B. das Bruttosozialprodukt, die Umsatzentwicklung von Un-

[7] $W_{0,t} = \frac{\sum_{i=1}^{n} p_{i,t} \cdot q_{i,t}}{\sum_{i=1}^{n} p_{i,0} \cdot q_{i,0}} \neq P^{L}_{0,t} \cdot Q^{L}_{0,t} = \frac{\sum_{i=1}^{n} p_{i,t} \cdot q_{i,0}}{\sum_{i=1}^{n} p_{i,0} \cdot q_{i,0}} \cdot \frac{\sum_{i=1}^{n} q_{i,t} \cdot p_{i,0}}{\sum_{i=1}^{n} q_{i,0} \cdot p_{i,0}}.$

Jahr	Unternehmen 1					Unternehmen 2					
	nominales Einkommen		Preis	reales Einkommen		nominales Einkommen		Preis	reales Einkommen		
	[in €]	Index [2000=100]	Index [2000=100]	[in €]	Index [2000=100]	[in €]	Index [2002=100]	Index [2002=100]	[in €]	Index [2002=100]	Index [2000=100]
2000	1.800,00	100,0	100,0	1.800,00	100,0	1.850,00	98,3	99,0	1.868,69	99,3	100,0
2001	1.854,00	103,0	102,0	1.817,65	101,0	1.868,50	99,3	99,7	1.874,12	99,6	100,3
2002	1.845,00	102,5	103,0	1.791,26	99,5	1.881,45	100,0	100,0	1.881,45	100,0	100,7
2003	1.908,00	106,0	104,0	1.834,62	101,9	1.868,50	99,3	101,0	1.850,00	98,3	99,0
2004	1.917,00	106,5	105,5	1.817,06	100,9	1.877,75	99,8	102,5	1.831,95	97,4	98,0
2005	1.926,00	107,0	106,5	1.808,45	100,5	1.951,75	103,7	103,0	1.894,90	100,7	101,4
2006	1.962,00	109,0	108,0	1.816,67	100,9	1.979,50	105,2	103,0	1.921,84	102,1	102,8
2007	1.998,00	111,0	109,0	1.833,03	101,8	1.998,00	106,2	103,5	1.930,43	102,6	103,3
2008	2.025,00	112,5	109,5	1.849,32	102,7	2.025,75	107,7	104,0	1.947,84	103,5	104,2

Abb. 6.3 Beispiel für Lohnentwicklung in zwei Unternehmen

ternehmen oder die Lagerbestände etc. – spiegeln Wertentwicklungen in der jeweils verwendeten Geldeinheit wider und weisen häufig einen ansteigenden Verlauf auf. Dies kann zum einen auf ein tatsächlich reales Mengenwachstum hinweisen. Zum anderen kann sich dahinter auch nur ein inflationsbedingter nominaler Zuwachs verbergen, der im Zweifel sogar mit einem Mengenrückgang verbunden sein kann. Sehr häufig dürften allerdings hinter den Wertzuwächsen beides – sowohl Mengen- als auch Preiszuwächse – stecken.

Deshalb sind Entscheidungsträger an der *realen – also der inflationsbereinigten – Veränderung* von Kenngrößen interessiert, welche die Wertentwicklung zu jeweils konstanten Preisen ausdrückt. Ein Beispiel hierfür ist die in Abb. 6.3 dargestellte Entwicklung der durchschnittlichen Lohnzahlungen pro Mitarbeiter in zwei Unternehmen, die in zwei verschiedenen Ländern mit jeweils unterschiedlichen Inflationsraten tätig sind. Auf das Basisjahr bezogen nimmt in Unternehmen 1 der nominale Lohn zwischen 2003 und 2004 um 0,5 Prozent zu. Allerdings ist für den gleichen Zeitraum eine Inflation von 1,5 Prozent – wiederum bezogen auf das Basisjahr – zu beobachten. Rechnet man diese mit Hilfe des Preisindex heraus, nimmt wiederum auf das Basisjahr bezogen – der durchschnittliche Lohn real um ein Prozent ab. Die Berechnung der Preisbereinigung bzw. die Deflationierung erfolgt dabei durch *Division der nominalen Werte durch den Preisindex.*

Für die deflationierte Lohnzahlung L_t^{real} [in €] des Jahres 2004 ergibt sich somit:

$$L_t^{real} = \frac{L_t^{nominal}}{P_{0,t}^L} \to L_{2004}^{real} = \frac{L_{2004}^{nominal}}{P_{0,2004}^L} = \frac{1917,00}{1,055} = 1817,06\,€. \qquad (6.28)$$

Im Vorjahr beträgt der Wert noch 1834,62 € (siehe Abb. 6.3), sodass die Arbeitnehmer in 2004 einen Kaufkraftverlust hinnehmen müssen. Während im gesamten Zeitraum der nominale Lohn von 1800 € auf 2025 € um 12,5 Prozent wächst, steigt der reale Lohn nur auf $Y_{2008}^{real} = \frac{2025,00}{1,095} = 1849,32\,€$, also um 2,7 Prozent.

An dieser Stelle sei angemerkt, dass sich die berechneten realen Werte immer in Abhängigkeit vom Basisjahr des gewählten Preisindex verändern. Vergleiche von realen Werten sollten deshalb immer auf das gleiche Basisjahr bezogen werden und nicht durch absolute, sondern durch Indexwerte dargestellt werden (s. bspw. die letzte Spalte in Abb. 6.3).

6.5 Umbasierung und Verkettung von Indizes

Wie oben bereits beschrieben, erstellt das Statistische Bundesamt in regelmäßigen – zumeist fünfjährigen – Abständen einen neuen Warenkorb und trägt somit der großen Dynamik auf den Produktmärkten Rechnung. Streng genommen ist eine Messung von Preis- und Mengenindizes nur bei Zugrundelegung ein und desselben Warenkorbes möglich, was allerdings eine Inflationsberechnung oder Deflationierung über eine längere Zeitreihe unmöglich machen würde, denn Produktmärkte unterliegen dynamischen Veränderungen. Aus diesem Grund kommt die Technik des Umbasierens und der Verkettung zum Einsatz: Die Technik des *Umbasierens* (*engl.*: base shift) haben wir bereits in Abschn. 6.1 kennengelernt, als wir das Preisrelativ von Dieselkraftstoff, das wir zunächst auf das Jahr 2001 bezogen haben, durch Division durch das Preisrelativ des Jahres 2004 auf das neue Basisjahr 2004 umbasiert haben. Letztlich lässt sich durch analoges Vorgehen für jede Indexreihe ein beliebiges Jahr als Basisjahr festlegen, wodurch sich die Indexwerte aller Jahre gemäß folgender Vorschrift verändern:[8]

$$I_{\tau,t}^{neu} = \frac{I_{0,t}^{alt}}{I_{0,\tau}^{alt}}. \tag{6.29}$$

Betrachten wir hierzu nochmals das Beispiel aus Abb. 6.3: Der Index für die Veränderung der realen Einkommenswerte im Unternehmen 2 basiert zunächst auf dem Jahr 2002 (siehe vorletzte Spalte). Wollen wir diese Entwicklung nun auf das Basisjahr 2000 basieren, um sie mit der entsprechenden Indexreihe des Unternehmens 1 vergleichen zu können, müssen wir jeden Indexwert des Unternehmens 2 durch den Indexwert für das Jahr 2000 dividieren. Dadurch entsteht die letzte Spalte in Abb. 6.3. Obwohl das nominale Einkommen im Gesamtzeitraum in Unternehmen 2 geringer als in Unternehmen 1 gestiegen ist, liegt es real mit einer Steigerung von 4,2 Prozent über der Steigerung von Unternehmen 1 mit 2,7 Prozent.

Die Technik der *Verkettung* ermöglicht es, gleichartige Indizes mit unterschiedlichen und zeitlich begrenzten Warenkörben so miteinander zu verknüpfen, dass eine lange Indexreihe entsteht. Einzige Bedingung hierfür ist, dass sich jeweils zwei dieser Zeitreihen in einer Beobachtungsperiode (τ) überlappen. Erfolgt die Verkettung in der Vorwärtsrechnung, bleibt der Index mit den ältesten Beobachtungen (I^1 zwischen den Zeitpunkten 0

[8] Die neue Indexreihe bleibt dann unverändert, wenn das neue Basisjahr zufälligerweise bereits zuvor einen Indexwert von 1,0 hatte.

Tab. 6.2 Verkettung von Indizes für Vorwärts- und Rückwärtsrechnung

		2005	2006	2007	2008	2009
Index 1		1,05	1,06			
Index 2			1,00	1,04	1,05	
Index 3					1,00	1,01
Verketteter Index	Rückwärtsrechnung	1,05 / (1,06 · 1,05) = 0,94	1,00 / 1,05 = 0,95	1,04 / 1,05 = 0,99	1,00 = 1,00	1,00 = 1,00
	Vorwärtsrechnung	1,05 = 1,05	1,06 = 1,06	1,06 · 1,04 = 1,10	1,06 · 1,05 = 1,11	1,06 · 1,05 · 1,01 = 1,12

und τ) unverändert und die jüngere überlappende Indexreihe (I^2) wird auf diese umbasiert, indem alle Werte der anzupassenden jüngeren Indexreihe mit dem überlappenden Wert des älteren Index (zum Zeitpunkt τ) multipliziert werden:

$$\text{Verkettung bei Vorwärtsrechnung: } \tilde{I}_{0,t} = \begin{cases} I^1_{0,t} & \text{für } t \leq \tau, \\ I^1_{0,\tau} \cdot I^2_{\tau,t} & \text{für } t > \tau. \end{cases} \tag{6.30}$$

Bei der Rückwärtsrechnung bleibt der Index mit den jüngsten Beobachtungen (I^2 ab dem Zeitpunkt τ) unverändert und die Werte der älteren überlappenden Indexreihe (I^1) werden durch den überlappenden Wert des jüngeren Index (zum Zeitpunkt τ) dividiert:

$$\text{Verkettung bei Rückwärtsrechnung: } \tilde{I}_{0,t} = \begin{cases} \frac{I^1_{0,\tau}}{I^2_{\tau,t}} & \text{für } t < \tau, \\ I^2_{\tau,t} & \text{für } t \geq \tau. \end{cases} \tag{6.31}$$

Werden mehr als zwei Indexreihen miteinander verkettet, muss dies in der Vorwärtsrechnung schrittweise von der ältesten zur jüngsten und in der Rückwärtsrechnung schrittweise von der jüngsten zur ältesten vollzogen werden. Tabelle 6.2 zeigt ein Beispiel sowohl für eine Rückwärts- als auch für eine Vorwärtsverkettung dreier Einzelindizes.

6.6 Übungsaufgaben zum Abschnitt

Aufgabe 26

In der Tab. 6.3 ist für die Güter A, B, C und D die Preis- und Mengenentwicklung der Jahre 1 und 3 angegeben.

a) Berechnen Sie den Preis- und Mengenindex nach Laspeyres für das Berichtsjahr 3 mit dem Basisjahr 1! Interpretieren Sie die Ergebnisse!
b) Berechnen Sie den Preis- und Mengenindex nach Paasche für das Berichtsjahr 3 mit dem Basisjahr 1! Interpretieren Sie die Ergebnisse!

Tab. 6.3 Preis-/Mengenentwicklungen

Gut	Preis 1	Menge 1	Preis 3	Menge 3
A	6	22	8	23
B	27	4	28	5
C	14	7	13	10
D	35	3	42	3

c) Warum ist die ausgewiesene Inflation i. d. R. beim Paasche Index geringer?
d) Berechnen Sie den Preis- und Mengenindex nach Fisher für das Berichtsjahr 3 mit dem Basisjahr 1!
e) Berechnen und interpretieren Sie den Wertindex für das Berichtsjahr 3 mit dem Basisjahr 1!
f) Wie hoch ist die jährliche Preissteigerung in Prozent, wenn Sie den Preisindex nach Laspeyres berechnet haben?

Aufgabe 27
Gegeben seien die Informationen in Tab. 6.4:

a) Ermitteln Sie den nominalen Wertindex [2005 = 100]!
b) Verketten Sie die gegebenen Preisentwicklungen auf das Basisjahr 2004!
c) Basieren Sie die so gewonnene Indexreihe auf das Basisjahr 2005 um!
d) Ermitteln Sie die reale Wertentwicklung und den realen Wertindex bezogen auf das Basisjahr 2005!

Tab. 6.4 Preis und Wertindex

	2005	2006	2007	2008	2009
Nominale Wertentwicklung	100.000 €	102.000 €	105.060 €	110.313 €	114.726 €
Nominaler Wertindex [2005 = 100]					
Reale Wertentwicklung					
Realer Wertindex [2005 = 100]					
Preisentwicklung [2004 = 100]	101,00	102,00	102,50		
Preisentwicklung [2007 = 100]			100,00	103,00	103,50
Preisentwicklung [2004 = 100]					
Preisentwicklung [2005 = 100]					

Literatur

Greene WH (2012) Econometric Analysis, 8. Aufl. Pearson Education, New Jersey

Götze W (2010) Grafische und empirische Techniken des Business-Forecasting, Lehr- und Übungsbuch für Betriebswirte und Wirtschaftsinformatiker, 2. Aufl. Oldenbourg, München und Wien

Krämer W (2008) Statistik verstehen. Eine Gebrauchsanweisung, 8. Aufl. Piper, München, Zürich

Rinne H (2008) Taschenbuch der Statistik, 4. Aufl. Verlag Harri Deutsch, Frankfurt/Main

Swoboda H (1971) Exakte Geheimnisse: Knauers Buch der modernen Statistik. Knauer, München, Zürich

Clusteranalyse

7

Um sich dem Begriff der Clusteranalyse zu nähern, lohnt ein Blick in ein Englisch-Deutsch-Wörterbuch: Dort lässt sich *„be clustered with something"* mit *„dicht mit etwas bestanden sein"* übersetzen, *„cluster around something"* mit *„sich um etwas scharen oder drängen"*. Cluster sind also Gruppen aus Subjekten oder Objekten, die an einer bestimmten Stelle im Raum besonders dicht vorkommen, sich also hinsichtlich ihrer Position im Raum kaum unterscheiden. In der Astronomie können dies *Sternen-Cluster* und in der Chemie *Cluster von Atomen* sein. Aber vor allem in den wirtschaftswissenschaftlichen Disziplinen basieren viele strategische Überlegungen auf der Existenz von unterschiedlichen (Kunden-)Gruppen innerhalb einer Gesamtpopulation. So wäre *Target Marketing* nicht möglich, wenn nicht mit Hilfe objektiver Verfahren vorher die Kunden im Markt segmentiert worden wären. Dem Rat des Mephistopheles folgend – es *wird nächstens schon besser gehen, Wenn ihr lernt alles reduzieren Und gehörig klassifizieren* (Goethe 1949, S. 201) – benötigen Theoretiker und Praktiker objektive und nachvollziehbare Verfahren zur Abgrenzung homogener Gruppen innerhalb einer Gesamtheit von Beobachtungen. Diese Beobachtungen können Subjekte, wie z. B. Personen bzw. das Verhalten von Personen, aber auch Objekte, wie z. B. Firmen, Produkte, Patente, etc. sein.

Selbst wenn die zu gruppierenden Subjekte oder Objekte feststehen, kann eine Gruppierung erst dann vorgenommen werden, wenn zuvor die Vergleichsdimensionen – also die unabhängigen Variablen des Modells – festgelegt worden sind. Sollen Personen hinsichtlich des *Alters* und der *Körpergröße* gruppiert werden? Oder sollen es das *Alter*, das *Körpergewicht* und die *Körpergröße* sein?

Ein Cluster definiert sich also als Gruppe von Objekten oder Subjekten mit ähnlichen (homogenen) Ausprägungen zuvor festgelegter Eigenschaften. Die Ausprägungen der Eigenschaften unterscheiden sich dabei gleichzeitig sehr stark von den Objekten oder Subjekten anderer Gruppen (Cluster). Die Aufgabe der Clusteranalyse besteht also darin, diese homogenen Gruppen/Cluster in einer Menge heterogener Objekte bzw. Subjekte zu identifizieren.

T. Cleff, *Deskriptive Statistik und Explorative Datenanalyse*,
DOI 10.1007/978-3-8349-4748-2_7

Die Clusteranalyse gehört zur Gruppe der *Explorativen Datenanalysetechniken.* „The term exploratory is important here since it explains the largely absent ‚p-values', ubiquitous in many areas of statistics. [...] Clustering methods are intended largely for generating rather than testing hypothesis" (Everitt und Rabe-Hesketh 2004, S. 267). Und hierin liegt das häufige Missverständnis der Clusteranalyse: Sie ermöglicht in einem komplexen Datensatz eine erste Segmentierung der Beobachtungen in Gruppen. Ob sich die dabei entstehenden Gruppen auch signifikant voneinander unterscheiden, untersucht die Clusteranalyse nicht, sodass es keinesfalls ausreichen kann, die Ergebnisse bereits als statistischen Beweis für eine Existenz von Gruppenunterschieden verwenden zu können.

Auch kann man nicht von *der* Clusteranalyse sprechen, denn es existiert eine Vielzahl möglicher Ansätze. Böse Zungen behaupten, es existierten so viele unterschiedliche Verfahren, wie es auch Anwender der Clusteranalyse gäbe. Andere behaupten, es wären weitaus mehr. Und tatsächlich lassen sich – wie wir später noch sehen werden – für ein bestimmtes Clusterverfahren die unterschiedlichsten Distanzmaße und Fusionierungsalgorithmen verwenden. Dennoch lässt sich die Clusteranalyse in verschiedene generelle Typen einteilen:

1. Hierarchische Clusteranalyse (*engl.*: hierarchical cluster analysis),
2. Clusterzentrenanalyse (*engl.*: k-means cluster analysis),
3. Two-Step-Clusteranalyse (*engl.*: Two-step cluster analysis).

Die beiden erst genannten Verfahren sollen in den nachfolgenden zwei Abschnitten kurz dargestellt werden.

7.1 Hierarchische Clusteranalyse

Hierarchische Clusteranalysen lassen sich in agglomerative und divisive Verfahren unterteilen. *Agglomerative Verfahren* (*engl.*: agglomerative methods) betrachten in der Ausgangssituation jede Beobachtung für sich selbst zunächst als einzelnes Cluster. Es bestehen bei n Beobachtungen somit auch n Cluster. Im ersten Schritt wird die Distanz eines jeden Clusters zu den jeweiligen anderen bestimmt. Das am nächsten beieinander liegende Paar von Clustern wird dann zu einem gemeinsamen Cluster zusammengefügt bzw. fusioniert. Beide sind sich nämlich hinsichtlich der im Vorhinein definierten Eigenschaften am ähnlichsten. Es bestehen nunmehr noch $(n-1)$ Cluster, die wiederum Distanzmessungen untereinander und einer anschließenden Fusionierung der beiden am nächsten beieinanderliegenden Cluster unterzogen werden. Mit jedem Schritt sinkt die Anzahl der verbleibenden Cluster und Stück für Stück werden größere Cluster hierar-

	bier	herkunft	kosten	kalorien	alkohol
1	Budweiser	USA	,43	144	4,70
2	Lowenbrau	USA	,48	157	4,90
3	Michelob	USA	,50	162	5,00
4	Kronenbourg	Frankrei	,73	170	5,20
5	Heineken	Holland	,77	152	5,00
6	Schmidts	USA	,30	147	4,70
7	Pabst Blue Ribbon	USA	,38	152	4,90
8	Miller Light	USA	,43	99	4,30
9	Budweiser Light	USA	,44	113	3,70
10	Coors Light	USA	,46	102	4,10
11	Dos Equis	Mexiko	,70	145	4,50
12	Becks	Deutschl	,76	150	4,70
13	Rolling Rock	USA	,36	144	4,70
14	Pabst Extra Light	USA	,38	68	2,30
15	Tuborg	USA	,43	155	5,00
16	Olympia Gold Light	USA	,46	72	2,90
17	Schlitz Light	USA	,47	97	4,20

Abb. 7.1 Bierdatensatz (Screenshot des Datensatzes von Bühl 2012, S. 627 ff.)

chisch aufgebaut.[1] Allerdings steigt mit jedem Schritt in der Regel auch die Heterogenität (Verschiedenheit) der zusammengefügten Subjekte bzw. Objekte innerhalb eines Clusters, da die zusammen zu führenden Beobachtungen bei jedem Schritt hinsichtlich der definierten Eigenschaften weiter auseinander liegen. Der Forscher muss deshalb entscheiden, ab welcher Clusteranzahl eine weitere Fusionierung aufgrund der dann zu hohen Heterogenität nicht mehr sinnvoll erscheint.

Anhand eines bei Bühl (2012, S. 627 ff.) verwendeten Datensatzes sollen die Vorgehensweise und die auftretenden Probleme der hierarchischen Clusteranalyse verdeutlicht werden (vgl. Abb. 7.1).

Gegeben sind die Variablen *Kosten [in US$ pro fl. oz.]*, *Kalorien [pro fl. oz.]* und der *Alkoholgehalt* für siebzehn unterschiedliche Biersorten. Mit Hilfe der Clusteranalyse soll nun untersucht werden, ob sich unterschiedliche Bier-Cluster hinsichtlich der beiden Variablen *Kosten* und *Kalorien* definieren lassen.

Aus der obigen Beschreibung der Agglomerativen Clusteranalyse werden zunächst alle siebzehn Biersorten als eigenständige Cluster interpretiert und die Distanz eines jeden

[1] Im Gegensatz hierzu werden bei *Divisiven Verfahren* alle Beobachtungen zunächst als ein Cluster aufgefasst. Dieses wird in einem ersten Schritt algorithmisch in zwei Gruppen aufgeteilt, in einem zweiten Schritt wird eine dieser Gruppen wieder in zwei einzelne Gruppen aufgeteilt, usw. Der entscheidende Nachteil Divisiver Verfahren ist die hohe Rechenkomplexität. Während bei agglomerativen Verfahren mit n Beobachtungen beim rechenintensivsten ersten Schritt insgesamt $n(n-1)/2$ Distanzmessungen durchgeführt werden müssen, sind es bei Divisiven Verfahren bei Bildung von zwei nicht leeren Gruppen insgesamt $2^{(n-1)}-1$ mögliche Vergleichsrechnungen. Die hohe Zeit- und Rechenkomplexität Divisiver Hierarchischer Verfahren dürfte auch der Grund dafür sein, dass sie weder in der Literatur häufig ausführlich beschrieben werden, noch in den gängigen Statistikpaketen implementiert sind.

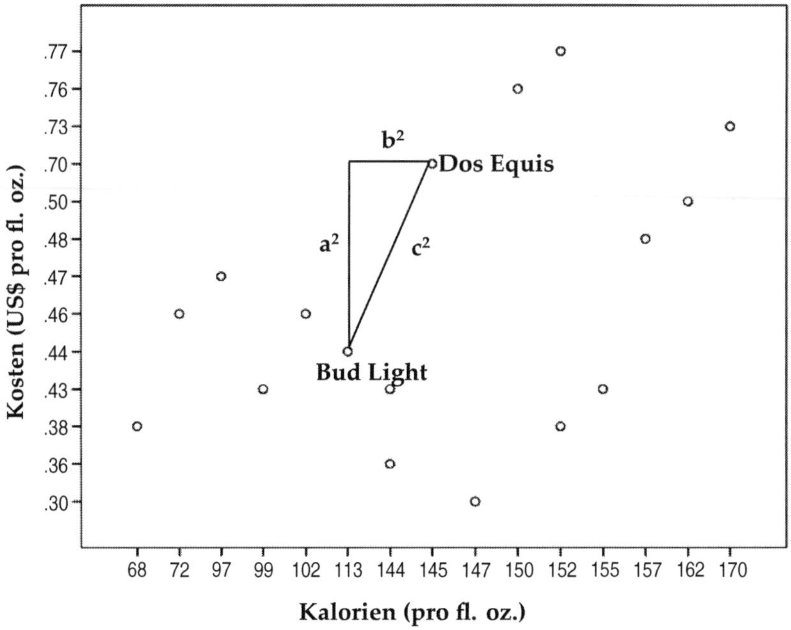

Abb. 7.2 Distanzberechnung 1

Clusters zu den jeweiligen anderen bestimmt, um danach die am nächsten beieinanderliegenden Cluster (Biersorten) zusammenführen zu können. Hier stellt sich die Frage, wie sich die Distanz zwischen den einzelnen Beobachtungen messen lässt?

In Abb. 7.2 wollen wir beispielhaft den direkten Abstand zwischen den beiden Bieren *Dos Equis* und *Budweiser Light* bestimmen. Splittet man diese direkte Verbindung – umgangssprachlich könnte man sie auch als die „Luftlinie" bezeichnen – in einen vertikalen Abstand (= a) und einen horizontalen Abstand (= b) auf, so entsteht ein rechtwinkliges Dreieck. Mit Hilfe des Satzes von Pythagoras ($a^2 + b^2 = c^2$) lässt sich der direkte Abstand nun als Wurzel aus der Summe der quadrierten horizontalen und vertikalen Abstände ausdrücken:

$$\begin{aligned}\text{Distanz(Dos Equis,Budweiser Light)} &= \sqrt{a^2 + b^2} = \sqrt{(x_2 - x_1)^2 + (y_2 - y_1)^2} \\ \text{Distanz(Dos Equis,Budweiser Light)} &= \sqrt{(70 - 44)^2 + (145 - 113)^2} = 41{,}23\end{aligned}. \quad (7.1)$$

Werden nun mehr als zwei Variablen zum Eigenschaftsvergleich herangezogen, verlässt man die zweidimensionale Fläche und kann damit auch den Satz von Pythagoras nicht mehr ohne weiteres anwenden. In einem solchen Fall definiert beispielsweise die

Euklidische Distanz (*engl.*: euclidian distance) den Abstand zweier Beobachtungen, die letztlich eine Erweiterung des Satzes von Pythagoras für r-dimensionale Räume darstellt:[2]

$$\text{Distanz(A,B)} = \left[\left| x_1^b - x_1^a \right|^r + \left| x_2^b - x_2^a \right|^r + \ldots + \left| x_r^b - x_r^a \right|^r \right]^{1/r}. \qquad (7.2)$$

Verwenden wir nun die gewonnenen Erkenntnisse, um die Abstände der Biere *Tuborg* und *Dos Equis* zu *Budweiser* zu bestimmen. In Abbildungsteil 1 der Abb. 7.3 beträgt der Abstand zwischen Budweiser und *Tuborg* 11 Einheiten, zwischen *Budweiser* und *Dos Equis* nur 1,04 Einheiten. Diese Ergebnisse widersprechen der intuitiven Wahrnehmung bei der Betrachtung der Abbildung, denn *Budweiser* und *Tuborg* scheinen viel näher beieinander zu liegen als *Budweiser* und *Dos Equis*.

Diesmal täuscht uns unsere „optische Intuition" nicht, denn die beiden Variablen *Kosten [in US$ pro fl. oz.]* und *Kalorien [pro fl. oz.]* sind in zwei völlig verschiedenen Maßeinheiten angegeben worden. Während sich die Werte der Kalorien im hunderter Bereich bewegen, liegen die Werte der Kosten zwischen 0,30 und 0,77. Das führt dazu, dass sich *kleinere* relative Unterschiede bei den Kalorien – wie z. B. zwischen *Tuborg* und *Budweiser* mit 11 Einheiten – absolut stärker bemerkbar machen, als *größere* relative Unterschiede bei der Kostenvariable – wie z. B. zwischen *Tuborg* und *Budweiser* mit 0,27 Einheiten. Schlimmer noch: Veränderten wir nur die Maßeinheit von Kalorien in Kilokalorien, würden sich auch die Distanzwerte völlig verändern. Spätestens hier dürfte jedem klar werden, dass von *Maßeinheiten abhängige Distanzmessungen* niemals Grundlage für eine Clusteranalyse sein dürfen.

Sind bei einer Clusteranalyse die Eigenschaften in unterschiedlichen Maßeinheiten gemessen worden, müssen die entsprechenden Variablen vor ihrer Verwendung im Rahmen der Distanzmessung „einheitenfrei" gemacht werden. Dies geschieht in der Regel durch *Standardisierung bzw. z-Transformation* aller Werte einer Variablen.[3] Zumeist sind diese Funktionalitäten wählbare Optionen in den Statistikprogrammen. Manchmal wird die z-Transformation – selbst in professionellen Studien – aus Unachtsamkeit vergessen. Auffällig ist dann, dass ausschließlich die Variablen mit großen Werten (z. B. Unternehmensgröße, Ausgabenkategorien von Unternehmen etc.) für die Gruppierung von signifikanter Bedeutung sind. Es muss in einem solchen Fall nicht zwangsläufig eine fehlende Standardisierung vorliegen, aber man sollte als Leser aufmerksam und „hellhörig" werden.

Nachdem in unserem Bier-Beispiel die Variablen einer *z-Transformation* unterzogen wurden, stellen sich die Ergebnisse wie in Abbildungsteil 2 der Abb. 7.3 dar. Die Distanz zwischen den beiden Bieren *Tuborg* und *Budweiser* ist nun mit 0,34 tatsächlich geringer als die Distanz zwischen *Budweiser* und *Dos Equis* mit 1,84 und entspricht nun der „optischen Intuition".

[2] Der Leser mache sich deutlich, dass die Anwendung der Euklidischen Distanz auf den zweidimensionalen Fall der Formel des Satzes von Pythagoras entspricht.

[3] Von jedem Wert einer Variablen wird der zugehörige Mittelwert $\bar{x}$ abgezogen und dieser Wert durch die Standardabweichung S der Variablen geteilt: $z_i = \frac{x_i - \bar{x}}{S}$.

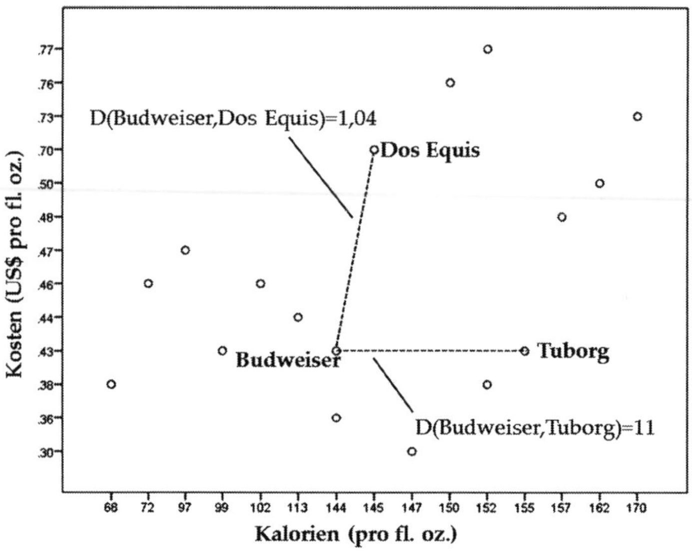

Abbildungsteil 1: Nicht Standardisierte Werte

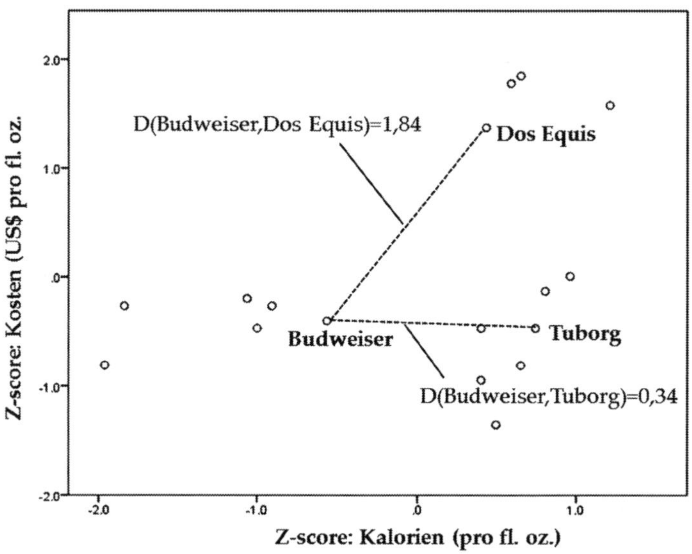

Abbildungsteil 2: Standardisierte Werte

Abb. 7.3 Distanzmessung 2

Im Prinzip haben wir mit der *Euklidischen Distanz* ein erstes mögliches Distanzmaß kennen gelernt. Es existiert aber eine Vielzahl von weiteren möglichen Ansätzen, um die Distanz zwischen zwei Beobachtungen messen zu können. Letztlich können auch Ähnlichkeitsmaße, wie z. B. Phi, verwendet werden. Je ähnlicher Beobachtungen sind, umso geringer ist deren Distanz. Jedes Distanzmaß kann durch Bildung des Kehrwerts in ein Ähnlichkeitsmaß und umgekehrt transformiert werden. Allgemein werden Distanz- und Ähnlichkeitsmaße als *Proximitätsmaße* (*engl.*: proximity measures) bezeichnet.

Trotz dieser Analogie zwischen Distanz- und Ähnlichkeitsmaßen werden Distanzmaße vor allem dann eingesetzt, wenn (Niveau-)Unterschiede zwischen Beobachtungen herausgestellt werden sollen, während Ähnlichkeitsmaße bei der Betonung von Symmetrien bevorzugt werden. Die Entscheidung für ein bestimmtes Proximitätsmaß ist dabei aber vor allem abhängig vom Skalenniveau zu treffen. Aus Tab. 7.1 sind die wichtigsten Distanz- und Ähnlichkeitsmaße in Abhängigkeit vom Skalenniveau aufgeführt.

Anzumerken ist an dieser Stelle vor allem, dass innerhalb einer hierarchischen Clusteranalyse jeweils nur ein bestimmtes Proximitätsmaß eingesetzt werden kann. Es ist demnach nicht möglich, das Distanzmaß *Chi-Quadrat* für einen Teil der Variablen und die *Quadrierte Euklidische Distanz* für einen weiteren Teil der Variablen innerhalb derselben Analyse zu verwenden. Liegen nun gleichzeitig binäre und metrische Variablen vor, können also nur die Proximitätsmaße Verwendung finden, die für beide Skalenniveaus innerhalb einer Analyse gleichzeitig erlaubt sind. Bei binären und metrischen Variablen wäre das z. B. die *Quadrierte Euklidische Distanz*. Backhaus et al. (2011, S. 401) schlagen darüber hinaus noch zwei weitere Strategien zur gemeinsamen Berücksichtigung metrischer und nicht-metrischer Variablen vor: Zum einen können die Proximitätsmaße für die unterschiedlichen Skalenniveaus zunächst getrennt voneinander berechnet und hiernach ein gewichtetes oder ungewichtetes arithmetisches Mittel bestimmt werden. Eine weitere – und aus Sicht des Autors sinnvollere – Möglichkeit besteht in der Transformation der

Tab. 7.1 Distanz- und Ähnlichkeitsmaße in Abhängigkeit vom Skalenniveau

Metrische Variablen	Distanzmaß	Euklidische Distanz, Quadrierte Euklidische Distanz, Tschebyscheff, Block- oder Manhattan Metrik, Minkowski Metrik
	Ähnlichkeitsmaß	Cosinus von Wertevektoren, Pearson Korrelation
Häufigkeiten	Distanzmaß	Chi-Quadrat, Phi-Quadrat
	Ähnlichkeitsmaß	Phi (in SPSS nicht verfügbar)
Binäre Variablen	Distanzmaß	Binäre Euklische Distanz, Lance-Williams-Maß, Binäre Form-Differenz, Varianz
	Ähnlichkeitsmaß	phi 4-point correlation, lambda, Anderberg's D, dice, Hamann, Jaccard, Kulczynski 1, Kulczynski 2, Lance and Williams, Ochiai, Rogers and Tanimoto, Russel and Rao, Sokal and Sneath 1, Sokal and Sneath 2, Sokal and Sneath 3, Sokal and Sneath 4, Sokal and Sneath 5, Yule's Y, and Yule's Q

	Budweiser	Löwenbrau	Michelob	Kronenbourg	Heineken	Schmidts
1:Budweiser		0,279	0,541	4,832	5,430	0,793
2:Löwenbrau	0,279		0,043	3,065	3,929	1,601
3:Michelob	0,541	0,043		2,518	3,482	2,075
4:Kronenbourg	4,832	3,065	2,518		0,387	9,097
5:Heineken	5,430	3,929	3,482	0,387		10,281
6:Schmidts	0,793	1,601	2,075	9,097	10,281	
7:Pabst Blue Ribbon	0,178	0,488	0,765	6,001	7,063	0,321
8:Miller Light	1,956	3,366	4,062	9,049	8,081	3,011
9:Budweiser Light	0,933	1,945	2,487	7,044	6,526	2,027
10:Coors Light	1,746	2,941	3,552	7,852	6,877	3,145
11:Dos Equis	3,386	2,387	2,137	0,646	0,275	7,433
12:Becks	5,091	3,688	3,278	0,428	0,009	9,834
13:Rolling Rock	0,228	0,832	1,223	7,010	7,867	0,176
14:Pabst Extra Light	5,696	8,117	9,205	15,739	13,879	6,326
15:Tuborg	0,117	0,120	0,275	4,396	5,376	0,847
16:Olympia Gold Light	5,050	6,999	7,900	12,663	10,645	6,623
17:Schlitz Light	2,208	3,483	4,123	8,287	7,101	3,757

	Pabst Blue Ribbon	Miller Light	Budweiser Light	Coors Light	Dos Equis	Becks
1:Budweiser	0,178	1,956	0,933	1,746	3,386	5,091
2:Löwenbrau	0,488	3,366	1,945	2,941	2,387	3,688
3:Michelob	0,765	4,062	2,487	3,552	2,137	3,278
4:Kronenbourg	6,001	9,049	7,044	7,852	0,646	0,428
5:Heineken	7,063	8,081	6,526	6,877	0,275	0,009
6:Schmidts	0,321	3,011	2,027	3,145	7,433	9,834
7:Pabst Blue Ribbon		2,830	1,637	2,712	4,802	6,709
8:Miller Light	2,830		0,194	0,050	5,429	7,569
9:Budweiser Light	1,637	0,194		0,135	4,128	6,077
10:Coors Light	2,712	0,050	0,135		4,461	6,405
11:Dos Equis	4,802	5,429	4,128	4,461		0,191
12:Becks	6,709	7,569	6,077	6,405	0,191	
13:Rolling Rock	0,080	2,184	1,226	2,169	5,369	7,464
14:Pabst Extra Light	6,817	1,044	2,123	1,414	10,483	13,201
15:Tuborg	0,125	3,030	1,709	2,756	3,482	5,081
16:Olympia Gold Light	6,480	0,746	1,643	0,869	7,823	10,057
17:Schlitz Light	3,299	0,078	0,289	0,029	4,682	6,619

	Rolling Rock	Pabst Extra Light	Tuborg	Olympia Gold Light	Schlitz Light
1:Budweiser	0,228	5,696	0,117	5,050	2,208
2:Löwenbrau	0,832	8,117	0,120	6,999	3,483
3:Michelob	1,223	9,205	0,275	7,900	4,123
4:Kronenbourg	7,010	15,739	4,396	12,663	8,287
5:Heineken	7,867	13,879	5,376	10,645	7,101
6:Schmidts	0,176	6,326	0,847	6,623	3,757
7:Pabst Blue Ribbon	0,080	6,817	0,125	6,480	3,299
8:Miller Light	2,184	1,044	3,030	0,746	0,078
9:Budweiser Light	1,226	2,123	1,709	1,643	0,289
10:Coors Light	2,169	1,414	2,756	0,869	0,029
11:Dos Equis	5,369	10,483	3,482	7,823	4,682
12:Becks	7,464	13,201	5,081	10,057	6,619
13:Rolling Rock		5,599	0,344	5,473	2,696
14:Pabst Extra Light	5,599		7,428	0,313	1,189
15:Tuborg	0,344	7,428		6,697	3,324
16:Olympia Gold Light	5,473	0,313	6,697		0,608
17:Schlitz Light	2,696	1,189	3,324	0,608	

Abb. 7.4 Distanzmatrix

metrischen Variablen auf ein niedrigeres Skalenniveau. So könnte die Variable *Kalorien [pro fl. oz.]* beispielsweise in unterschiedliche binäre Kalorienvariablen zerlegt werden.[4]

Kommen wir an dieser Stelle zu unserem Bierbeispiel zurück: In Abb. 7.4 sind die Werte der *Quadrierten Euklidischen Distanz* in der sog. *Näherungsmatrix* (*engl.*: proximity matrix) dargestellt.

Nachdem wir im ersten Schritt die Distanz einer jeden Beobachtung zu den jeweiligen anderen bestimmt haben, wird nun das am nächsten beieinanderliegende Paar von Beobachtungen zu einem Cluster zusammengefügt. Dies sind die Biere *Heineken* (Nr. 5) und *Becks* (Nr. 12) mit einer Distanz von 0,009. Die neue Cluster-Konfiguration besteht nun aus 15 einzelnen Beobachtungen und einem – aus den Bieren *Heineken* und *Becks* bestehenden – Cluster. Diese 16 Objekte werden erneut einer Distanzmessung unterzogen und die am nächsten beieinander liegenden Biere – hier: *Schlitz Light* (Nr. 17) und *Coors Light* (Nr. 10) – zu einem neuen Cluster fusioniert. Die Konfiguration besteht danach aus 13 einzelnen Beobachtungen und zwei – aus jeweils zwei Bieren bestehenden – Clustern. Die Schritte Distanzmessung und *Fusion* werden nun wiederholt durchgeführt. Dabei werden nicht nur einzelne Biere, sondern auch einzelne Biere mit Bier-Clustern oder Bier-Cluster untereinander fusioniert. Abbildung 7.5 zeigt die Abfolge der einzelnen Fusionsschritte.

Mit jedem Fusionierungsschritt steigt in der Regel die Heterogenität der fusionierten Objekte innerhalb der Cluster. Während im ersten Schritt zwischen den Bieren *Heineken* und *Becks* noch eine Distanz von nur 0,009 lag, ist es im zehnten Schritt bei der Fusionierung der Biere *Pabst Extra Light* (Nr. 14) und *Olympia Gold Light* (Nr. 16) bereits eine Distanz von 0,313. Die Abfolge der Fusionierungsschritte und die damit verbundenen Distanzwerte können der *Zuordnungsübersicht* (*engl.*: agglomeration schedule) entnommen werden: Für jeden Schritt sind hier in der Spalte *Zusammengeführte Cluster* die jeweils zusammengeführten Beobachtungen und in der Spalte *Koeffizienten* die mit der jeweiligen Fusionierung verbundene Distanz aufgeführt. Handelt es sich bei einer der an der Fusionierung beteiligten Objekte um Cluster, wird stellvertretend die Nummer einer der in diesem Cluster enthaltenen Beobachtungen verwendet (vgl. Abb. 7.6).

Eine Frage blieb bisher ungeklärt: Wenn während der Clusteranalyse Cluster mit mehreren Bieren entstehen, wo werden die Messpunkte für die Distanzmessung innerhalb eines Clusters gesetzt? Es existiert eine Vielzahl unterschiedlichster Möglichkeiten, die letztlich auch die Vielzahl unterschiedlicher Ansätze der Clusteranalyse verantwortet. Diese *Fusionierungsalgorithmen* (*engl.*: linkage methods) entscheiden, welche Messpunkte bei der Abstandsmessung zwischen Clustern verwendet werden. Allein bei den agglome-

[4] Eine Zerlegung in drei Kalorienvariablen erfolgt beispielsweise wie folgt: Die *Kalorienvariable 1* nimmt den Wert Eins an, wenn die Kalorienzahl eines Bieres im Intervall zwischen 60 und 99,99 Kalorien liegt. Die *Kalorienvariable 2* nimmt den Wert Eins an, wenn die Kalorienzahl eines Bieres im Intervall zwischen 100 und 139,99 Kalorien liegt. Die *Kalorienvariable 3* nimmt den Wert Eins an, wenn die Kalorienzahl eines Bieres im Intervall zwischen 140 und 200 Kalorien liegt. Alle sonstigen Werte sind gleich Null. Die Variable Kalorienzahl wird somit mit Hilfe von drei Variablen dichotomisiert.

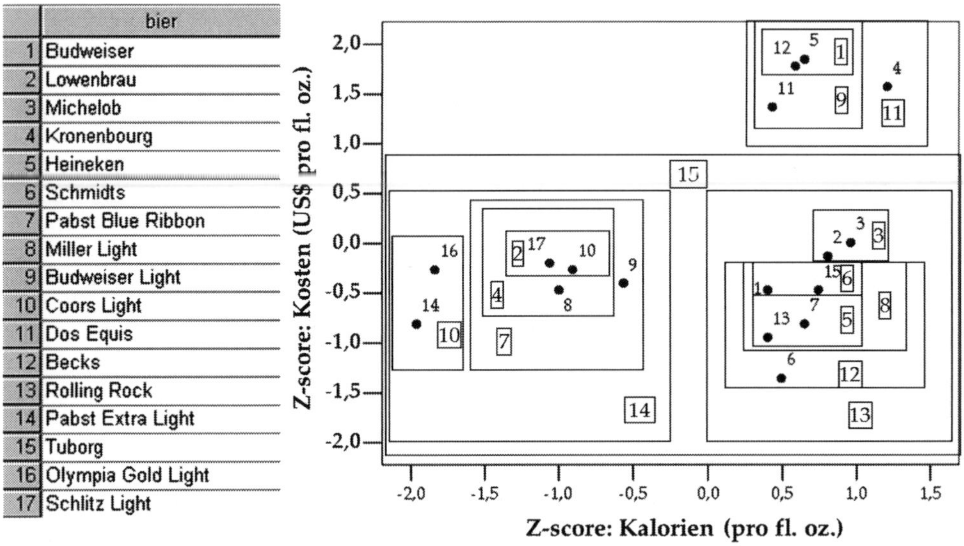

Abb. 7.5 Abfolge der Fusionsschritte

Zuordnungsübersicht

Schritt	Zusammengeführte Cluster		Koeffizienten	Erstes Vorkommen des Clusters		Nächster Schritt
	Cluster 1	Cluster 2		Cluster 1	Cluster 2	
1	5	12	,004	0	0	9
2	10	17	,019	0	0	4
3	2	3	,040	0	0	11
4	8	10	,078	0	2	7
5	7	13	,118	0	0	8
6	1	15	,177	0	0	11
7	8	9	,318	4	0	14
8	6	7	,471	0	5	13
9	5	11	,625	1	0	12
10	14	16	,781	0	0	14
11	1	2	1,045	6	3	13
12	4	5	1,370	0	9	16
13	1	6	2,470	11	8	15
14	8	14	3,907	7	10	15
15	1	8	15,168	13	14	16
16	1	4	32,000	15	12	0

Abb. 7.6 Zuordnungsübersicht

rativen Methoden der hierarchischen Clusteranalyse lassen sich fünf gängige Verfahren unterscheiden:

1. Beim *Single-linkage* Verfahren (*merger the closest point*-Strategie) werden die jeweils am nächsten beieinander liegenden Beobachtungen zweier Cluster als Basis der Abstandsmessung verwendet.
2. Im Gegensatz hierzu nutzt das *Complete-linkage* Verfahren die jeweils am weitesten auseinanderliegenden Beobachtungen zweier Cluster. Dies führt zur Ausbildung von breiten und kompakten Cluster-Lösungen. Existieren im Datensatz tatsächlich eher längliche Cluster-Lösungen, ist die Verwendung dieses Verfahrens nicht angezeigt.
3. Das *Centroid-linkage* Verfahren berechnet, für jedes Cluster getrennt, den Mittelpunkt aus den zugehörigen Beobachtungen. Durch die Mittelpunktbildung wird gewissermaßen das „Gravitationszentrum" – der *Centroid* – des jeweiligen Clusters ermittelt, das als Ausgangspunkt für die Distanzmessung dient.[5]
4. Nicht zu verwechseln ist dieses mit dem *Average-linkage* Verfahren, das die durchschnittliche Distanz zwischen den Beobachtungen zweier Cluster bildet. Da dieses Verfahren weder zur Kettenbildung noch zu „breiten" Cluster-Lösungen wie beim *Complete-linkage* tendiert, bezeichnen Kaufman und Rousseeuw (1990) es als ein von der jeweiligen Datenlage unabhängig verwendbares robustes Verfahren.[5]
5. Ein letztes Verfahren stellt die von Ward (1963) beschriebene Methode der Verwendung eines Optimierungskriteriums dar. Es sollen die Cluster miteinander fusioniert werden, die ein bestimmtes Kriterium optimieren. Er schlägt die Minimierung des Zuwachses der Summe aller Cluster-spezifischen Fehlerquadratsummen als mögliches Kriterium vor. Wie bei jedem hierarchischen Verfahren wird mit der Ausgangslösung gestartet, bei der jede Beobachtung für sich ein Cluster bildet. Die Fehlerquadratsumme hat in diesem Fall den Wert Null, denn jeder Wert entspricht in diesem Fall dem Mittelwert des jeweiligen Clusters. Wir wollen das Verfahren an einem Beispiel verdeutlichen: Es liegen die Beobachtungswerte 2; 4 und 5 vor. In der Ausgangssituation berechnet sich die Fehlerquadratsumme $QS = (2-2)^2 + (4-4)^2 + (5-5)^2 = 0$. Nun wird für alle hypothetischen Kombinationen der Zusammenführung zweier Cluster berechnet, welche Fehlerquadratsumme entstehen würde. Danach wird die Clusterbildung realisiert, welche die Fehlerquadratsumme innerhalb aller Cluster minimal ansteigen lässt. Auf unser Beispiel bezogen lassen sich entweder
   a) die Beobachtungswerte 2 und 4 mit dem Mittelwert 3,
   b) die Beobachtungswerte 2 und 5 mit dem Mittelwert 3,5 oder
   c) die Beobachtungswerte 4 und 5 mit dem Mittelwert 4,5 zu einem neuen Cluster fusionieren.

[5] Eine Besonderheit von *Centroid-linkage-* und *Average-linkage*-Verfahren ist die Tatsache, dass die Heterogenität nicht zwangsläufig mit jedem Fusionierungsschritt zunimmt.

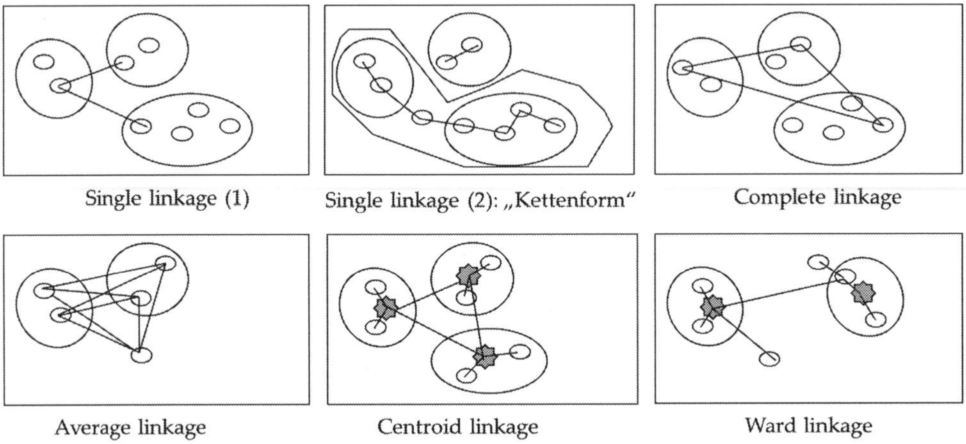

Abb. 7.7 Fusionierungsalgorithmen (Linkage-Verfahren)

Es würden sich folgende mögliche Fehlerquadratsummen ergeben:

a) $QS = [(2-3)^2 + (4-3)^2] + (5-5)^2 = 1$,
b) $QS = [(2-3{,}5)^2 + (5-3{,}5)^2] + (4-4)^2 = 2{,}25$,
c) $QS = (2-2)^2 + [(4-4{,}5)^2 + (5-5{,}5)^2] = 0{,}25$.

Die Beobachtungswerte 4 und 5 werden zu einem Cluster zusammengefasst, wodurch die Summe der Fehlerquadrate aller Cluster nur um 0,25 ansteigt.

Werden für die Clusterbildung mehrere Variablen gleichzeitig verwendet – also nicht wie im obigen Beispiel eine Variable –, so wird die Quadratsumme nicht mit Hilfe des Mittelwertes, sondern mit Hilfe des Centroids des jeweiligen Clusters gebildet. Das Verfahren wird von vielen Autoren als sehr effizient beschrieben.

Die grundlegenden Ideen der einzelnen Fusionierungsalgorithmen sind in Abb. 7.7 nochmals schematisch dargestellt.

Jedes der genannten Verfahren besitzt seine sachlogische Berechtigung, sie führen aber nicht unbedingt zu gleichen Clusterlösungen. Sogenannte *dilatierende Verfahren* – wie beispielsweise das *Complete-linkage* – neigen zur Ausbildung gleichgroßer Gruppen, *kontrahierende Verfahren* zur Kettenbildung. So tendiert beispielsweise das *Single-linkage* aufgrund seiner *merger the closest point Vorgehensweise* zur Ausbildung langer und schmaler bzw. verketteter Cluster-Lösungen (vgl. Abb. 7.7). Diese Eigenschaft lässt sich übrigens dazu nutzen, Ausreißer zu entdecken, denn letztere werden bei diesen Techniken erst in den letzten Schritten mit den anderen Cluster fusioniert (Mooi und Sarstedt 2011, p. 252). *Ward-*, *Centroid-* und *Average-linkage* weisen keine dieser dilatierenden oder kontrahierenden Eigenschaften auf und lassen sich deshalb als konservative Verfahren bezeichnen. In der wissenschaftlichen Praxis wird bei Vorliegen von metrischen Variablen deshalb vorgeschlagen, zunächst ein dilatierendes Verfahren wie das *Single-*

linkage anzuwenden. Nachdem mögliche Ausreißer entdeckt und entfernt wurden, sollte sich das *Ward* Verfahren anschließen. Letzteres hat sich in der wissenschaftlichen Praxis nicht nur durchgesetzt, sondern Studien bestätigen die besonders gute Qualität der mit diesem Verfahren erzeugten Clusterlösungen (Berg 1981, S. 96 f.).

Die mit jedem Fusionierungsschritt zunehmende Cluster-Heterogenität lässt berechtigterweise die Frage aufkommen, ab wann eine weitere Zusammenführung der Subjekte bzw. Objekte aus Sicht einer sinnvollen Segmentierung unterlassen werden sollte. Wir erinnern uns an die Definition eines Clusters: *„Ein Cluster definiert sich als Gruppe von Objekten oder Subjekten mit ähnlichen (homogenen) Ausprägungen zuvor festgelegter Eigenschaften*". Es kann also nicht sinnvoll sein, die Fusionierungsschritte über ein gewisses Maß hinaus fortzusetzen. Wie lässt sich nun aber ein *Stopp-Kriterium* und die damit verbundene sinnvolle Festlegung der Anzahl der Cluster definieren?

Diese Entscheidung wird dem Wissenschaftler im Prinzip zunächst selbst überlassen. Um sich dem Vorwurf der Ergebnismanipulation zu entziehen, sollten allerdings drei Gütekriterien einer Clusteranalyse Anwendung finden.

1. Vorzugsweise sollte eine Clusteranzahl gewählt werden, vor der der Heterogenitätszuwachs sprunghaft ansteigt. Aus der Zuordnungsübersicht lassen sich erste Hinweise über derartige Sprungstellen entnehmen. Weitere Möglichkeiten der grafischen Identifizierung stellen das Dendrogramm oder der Screeplot dar.

Der Begriff *Dendrogramm* (*engl.*: dendrogram) leitet sich aus dem griechischen Wort für *Baum* ab, denn der gesamte Fusionierungsprozess lässt sich als ein, sich hinsichtlich der einzelnen Clusterlösungen verästelnder, Baum darstellen. Die Länge der einzelnen Äste entspricht dabei der Größe der mit einer Fusionierung verbundenen Heterogenität (Distanz), die insgesamt auf eine Skala zwischen 0 und 25 normiert wird. Wird das *Dendrogramm* für das Bierbeispiel in Abb. 7.8 von der linken Seite her interpretiert, so weisen die kurzen Äste der Biere 4, 5, 11 und 12 auf eine geringe Heterogenität bei deren Fusionierung zu einem Cluster hin. Gleiches gilt auch für das Cluster der Biere 1, 2, 3 und 15. Wird letzteres Cluster aber mit dem Cluster der Biere 6, 7 und 13 fusioniert, so ergibt sich bereits eine etwas größere Heterogenität. Betrachtet man nun die Länge der Äste, die durch Fusionierung der *Light Biere* (Nr. 8, 9, 10, 14, 16, 17) mit den *kostengünstigen Vollbieren* (Nr. 1, 2, 3, 6, 7, 13, 15) entstehen, lässt dies auf eine vergleichsweise hohe Heterogenität schließen.

Bei der Festlegung der Anzahl der Cluster geht man nun gewissermaßen wie ein Gärtner vor, der seinen Baum an der Stelle schneidet, an der, von der linken Seite her gesehen, als erstes große Äste auftreten. In Abb. 7.8 ist dies durch eine gestrichelte Linie gekennzeichnet. Die Anzahl der Äste, die „geschnitten werden müssten", entspricht gleichzeitig auch einer sinnvollen Anzahl der Cluster: In unserem Beispiel wären dies drei Cluster.

Beim *Screeplot* wird die Anzahl der Cluster in aufsteigender Reihenfolge auf der x-Achse und der mit der jeweiligen Lösung verbundene Heterogenitätssprung auf der y-Achse aufgetragen. Die Clusteranzahl, ab welcher der *Screeplot* eine der Abszisse asym-

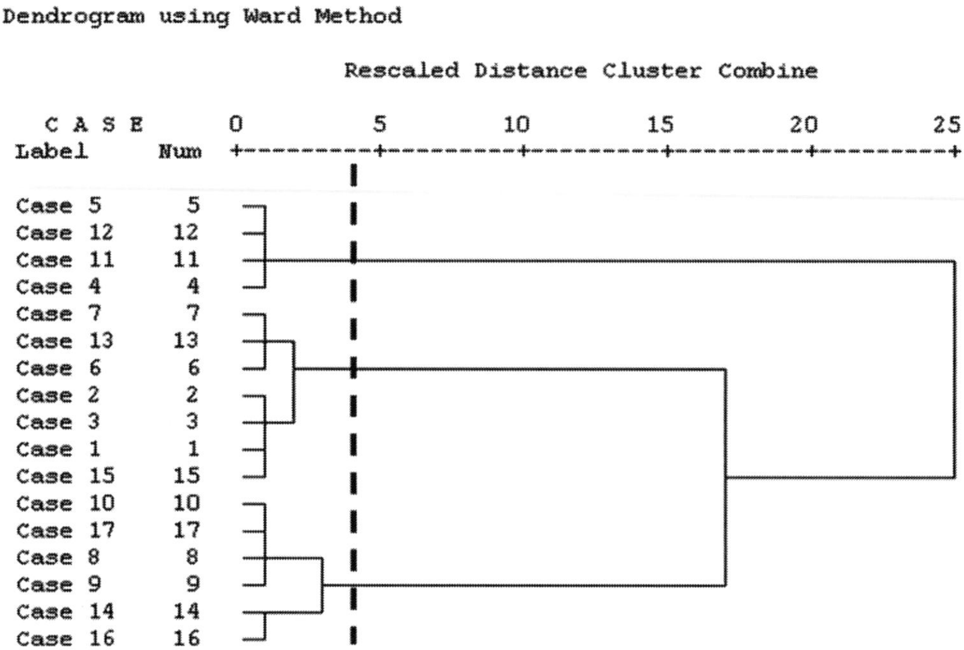

Abb. 7.8 Dendrogramm

ptotisch annähernde Gerade bildet, sollte eine homogene Clusterlösung darstellen. Für unser Bierbeispiel ergibt sich ein *Screeplot*, der wiederum eine Drei-Cluster-Lösung bestätigen würde (vgl. Abb. 7.9). Leider wird die Erstellung eines *Screeplot* im Zusammenhang mit der Clusteranalyse durch Softwarepakete kaum bis gar nicht unterstützt.

Es ist allerdings fraglich, ob Verfahren, wie z. B. *Screeplot* und *Dendrogramm*, die in der empirischen Sozial- und Wirtschaftsforschung vergleichsweise häufig Anwendung finden, immer eine objektive Ergebniseindeutigkeit herbeiführen.

2. Eine weitere Möglichkeit besteht deshalb darin, für eine gegebene Clusterlösung die Varianz aller Variablen einer Gruppe in Bezug zur Varianz der entsprechenden Variable in der Gesamtstichprobe – den sogenannten *F-Wert* – zu berechnen. Ist dieser Quotient für alle Cluster und alle Variablen kleiner als Eins, ist die Streuung der Objekteigenschaften der jeweiligen Gruppe im Vergleich zur Gesamtheit aller Beobachtungen gering. Die Clusterlösung entspricht dem Ziel einer großen Intra- und kleinen Intergruppenhomogenität, während F-Werte über Eins eine schlechte Qualität der Clusterlösung ausdrücken.

Softwarepakete berechnen diese Informationen nicht immer im direkten Zusammenhang mit der Clusteranalyse, sodass die Bestimmung der F-Werte anhand von Einzelberechnungen der Varianzen erfolgen muss. Abbildung 7.10 gibt die entsprechenden F-

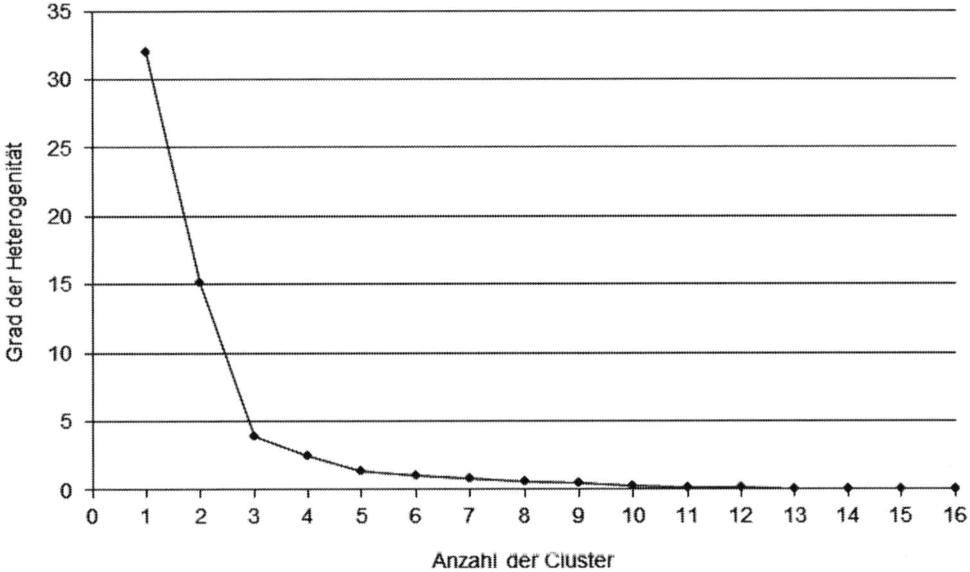

Abb. 7.9 Screeplot zur Identifizierung von sprunghaften Heterogenitätszuwächsen

	Varianz		F.Wert	
	Kalorien	Kosten	Kalorien	Kosten
1 Cluster	1035,110	0,022	1,000	1,000
2 Cluster	1117,167	0,003	1,079	0,136
3 Cluster	47,620	0,005	0,046	0,227
4 Cluster	47,619	0,005	0,046	0,227
5 Cluster	57,667	0,001	0,056	0,045

Abb. 7.10 Bewertung der F-Werte für die Clusterlösungen 2 bis 5

Werte für unser Beispiel wieder. Es wird deutlich, dass in der Lösung mit zwei Clustern der F-Wert für Cluster 1 in Bezug auf die Variable *Kalorien* über dem Wert Eins liegt:

$$F = \frac{1117{,}167}{1035{,}110} = 1{,}079 > 1. \tag{7.3}$$

Erst ab der Drei-Cluster-Lösung sind alle F-Werte kleiner als Eins und die Cluster somit als *homogen* anzusehen.

3. Als letztes Verfahren zur Überprüfung der Güte einzelner Clusterlösungen eignet sich die *Diskriminanzanalyse*. Sie wird im Rahmen dieses Buches nicht explizit vorgestellt und deshalb soll die mit ihr verbundene Vorgehensweise bei der Güteüberprüfung von Clusterlösungen nur kurz skizziert werden. Im Rahmen der Diskriminanzanalyse werden mathematische Funktionen (Diskriminanzfunktionen) erstellt, die den In-

Klassifizierungsergebnisse[b, c]

		Ward Method	Vorhergesagte Gruppenzugehörigkeit 1	2	3	Gesamt
Kreuzvalidiert	Anzahl	1	7	0	0	7
		2	0	4	0	4
		3	0	0	6	6
	%	1	100,0	,0	,0	100,0
		2	,0	100,0	,0	100,0
		3	,0	,0	100,0	100,0

b. 100,0% der ursprünglich gruppierten Fälle wurden korrekt klassifiziert.

c. 100,0% der kreuzvalidierten gruppierten Fälle wurden korrekt klassifiziert.

Abb. 7.11 Fehlklassifizierung im Vergleich mit Ergebnissen der Diskriminanzanalyse

formationsgehalt der verwendeten unabhängigen Variablen komprimiert wiedergeben können. Die Gegenüberstellung der gegebenen Clustereinteilung mit der, durch die mit Hilfe der Diskriminanzfunktion vorhergesagten Klassifizierung liefert die Anzahl fehlklassifizierter Beobachtungen. Eine gegebene Clusterlösung sollte nach Meinung des Verfassers bei einer Fehlerquote von über 10 Prozent als *qualitativ unbrauchbar* verworfen werden. In unserem Bierbeispiel lassen sich alle Clusterlösungen zwischen zwei und fünf Clustern mit Hilfe der Diskriminanzanalyse korrekt klassifizieren. Ein Ergebnisbeispiel für die Drei-Cluster-Lösung ist Abb. 7.11 zu entnehmen.

Letztlich liefert die Diskriminanzanalyse ebenfalls erste Anhaltspunkte für die Interpretation von Clusterlösungen. Aber auch mit Hilfe der Varianzanalyse lassen sich die unterschiedlichen Profile der Cluster herausarbeiten. Betrachten wir die Drei-Cluster-Lösung in Abb. 7.12 zunächst einmal grafisch.

In *Cluster 3* befinden sich alle Light Biere, die nicht nur einen unterdurchschnittlichen Kaloriengehalt, sondern ebenfalls unterdurchschnittlich hohe Kosten aufweisen. Darüber hinaus befinden sich in *Cluster 1* alle preiswerten Biere, deren Kaloriengehalt aber über dem Durchschnitt liegen. Die Premiumbiere in *Cluster 2* weisen sowohl überdurchschnittliche Kosten als auch einen überdurchschnittlichen Kaloriengehalt auf. Eine erste grafische Betrachtung der Drei-Clusterlösung liefert somit ein sachlogisches Ergebnis. Kann man an dieser Stelle nun auch davon ausgehen, dass sich die identifizierten Gruppen nicht nur auf den ersten Blick, sondern auch statistisch signifikant voneinander unterscheiden? Janssens et al. (2008, S. 71) zeigen, wie mit Hilfe der Varianzanalyse Gruppenunterschiede auf ihre Signifikanz überprüft werden können.[6]

[6] Bei der Varianzanalyse werden die Clusterzugehörigkeit als unabhängiger Faktor und die bei der Clusteranalyse verwendeten n Dimensionen (Variablen) jeweils in n unterschiedlichen Varianzanalysen hintereinander als abhängige Variablen gewählt. In unserem Beispiel sind dies zwei

	bier
1	Budweiser
2	Lowenbrau
3	Michelob
4	Kronenbourg
5	Heineken
6	Schmidts
7	Pabst Blue Ribbon
8	Miller Light
9	Budweiser Light
10	Coors Light
11	Dos Equis
12	Becks
13	Rolling Rock
14	Pabst Extra Light
15	Tuborg
16	Olympia Gold Light
17	Schlitz Light

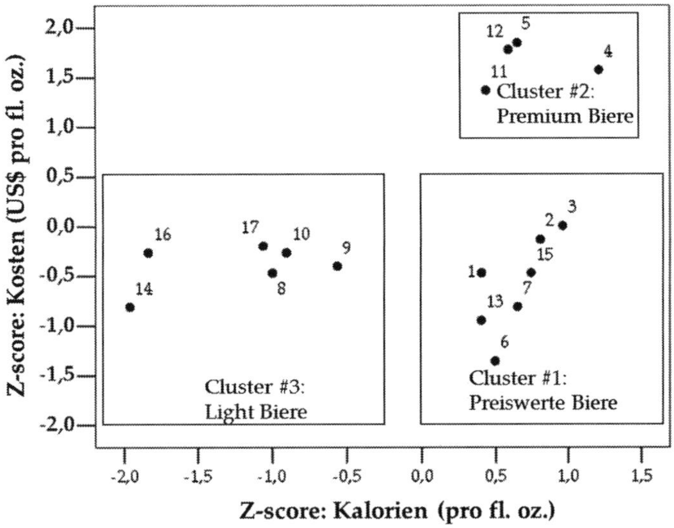

Abb. 7.12 Interpretation der Cluster

Bei der Überprüfung durch struktur-prüfende Verfahren – wie beispielsweise der Varianzanalyse – werden die gleichzeitigen Vor- und Nachteile der Clusteranalyse nochmals deutlich. Sie ist *keine Inferenztechnik* und besitzt somit keine der hiermit verbundenen Anwendungsvoraussetzung, wie z. B. das Vorliegen einer Normalverteilung etc. Dennoch sollten bestimmte Voraussetzungen beachtet werden:

- Die verwendete Stichprobe sollte *repräsentativ* sein.
- Es sollte kein *Multikollinearitätsproblem* vorliegen. Dieses Problem wurde bereits im Zusammenhang mit der Regressionsanalyse diskutiert. Jede Variable besitzt in der Clusteranalyse das gleiche Gewicht. Existieren nun zwei (oder mehrere) multikollineare Variablen zur Beschreibung ein und derselben theoretischen Dimension, so ist diese Dimension im Modell doppelt (bzw. mehrfach) vertreten. Beobachtungen, die hinsichtlich dieser Dimension eine große Ähnlichkeit aufweisen, haben somit eine höhere Wahrscheinlichkeit in ein gemeinsames Cluster zu gelangen. Dies ist aus inhaltlicher Sicht in der Regel aber so nicht gewollt.

Die Agglomerative Clusteranalyse besitzt eine von der Anzahl der Beobachtungen quadratisch abhängige Rechenkomplexität: Bei n Beobachtungen sind $n \cdot (n-1)/2$ Distanzen

---

Varianzanalysen mit den $n=2$ abhängigen Variablen *Kosten* und *Kalorien* der Biere. Tatsächlich ergeben sich bei den beiden durchgeführten Varianzanalysen signifikante Unterschiede hinsichtlich der drei Gruppen: Gemäß der post-hoc Verfahren unterscheiden sich Premiumbiere preislich und die Light Biere in ihrem Kaloriengehalt signifikant von den restlichen Bieren. Scheffé und Tamhane Tests ergeben gleichermaßen diese Signifikanzunterschiede.

in einer Distanzmatrix zu ermitteln. Das führt letztlich dazu, dass agglomerative Verfahren bei großen Datensätzen mit einfacher PC-Technik nicht mehr rechenbar sind. In einem solchen Fall sollte eine Clusterzentrenanalyse durchgeführt werden.

7.2 Die Clusterzentrenanalyse

Die Clusterzentrenanalyse gehört zur Gruppe der sogenannten partitionierenden Verfahren. Der wesentliche Unterschied zu den hierarchischen Verfahren besteht darin, dass der Anwender von vornherein die Anzahl der Cluster festlegen muss. Mehr noch: Er muss sogar eine *Anfangspartition* – also eine erste Zuordnung der Beobachtungen zu den einzelnen Clustern – vorgeben. Dabei ist es zunächst nicht von Bedeutung, ob die Anfangspartition tatsächlich sinnvoll oder sachlogisch zusammengestellt wurde, oder die einzelnen Beobachtungen einfach nur willkürlich zugeordnet worden sind. Das Verfahren beginnt nun durch Veränderung der Zuordnung der Beobachtungen zu den einzelnen Clustern die Qualität der Clusterlösung zu verbessern. Je besser die Clusterlösung bereits in ihrer Anfangspartition ist, umso schneller erreicht die Clusterzentrenanalyse das Endergebnis. Schlechte Anfangspartitionen haben also nur einen Einfluss auf die Rechenzeit.

Manchmal kann es auch sinnvoll sein, die Ergebnisse einer Hierarchischen Clusteranalyse nochmals einer Clusterzentrenanalyse zu unterziehen, um mögliche Verbesserungen der Zuordnungen aufzuspüren.

Wie aber geht das Verfahren bei seiner Qualitätsverbesserung vor? Gehen wir an dieser Stelle wieder von unserem Bierbeispiel aus. Angenommen, es läge die in Abb. 7.13 dargestellte Anfangspartition mit drei Clustern vor. Diese Lösung ist im Vergleich zur Lösung bei der Hierarchischen Clusteranalyse leicht abgeändert: *Budweiser Light* (Nr. 9) wird in der Anfangspartition nicht dem Cluster der Light Biere, sondern dem der preiswerten Vollbiere zugeordnet.

Für jeden der drei vorgegebenen Cluster wird in einem ersten Schritt der Clustermittelpunkt – der *Centroid* – berechnet.[7] Wiederum ausgehend von der Grundidee eines Clusters als Gruppe von Objekten oder Subjekten mit ähnlichen (homogenen) Ausprägungen, dürfte keine Beobachtung sehr weit vom Centroid des eigenen Clusters entfernt liegen – sie sollte zumindest näher zum Centroid des eigenen, als zum Centroid eines benachbarten Clusters liegen. Beginnend mit der Beobachtung Eins wird dies nun für alle Beobachtungen überprüft. Bei Erreichen der Beobachtung Nr. 9 (vgl. Abb. 7.13) stellen wir fest, dass das Bier *Budweiser Light* einen Abstand von 0,79 zum eigenen Centroid[8] (*Cluster 2*) und einen Abstand von 0,65 zum Centroid des *Cluster 1* aufweist.[9] Es ist sinnvoll, die Clusterlösung durch Zuordnung von *Budweiser Light* zu den *Light Bieren* in *Cluster 1*

[7] Der Centroid wird ermittelt, indem für alle Beobachtungen eines jeden Clusters getrennt der Mittelwert für jede Variable berechnet wird.

[8] $(-0{,}401-(-0{,}401))^2+(-1{,}353-(-0{,}563))^2=0{,}79^2$: Distanz: 0,79.

[9] $(-0{,}571-(-0{,}401))^2+(0{,}486-(-0{,}563))^2=0{,}65^2$: Distanz: 0,65.

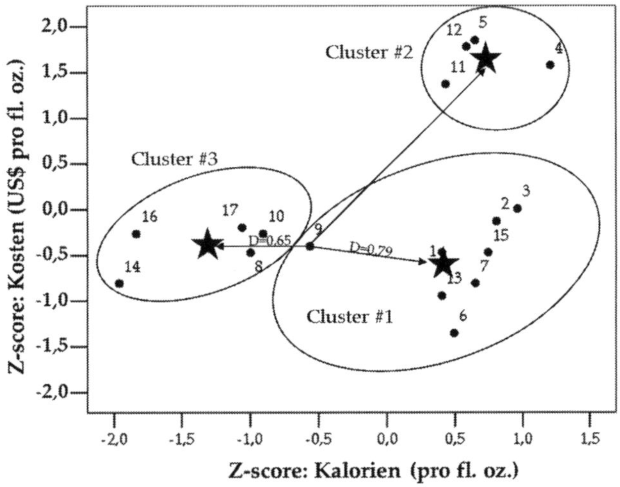

Abb. 7.13 Anfangspartition der Clusterzentrenanalyse

zu verändern, wodurch sich allerdings auch die Lage der Centroide der beiden, durch die Zuordnungsveränderung betroffenen, Cluster verändert. Für alle Beobachtungen muss deshalb erneut überprüft werden, dass sie näher zum eigenen, als zum Centroid eines benachbarten Clusters liegen. Ist dies tatsächlich der Fall, ist die optimale Lösung erreicht. Wenn nicht, muss der Prozess der Zuordnungsveränderung und Neuberechnung der Centroide bis zur Erreichung der Optimallösung wiederholt werden.

Natürlich existieren auch für die Clusterzentrenanalyse unterschiedliche Ansätze: So verwenden Backhaus et al. (2011, S. 451) als Kriterium der Bewertung einer Zuordnung nicht den *minimalen Abstand einer Beobachtung zum eigenen im Vergleich zu den benachbarten Centroiden*, sondern das *Varianzkriterium*: Für eine gegebene Anfangspartition wird die Fehlerquadratsumme in den Clustern ermittelt und überprüft, welche Veränderung einer Zuordnung zu einer maximalen Verringerung der Fehlerquadratsumme führt. Nach Neubestimmung der Centroiden wird dieser Prozess so lange wiederholt, bis keine Verminderung der Fehlerquadratsumme mehr möglich ist.

Zusammenfassend lässt sich als Anwendungsvoraussetzung der Clusterzentrenanalyse folgendes festhalten:

- Das Verfahren setzt die Kenntnis über die angemessene Anzahl der Cluster voraus. Natürlich können auch hier nacheinander Lösungen für eine unterschiedliche Anzahl von Clustern errechnet werden und deren Qualität mit Hilfe von geeigneten Verfahren – z. B. der Diskriminanz- oder der Varianzanalyse – miteinander verglichen werden.
- Auch hier gilt der Grundsatz, dass die metrischen Variablen des Modells zuvor einer z-Transformation unterzogen werden müssen und auf mögliche Multikollinearitäten überprüft werden sollten.

Aufgrund der hohen erforderlichen Rechenkapazität von hierarchisch agglomerativen Verfahren, bleibt dem Anwender bei größeren Datensätzen häufig kaum eine andere Wahl, als der Einsatz der Clusterzentrenanalyse.

7.3 Clusteranalyse mit dem Computer

Die Durchführung einer Clusteranalyse mit Excel ist nur mit Hilfe der Implementierung zusätzlicher Statistik-Add-Ins möglich. Diese gehören nicht zum normalen Lieferumfang von Excel und müssen zusätzlich käuflich erworben werden. Auf dem Markt sind derzeit Produkte wie z. B. *WinSTAT* (www.winstat.de) oder *XLSTAT* (www.xlstat.com) erhältlich. Die Durchführung der Clusteranalyse erfolgt dabei in sehr ähnlicher Weise wie in SPSS oder Stata. An dieser Stelle soll deshalb nur die Vorgehensweise mit beiden letzteren Programmen anhand des Beispieldatensatzes *beer.sav* bzw. *beer.dta* gezeigt werden.

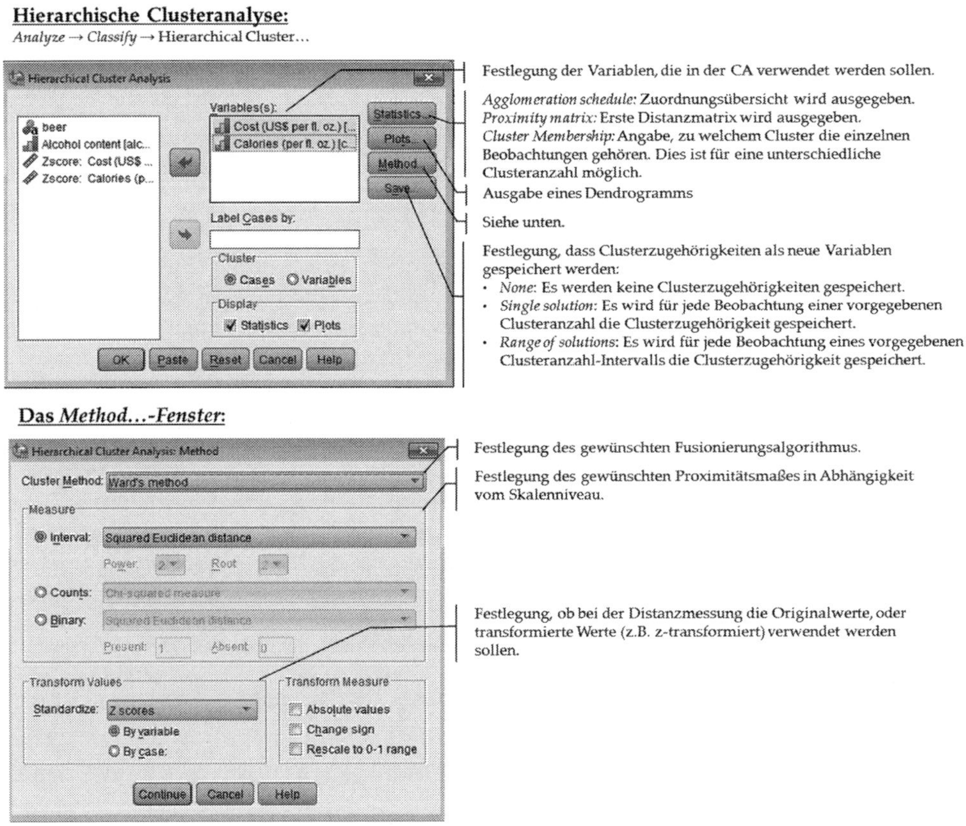

Abb. 7.14 Hierarchische Clusteranalyse mit SPSS

7.3.1 Clusteranalyse mit SPSS

Um mit SPSS eine *Hierarchische Clusteranalyse* durchzuführen, muss durch Verwendung der Befehlsfolge *Analyze* → *Classify* → *Hierarchical Cluster...* das *Hierarchical Cluster Analysis -Fenster* geöffnet werden.[10] In diesem Fenster sind zunächst die Variablen festzulegen, die in der Clusteranalyse verwendet werden sollen. In unserem Beispiel sind es die Variablen *Cost [in US$ per fl. oz.]* und *Calories [per fl. oz.]*. Durch Anklicken der unterschiedlichen Auswahlfelder (vgl. Abb. 7.14) lässt sich die Hierarchische Clusteranalyse spezifizieren.

In ähnlicher Weise lässt sich die Clusterzentrenanalyse durchführen. Allerdings ist die Standardisierung (z-Transformation) der in der Clusterzentrenanalyse zu verwendenden Variablen nicht automatisch auswählbar, weshalb die Variablen zuvor einer Standardisierung unterzogen werden müssen: Nach der Befehlsfolge *Analyze* → *Descriptive statistics* → *Descriptives ...* [11] sind die zu standardisierenden Variablen auszuwählen und das Befehlsfeld *Save standardized values as variables* auszuwählen (vgl. oberen Abbildungsteil in Abb. 7.15).[12] Nach Bestätigung mit *OK* liegen die Variablen zusätzlich als standardisierte Variablen vor.

Danach gelangt man zur Clusterzentrenanalyse durch Auswahl der Befehlsfolge *Analyze* → *Classify* → *K-Means Cluster ....*[13] In dem sich öffnenden Fenster sind zunächst die (standardisierten) Variablen und die Clusteranzahl festzulegen. Darüber hinaus lassen sich die Clusterzugehörigkeit und die Euklidische Distanz zum eigenen Centroid als neue Variable abspeichern (vgl. unterer Abbildungsteil in Abb. 7.15).

7.3.2 Clusteranalyse mit Stata

In Stata sind die Variablen sowohl vor der Durchführung einer *Hierarchischen Clusteranalyse* als auch vor der Durchführung einer *Clusterzentrenanalyse* zu standardisieren. In der Befehlszeile ist für jede zu standardisierende Variable ein Standardisierungsbefehl auszuführen. Für die Variable *calories* beispielsweise ist folgender Befehl einzugeben:

egen float z_calories = std(calories), mean(0) std(1)

Zur Durchführung der *Hierarchischen Clusteranalyse* nach dem Ward Verfahren sind nach der Befehlsfolge *Statistics* → *Multivariate analysis* → *Cluster analysis* → *Clus-*

[10] In der deutschsprachigen SPSS Version ist die Befehlsfolge *Analysieren* → *Klassifizieren* → *Hierarchische Cluster ...*

[11] In der deutschsprachigen SPSS Version ist die Befehlsfolge *Analysieren* → *Deskriptive Statistiken* → *Deskriptive Statistik ...*

[12] In der deutschsprachigen SPSS Version heißt dieses Feld *Standardisierte Werte als Variable speichern.*

[13] In der deutschsprachigen SPSS Version ist die Befehlsfolge *Analysieren* → *Klassifizieren* → *K-Means Cluster ...*

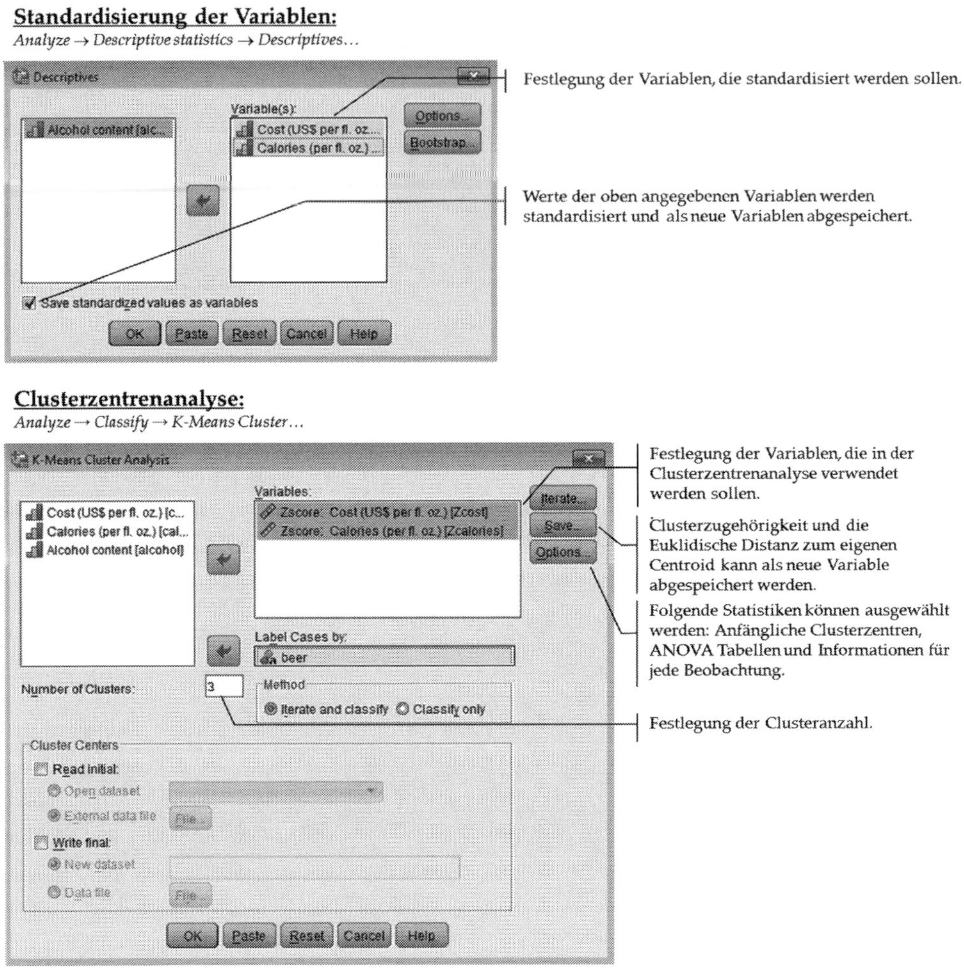

Abb. 7.15 Clusterzentrenanalyse mit SPSS

ter data → Ward's linkage die (standardisierten) Variablen im Feld *Variables: (leave empty for all variables)* auszuwählen und das gewünschte Proximitätsmaß im Feld *(Dis)similarity measure* festzulegen (vgl. oberen Abbildungsteil in Abb. 7.16). Neben dem Ward Verfahren können selbstverständlich auch andere Verfahren ausgewählt werden.

Durch die Befehlsfolge *Statistics → Multivariate analysis → Cluster analysis → Cluster data → Kmeans* gelangt man zum Befehlsfenster der Clusterzentrenanalyse (vgl. unteren Abbildungsteil in Abb. 7.16). Im Feld *Variables: (leave empty for all variables)* sind die (standardisierten) Variablen, im Feld *K (the number of groups)* die Anzahl der Cluster und im Feld *(Dis)similarity measure* das Proximitätsmaß festzulegen.

Hierarchische Clusteranalyse:

Statistics → Multivariate analysis → Cluster analysis → Cluster data → Ward's linkage (oder anderes Verfahren)

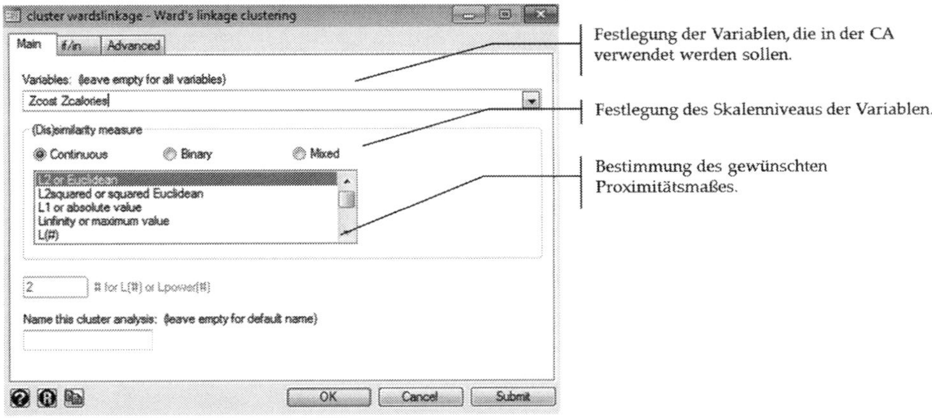

Clusterzentrenanalyse:

Statistics → Multivariate analysis → Cluster analysis → Cluster data → Kmeans

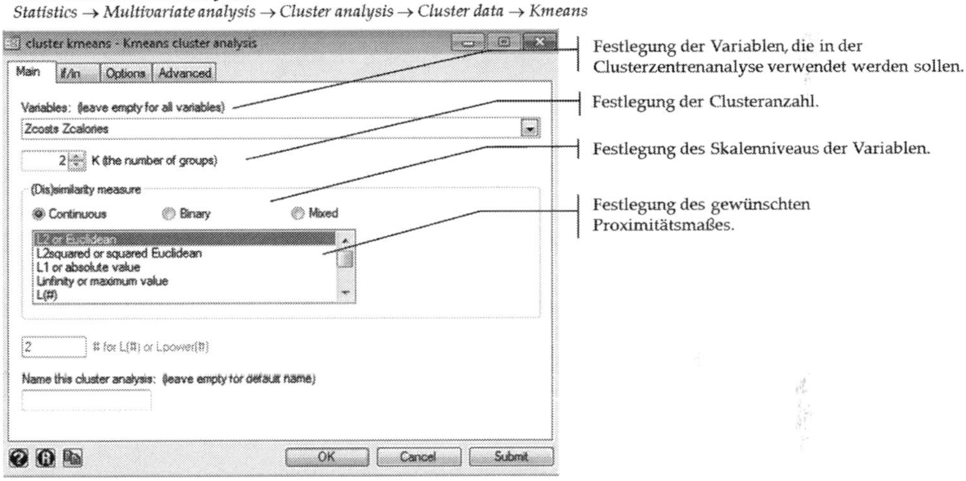

Abb. 7.16 Clusteranalyse mit Stata

7.4 Übungsaufgaben zur Clusteranalyse

Aufgabe 28

Für 28 europäische Länder ist der prozentuale Anteil der Stadtbevölkerung und die Kindersterblichkeit je 1000 Geburten erhoben worden. Anschließend wurden die Daten einer hierarchischen Clusteranalyse unterzogen, deren Ergebnisse in Abb. 7.17 dargestellt sind.

a) Skizzieren Sie stichwortartig die Vorgehensweise der Clusteranalyse anhand der Zuordnungsübersicht in Abb. 7.17!

Zuordnungsübersicht

Schritt	Zusammengeführte Cluster		Koeffizienten	Erstes Vorkommen des Clusters		Nächster Schritt
	Cluster 1	Cluster 2		Cluster 1	Cluster 2	
1	7	23	,008	0	0	21
2	4	16	,016	0	0	12
3	9	24	,031	0	0	20
4	13	26	,048	0	0	13
5	11	18	,083	0	0	18
6	12	22	,120	0	0	17
7	5	15	,162	0	0	14
8	14	20	,204	0	0	22
9	3	19	,255	0	0	13
10	6	25	,307	0	0	14
11	27	28	,407	0	0	16
12	4	10	,560	2	0	15
13	3	13	,742	9	4	20
14	5	6	,927	7	10	23
15	4	8	1,138	12	0	19
16	21	27	1,379	0	11	22
17	2	12	1,692	0	6	19
18	11	17	2,008	5	0	21
19	2	4	2,531	17	15	26
20	3	9	3,095	13	3	25
21	7	11	3,695	1	18	23
22	14	21	5,270	8	16	24
23	5	7	7,057	14	21	25
24	1	14	9,591	0	22	27
25	3	5	13,865	20	23	26
26	2	3	25,311	19	25	27
27	1	2	54,000	24	26	0

Abb. 7.17 Zuordnungsübersicht

b) Welche Anzahl von Clustern scheint aus methodischer Sicht sinnvoll? Begründen Sie Ihre Aussage!

Aufgabe 29

Ein Marktforschungsinstitut hat den Zusammenhang zwischen Einkommen und persönlicher Zufriedenheit ermittelt und die Ergebnisse einer Hierarchischen Clusteranalyse unterzogen. Das dazugehörige Dendrogramm ist in Abb. 7.18 dargestellt.

a) Angenommen, Sie entscheiden sich für eine Vier-Cluster-Lösung. Umkreisen Sie in Abb. 7.19 die vier Cluster!
b) Wie würden Sie die vier Cluster inhaltlich charakterisieren?
c) Angenommen, Sie entscheiden sich für eine Fünf-Cluster-Lösung. Umkreisen Sie in Abb. 7.19 die fünf Cluster!
d) Welche der beiden Clusterlösung scheint Ihnen aus methodischer Sicht am sinnvollsten?

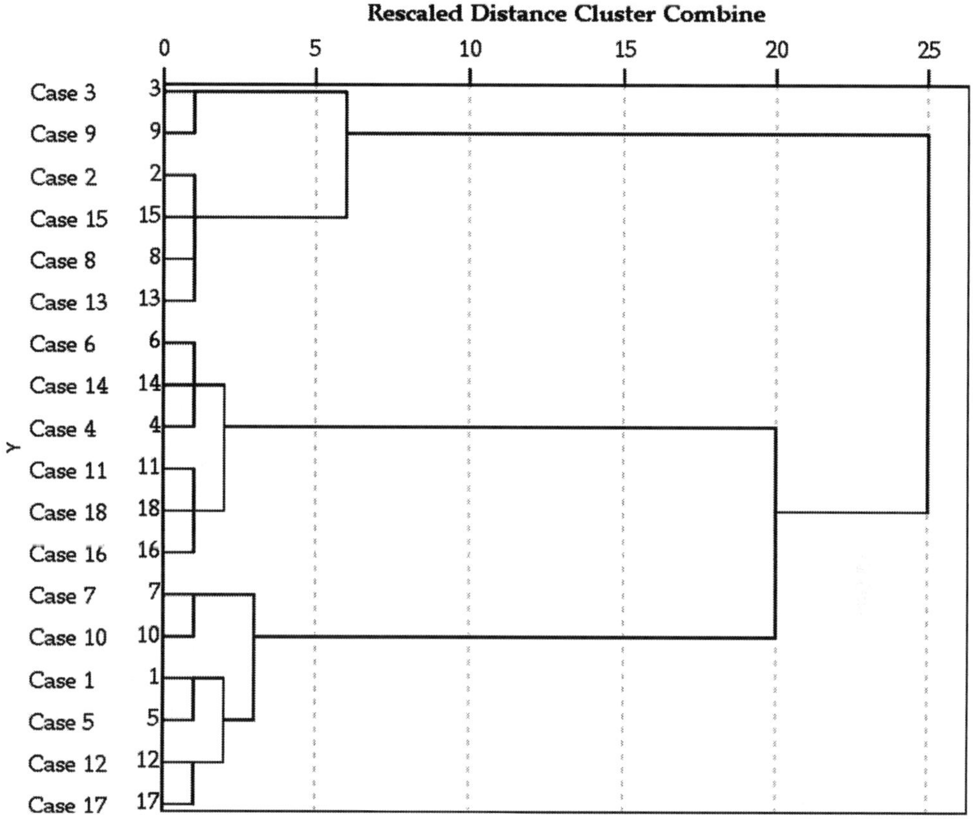

Abb. 7.18 Dendrogramm

e) Nun werden die Daten einer Clusterzentrenanalyse für drei Cluster unterzogen. Interpretieren Sie bitte die Tab. 7.2 und Tab. 7.3 und erläutern Sie, worin sich die Ergebnisse von denen der Drei-Cluster-Lösung der Hierarchischen Clusteranalyse unterscheiden!

Tab. 7.2 Clusterzentren der endgültigen Lösung

	Cluster		
	1	2	3
Zscore: Einkommen [in Euro]	,81388	–,04781	–1,34062
Zscore: Persönliche Zufriedenheit	–,52984	1,08662	– ,97436

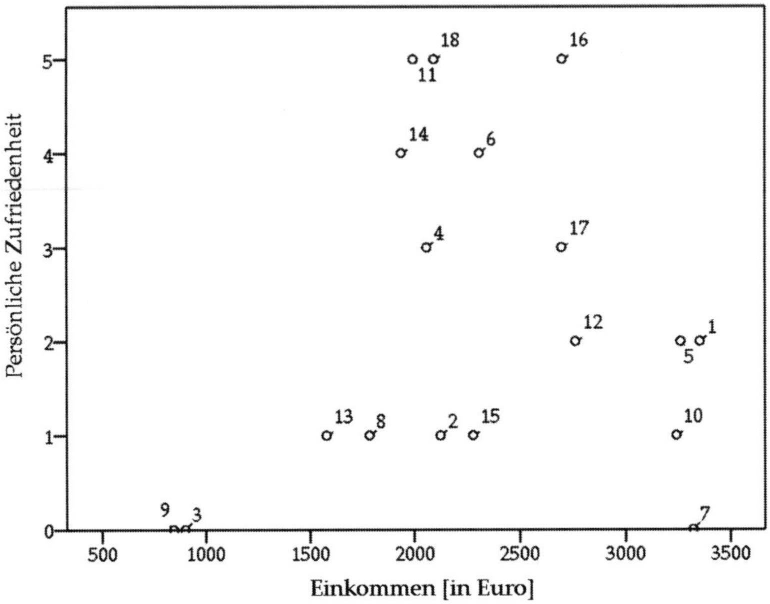

Abb. 7.19 Streudiagramm Persönliche Zufriedenheit und Einkommen

Tab. 7.3 Cluster Zugehörigkeit

Fallnummer	Cluster	Distanz	Fallnummer	Cluster	Distanz
1	1	,717	10	1	,473
2	1	1,047	11	2	,595
3	3	,574	12	1	,447
4	2	,697	13	3	,490
5	1	,620	14	2	,427
6	2	,107	15	1	,847
7	1	,912	16	2	,761
8	3	,730	17	2	,871
9	3	,639	18	2	,531

Literatur

Backhaus K, Erichson B, Plinke W, Weiber R (2011) Multivariate Analysemethoden. Eine Anwendungsorientierte Einführung, 13. Aufl. Springer, Berlin, Heidelberg

Berg S (1981) Optimalität bei Cluster-Analysen. Westfälische Wilhelms-Universität, Münster (Münster: Dissertation, Fachbereich Wirtschafts- und Sozialwissenschaften)

Bühl A (2012) Einführung in die moderne Datenanalyse unter Windows, 13. Aufl. SPSS 20. Pearson Studium, München

Everitt BS, Rabe-Hesketh S (2004) A Handbook of Statistical Analyses Using Stata, 3. Aufl. Chapman & Hall, Boca Raton

Goethe JW (1949) Faust. Eine Tragödie. In: Beutler E (Hrsg) Gedenkausgabe der Werke, Briefe und Gespräche, Bd. 5. Artemis, Zürich, S 140–526

Janssens W, Wijnen K, de Pelsmacker P, van Kenvove P (2008) Marketing Research with. Pearson Education, Esse

Kaufman L, Rousseeuw PJ (1990) Finding Groups in Data. Wiley, New York

Mooi E, Sarstedt M (2011) A Concise Guide to Market Research. The Process, Data, and Methods Using IBM SPSS Statistics. Springer, Berlin und Heidelberg

Ward JH Jr. (1963) Hierarchical grouping to optimize an objective function. Journal of the American Statistical Association 58:236–244

Faktorenanalyse

8

8.1 Faktorenanalyse: Grundlagen, Vorgehensweise und Interpretation

Sozialwissenschaftliche Phänomene lassen sich häufig nicht durch eine einzige Variable allein beschreiben. Im Gegenteil bedarf es häufig der Verwendung eines ganzen Bündels von Variablen, um Konstrukte, wie z. B. die gewünschten Eigenschaften eines Produktes, zu erfassen. In der Einstellungsmessung heißen diese Variablen *Items*. Nicht selten begegnet man in empirischen Studien sogenannten *Itembatterien*, die einen bestimmten Sachverhalt – oder einen bestimmten Begriff – mit Hilfe einer Sammlung unterschiedlichster Items zu beschreiben versuchen. Wichtiges Ziel einer jeden empirischen Analyse ist dabei die Reduzierung dieser Itembatterien auf die wesentlichsten *Faktoren*. Als kleines Beispiel für eine derartige Sammlung von Attributen mag die Beschreibung von gewünschten Zahnpastaeigenschaften bei Malhotra (2010, S. 639) dienen. Hier haben dreißig Personen die Fragen in Abb. 8.1 beantwortet.

Diese in Teilfragen aufgefächerten Eigenschaften können anschließend auf die wesentlichen Bedeutungsdimensionen unter der Bedingung reduziert werden, dass die so entstehenden Kennzahlen den ursprünglichen Sachverhalt – also die gewünschten Eigenschaften für Zahnpasta – möglichst gut beschreiben. Die empirische Forschung bietet hierzu im Wesentlichen zwei Verfahren an:

1. Durch Addition der einzelnen Itemwerte kann für jede Person ein Gesamtindex erstellt werden. Die von eins bis sieben zu bewertenden Fragen würden in unserem Beispiel für jede Person einfach addiert. Neben dem Problem negierender Fragestellungen (siehe Frage 5) unterstellt diese Herangehensweise die Eindimensionalität des untersuchten Sachverhalts bzw. die Eindimensionalität der verwendeten Itembatterie. In der Praxis ist dies so gut wie nie gegeben. Auch in unserem Beispiel beschreiben die erste, dritte und fünfte Frage gesundheitliche Aspekte der Zahnpasta, während die restlichen Fragen eher die Aspekte im sozialen Umgang mit anderen Menschen

T. Cleff, *Deskriptive Statistik und Explorative Datenanalyse*,
DOI 10.1007/978-3-8349-4748-2_8

1. Zahnpasta soll gegen Karies schützen.	trifft nicht zu	☐ 1	☐ 2	☐ 3	☐ 4	☐ 5	☐ 6	☐ 7	trifft zu
2. Zahnpasta soll für strahlende Zähne sorgen.	trifft nicht zu	☐ 1	☐ 2	☐ 3	☐ 4	☐ 5	☐ 6	☐ 7	trifft zu
3. Zahnpasta soll das Zahnfleisch stärken.	trifft nicht zu	☐ 1	☐ 2	☐ 3	☐ 4	☐ 5	☐ 6	☐ 7	trifft zu
4. Zahnpasta soll frischen Atem verleihen.	trifft nicht zu	☐ 1	☐ 2	☐ 3	☐ 4	☐ 5	☐ 6	☐ 7	trifft zu
5. Zahnpasta muss nicht gegen Zahnfäulnis helfen.	trifft nicht zu	☐ 1	☐ 2	☐ 3	☐ 4	☐ 5	☐ 6	☐ 7	trifft zu
6. Zahnpasta sollte für rundherum attraktive Zähne sorgen.	trifft nicht zu	☐ 1	☐ 2	☐ 3	☐ 4	☐ 5	☐ 6	☐ 7	trifft zu

Abb. 8.1 Attribute zur Beschreibung von Zahnpastaeigenschaften (Malhotra 2010, S. 639)

zusammenfassen. Derartige Verfahren sollten deshalb nur für die Itembatterien bzw. Skalen angewendet werden, für die eine Eindimensionalität bereits überprüft worden ist. Diese Überprüfung erfolgt dabei fast immer mit Hilfe des zweiten Verfahrens der Datenreduktion, der Faktorenanalyse.

2. Die *Faktorenanalyse* nutzt die Korrelation der einzelnen Items untereinander dazu, diese auf eine kleine Anzahl unabhängiger Dimensionen bzw. Faktoren zu aggregieren, ohne eine Eindimensionalität der verwendeten Skala vorauszusetzen. Bereits an der Korrelationsmatrix der Einzelitems ist erkennbar, bei welchen Fragen die einzelnen Probanden ein ähnliches Antwortverhaltensmuster an den Tag legen. Diese können dann zu Faktoren gebündelt werden. In Tab. 8.1 ist beispielsweise deutlich zu erkennen, dass die Gesundheitsaspekte *Karies (Item 1)*, *Zahnfleischschutz (Item 3)* und *keine Zahnfäulnis Prophylaxe (Item 5)* hoch miteinander korrelieren. Gleiches gilt für die sozialen Aspekte *Zahnweiß (Item 2)*, *Atemfrische (Item 4)* und *Attraktivität (Item 6)*. Die gewünschten Zahnpastaeigenschaften sollten also nicht durch einen Wert, sondern durch zwei Werte – die sogenannten Faktoren – abgebildet werden.

Antworten die Probanden bei den unterschiedlichen Fragen nicht in ähnlichen Antwortmustern, führt dies zu geringen Korrelationen zwischen den Einzelitems und dies wiederum zu unbrauchbaren Ergebnissen der Faktorenanalyse. Backhaus et al. (2011, S. 339 ff.) führen fünf Kriterien zur *Prüfung der Korrelationsmatrix* auf Eignung zur Faktorenanalyse an:

Tab. 8.1 Korrelationsmatrix der Faktorenanalyse (Malhotra 2010, S. 639)

	Karies	Zahnweiß	Zahnfleisch-schutz	Atem-frische	Keine Zahnfäul-nis Prophylaxe	Attrakti-vität
Karies	1,0000					
Zahnweiß	−0,0532	1,0000				
Zahnfleischschutz	**0,8731**	−0,1550	1,0000			
Atemfrische	−0,0862	**0,5722**	−0,2478	1,0000		
Keine Zahnfäulnis Prophylaxe	**−0,8576**	0,0197	**−0,7778**	−0,0066	1,0000	
Attraktivität	0,0042	**0,6405**	−0,0181	**0,6405**	−0,1364	1,0000

Tab. 8.2 Inverse der Korrelationsmatrix

	Karies	Zahnweiß	Zahnfleisch-schutz	Atem-frische	Keine Zahnfäul-nis Prophylaxe	Attrakti-vität
Karies	7,111	–,660	–4,059	–,801	3,121	1,258
Zahnweiß	**–,660**	1,922	,451	–,393	–,395	–1,023
Zahnfleischschutz	**–4,059**	**,451**	5,364	1,336	,561	–,954
Atemfrische	**–,801**	**–,393**	**1,336**	2,187	,226	–1,091
Keine Zahnfäulnis Prophylaxe	**3,121**	**–,395**	**,561**	**,226**	4,215	,681
Attraktivität	**1,258**	**–1,023**	**–,954**	**–1,091**	**,681**	2,424

1. Zunächst sollten die Korrelationskoeffizienten der Korrelationsmatrix meistenteils signifikante Werte aufweisen.
2. Die *Inverse der Korrelationsmatrix* (vgl. Tab. 8.2) sollte im Wesentlichen eine Diagonalmatrix mit möglichst vielen Werten nahe bei Null für die Nicht-Diagonalelemente darstellen.
3. Eine Faktorenanalyse sollte nicht durchgeführt werden, wenn bei der *Anti-Image-Kovarianz-Matrix (AIC)*[1] mehr als 25 Prozent der Elemente unterhalb der Diagonalen ungleich Null bzw. größer als 0,09 sind.
4. Der *Bartlett-Test* (*engl.*: Test of Sphericity) überprüft die Hypothese, ob die Variablen der Erhebung unkorreliert sind. Ist der p-Wert des Bartlett-Tests kleiner als 0,05, kann von einer Korrelation zwischen den Variablen/Items ausgegangen werden. Der Bartlett-Test geht dabei von einer Normalverteilung der Werte der einzelnen Items und damit von einer χ^2-Verteilung der Prüfgröße aus und überprüft die Zufälligkeit der Abweichung der Korrelationsmatrix von einer Einheitsmatrix. Eindeutiger Nachteil dieses Kriteriums ist die Unterstellung der Normalverteilung, da für die Durchführung

[1] Die Anti-Image-Kovarianz-Matrix (AIC) wird an dieser Stelle nicht näher erläutert. Sie wird mit den gängigen Softwarepaketen berechnet und ausgewiesen.

Tab. 8.3 Bewertungsintervalle des Kaiser-Meyer-Olkin-Kriteriums (Kaiser et al. 1974, S. 111 ff.)

KMO	[1,0;0,9]	]0,9;0,8]	]0,8;0,7]	]0,7;0,6]	]0,6;0,5]	]0,5;0,0]
Bewertung	Marvellous	meritorious	middling	mediocre	miserable	unacceptable

einer Faktorenanalyse ansonsten keine Verteilungsannahmen getroffen werden müssen.

5. Das *Kaiser-Meyer-Olkin-Kriterium (KMO)* wird in der Literatur durchgängig als das zurzeit beste Prüfverfahren angesehen und wird vor der Anwendung der Faktorenanalyse in jedem Fall empfohlen. Grundlage ist die Bestimmung des in einem Intervall zwischen Null und Eins liegenden *KMO-Kriteriums*. Je näher letzteres dem Wert Eins kommt, umso mehr eignet sich die Gesamtheit aller Items für die Durchführung einer Faktorenanalyse. Liegt der Wert unter 0,5, sollte eine Faktorenanalyse mit der Gesamtheit aller Items nicht durchgeführt werden. Tabelle 8.3 gibt die Eignung einer Itembatterie in Abhängigkeit von der Größe des KMO wieder.

In der Regel sollten alle der oben genannten Kriterien erfüllt sein, wenn sich eine Korrelationsmatrix zur Durchführung der Faktorenanalyse eignet. Nur dann liegen regelmäßige Antwortmuster zwischen den einzelnen Items/Fragen vor, die eine Zusammenfassung von Einzelitems zu Faktoren rechtfertigen würde.

Angewendet auf unser Zahnpastabeispiel ergeben sich die in Tab. 8.4 dargestellten Ergebnisse: Das KMO-Kriterium liegt mit 0,660 in einem akzeptablen Bereich (*mediocre,* im Sinne der in Tab. 8.3 angegebenen Klassifizierung) und der Bartlett-Test ergibt ein signifikantes Ergebnis ($p < 0{,}05$).[2] Somit korrelieren die Einzelitems untereinander.

Allerdings ist die Eignung der Korrelationsmatrix nicht immer in ausreichendem Maße gegeben. Ein zu geringes KMO-Kriterium kann häufig darin begründet liegen, dass einige Items nicht hoch mit anderen Items der Itembatterie korrelieren. Diese Items sollten dann aus der Faktorenanalyse entfernt werden, um nur die miteinander korrelierenden Items in der Analyse zu belassen und die Kennwerte wie beispielsweise den Bartlett's Test oder das KMO-Kriterium zu verbessern. Es lohnt sich in jedem Fall der Blick auf die Korrelation der einzelnen Items untereinander. Um darüber hinaus die Eignung eines gegebenen Items im Zusammenspiel mit den anderen Items besser bewerten zu können, lassen sich Item-spezifische *Measures of sampling adequacy* (MSA) Werte berechnen. Die Software SPSS weist diese im Rahmen der Berechnung der Anti-Image-Korrelationsmatrix (vgl.

Tab. 8.4 Prüfung der Korrelationsmatrix durch KMO und Bartlett's Test

Kaiser-Meyer-Olkin Measure of Sampling Adequacy		0,660
Bartlett's Test of Sphericity	Approx. Chi-Square	111,314
	df	15
	Sig.	0,000

[2] Der p-Wert kann der Zeile *Sig.* in Tab. 8.4 entnommen werden.

Tab. 8.5 Anti-Image-Korrelationsmatrix

	Karies	Zahnweiß	Zahnfleisch-schutz	Atem-frische	Keine Zahnfäul-nis Prophylaxe	Attrakti-vität
Karies	,621[a]	–,179	–,657	–,203	,570	,303
Zahnweiß	**–,179**	,697[a]	,140	–,192	–,139	–,474
Zahnfleischschutz	**–,657**	**,140**	,679[a]	,390	,118	–,265
Atemfrische	**–,203**	**–,192**	**,390**	,637[a]	,074	–,474
Keine Zahnfäulnis Prophylaxe	**,570**	**–,139**	**,118**	**,074**	,769[a]	,213
Attraktivität	**,303**	**–,474**	**–,265**	**–,474**	**,213**	,561[a]

[a] Measures of sampling adequacy (MSA)

Tab. 8.5) auf der Diagonalen aus. Auch für diese gelten die in Tab. 8.3 angegebenen Bewertungsmaßstäbe: Items sollte schrittweise entfernt werden, wenn die Item-spezifischen MSA Werte kleiner als 0,5 sind. In Tab. 8.5 liegen alle MSA Werte über 0,5. Entsprechend wollen wir die Faktorenanalyse mit unveränderter Anzahl an Items weiterführen.

Als nächster Schritt in der Faktorenanalyse folgt die Bestimmung der *Kommunalitäten*, ein methodisches Problem, welches letztlich vom gewählten Faktorextraktionsverfahren und damit im Wesentlichen von den vom Forscher unterstellten modelltheoretischen Annahmen bestimmt wird. Es existiert nämlich nicht nur eine Form der Faktorenanalyse, sondern deren viele. Die zwei wichtigsten Ansätze sollen hier vorgestellt werden:

- Die *Hauptkomponentenanalyse* (*engl.*: principal component analysis) geht davon aus, dass sich die einzelnen Variablen durch eine Linearkombination der einzelnen Faktoren vollständig beschreiben lassen. Dieser Ansatz unterstellt, dass sich die Varianzen der Items einer Itembatterie möglichst vollständig durch einzelne Faktoren abbilden lassen. Definiert man die Kommunalitäten als den Anteil der Varianz eines Items, der durch alle Faktoren gemeinsam bestimmt wird, würde sich unter dieser Annahme eine Kommunalität von 100 Prozent bzw. von Eins ergeben müssen. Diese sehr wünschenswerte Annahme ist aus Sicht der empirischen Forschung wohl kaum realisierbar. Es wird selten möglich sein, eine Batterie von Items so auf wenige Faktoren zu reduzieren, dass die Streuung jedes einzelnen Items nach wie vor allein durch die reduzierenden Faktoren darstellbar wäre. Deshalb wird bei der Hauptkomponentenanalyse eine Kommunalität von kleiner Eins als *Informationsverlust* der Darstellung der einzelnen Items (Variablen) durch die Faktoren interpretiert.
- Der *Hauptachsenanalyse* (*engl.*: principal factor analysis) hingegen liegt die Annahme zugrunde, dass sich die Varianzen der einzelnen Variablen in zwei Komponenten zerlegen lassen: Ein Teil der Varianz eines Items bestimmt sich durch die gemeinsame Varianz aller in die Analyse eingeschlossenen Items, ein anderer Teil durch die nur bei dem betrachteten Item spezifisch auftretende Varianz. Es kann also nicht die gesamte Varianz der beobachteten Variablen durch zugrunde liegende, gemeinsame Faktoren erklärt werden. Bei der Hauptachsenanalyse erklären die Faktoren nur die

erste Varianzkomponente, nämlich den durch alle Variablen gemeinsam gebildeten Varianzanteil, sodass die Kommunalitäten zwangsläufig kleiner als Eins sein müssen.

Der durch die Wahl der (Extraktions-)Methode implizierte *modelltheoretische Unterschied* liegt nun darin begründet, dass im Fall der *Hauptkomponentenanalyse* eine exakte Abbildung eines jeden Items im Vordergrund steht. Methodisches Ziel ist eine Datenreduktion bei der die Varianz eines Items vollständig durch die Faktoren erklärt werden kann. Eine Zusammenfassung der Items zu Faktoren erfolgt somit unter der Maßgabe, möglichst wenige Informationen zu verlieren. Die Kommunalitäten geben in diesem Fall für jedes Item den durch die Faktoren erklärten Prozentsatz der Varianz an. Ein Wert von 0,8 bedeutet beispielsweise, dass die extrahierten Faktoren die Varianz des entsprechenden Items zu 80 Prozent erklären.

Die *Hauptachsenanalyse* hingegen versucht nur den Zusammenhang zwischen den einzelnen Items zu erklären, wodurch die hinter den Items stehenden *hypothetischen Dimensionen* bestimmt werden sollen. Die Zusammenhänge zwischen den Variablen sollen dazu genutzt werden, latente Variablen zu identifizieren. Es geht also nicht darum, die Items möglichst vollständig abzubilden, sondern um die Abbildung der gemeinsamen Varianz mit anderen Items. Das bedeutet, dass für jedes Item eine Einzelrestvarianz besteht. Auf der Diagonalen der Korrelationsmatrix steht somit nicht der Wert Eins (wie bei der Hauptkomponentenanalyse), sondern das multiple R^2 des jeweiligen Items mit allen anderen Items. Diese Werte stellen die Anfangskommunalitäten dar. Nur diesen Zusammenhang und nur die Varianz, welche die Items gegenseitig aufklären können, versuchen die Faktoren der Hauptachsenanalyse aufzuklären.

Bei der Frage, welches Verfahren in einer Studie Anwendung finden sollte, ist zunächst nach dem Zweck und den modelltheoretischen Annahmen der Studie zu Fragen.[3] Die Identifikation latenter Variablen ist letztlich der theoretische Ausgangspunkt vieler empirischer Studien. Auch in unserem Beispiel der gewünschten Zahnpastaeigenschaft geht es darum, die hinter den einzelnen Fragen stehenden *hypothetischen Dimensionen* zu ermitteln und den Datensatz auf genau diese Dimensionen – also Faktoren – zu reduzieren. Zudem sieht eine Reihe von Autoren – wie z. B. Widaman (1993) und Russell (2002) – Vorteile bei der Anwendung der Hauptachsenanalyse im Vergleich zur Hauptkomponentenanalyse. Entsprechend soll im weiteren Verlauf die Vorgehensweise bei der Hauptachsenanalyse genauer beschrieben werden, wenngleich sich die Ergebnisinterpretation nur an wenigen Stellen von der der Hauptkomponentenanalyse unterscheidet.

Zur Überprüfung der Qualität einer Darstellung der Items durch die Faktoren benötigt man die (sich durch die Faktorenanalyse ergebende) *Faktorladungsmatrix*. Die Faktorladung stellt den Koeffizienten dar, der angibt, inwieweit eine Variable durch den entsprechenden Faktor bestimmt wird. Die Summe aller quadratischen Ladungen eines Faktors ergeben dessen *Eigenwert* (*engl.*: eigenvalue). Später gehen wir nochmals genauer auf die

[3] Die Übungsaufgabe in Abschn. 8.3 macht den Interpretationsunterschied der beiden Verfahren in Bezug auf die Kommunalitäten nochmals deutlich.

Tab. 8.6 Eigenwerte und erklärte Gesamtvarianz für die Zahnpastaeigenschaften

Faktor	Anfängliche Eigenwerte			Summen von quadrierten Faktorladungen für Extraktion			Rotierte Summe der quadrierten Ladungen		
	Gesamt	% der Varianz	Kumulierte %	Gesamt	% der Varianz	Kumulierte %	Gesamt	% der Varianz	Kumulierte %
1	2,73	45,52	45,52	2,57	42,84	42,84	2,54	42,34	42,34
2	2,22	36,97	82,49	1,87	31,13	73,96	1,90	31,62	73,96
3	,44	7,36	89,85						
4	,34	5,69	95,54						
5	,18	3,04	96,58						
6	,09	1,42	100,00						

Extraktionsmethode: Hauptachsenfaktorenanalyse

Faktorladungsmatrix ein (vgl. dann Tab. 8.8). Wichtig an dieser Stelle ist zunächst einmal die Tatsache, dass mit Hilfe dieser Eigenwerte eine im empirischen Datenmaterial begründete Gewichtung der einzelnen Faktoren erfolgen kann, indem die Eigenwerte der einzelnen Faktoren auf die Summe der Eigenwerte aller extrahierten Faktoren bezogen werden. Es ergibt sich somit eine von den befragten Personen empfundene Abstufung der Wichtigkeit.

Greifen wir zum besseren Verständnis wieder auf unser Zahnpastabeispiel zurück: Aufgrund der z-Transformation aller in die Faktorenanalyse einbezogenen Variablen wird die Varianz der Einzelitems jeweils auf den Wert Eins normiert. Die Gesamtvarianz aller Items beträgt bei sechs Zahnpastaeigenschaften dann genau den Wert sechs. Werden nun die zwei Faktoren mit den Eigenwerten 2,57 für Faktor 1 und 1,87 für Faktor 2 extrahiert, ergibt sich eine prozentuale Erklärung der Gesamtvarianz von ($2.57/6 \approx$) 42,8 Prozent durch den Faktor 1 und von ($1,87/6 \approx$) 31,1 Prozent durch den Faktor 2 (vgl. Tab. 8.6). In Summe erklären beide Faktoren rund 74 Prozent der Varianz der Einzelitems. Welche inhaltliche Bedeutung die beiden Faktoren haben, soll später genauer erläutert werden.

Die Summe der auf einen Faktor entfallenden Eigenwerte ist stark von der Auswahl der Items abhängig. Das Quadrat der Faktorladungsmatrix ergibt eine durch die Faktoren gebildete *Reproduktion der Korrelationsmatrix* der Variablen. Lassen sich keine großen Abweichungen ($\leq 0{,}05$) zwischen dieser und der Ursprungsmatrix feststellen, kann die Qualität der Reproduktion und damit die Darstellbarkeit der Originaldaten durch die Faktoren als sehr gut bezeichnet werden. Tabelle 8.7 gibt die *Reproduzierte Korrelationsmatrix* sowie die Residuen zur Ursprungsmatrix für unser Beispiel der gewünschten Zahnpastaeigenschaft wieder. Es ergibt sich nur in einem Fall ein Residuum, das geringfügig über dem Niveau von 0,05 liegt, sodass die Darstellbarkeit der Originaldaten durch die beiden Faktoren tatsächlich als sehr gut bezeichnet werden kann.

Obwohl die Anzahl der Faktoren vom analysierenden Wissenschaftler selbst festgelegt werden kann – was der Faktorenanalyse auch häufig den Vorwurf eines „manipulierbaren“

Tab. 8.7 Reproduzierte Korrelation und Residuen zur Ursprungsmatrix

		Karies	Zahnweiß	Zahnfleischschutz	Atemfrische	Keine Zahnfäulnis Prophylaxe	Attraktivität
Reprod. Korrelation	Karies	,928[b]	–,075	,873	–,110	–,850	,046
	Zahnweiß	–,075	,562[b]	–,161	,580	–,012	,629
	Zahnfleischschutz	,873	–,161	,836[b]	–,197	–,786	–,060
	Atemfrische	–,110	,580	–,197	,600[b]	,019	,645
	Keine Zahnfäulnis Prophylaxe	–,850	–,012	–,786	,019	,789[b]	–,133
	Attraktivität	,046	,629	–,060	,645	–,133	,723[b]
Residuum[a]	Karies		,022	,000	,024	–,008	–,042
	Zahnweiß	,022		,006	–,008	,031	,012
	Zahnfleischschutz	,000	,006		–,051	,008	,042
	Atemfrische	,024	–,008	–,051		–,025	–,004
	Keine Zahnfäulnis Prophylaxe	–,008	,031	,008	–,025		–,003
	Attraktivität	–,042	,012	,042	–,004	–,003	

[a] Residuen werden zwischen beobachteten und reproduzierten Korrelationen berechnet. Es liegen 1 (6,0 %) nicht redundante Residuen mit absoluten Werten größer 0,05 vor; [b] Reproduzierte Kommunalitäte.

Verfahrens einbringt –, haben sich im Laufe der Zeit Entscheidungsregeln herausgebildet, von denen insbesondere das *Kaiser-Kriterium* (*engl.*: Kaiser criterion) Anwendung findet. Nicht selten wird es auch das *Kaiser-Guttman-Kriterium* genannt. Bei diesem Kriterium werden alle Faktoren berücksichtigt, die einen Eigenwert von größer als Eins aufweisen. Da Eigenwerte kleiner als Eins die Faktoren kennzeichnen, deren Varianzerklärungsanteil kleiner ist als der eines einzelnen Items, ist dieses Kriterium nicht nur allgemein anerkannt, sondern vor allem plausibel in seiner Begründung. Für das Zahnpastabeispiel (vgl. Tab. 8.6) bedeutet dies, dass sich aus der Extrahierung des dritten Faktors ein kleinerer zusätzlicher Erklärungswert ergeben würde, als durch Hinzunahme eines der sechs einzelnen Items. Eine Zweifaktorenlösung ist somit aus Sicht des Eigenwertkriteriums zu bevorzugen.

Begleitet wird dieses Kriterium nicht selten durch ein *Screeplot*. Hierbei wird die Faktorenanzahl in aufsteigender Reihenfolge (1, 2, 3, 4 ...) auf der x-Achse aufgetragen. Der mit dem jeweiligen Faktor verbundene Eigenwert wird in abnehmender Reihenfolge auf der y-Achse aufgetragen. Diese lassen sich der zweiten Spalte der Tab. 8.6 entnehmen. Für unser Zahnpastabeispiel ergibt sich für Faktor 1 ein y-Wert von 2,73, für Faktor 2 ein y-Wert von 2,22, für Faktor 3 ein Wert von 0,44 etc.

Abbildung 8.2 gibt den grafischen Verlauf des Screeplot wieder. Die Faktorenanzahl, deren Punkte eine sich der Abszisse asymptotisch nähernde Gerade bilden, machen hinsichtlich der zusätzlichen Varianzerklärung durch die Faktoren in der Regel kaum mehr

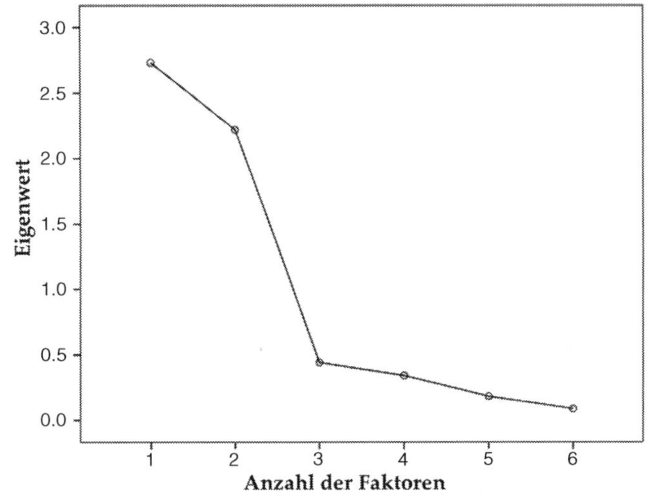

Abb. 8.2 Screeplot für das Zahnpastabeispiel

einen Sinn, sodass sich die zu wählende Faktorenanzahl an der Stelle ablesen lässt, an der der Screeplot einen Ellenbogen formt. Entsprechend wird diese Entscheidungsregel auch Ellenbogen-Kriterium (*engl.*: elbow criterion) genannt. Für unser Beispiel liegt es bei der Anzahl von drei Faktoren. Eine Erhöhung der Faktoranzahl auf vier würde kaum zu einer größeren Varianzerklärung beitragen.

An dieser Stelle wird deutlich, dass Screeplot und das Kaiser-Kriterium nicht zwangsläufig zur gleichen Faktoranzahl führen müssen. Somit obliegt es dem Forscher, sich für „die richtige" der beiden Lösungen zu entscheiden. Bei dieser Entscheidung spielen selbstverständlich auch die modelltheoretischen Annahmen eine wichtige Rolle. Diese unterstellten in unserem Beispiel gesundheitliche und soziale Aspekte von Zahnpastaeigenschaften, sodass wir an dieser Stelle mit der Zweifaktorlösung fortfahren werden.

Nach Festlegung der Anzahl der Faktoren erfolgt die Interpretation der Faktoren, denn bisher kennen wir die inhaltliche Bedeutung der einzelnen Faktoren nicht. Hierzu sind die einzelnen Items den Faktoren zuzuordnen: Die gängige Regel ist, dass ein Item einem Faktor zugeordnet wird, wenn die *Faktorladung* (*engl.*: factor loading) des entsprechenden Items größer als 0,5 ist. Tabelle 8.8 zeigt die Faktorladungen für unser Zahnpastabeispiel. Jedes Item wird genau nur einem Faktor zugeordnet: Die Items *Karies (Item 1)*, *Zahnfleischschutz (Item 3)* und *keine Zahnfäulnis Prophylaxe (Item 5)* werden durch den Faktor Eins beschrieben. Dieser Faktor fasst somit die gewünschten Gesundheitsaspekte einer Zahnpasta zusammen.

Positive Faktorladungen bringen dabei zum Ausdruck, dass ein hoher (niedrige) Faktorwert mit einem hohen (niedrigen) Itemwert einhergeht. Bei negativer Faktorladung führen niedrige Itemwerte zu hohen Faktorwerten vice et versa. Somit ist auch das negative Vorzeichen der Faktorladung für *keine Zahnfäulnis Prophylaxe (Item 5)* plausibel: Es bedeutet nämlich, dass Probanden, die bei den Fragen *Soll gegen Karies schützen* und *Soll das Zahnfleisch stärken* hohe Werte wählten, bei der Frage *Muss nicht gegen*

Tab. 8.8 Unrotierte und rotierte Faktormatrix der Zahnpastaeigenschaften[a]

	Unrotierte Faktoren		Rotierte Faktoren	
	Faktor 1	Faktor 2	Faktor 1	Faktor 2
Karies	,949	,168	**,963**	–,030
Zahnweiß	–,206	,720	–,054	**,747**
Zahnfleischschutz	,914	,038	**,902**	–,150
Atemfrische	–,246	,734	–,090	**,769**
Keine Zahnfäulnis Prophylaxe	–,849	–,259	**–,885**	–,079
Attraktivität	–,101	,844	,075	**,847**

Extraktionsmethode: Hauptachsen-Faktorenanalyse. Rotationsmethode: Varimax mit Kaiser-Normalisierung.

Zahnfäulnis helfen geringe Werte angegeben haben. In diesem Fall handelt es sich wohl um Personen mit einem ausgeprägten Wunsch nach gesundheitlichen Eigenschaften einer Zahnpasta. Im umgekehrten Fall haben Probanden mit geringen Erwartungen an gesundheitliche Eigenschaften wohl überdurchschnittlich hohe Werte bei der Frage *Muss nicht gegen Zahnfäulnis helfen* angegeben.

Auf dem zweiten Faktor laden vor allem die sozialen Aspekte *Zahnweiß (Item 2)*, *Atemfrische (Item 4)* und *Attraktivität (Item 6)*. Auch hier korrelieren die Variablen so stark miteinander, dass die Aussagen der Probanden durch einen Faktorwert (Faktor 2) zum Ausdruck gebracht werden können.

Manchmal besitzen einzelne Variablen auf mehreren Faktoren gleichzeitig eine Faktorladung größer als 0,5. In diesem Fall spricht man von einer *Mehrfachladung* (*engl.*: multiple loading) und dieses Item wird zur Interpretation gleich mehrerer Faktoren berücksichtigt. Liegen für eine Variable hingegen nur Faktorladungen von kleiner als 0,5 vor, kann das Item dem Faktor mit der höchsten Ladung zugeordnet werden. Alternativ bietet sich nicht selten eine Erhöhung der Anzahl der Faktoren an. Sollte sich aber bereits vorher gezeigt haben, dass dieses Item ein geringes MSA aufweist, sollte spätestens an dieser Stelle darüber nachgedacht werden, es aus der Faktorenanalyse zu entfernen.

Zur Erleichterung der Interpretation wird die Faktormatrix in der Regel vorher rotiert. Um die statistische Unabhängigkeit der Faktoren zu bewahren, erfolgt in den meisten Fällen eine rechtwinklige (orthogonale) *Rotation*. Diese wird auch als *Varimax Rotation* bezeichnet. Die Folgen dieser Rotation lassen sich anhand von Abb. 8.3 deutlich machen: Das Item *Zahnpasta soll frischen Atem verleihen* lädt unrotiert mit –0,246 auf Faktor 1 (Gesundheitsaspekte) und mit 0,734 auf Faktor 2 (soziale Aspekte). Durch die Rotation kommt es zu einer Drehung des gesamten Koordinatensystems um den Ursprung. Die einzelnen Beobachtungspaare der beiden Faktorwerte werden dabei aber nicht mitgedreht, sondern verbleiben an Ort und Stelle. Ihre relative Zuordnung zueinander verändert sich damit nicht, was letztlich auch nicht zulässig gewesen wäre. Durch die Drehung des Koordinatensystems werden die einzelnen Beobachtungspaare nun auf ein neues Koordinatensystem kalibriert. Es ergeben sich die Werte –0,090 für Faktor 1 und 0,769 für

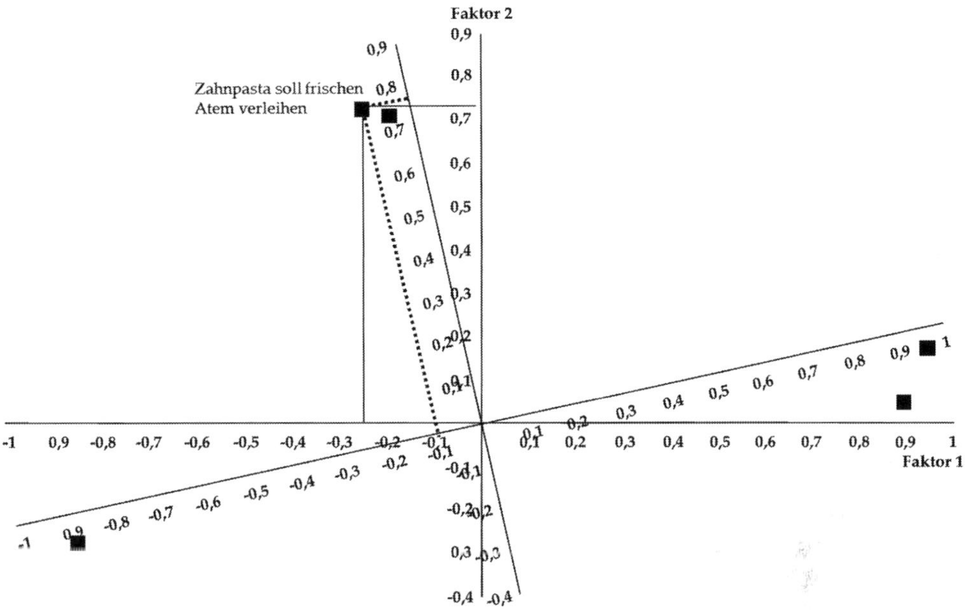

Abb. 8.3 Varimax Rotation für das Zahnpastabeispiel

Faktor 2. Durch die Varimax Rotation ist die geringe Ladung für Faktor 1 weiter vermindert und die höhere Ladung für Faktor 2 nochmals erhöht worden, sodass die Zuordnung auf die Faktoren eindeutiger geworden ist. Dies ist auch die Grundidee der Varimax Methode, bei der das Koordinatensystem so lange rotiert wird, bis die Varianz der quadrierten Ladungen pro Faktor maximal ist. Dies vereinfacht in der Regel die Interpretation der Faktoren, erhöht aber dadurch selbstverständlich nicht den erklärten Varianzanteil.[4]

Nachdem nun die Anzahl sowie die inhaltliche Interpretation der Faktoren feststehen, interessiert in einem letzten Schritt vor allem die Frage, wie die einzelnen Befragten sich hinsichtlich der Faktoren unterscheiden. Hierzu liefern die auf regressionsanalytischem Wege erzeugten *Faktorwerte* (*engl.*: factor scores) Auskunft. Sie können für jeden Befragten individuell berechnet werden: Für den Faktorwert eines Faktors i werden hierzu die einzelnen Itemwerte zunächst z-transformiert. Diese standardisierten Itemwerte (z_j) werden danach mit den jeweiligen Koeffizienten der Koeffizientenmatrix der Faktorwerte a_{ij} gewichtet (vgl. die Werte aus Tab. 8.9) und durch eine Linearkombination zusammengefasst:

$$F_i = \alpha_{i1} \cdot z_1 + \alpha_{i2} \cdot z_2 + \alpha_{i3} \cdot z_3 + \alpha_{i4} \cdot z_4 + \ldots + \alpha_{in} \cdot z_n. \quad (8.1)$$

[4] Neben Varimax existieren weitere Rotationsverfahren, wie z. B. Quartimax, Equamax, Promax oder Oblimin. Selbst für Varimax existieren unterschiedliche Berechnungsverfahren die zu leicht – aber zumeist unbedeutend – differierenden Ergebnissen führen können.

Tab. 8.9 Koeffizientenmatrix der Faktorscores anhand des Zahnpastabeispiels

	Faktor 1	Faktor 2
Karies	,628	,101
Zahnweiß	–,024	,253
Zahnfleischschutz	,217	–,169
Atemfrische	–,023	,271
Keine Zahnfäulnis Prophylaxe	–,016	–,059
Attraktivität	,083	,500

Extraktionsmethode: Hauptachsenfaktorenanalyse. Rotationsmethode: Varimax mit Kaiser-Normalisierung.

Jede Person erhält für jeden Faktor einen standardisierten Wert, welcher die Bewertung des Befragten in Relation zum Durchschnittswert aller Befragten für den gleichen Faktor setzt. Bei einem positiven Faktorwert liegt der Befragte bei seinen Antworten über dem Durchschnitt aller Befragten vice et versa. Im Zahnpasta-Datensatz ergibt sich für Person #3 für Faktor 1 ein Faktorwert[5] von

$$\begin{aligned} F_1 &= 0{,}628 \cdot 1{,}04 - 0{,}024 \cdot (-1{,}38) + 0{,}217 \cdot 1{,}41 - 0{,}023 \cdot (-0{,}07) \\ &\quad - 0{,}166 \cdot (-1{,}31) + 0{,}083 \cdot (-0{,}84) = 1{,}14 \end{aligned} \tag{8.2}$$

und für Faktor 2 ein Faktorwert von

$$\begin{aligned} F_2 &= 0{,}101 \cdot 1{,}04 + 0{,}253 \cdot (-1{,}38) - 0{,}169 \cdot 1{,}41 + 0{,}271 \cdot (-0{,}07) \\ &\quad - 0{,}059 \cdot (-1{,}31) + 0{,}5 \cdot (-0{,}84) = (-0{,}84)\,. \end{aligned} \tag{8.3}$$

Die von Person #3 gewünschten Zahnpastaeigenschaften liegen hinsichtlich der gesundheitlichen Aspekte (Faktor 1) über und hinsichtlich der sozialen Aspekte (Faktor 2) unter dem Durchschnitt.

An dieser Stelle sei noch angemerkt, dass die Faktorenanalyse streng genommen nur für metrisch skalierte Variablen zulässig ist, sich in der Literatur aber Bedingungen finden lassen, unter denen auch bei Ordinalskalierung durchaus Verfahren für metrische Variablen angewendet werden dürfen (vgl. hierzu Abschn. 2.2).

Des Weiteren können Faktorwerte nur für Personen bzw. Beobachtungen berechnet werden, für die keine fehlenden Werte (*engl.*: missing values) für alle in die Analyse einbezogenen Items existieren. Fehlende Werte können aber nachträglich *imputiert* werden. Enders (2010) schlägt hierfür unterschiedliche Verfahren vor, wie z. B. die Imputation durch Lagemaße (Mittelwert oder Median), die Imputation mit Hilfe der Regression oder die sog. Multiple Imputation. Die Verfahren sollten so gewählt werden, dass sie sowohl

[5] *Karies (Item 1)*: Wert = 6 → z = 1,04; *Zahnweiß (Item 2)*: Wert = 2 → z = −1,38; *Zahnfleischschutz (Item 3)*: Wert = 7 → z = 1,41; *Atemfrische (Item 4)*: Wert = 4 → z = (−0,07); *keine Zahnfäulnis Prophylaxe (Item 5)*: Wert = 1 → z = (−1,31); *Attraktivität (Item 6)*: Wert = 3 → z = (−0,84).

eine breite Analyse mit allen Beobachtungen ermöglichen, als auch Ergebnisverzerrungen durch die Substitution fehlender Werte ausschließen.

8.2 Faktorenanalyse mit dem Computer

Die Durchführung einer Faktorenanalyse mit Excel ist – analog zur Clusteranalyse – nur mit Hilfe der Implementierung zusätzlicher Statistik-Add-Ins[6] möglich. Da diese nicht zum normalen Lieferumfang von Excel gehören, soll an dieser Stelle nur die Vorgehensweise mit SPSS und Stata anhand des Beispieldatensatzes *toothpaste_attributes.sav* bzw. *toothpaste_attributes.dta* gezeigt werden.

8.2.1 Faktorenanalyse mit SPSS

In SPSS erfolgt die Durchführung der *Faktorenanalyse* durch Verwendung der Befehlsfolge *Analyze → Dimension Reduction → Factor …* [7] Im Befehlsfenster sind zunächst die zu verwendenden Items festzulegen. In unserem Beispiel sind es die sechs Zahnpastaeigenschaften. Durch Anklicken der unterschiedlichen Auswahlfelder lässt sich die Faktorenanalyse gemäß der in Abb. 8.4 beschriebenen Vorgehensweise spezifizieren.

[6] Siehe beispielsweise Add-Ins wie beispielsweise *WinSTAT* (www.winstat.de) oder *XLSTAT* (www.xlstat.com).

[7] In der deutschsprachigen SPSS Version ist die Befehlsfolge *Analysieren → Dimensionsreduktion → Faktorenanalyse …*

Faktorenanalyse:

Analyze → *Dimension Reduction* → Factor…

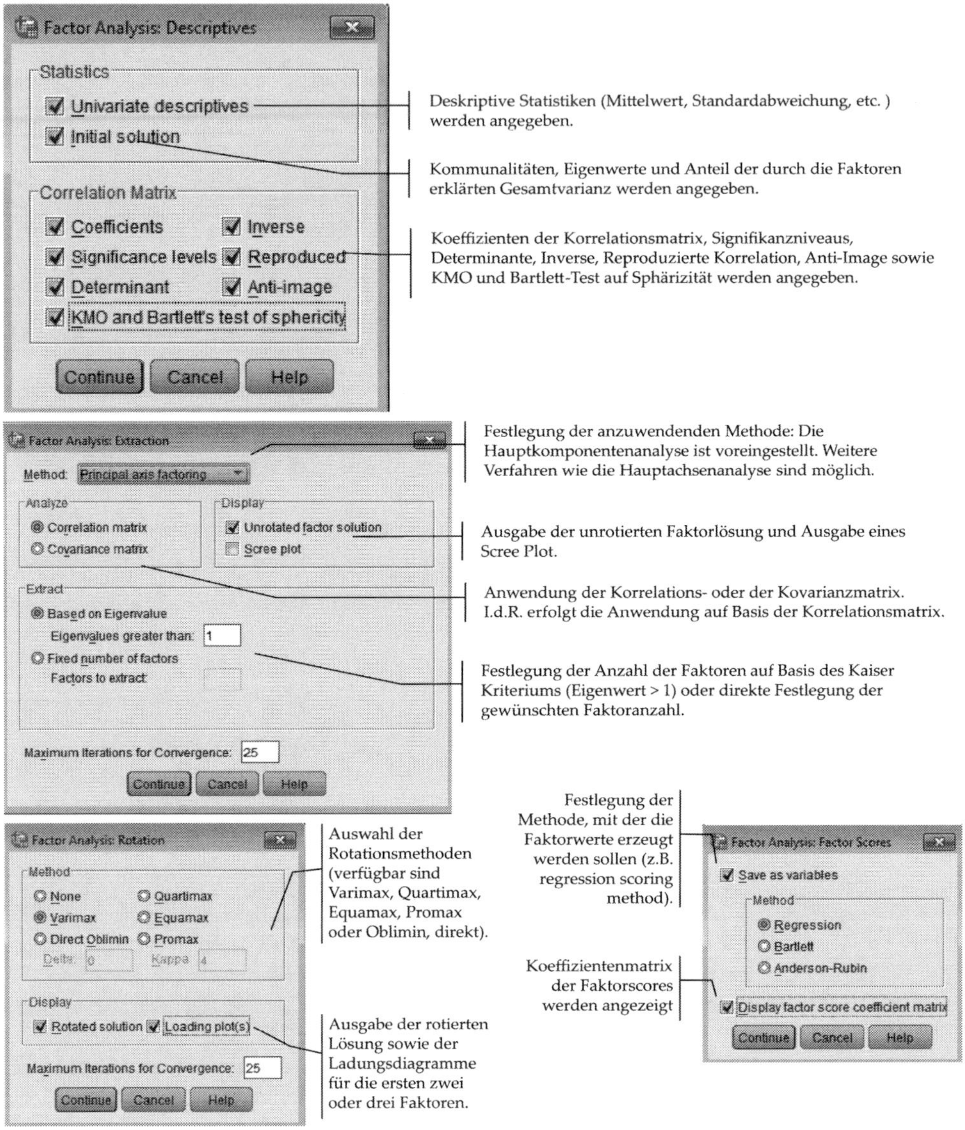

Abb. 8.4 Faktorenanalyse mit SPSS

8.2.2 Faktorenanalyse mit Stata

In Stata wird die *Faktorenanalyse* durch die Verwendung der Befehlsfolge *Statistics → Multivariate analysis → Factor and principal component analysis → factor analysis* ausgeführt. Im Befehlsfenster sind die zu verwendenden Items (Zahnpastaeigenschaften) und die zu verwendende Methode festzulegen. Danach ist wie in Abb. 8.5 beschrieben vorzugehen.

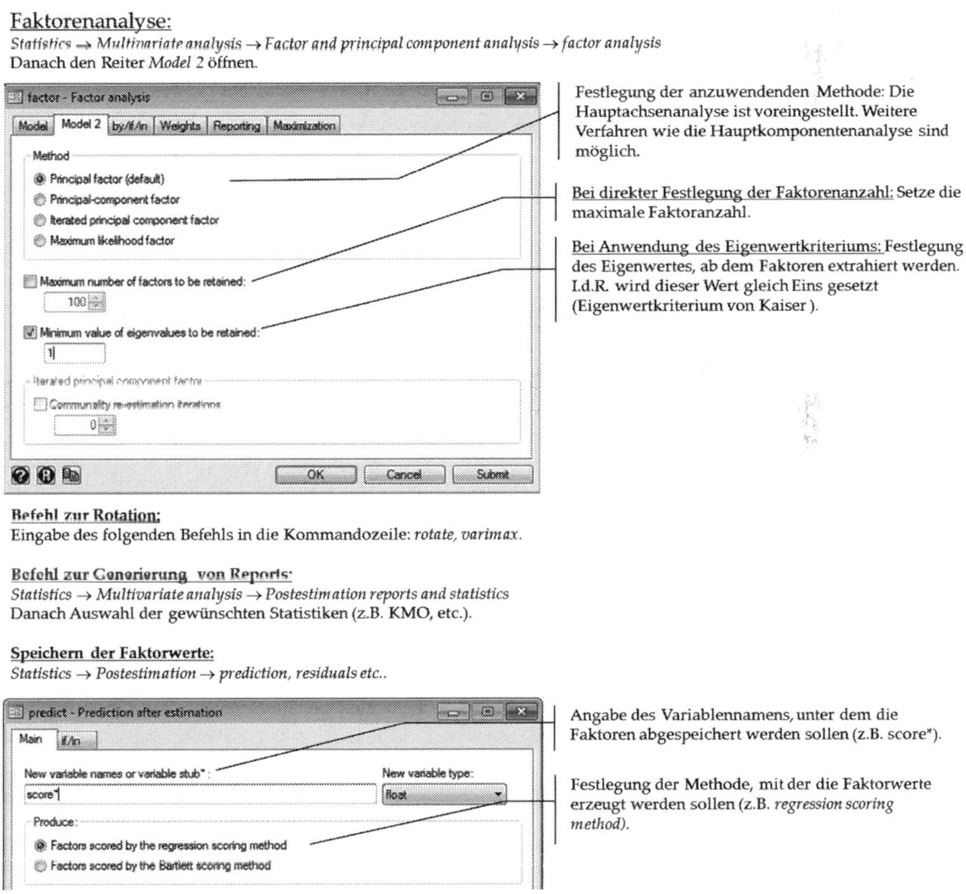

Abb. 8.5 Faktorenanalyse mit Stata

8.3 Übungsaufgaben zur Faktorenanalyse

Aufgabe 30

Interpretieren Sie die in den Tab. 8.10 bis 8.14 dargestellten Ergebnisse der Faktorenanalyse einer Studentenstichprobe!

Tab. 8.10 KMO und Bartlett's Test

Kaiser-Meyer-Olkin Measure of Sampling Adequacy		0,515
Approx. Chi-Square		37,813
Bartlett's Test of Sphericity	df	15
	Sig.	0,001

Tab. 8.11 Anti-Image-Matrizen

		Intelligence quotient	Independent preparation	Motivation	Self-confidence	Assessment preparation	Contact hours
Anti-Image kovariance	Intelligence quotient	,397	-,100	-,121	-,114	,076	,052
	Independent preparation (in hours)	-,100	,191	,115	-,095	-,065	-,112
	Motivation [1:very low to 50:very high]	-,121	,115	,202	-,139	,059	-,124
	Self-confidence [1:very low to 50:very high]	-,114	-,095	-,139	,416	-,017	,104
	Assessment preparation (in hours)	,076	-,065	,059	-,017	,391	-,061
	Contact hours (in hours)	,052	-,112	-,124	,104	-,061	,114
Anti-Image Korrelation	Intelligence quotient	,643[a]	-,362	-,427	-,281a	,192	,246
	Independent preparation (in hours)	-,362	,487[a]	,584	-,338	-,237	-,755
	Motivation [1:very low to 50:very high]	-,427	,584	,385[a]	-,479	,210	-,815a
	Self-confidence [1:very low to 50:very high]	-,281	-,338	-,479	,536[a]	-,042	,475
	Assessment preparation (in hours)	,192	-,237	,210	-,042	,816[a]	-,288
	Contact hours (in hours)	,246	-,755	-,815	,475	-,288	,450[a]

a, Measures of sampling adequacy (MSA).

Tab. 8.12 Kommunalitäten

	Anfänglich	Extraktion
Intelligence quotient	,603	,725
Independent preparation (in hours)	,809	,713
Motivation [1 = very low to 50 = very high]	,798	,622
Self-confidence [1 = very low to 50 = very high]	,584	,556
Assessment preparation (in hours)	,609	,651
Contact hours (in hours)	,886	,935

Extraktionsmethode: Hauptachsenfaktorenanalyse.

Tab. 8.13 Erklärte Gesamtvarianz

Faktor	Anfängliche Eigenwerte			Summen von quadrierten Faktorladungen für Extraktion			Rotierte Summe der quadrierten Ladungen		
	Gesamt	% der Varianz	Kumulierte %	Gesamt	% der Varianz	Kumulierte %	Gesamt	% der Varianz	Kumulierte %
1	2,54	42,39	42,39	2,32	38,62	38,62	2,27	37,88	37,88
2	2,24	37,32	79,72	1,88	31,39	70,01	1,93	32,13	70,01
3	,57	9,51	89,23						
4	,34	5,74	94,97						
5	,24	4,04	99,01						
6	,06	,99	100,00						

Extraktionsmethode: Hauptachsenfaktorenanalyse.

Tab. 8.14 Rotierte Faktormatrix[a]

	Faktor 1	Faktor 2
Intelligence quotient	–,004	,851
Independent preparation (in hours)	,839	,091
Motivation [1 = very low to 50 = very high]	,264	,743
Self-confidence [1 = very low to 50 = very high]	–,166	,727
Assessment preparation (in hours)	,759	–,273
Contact hours (in hours)	,946	,201

Extraktionsmethode: Hauptachsenfaktorenanalyse. Rotationsmethode: Varimax mit Kaiser-Normalisierung. [a] Rotation konvergierte in 3 Iterationen.

Literatur

Backhaus K, Erichson B, Plinke W, Weiber R (2011) Multivariate Analysemethoden. Eine Anwendungsorientierte Einführung, 13. Aufl. Springer, Berlin, Heidelberg

Enders CK (2010) Applied missing data analysis. Guilford Press, New York

Kaiser HF, Rice J (1974) Little Jiffy, Mark IV. Educational and Psychological Measurement 34:111–117

Malhotra NK (2010) Marketing Research. An Applied Approach, 6. Aufl. Pearson, London

Russell DW (2002) In Search of Underlying Dimension: The Use (and Abuse) of Factor Analysis. Personality and Social. Psychological Bulletin 28(12):1629–1646

Widaman KF (1993) Common factor analysis versus principal component analysis: Differential bias in representing model parameters? Multivariate Behavioral Research 28(3):263–311

Lösungen der Übungsaufgaben 9

Lösung 1

a) Gestorbene Patienten; Todesursache; Herzinfarkt, Schlaganfall, ... etc.
b) Student; Fachsemester; 1., 2. etc.
c) Art des Getränkes; Alkoholgehalt; 3 %, 4 %, etc.

Lösung 2

a) nominal,
b) metrisch,
c) nominal,
d) intervallskaliert (metrisch),
e) verhältnisskaliert (metrisch),
f) verhältnisskaliert (metrisch),
g) ordinal,
h) ordinal.

Lösung 3 Siehe entsprechende Datei im Internet unter www.springer-gabler.de.

Lösung 4

1. Ordinal, 3. Modus = 2 (selten) Median = 3 (häufig), 4. Mittelwert, da dieser metrische Skalierung voraussetzt.
2. Zeichnung gemäß folgender prozentualer Werte.

Erstes Mal hier	Selten	Häufig	Regelmäßig	Jeden Tag
15	75	45	35	20
15 / 190 = 7,89 %	75 / 190 = 39,47 %	45 / 190 = 23,68 %	18 / 190 = 18,42 %	20 / 190 = 10,53 %

T. Cleff, *Deskriptive Statistik und Explorative Datenanalyse*,
DOI 10.1007/978-3-8349-4748-2_9

Lösung 5 Der Abstand zwischen den Jahren ist nicht einheitlich. Dies suggeriert einen Anstieg der KFZ Produktion. In (der nicht dargestellten) Wirklichkeit nimmt diese über einen längeren Zeitraum erst einmal ab (1972–1979). An dieser Stelle wäre ein Histogramm angebracht gewesen.

Lösung 6

a) Datensatz erst sortieren. $\tilde{x} = \frac{1}{2}\left(x_{(\frac{n}{2})} + x_{(\frac{n}{2}+1)}\right) = \frac{1}{2}\left(x_{(5)} + x_{(6)}\right) = \frac{1}{2}(4+5) = 4{,}5,$

b) $\bar{x} = \frac{1}{10}\sum_{i=1}^{10} x_i = \frac{48}{10} = 4{,}8,$

c) $\text{MAD} = \frac{1}{n}\sum_{i=1}^{n} |x_i - \tilde{x}| = \frac{20}{10} = 2,$

d) $\text{Var}(x)_{emp} = \frac{1}{n}\sum_{i=1}^{n}(x_i - \bar{x})^2 = \frac{1}{n}\left(\sum_{i=1}^{n} x_i^2\right) - \bar{x}^2 = \frac{288}{10} - 4{,}8^2 = 5{,}76,$

e) $S_{emp} = \sqrt{\text{Var}(x)_{emp}} = 2{,}4,$

f) Zunächst Berechnung des unteren und oberen Quartils. $x_{0,25}$: $(n+1)\cdot p = (10+1)\cdot 0{,}25 = 2{,}75 \rightarrow x_{0,25} = (1-f)\cdot x_i + f\cdot x_{i+1} = 0{,}25\cdot x_2 + 0{,}75\cdot x_3 = 0{,}25\cdot 2 + 0{,}75\cdot 3 = 2{,}75$. $x_{0,75}$: $(n+1)\cdot p = (10+1)\cdot 0{,}75 = 8{,}25 \rightarrow x_{0,75} = 0{,}75\cdot x_8 + 0{,}25\cdot x_9 = 0{,}75\cdot 6 + 0{,}25\cdot 8 = 6{,}5$. Der Interquartilsabstand beträgt dann $x_{0,75} - x_{0,25} = 3{,}75$.

Lösung 7 In der alten Stichprobe (n = 50) ergibt sich für die Summe aller Beobachtungen:

$$\sum_{i=1}^{50} x_i = n\cdot\bar{x} = 50\cdot 10 = 500.$$

Nun kommen zwei Beobachtungen hinzu, sodass sich für die Summe aller Beobachtungen der neuen Stichprobe

$$\sum_{i=1}^{52} x_i = 500 + 18 + 28 = 546$$

ergibt. Der neue Wert für das arithmetische Mittel beträgt deshalb:

$$\bar{x}_{neu} = \frac{\sum_{i=1}^{52} x_i}{50+2} = \frac{546}{52} = 10{,}5.$$

Für die Berechnung der empirischen Varianz gilt generell:

$$S_{emp}^2 = \frac{1}{n}\left(\sum_{i=1}^{n} x_i^2\right) - \bar{x}^2.$$

Für die ursprüngliche Stichprobe n = 50 gilt somit:

$$S^2_{emp_{alt}} = 4 = \frac{1}{50}\left(\sum_{i=1}^{50} x_i^2\right) - 10^2,$$

woraus sich für die Summe der Quadrate

$$\sum_{i=1}^{50} x_i^2 = 50 \cdot \left(4 + 10^2\right) = 5200$$

ergibt. Hieraus lässt sich nun die empirische Varianz der neuen Stichprobe ermitteln:

$$S^2_{emp_{neu}} = \frac{1}{n+2}\left(\sum_{i=1}^{n} x_i^2 + x_{51}^2 + x_{52}^2\right) - \bar{x}^2_{neu} = \frac{1}{52}\left(5200 + 18^2 + 28^2\right) - 10{,}5^2 = 11{,}06.$$

Zur Bestimmung der empirischen Standardabweichung muss hieraus nur noch die Wurzel gezogen werden. Es ergibt sich:

$$S_{emp_{neu}} = 3{,}33.$$

Lösung 8

a) $\bar{x} = 3$,

b) $S_{emp} = 1{,}79$; $V = 0{,}6$,

c) Identisch, da der Variationskoeffizient einheitenfrei,

d) $x_{0,25} = 1$; $x_{0,5} = 2{,}5$; $x_{0,75} = 5$,

e) Min = 1; Max = 6,

f) rechtsschiefe Tendenz,

g) H = 0,136,

h) $\bar{x}_{geom} = \sqrt[3]{(1 + 0{,}02)\,(1 + 0{,}04)\,(1 + 0{,}01)} - 1 = 2{,}3\,\%$.

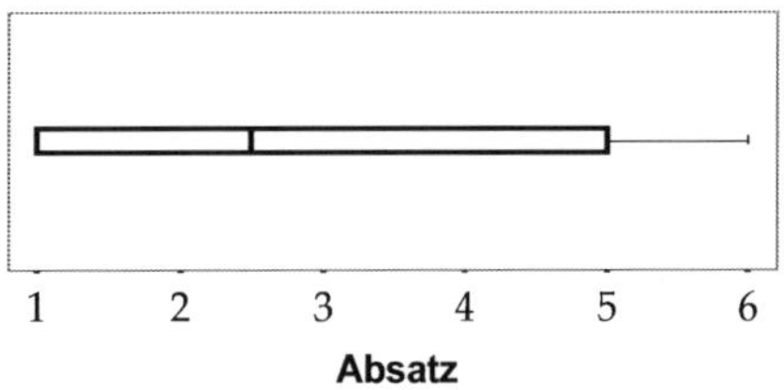

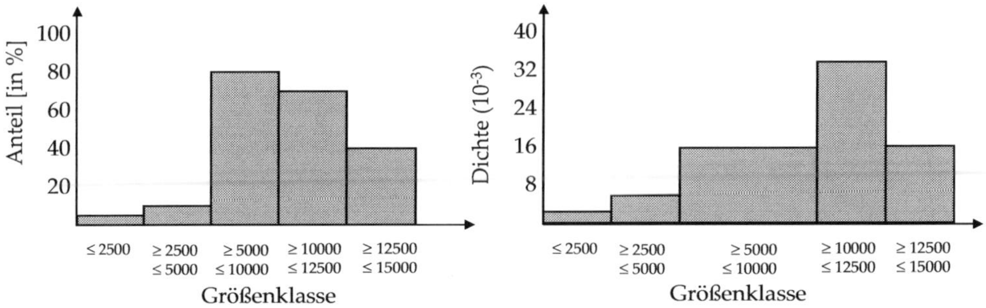

Abb. 9.1 Säulendiagramm und Histogramm

Lösung 9

a) Die mittlere Preisklasse ist doppelt so breit wie die anderen Preisklassen. Ein Säulendiagramm (s. Abb. 9.1) würde irreführen, da es die Preisklasse 5000 bis 10.000 € als besonders häufig gewählte Klasse hervorhebt. Berücksichtigt man die Breite der Klasse und ermittelt ein Histogramm, so ergibt sich ein anderes Bild: Nun ist die Klasse 10.000 – 12.500 die „dichteste" Klasse. Die Höhe der Balken im Histogramm ermitteln sich dabei wie folgt: $2/2500 = 0{,}0008$; $8/2500 = 0{,}0032$; $80/5000 = 0{,}016$; $70/2500 = 0{,}028$; $40/2500 = 0{,}016$.

b) Der Mittelwert ermittelt sich jeweils über die Klassenmitte: $\bar{x} = 9850$ €; der Median muss in der Klasse über 10.000 € liegen, da bis 10.000 € lediglich $45\,\% = 1\,\% + 4\,\% + 40\,\%$ der Werte zusammen kommen: $x_{0,5} = 10.000 + 2500 \cdot 5/35 = 10.357{,}14$ €; Modalklasse: 10.000–12.500 €.

c) $x_{0,55} = 10.000 + 2500 \cdot (5+5)/35 = 10.714{,}28$;

d) $x_{0,2} = 5000 + 5000 \cdot (15)/40 = 6875$ €. Die Autos auf dem anderen Gebrauchtwagenmarkt sind durchschnittlich teurer.

Lösung 10 Es handelt sich in der Fragestellung um Wachstumsraten. Hier ist das geom. Mittel anzuwenden:

$$\begin{aligned} \bar{x}_{geom} &= \sqrt[4]{(1+0{,}04)(1+0{,}03)(1+0{,}02)(1+0{,}01)} - 1 \Leftrightarrow \\ \bar{x}_{geom} &= 0{,}024939 = 2{,}49\,\%. \end{aligned} \tag{9.1}$$

Lösung 11

$$CR_2 = 76{,}67\,\%, \tag{9.2}$$

$$\text{Herfindahl: } H = \sum_{i=1}^{n} f(x_i)^2 = \left(\frac{7}{30}\right)^2 + \left(\frac{8}{30}\right)^2 + \left(\frac{15}{30}\right)^2 = 0{,}38, \tag{9.3}$$

$$GINI = \frac{2\sum_{i=1}^{n} i \cdot f_i - (n+1)}{n} = \frac{2 \cdot \left(1 \cdot \frac{7}{30} + 2 \cdot \frac{8}{30} + 3 \cdot \frac{15}{30}\right) - (3+1)}{3} = 0{,}18, \tag{9.4}$$

$$\mathrm{GINI}_{\mathrm{norm.}} = \frac{n}{n-1} \cdot \mathrm{GINI} = 0{,}27. \tag{9.5}$$

Lösung 12

a)	Hohe Ausgaben-bereitschaft (y = 1)	Mittlere Ausgaben-bereitschaft (y = 2)	Geringe Ausgaben-bereitschaft (y = 3)	Summe (X)
Mit Musik (x = 1)	30	5	20	55
Ohne Musik (x = 2)	5	20	20	45
Summe (Y)	35	25	40	100

b)		Hohe Ausgaben (y = 1)	Mittlere Ausgaben (y = 2)	Geringe Ausgaben (y = 3)	Summe (X)
Mit Musik (x = 1)	Anzahl (Erw. Häufig-keit)	130 (89,25)	30 (26,25)	50 (94,50)	210
Ohne Musik (x = 2)	Anzahl (Erw. Häufig-keit)	40 (80,75)	20 (23,75)	130 (85,50)	190
Summe (Y)	Anzahl	170	50	180	400

c) $\chi^2 = \frac{(130-89{,}25)^2}{89{,}25} + \frac{(30-26{,}25)^2}{26{,}25} + \ldots + \frac{(130-85{,}5)^2}{85{,}5} = 84{,}41,$

d) $V = \sqrt{\frac{\chi^2}{N\cdot(\mathrm{Min(Spaltenzahl;Zeilenzahl)}-1)}} = \sqrt{\frac{84{,}41}{400\cdot 1}} = 0{,}46.$

Lösung 13

a)	1 Person (y = 1)	2 Personen (y = 2)	≥ 3 Personen (y = 3)	Summe (x)
0 Bananen (x = 1)	20	30	10	60
1 Banane (x = 2)	5	20	30	55
2 Bananen (x = 3)	6	1	20	27
≥ 3 Bananen (x = 4)	2	3	3	8
Summe (y)	33	54	63	150

b)	1 Person (y = 1)	2 Personen (y = 2)	≥ 3 Personen (y = 3)	Summe (x)
0 Bananen (x = 1)	40 (40)	0 (4)	40 (36)	80
1 Banane (x = 2)	103 (102,5)	15 (10,25)	87 (92,25)	205
2 Bananen (x = 3)	5 (4)	0 (0,4)	3 (3,6)	8
≥ 3 Bananen (x = 4)	2 (3,5)	0 (0,35)	5 (3,15)	7
Summe (y)	150	15	135	300

c) $\chi^2 = 9{,}77$. Würden die letzten drei Zeilen aufgrund der nur dürftigen Besetzung zu einer Zeile zusammengefasst, ergibt sich: $\chi^2 = 0+4+0{,}44+0+1{,}45+0{,}16 = 6{,}06$.

d) $V = \sqrt{\frac{\chi^2}{N\cdot(\text{Min(Spaltenzahl;Zeilenzahl)}-1)}} = \sqrt{\frac{9{,}77}{300\cdot 2}} = 0{,}1276$. Würden die letzten drei Zeilen aufgrund der nur dürftigen Besetzung zu einer Zeile zusammengefasst, ergibt sich: $V = \sqrt{\frac{6{,}06}{300\cdot 1}} = 0{,}142$.

e) Phi ist nur bei Tabellen mit zwei Zeilen oder zwei Spalten zulässig.

Lösung 14

a) f(Region = Region3 | Bewertung = gut) = 2/15 · 100 % = 13,3 %.

b)
- Phi ungeeignet, da Kontingenztabelle mehr als zwei Zielen/Spalten aufweist.
- Kontingenzkoeffizient ungeeignet, da er nur bei Tabellen mit vielen Zeilen/Spalten geeignet ist.
- Cramers V ist interpretierbar: V = 0,578. Es besteht ein mittlerer Zusammenhang.
- Die Bewertung *gut* kommt überdurchschnittlich häufig aus Region 1 (erwartete Häufigkeit von 6,1 und tatsächliche Häufigkeit von 13) und unterdurchschnittlich häufig aus Region 2 (erwartete Häufigkeit von 5,5 und tatsächliche Häufigkeit von 0) und Region 3 (erwartete Häufigkeit von 3,5 und tatsächliche Häufigkeit von 2). Die Bewertung *es geht* kommt überdurchschnittlich häufig aus Region 2 (erwartete Häufigkeit von 7,3 und tatsächliche Häufigkeit von 10) und Region 3 (erwartete Häufigkeit von 4,6 und tatsächliche Häufigkeit von 10). Die Bewertung *schlecht* kommt überdurchschnittlich häufig aus Region 1 (erwartete Häufigkeit von 6,9 und tatsächliche Häufigkeit von 8).
- Es fällt zudem auf, dass die Besetzung der einzelnen Zellen z. T. nur sehr gering ist. Es wäre deshalb zu überlegen, ob anstelle einer 3 × 3 Tabelle eine kleinere Tabellenform gewählt werden sollte (2 × 2; 2 × 3; 3 × 2).

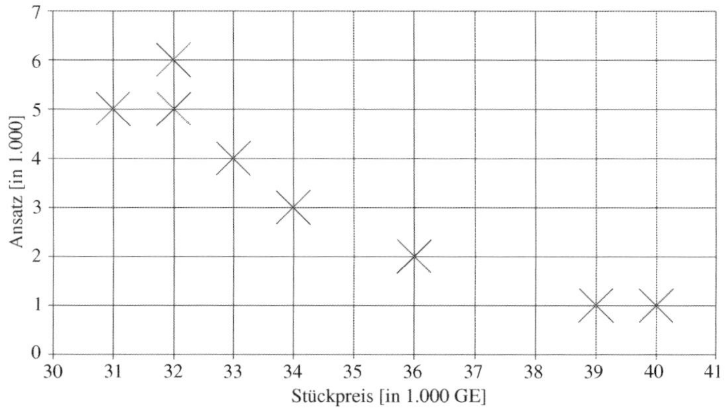

Abb. 9.2 Streudiagramm

Lösung 15

a) Siehe Abb. 9.2.

b) Vgl. die Berechnungen in Tab. 9.1.

Tab. 9.1 Preis und Absatz nach Ländern

Land	Absatz [in 1.000]	Stück-Preis [in 1.000 GE]	Absatz^2 [in 1.000]	Stück-Preis^2 [in 1.000 GE]	Absatz *Preis	Rang (Absatz)	Rang (Preis)	d_i	d_i^2
1	6	32	36	1024	192	10	2,5	7,5	56,25
2	4	33	16	1089	132	7	4	3	9
3	3	34	9	1156	102	6	5	1	1
4	5	32	25	1024	160	8,5	2,5	6	36
5	2	36	4	1296	72	4,5	6,5	-2	4
6	2	36	4	1296	72	4,5	6,5	-2	4
7	5	31	25	961	155	8,5	1	7,5	56,25
8	1	39	1	1521	39	2	8,5	-6,5	42,25
9	1	40	1	1600	40	2	10	-8	64
10	1	39	1	1521	39	2	8,5	-6,5	42,25
Summe	30	352	122	12488	1003	55	55	0	315
Mittelwert	3,0	35,2	12,2	1248,8	100,3	5,5	5,5	0,0	31,5

Stückpreis:

$$\bar{x} = \frac{1}{10}(32 + 33 + 34 + \ldots + 39) = 35{,}2,$$

$$S_{emp} = \sqrt{\frac{(x_i - \bar{x})^2}{n}} = \sqrt{\frac{1}{n}\sum_{i=1}^{n} x_i^2 - \bar{x}^2} = \sqrt{\frac{1}{10}12.488 - 35{,}2^2} = \sqrt{9{,}76} = 3{,}12.$$

Absatz:

$$\bar{y} = \frac{1}{10}(6 + 4 + 3 + \ldots + 1) = 3{,}0,$$

$$S_{emp} = \sqrt{\frac{(y_i - \bar{y})^2}{n}} = \sqrt{\frac{1}{n}\sum_{i=1}^{n} y_i^2 - \bar{y}^2} = \sqrt{\frac{1}{10}122 - 3^2} = \sqrt{3{,}2} = 1{,}79.$$

Kovarianz:

$$S_{xy} = \frac{1}{n}\sum_{i=1}^{n} x_i \cdot y_i - \bar{x} \cdot \bar{y} = \frac{1}{10}(6 \cdot 32 + \ldots + 1 \cdot 39) - 35{,}2 \cdot 3 = 100{,}3 - 105{,}6 = -5{,}3.$$

c) $r = \frac{S_{xy}}{S_x S_y} = \frac{-5{,}3}{1{,}79 \cdot 3{,}12} = -0{,}95.$

d) $\rho = 1 - \frac{6 \cdot \sum_{i=1}^{n} d_i^2}{n \cdot (n^2 - 1)} = 1 - \frac{6 \cdot (7{,}5^2 + 3^2 + \ldots + (-6{,}5^2))}{10 \cdot (10^2 - 1)} = 1 - \frac{6 \cdot 315}{10 \cdot (10^2 - 1)} = -0{,}909$. Würde dieser Koeffizient mit der nicht verkürzten Formel berechnet, ergibt sich: $\rho = -0{,}962$. Der Grund liegt in der großen Anzahl von Rangbindungen.

e) Negativer monotoner Zusammenhang.

Lösung 16

a) $\bar{y} = \frac{\sum_{i=1}^{n} y_i}{n} = \frac{-309}{14} = -22{,}07,$

b) $S_{emp} = \sqrt{\frac{\sum_{i=1}^{n} y_i^2}{n} - \bar{y}^2} = \sqrt{\frac{10.545}{14} - 22{,}07^2} = \sqrt{266{,}129} = 16{,}31,$

c) Variationskoeffizient $= \frac{S_{emp}}{|\bar{y}|} = \frac{16{,}31}{|-22{,}07|} = 0{,}74,$

d) $S^2_{emp} = \frac{\sum_{i=1}^{n} (x_i - \bar{x})^2}{n} = \frac{3042{,}36}{14} = 217{,}31,$

e) $S_{xy} = \frac{\sum_{i=1}^{n} (x_i - \bar{x})(y_i - \bar{y})}{n} = 213{,}42,$

f) $r = \frac{S_{xy}}{S_x \cdot S_y} = 0{,}89,$

g) $\rho = 1 - \frac{6 \cdot \sum_{i=1}^{n} d_i^2}{n \cdot (n^2 - 1)} = 1 - \frac{6 \cdot 54}{14 \cdot (14^2 - 1)} = 0{,}88.$

Lösung 17

a) Die Kovarianz gibt ausschließlich Auskunft über die Richtung eines möglichen Zusammenhanges.

b) $r = \frac{2{,}4}{\sqrt{\frac{22.500}{715} \cdot \frac{17.000}{715}}} = \frac{2{,}4}{5{,}61 \cdot 4{,}88} = 0{,}0877.$

c) Kein linearer Zusammenhang.

Lösung 18

a) Aus der Tabelle errechnet sich: $\frac{1}{5}\sum_{i=1}^{5}(x_i - \bar{x})(y_i - \bar{y}) = 2971{,}6$. Die Korrelation nach Pearson ergibt dann: $r = \frac{2971{,}6}{432{,}96 \cdot 7{,}49} = 0{,}916$. Die Blödzeitung wird den Schluss gezogen haben, dass das Lesen von Büchern ungesund ist, da der lineare Zusammenhang zwischen Erkältungen und gelesenen Büchern sehr groß ist.

b) Bei einer Scheinkorrelation wirkt eine dritte (versteckte) Variable im Hintergrund ursächlich auf die beiden untersuchten Variablen. Sie erklärt letztlich den durch den eventuell hohen Korrelationskoeffizienten assoziierten Zusammenhang.

c) Es liegt eine Scheinkorrelation vor. Versteckte Variable im Hintergrund (*common-cause*) ist das Alter der Person. Mit zunehmendem Alter hat man sowohl im Durchschnitt mehr Bücher gelesen als auch mehr Erkältungen erlitten. Würde man sich auf eine Altersklasse beschränken, ließe sich wahrscheinlich keine Korrelation zwischen erlittenen Erkältungen und gelesenen Büchern mehr feststellen.

Lösung 19

a) Je höher der Preis für Toilettenpapier, umso höher ist der Kartoffelchips-Absatz.

b) Die Formel für den Partiellen Korrelationskoeffizienten lautet: $r_{xy.z} = \frac{r_{xy} - r_{xz} r_{yz}}{\sqrt{(1-r_{xz}^2)\cdot(1-r_{yz}^2)}}$.
Im Beispiel soll die Variable x dem Absatz der Kartoffelchips, die Variable y dem Preis der Kartoffelchips und die Variable z dem Preis für Toilettenpapier entsprechen. Andere Variablenzuweisungen sind natürlich ebenfalls möglich, ohne dass sich hierdurch das Endergebnis ändert. Gesucht wird somit $r_{xz.y}$. Die Formel für den Partiellen Korrelationskoeffizienten ist dann folgendermaßen anzupassen:

$$\begin{aligned} r_{xz.y} &= \frac{r_{xz} - r_{xy} r_{zy}}{\sqrt{(1-r_{xy}^2)\cdot(1-r_{zy}^2)}} = \frac{0{,}3347-((-0{,}7383)\cdot(-0{,}4624))}{\sqrt{(1-(-0{,}7383)^2)\cdot(1-(-0{,}4624)^2)}} \\ &= -0{,}011 \end{aligned} \tag{9.6}$$

c) Der Zusammenhang unter a) ist eine Scheinkorrelation. In Wirklichkeit besteht kein Zusammenhang zwischen dem Preis für Toilettenpapier und dem Absatz von Kartoffelchips.

Lösung 20

$$r_{pb} = \frac{\bar{y}_1 - \bar{y}_0}{S_y}\sqrt{\frac{n_0 \cdot n_1}{n^2}} = \frac{0{,}41 - 0{,}37}{0{,}095}\sqrt{\frac{2427 \cdot 21.753}{24.180^2}} = 0{,}127. \tag{9.7}$$

Lösung 21

a) Marktanteil = 1,26 − 0,298 · Preis = 1,26 − 0,298 · 3 = 36,6 %.

b) 0,40 = 1,26 − 0,298 · Preis ⇔ Preis = $\frac{0{,}40-1{,}26}{-0{,}298} = 2{,}89$.

c) 42 % der Varianz des Marktanteils wird durch die Varianz der unabhängigen Variablen *Preis* erklärt.

d) $R^2 = 1 - \frac{ESS}{TSS} \Leftrightarrow TSS = \frac{ESS}{1-R^2} = \frac{0{,}08}{0{,}58} = 0{,}14$.

Lösung 22

a)

$$\hat{y} = 24{,}346 + 0{,}253 \cdot x_1 - 0{,}647 \cdot x_2 - 0{,}005 \cdot x_3, \quad (9.8)$$

wobei:
x_1: Anzahl der Niederlassungen,
x_2: Stückpreis [in 1000 GE],
x_3: Werbebudget [in 100.000 GE].

Der geringe (nicht signifikante) Einfluss des Werbebudgets würde in der Praxis dazu führen, die Variable x_3 aus der Regression zu streichen (siehe Aufgabenteil d)), sodass gelten würde:

$$\hat{y} = 24{,}346 + 0{,}253 \cdot x_1 - 0{,}647 \cdot x_2. \quad (9.9)$$

b) Die bisher uns bekannte Kennzahl wäre das Bestimmtheitsmaß: $R^2 = 0{,}951$.

c) Der Regressionskoeffizient für den Stückpreis beträgt $\alpha_2 = -0{,}647$.
Da der Stückpreis in 1000 Einheiten gemessen wird, wirkt eine Preissenkung um 1000 GE auf den Absatz wie folgt:

$$\Delta\text{Absatz} = (-1) \cdot (-0{,}647) = 0{,}647.$$

Der Absatz ist ebenfalls in 1000 Einheiten gemessen, sodass der Gesamtabsatz um $1000 \cdot 0{,}647 = 647$ Einheiten zunehmen würde.

d) Der Regressionskoeffizient für die Werbeausgaben beträgt:

$$\alpha_3 = -0{,}005.$$

Da die Werbeausgaben in 100.000 GE gemessen werden, wirkt eine Erhöhung der Werbeausgaben um 100.000 GE auf den Absatz wie folgt:

$$\Delta\text{Absatz} = (+1) \cdot (-0{,}005) = (-0{,}005)\,.$$

Der Absatz ist in 1000 Einheiten gemessen, sodass sich dieser um $1000 \cdot (-0{,}005) = (-5)$ Einheiten verändern (sinken) würde. Dieses Ergebnis kommt deshalb zustande, weil die Variable Werbebudget einen Einfluss von nahe null (insignifikanter Einfluss) besitzt. Werbung spielt bei der Bestimmung des Absatzes scheinbar keine Rolle.

Lösung 23

a)

$$\hat{y} = 38{,}172 - 7{,}171 \cdot x_1 + 0{,}141 \cdot x_2, \tag{9.10}$$

wobei:

x_1: Preis des eigenen Produktes; x_2: Logarithmierter Preis des Konkurrenzproduktes. Der geringe (nicht signifikante) Einfluss des logarithmierten Preises würde in der Praxis dazu führen, die Variable x2 aus der Regression zu streichen (siehe Aufgabenteil e)), sodass gelten würde:

$$\hat{y} = 38{,}172 - 7{,}171 \cdot x_1. \tag{9.11}$$

b)

$$R^2 = \frac{QS - Regression}{QS - Gesamt} = \frac{124{,}265}{134{,}481} = 0{,}924, \tag{9.12}$$

$$R^2_{adj} = 1 - \left(1 - R^2\right) \frac{n-1}{n-k} = 1 - (1 - 0{,}924) \frac{27-1}{27-3} = 0{,}918. \tag{9.13}$$

c)

$$(QS - Regression) + (QS - Fehler) = (QS - Gesamt) \Leftrightarrow \tag{9.14}$$

$$(QS - Fehler) = (QS - Gesamt) - (QS - Regression) = 10{,}216. \tag{9.15}$$

d) Ja, da R^2 einen sehr hohen Wert annimmt.

e) Durch Herausnahme des logarithmierten Preises (s. Aufgabenteil a)).

f) Der Regressionskoeffizient für den Preis beträgt $\alpha_1 = -7{,}171$.
Der Absatz würde sich also um $(+1) \cdot (-7{,}171) = -7{,}171$ Prozent-Punkte verändern (zurückgehen).

Lösung 24

a) $\hat{y} = 9898 - 949{,}5 \cdot Preis + 338{,}6 \cdot HZ_{sw} - 501{,}4 \cdot HZ_{az} - 404{,}1 \cdot TZ_{az} + 245{,}8 \cdot TZ_{sw} + 286{,}2 \cdot HZ_{hz\_abb}$.

b) $\hat{y} = 9898 - 949{,}5 \cdot 2{,}5 + 338{,}6 \cdot 0 - 501{,}4 \cdot 1 - 404{,}1 \cdot 0 + 245{,}8 \cdot 0 + 286{,}2 \cdot 0 \approx 7023$.

c) R entspricht dem Korrelationskoeffizienten; R^2 ist das Bestimmtheitsmaß des Modells und bringt zum Ausdruck, wie viel Prozent der Varianz des Absatzes durch die Varianz der unabhängigen Variablen (rechte Seite der Regressionsfunktion) erklärt wird. Bei der Modellkonstruktion sollte eine hohe Varianzerklärung mit möglichst wenig Variablen sichergestellt sein. Der Wert für R^2 kann durch Einfügen weiterer unabhängiger Variablen niemals abnehmen. Um ein überflüssiges Zufügen weiterer unabhängiger Variablen zu verhindern, wird das korrigierte R^2 verwendet. Es ist ein um die Anzahl der Regressoren korrigiertes Bestimmtheitsmaß.

d) Beta gibt den Einfluss von standardisierten Variablen an. Zunächst werden die unabhängigen Variablen durch Standardisierung unabhängig von der jeweils verwendeten Maßeinheit und damit auch vergleichbar gemacht. Die in der Regression entstehenden standardisierten Beta-Koeffizienten sind somit auch in ihrer Größe vergleichbar. Die Variable mit dem betragsmäßig größten Koeffizienten hat entsprechend den größten Einfluss, etc.

e) Erzeugen einer neuen metrischen Variablen mit dem Namen *Preis_Schw*. Für diese gelten folgende Bedingungen: *Preis_Schw* = 0, wenn Preis kleiner als 2,50 € ist. Andernfalls *Preis_Schw* = Preis. Eine weitere Möglichkeit: Erzeugen einer neuen Variablen mit dem Namen *Preis_Schw*. Für diese gelten folgende Bedingungen: *Preis_Schw* = 0, wenn Preis kleiner als 2,50 € ist. Andernfalls *Preis_Schw* = 1.

Lösung 25

a)

$$\mathrm{R}^2 = \frac{\text{Quadratsumme(regression)}}{\text{Quadratsumme(gesamt)}} = 1 - \frac{\text{Quadratsumme(residuen)}}{\text{Quadratsumme(gesamt)}}, \tag{9.16}$$

$$\mathrm{R}^2 = 1 - \frac{34.515.190.843{,}303}{136.636.463.021{,}389} = 0{,}7474. \tag{9.17}$$

b) Um Regressionen mit unterschiedlichen Anzahlen von unabhängigen Variablen vergleichen zu können.

c) Durchschnittlicher Erlös $= 25.949{,}5 + 5 \cdot 4032{,}79 - 7611{,}182 + 6079{,}44$ $= 44.581{,}752$ GE.

d) Salat, da der standardisierte Beta-Wert betragsmäßig den zweitgrößten Wert annimmt.

e) Preisangabe und Größe des Getränks in Regression 2 weisen einen hohen VIF-Wert bzw. eine niedrige Toleranz auf. Außerdem hat das R^2 von Regression 1 zu Regression 2 kaum zugenommen. Die unabhängigen Variablen der Regression 2 sind multikollinear, sodass die Signifikanzen und Koeffizienten verzerrt sind. Die Entscheidung sollte deshalb auf Regression 1 fallen.

f) Es liegt kein linearer Zusammenhang vor, sodass bei einer linearen Regression systematische Fehler in bestimmten Bereichen der x-Achse auftreten. Die Residuen sind autokorreliert. Durch Logarithmieren oder durch Einfügen eines quadratischen Terms könnte die systematische Verzerrung beseitigt werden.

Lösung 26

Zunächst sind die in Tab. 9.2 angegebenen Berechnungen durchzuführen.

Tab. 9.2 Preis-/Mengenentwicklungen (Lösung)

Gut	Preis 1	Menge 1	Preis 3	Menge 3	$p_3 \cdot q_1$	$p_1 \cdot q_1$	$p_3 \cdot q_3$	$p_1 \cdot q_3$
A	6	22	8	23	176	132	184	138
B	27	4	28	5	112	108	140	135
C	14	7	13	10	91	98	130	140
D	35	3	42	3	126	105	126	105
					505	443	580	518

a)

$$P^L_{1,3} = \frac{\sum_{i=1}^{4} p_{i,3} \cdot q_{i,1}}{\sum_{i=1}^{4} p_{i,1} \cdot q_{i,1}} = \frac{(8 \cdot 22) + (28 \cdot 4) + (13 \cdot 7) + (42 \cdot 3)}{(6 \cdot 22) + (27 \cdot 4) + (14 \cdot 7) + (35 \cdot 3)}$$
$$= \frac{505}{443} = 1{,}14\frac{505}{443} \cdot 100 = 140, \tag{9.18}$$

$$Q^L_{1,3} = \frac{\sum_{i=1}^{4} q_{i,3} \cdot p_{i,1}}{\sum_{i=1}^{4} q_{i,1} \cdot p_{i,1}} = \frac{(23 \cdot 6) + (5 \cdot 27) + (10 \cdot 14) + (3 \cdot 35)}{(22 \cdot 6) + (4 \cdot 27) + (7 \cdot 14) + (3 \cdot 35)} \Leftrightarrow$$
$$Q^L_{1,3} = \frac{518}{443} = 1{,}17. \tag{9.19}$$

Die Inflationsrate zwischen den beiden Beobachtungsjahren beträgt 14 Prozent. Im gleichen Zeitraum hat sich der mit den Preisen des ersten Beobachtungsjahres bewer tete Absatz der vier Güter um 17 Prozent erhöht.

b)

$$P^P_{1,3} = \frac{\sum_{i=1}^{n} p_{i,3} \cdot q_{i,3}}{\sum_{i=1}^{4} p_{i,1} \cdot q_{i,3}} = \frac{(8 \cdot 23) + (28 \cdot 5) + (13 \cdot 10) + (42 \cdot 3)}{(6 \cdot 23) + (27 \cdot 5) + (14 \cdot 10) + (35 \cdot 3)}$$
$$= \frac{580}{518} = 1{,}12\frac{580}{518} \cdot 100 = 112, \tag{9.20}$$

$$Q^P_{1,3} = \frac{\sum_{i=1}^{4} q_{i,3} \cdot p_{i,3}}{\sum_{i=1}^{4} q_{i,1} \cdot p_{i,3}} = \frac{(23 \cdot 8) + (5 \cdot 28) + (10 \cdot 13) + (3 \cdot 42)}{(22 \cdot 8) + (4 \cdot 28) + (7 \cdot 13) + (3 \cdot 42)}$$
$$Q^P_{1,3} = \frac{580}{505} = 1{,}15. \tag{9.21}$$

Die Inflationsrate zwischen den beiden Beobachtungsjahren beträgt 12 Prozent. Im gleichen Zeitraum hat sich der mit den Preisen des dritten Jahres bewertete Absatz der vier Güter um 15 Prozent erhöht.

c) Die ausgewiesene Inflation beim Paasche Index ist deshalb geringer, weil sich die Nachfrage im Zeitverlauf zugunsten von Produkten mit einer unterdurchschnittlichen Preissteigerung verschoben hat. Verbrauchsverschiebung (Substitution) zugunsten der Produkte B und C. Produkt B hat sich mit 3,7 Prozent nur unterdurchschnittlich verteuert, Produkt C sogar um 7,1 Prozent verbilligt (Substitution der Produkte mit überdurchschnittlicher Preissteigerung durch Produkte B und C). Beide Produkte zusammen haben in der dritten Periode einen um vier Prozentpunkte erhöhten Verbrauchsanteil.

d)

$$P^F_{1,3} = \sqrt{P^L_{1,3} \cdot P^P_{1,3}} = \sqrt{1{,}14 \cdot 1{,}12} = 1{,}13, \tag{9.22}$$

$$Q^F_{1,3} = \sqrt{Q^L_{1,3} \cdot Q^P_{1,3}} = \sqrt{1{,}17 \cdot 1{,}15} = 1{,}16. \tag{9.23}$$

e)

$$\begin{aligned} W_{1,3} &= Q^F_{1,3} \cdot P^F_{1,3} = 1{,}16 \cdot 1{,}13 = Q^L_{1,3} \cdot P^P_{1,3} = 1{,}17 \cdot 1{,}12 = Q^P_{1,3} \cdot P^L_{1,3} \\ &= 1{,}15 \cdot 1{,}14 = 1{,}31 \end{aligned} . \tag{9.24}$$

Das Umsatzwachstum im dritten Beobachtungsjahr liegt um 31 Prozent über dem des ersten Beobachtungsjahres.

f)

$$\bar{p}_{geom} = \sqrt[n]{\prod_{i=1}^{n} (1 + p_i)} - 1 = \sqrt[2]{(1 + 0{,}14)} - 1 = 0{,}0677. \tag{9.25}$$

$\rightarrow$ 6,77 % Preissteigerungsrate.

Lösung 27

Zunächst sind die in Tab. 9.3 angegebenen Berechnungen durchzuführen.

Tab. 9.3 Preis und Wertindex (Lösung)

	2005	2006	2007	2008	2009
Nominale Wertentwicklung	100.000 €	102.000 €	105.060 €	110.313 €	114.726 €
Nominaler Wertindex [2005 = 100]	100,00	102,00	105,06	110,31	114,73
Reale Wertentwicklung	100.000 €	101.000 €	103.425 €	105.533 €	109.224 €
Realer Wertindex [2005 = 100]	100,00	101,00	103,42	105,53	109,22
Preisentwicklung [2004 = 100]	101,00	102,00	102,50		
Preisentwicklung [2007 = 100]			100,00	103,00	103,50
Preisentwicklung [2004 = 100]	101,00	102,00	102,50	105,58	106,09
Preisentwicklung [2005 = 100]	100,00	100,99	101,49	104,53	105,04

Beispielhafte Berechnungen:

- Nominaler Wertindex [2005 = 100] für 2007:

$$W^{\text{nominal}}_{2005,2007} = \frac{105.060}{100.000} \cdot 100 = 105{,}06. \tag{9.26}$$

- Verkettung der Preisentwicklung [2004 = 100] für 2008:

$$\tilde{P}_{2004,2008} = P_{2004,2007} \cdot P_{2007,2008} = 102{,}50 \cdot 103{,}00 = 105{,}58. \tag{9.27}$$

- Umbasierung des Preisindex [2004 = 100] auf [2005 = 100] für 2008:

$$\tilde{P}^{[2005=100]}_{2005,2008} = \frac{P^{[2004=100]}_{2004,2008}}{P^{[2004=100]}_{2004,2005}} = \frac{105{,}58}{101{,}00} \cdot 100 = 104{,}53. \tag{9.28}$$

- Reale Wertentwicklung für 2008:

$$W^{\text{real}}_{2008} = \frac{W^{\text{nominal}}_{2008}}{\tilde{P}^{[2005=100]}_{2005,2008}} = \frac{110.313}{1{,}0453} = 105.533. \tag{9.29}$$

- Reale Wertindex [2005 = 100] für 2008:

$$W^{\text{nominal}}_{2005,2008} = \frac{105.533}{100.000} \cdot 100 = 105{,}53. \tag{9.30}$$

Lösung 28

a) Zunächst werden die ausgewählten Variablen z-transformiert und es wird die Entscheidung bezüglich des zu verwendenden Distanz- oder Ähnlichkeitsmaßes getroffen. Danach wird die Distanz zwischen den verbleibenden Objekten gemessen und die jeweils am nächsten beieinander liegenden Objekte fusioniert. Dieser Schritt wird so lange wiederholt, bis der Heterogenitätszuwachs ein akzeptables Maß überschreitet.

b) Sinnvoll scheint hier eine Vier-Cluster-Lösung, da bei weiterer Fusionierung der Heterogenitätszuwachs zu stark zunimmt. Der letzte Heterogenitätszuwachs wäre der zwischen 9,591 und 13,865.

Lösung 29

a) Vgl. Abb. 9.3.

b) Cluster #1: eher unzufriedene Kunden mit hohem Einkommen; Cluster #2: unzufriedene Kunden mit mittlerem Einkommen; Cluster #3: unzufriedene Kunden mit geringem Einkommen; Cluster #4: zufriedene Kunden mit mittlerem oder hohem Einkommen.

c) Cluster #1 aus Aufgabenteil a) wird in zwei Cluster geteilt. Siehe die gestrichelten Clusterabgrenzungen innerhalb von Cluster #1 in Abb. 9.3.

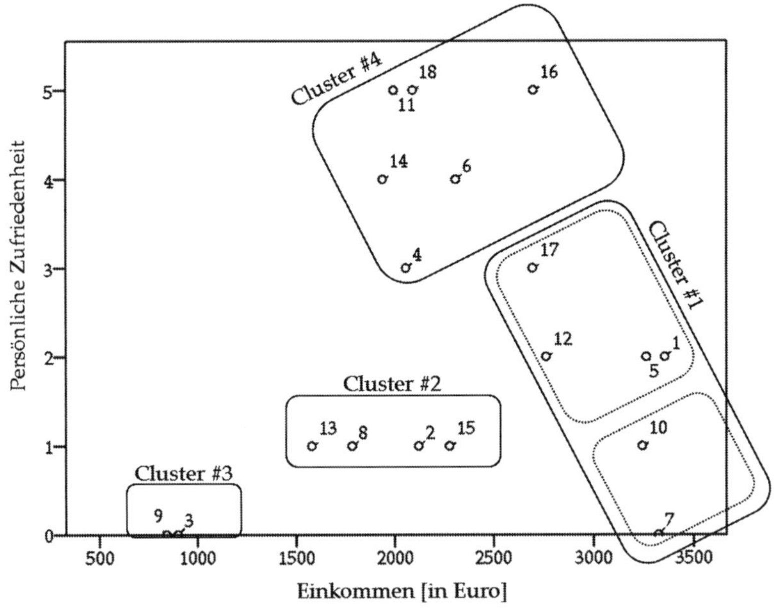

Abb. 9.3 Clusteranalyse Persönliche Zufriedenheit und Einkommen (1)

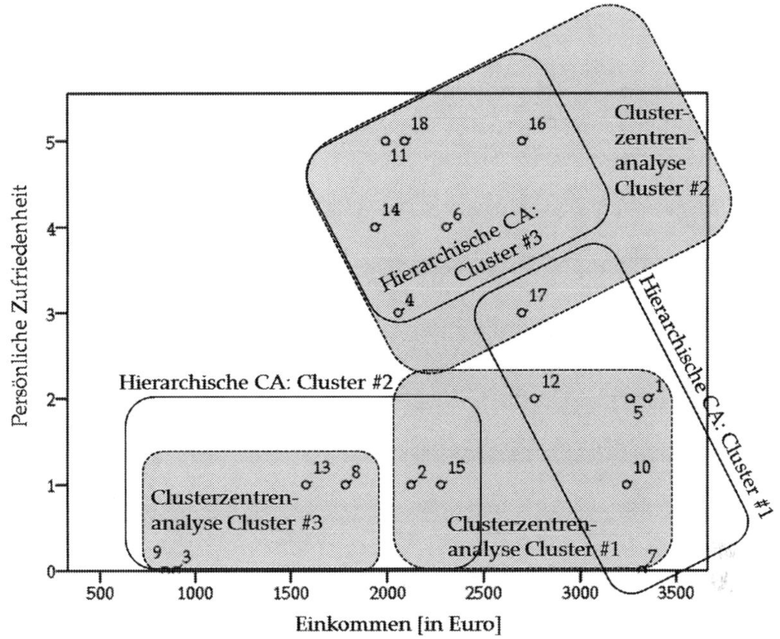

Abb. 9.4 Clusteranalyse Persönliche Zufriedenheit und Einkommen (2)

d) Vier-Cluster-Lösung, da die Äste des Dendrogramms bei dieser Lösungen vergleichsweise lang sind.

e) Vgl. Abb. 9.4.

Lösung 30

- Zunächst ist die verwendete Methode zu ermitteln. Die Tabellen geben an, dass es sich um eine Hauptachsenanalyse handelt. Hätte diese Angabe gefehlt, hätte man anhand der Tabelle *Kommunalitäten* erkennen können, dass die Anfangskommunalitäten ungleich Eins sind. Es kann sich entsprechend nicht um eine Hauptkomponentenmethode handeln.
- Das *KMO-Kriterium* = 0,515 (> 0,5). Zudem ist *Bartlett's Test of Sphericity* signifikant (p = 0,001 < 0,05). 60 Prozent der Elemente unterhalb der Diagonalen der Anti-Image Kovarianzmatrix sind ungleich Null (> 0,09). Die drei Kennzahlen weisen darauf hin, dass sich die Korrelationsmatrix der Einzelitems zur Durchführung einer Faktorenanalyse bedingt eignet. Gemäß Tab. 8.3 ist die Eignung als *miserable* zu bewerten. An dieser Stelle liegt es nahe, gewisse Items aus der Analyse zu entfernen. Die Auswahl dieser Items erfolgt über die item-spezifischen *Measure of Sampling Adequacy (MSA)*, die auf der Diagonalen der *Anti-image-Korrelationsmatrix* aufgetragen sind.

- Die item-spezifischen *Measure of Sampling Adequacy (MSA)* sollten Werte größer als 0,5 annehmen. Dies ist bei drei Items nicht der Fall. Schrittweise – beginnend mit dem Item *Motivation* – sollten die ungeeigneten Einzelitems aus der Analyse entfernt werden, um die Kennziffern der Faktorenanalyse zu verbessern.
- Erklärte Gesamtvarianz: Faktor 1 und Faktor 2 haben Eigenwerte größer als Eins, weshalb eine Zweifaktorlösung naheliegt. Beide Faktoren erklären gemeinsam rund 70 % der gesamten Varianz aller Items.
- Kommunalitäten: Bei der Hauptachsenanalyse interpretiert man die Kommunalitäten wie folgt: Die gemeinsame Varianz des Items *Intelligence Quotient* mit allen anderen Items wird zu 72,5 % durch die beiden Faktoren erklärt. Hätte eine Hauptkomponentenanalyse vorgelegen, wäre die Interpretation wie folgt gewesen: Die Varianz des Items *Intelligence Quotient* wird zu 72,5 % durch die beiden Faktoren erklärt.
- Die Rotierte Faktormatrix ergibt folgende Interpretation: Faktor 1: Individueller Fleiß; Faktor 2: Individuelle Kompetenz.

Formelsammlung

Häufigkeiten

Berechnung bei klassierter Datengrundlage aus einer Verteilungsfunktion:

$$F(x) = F(x^*_{i-1}) + \frac{x - x^*_{i-1}}{\Delta i} \cdot f_i$$

Lageparameter

Mittelwert aus einer Urliste:

$$\bar{x} = \frac{1}{n}(x_1 + x_2 + \ldots + x_n) = \frac{1}{n}\sum_{i=1}^{n} x_i$$

Mittelwert aus einer gegebenen Häufigkeitstabelle:

$$\bar{x} = \frac{1}{n}\sum_{v=1}^{k} x_v \cdot n_v = \sum_{v=1}^{k} x_v \cdot f_v$$

Mittelwert aus klassierten Daten:

$$\bar{x} = \frac{1}{n}\sum_{v=1}^{k} n_v m_v = \sum_{v=1}^{k} f_v m_v, \text{ (}m_v\text{ ist die Klassenmitte)}$$

Geometrisches Mittel:

$$\bar{x}_{geom} = \sqrt[n]{(x_1 \cdot x_2) \cdot \ldots \cdot x_n} = \sqrt[n]{\prod_{i=1}^{n} (1 + x_i)}$$

T. Cleff, *Deskriptive Statistik und Explorative Datenanalyse*,
DOI 10.1007/978-3-8349-4748-2

Geometrisches Mittel von Veränderungsraten:

$$\bar{p}_{geom} = \sqrt[n]{(1+p_1)\cdot(1+p_2)\cdot\ldots\cdot(1+p_n)} - 1 = \sqrt[n]{\prod_{i=1}^{n}(1+p_i)} - 1$$

Harmonisches Mittel (ungewichtetes) für k Einzelbeobachtungen:

$$\bar{x}_{harm} = \frac{k}{\sum_{i=1}^{k}\frac{1}{x_i}}$$

Harmonisches Mittel (gewichtetes) für k Beobachtungen:

$$\bar{x}_{harm} = \frac{n}{\sum_{i=1}^{k}\frac{n_i}{x_i}}$$

Median aus klassierten Daten:

$$\tilde{x} = x_{0,5} = x_{i-1}^{OG} + \frac{0{,}5 - F\left(x_{i-1}^{OG}\right)}{f\left(x_i\right)}\left(x_i^{OG} - x_i^{UG}\right)$$

Median aus Urliste bei ungerader Beobachtungsanzahl (n):

$$\tilde{x} = x_{\left(\frac{n+1}{2}\right)}$$

Median aus Urliste bei gerader Beobachtungsanzahl (n):

$$\tilde{x} = \frac{1}{2}\left(x_{\left(\frac{n}{2}\right)} + x_{\left(\frac{n}{2}+1\right)}\right)$$

Quantile aus Urlisten (Weighted Average Methode):

Zunächst wird das Produkt $(n+1)\cdot p$ bestimmt. Das Ergebnis setzt sich aus einem ganzzahligen Bestandteil vor dem Komma und einem Dezimalbruch nach dem Komma zusammen (i, f). Das gesuchte Quantil liegt zwischen den beiden Beobachtungswerten $x_{(i)}$ und $x_{(i+1)}$, wenn (i) die Ordnungszahlen des geordneten Datensatzes darstellt. Der berechnete Nachkommaanteil dient zur Positionierung zwischen den beiden Werten mit Hilfe der Formel:

$$(1-f)\cdot x_{(i)} + f\cdot x_{(i+1)}$$

Quantil aus klassierten Daten:

$$x_p = x_{i-1}^{*} + \frac{p - F\left(x_{i-1}^{*}\right)}{f_i}\Delta x_i$$

Streuungsparameter

Interquartilsabstand:

$$\mathrm{IQA} = x_{0,75} - x_{0,25}$$

Mittlerer Quartilsabstand:

$$\mathrm{MQA} = 0{,}5 \cdot (x_{0,75} - x_{0,25})$$

Spannweite:

$$\text{Spannweite} = \mathrm{Max}\,(x_i) - \mathrm{Min}\,(x_i)$$

Mittlere absolute Abweichung vom Median:

$$\mathrm{MAD} = \frac{1}{n}\sum_{i=1}^{n} |x_i - \tilde{x}|$$

Empirische Varianz:

$$\mathrm{Var}\,(x)_{emp} = S_{emp}^2 = \frac{1}{n}\sum_{i=1}^{n} (x_i - \bar{x})^2 = \frac{1}{n}\sum_{i=1}^{n} x_i^2 - \bar{x}^2$$

Empirische Standardabweichung:

$$S_{emp} = \sqrt{\mathrm{Var}\,(x)_{emp}} = \sqrt{\frac{1}{n}\sum_{i=1}^{n} (x_i - \bar{x})^2}$$

Induktive/Theoretische Varianz:

$$\mathrm{Var}\,(x)_{theor} = \frac{1}{n-1}\sum_{i=1}^{n} (x_i - \bar{x})^2$$

Induktive/Theoretische Standardabweichung:

$$S_{theor} = \sqrt{\mathrm{Var}\,(x)_{theor}} = \sqrt{\frac{1}{n-1}\sum_{i=1}^{n} (x_i - \bar{x})^2}$$

Variationskoeffizient:

$$V = \frac{S}{|\bar{x}|}, \bar{x} \neq 0$$

Konzentrationsmaße

Konzentrationsrate: CRg besagt, wie viel Prozent einer Menge die g Merkmalsträger mit den größten Merkmalsausprägungen auf sich vereinen.

Herfindahl-Index:

$$H = \sum_{i=1}^{n} f(x_i)^2$$

Gini-Koeffizient nicht klassierter geordneter Daten:

$$\mathrm{GINI} = \frac{2\sum_{i=1}^{n} i \cdot x_i - (n+1)\sum_{i=1}^{n} x_i}{n\sum_{i=1}^{n} x_i}$$

Gini-Koeff. nicht klassierter geordneter rel. Häufigkeiten:

$$\mathrm{GINI} = \frac{2\sum_{i=1}^{n} i \cdot f_i - (n+1)}{n}$$

Normierter Gini-Koeffizient ($\mathrm{GINI}_{\mathrm{norm.}}$):

$$\text{Multiplikation obiger Formeln mit } \frac{n}{n-1}$$

Schiefe und Kurtosis:

Schiefe nach Yule/Pearson:

$$\mathrm{Skew} = \frac{3 \cdot (\bar{x} - \tilde{x})}{S}$$

3. Zentrale Moment:

$$\mathrm{Skew} = \frac{\frac{1}{n}\sum_{i=1}^{n} (x_i - \bar{x})^3}{S^3}$$

Kurtosis:

$$\mathrm{Kurt} = \frac{\frac{1}{n}\sum_{i=1}^{n} (x_i - \bar{x})^4}{S^4}$$

Bivariate Zusammenhangsmaße:

Berechnung von Chi-Quadrat:

$$\chi^2 = \sum_{i=1}^{k}\sum_{j=1}^{m} \frac{\left(n_{ij} - n_{ij}^{e}\right)^2}{n_{ij}^{e}}$$

Phi:

$$\mathrm{PHI} = \sqrt{\frac{\chi^2}{n}}$$

Kontingenzkoeffizient:

$$C = \sqrt{\frac{\chi^2}{\chi^2 + n}} \in [0; 1[$$

Cramers V:

$$V = \sqrt{\frac{\chi^2}{n \cdot (\min(k, m) - 1)}} = \varphi \cdot \sqrt{\frac{1}{\min(k, m) - 1}} \in [0; 1]$$

Kovarianz:

$$\operatorname{cov}(x; y) = S_{xy} = \frac{1}{n} \sum_{i=1}^{n} (x_i - \bar{x})(y_i - \bar{y}) = \frac{1}{n} \sum_{i=1}^{n} x_i y_i - \bar{x}\bar{y}$$

Korrelation nach Pearson:

$$r = \frac{S_{xy}}{S_x S_y} = \frac{\frac{1}{n} \sum_{i=1}^{n} (x_i - \bar{x})(y_i - \bar{y})}{\sqrt{\left(\frac{1}{n} \sum_{i=1}^{n} (x_i - \bar{x})^2\right) \cdot \left(\frac{1}{n} \sum_{i=1}^{n} (y_i - \bar{y})^2\right)}}$$

Partialkorrelation:

$$r_{xy.z} = \frac{r_{xy} - r_{xz} r_{yz}}{\sqrt{\left(1 - r_{xz}^2\right) \cdot \left(1 - r_{yz}^2\right)}}$$

Punktbiseriale Korrelation mit Sy als Streuung der kontinuierlichen Variablen:

$$r_{pb} = \frac{\bar{y}_1 - \bar{y}_0}{S_y} \sqrt{\frac{n_0 \cdot n_1}{n^2}}$$

Korrelation nach Spearman (Grundformel):

$$\rho = \frac{S_{xy}}{S_x S_y} = \frac{\frac{1}{n} \sum_{i=1}^{n} \left(R(x_i) - \overline{R(x)}\right)\left(R(y_i) - \overline{R(y)}\right)}{\sqrt{\left(\frac{1}{n} \sum_{i=1}^{n} \left(R(x_i) - \overline{R(x)}\right)^2\right) \cdot \left(\frac{1}{n} \sum_{i=1}^{n} \left(R(y_i) - \overline{R(y)}\right)^2\right)}}$$

Korrelation nach Spearman (vereinfacht bei wenig Rangbindung):

$$\rho = 1 - \frac{6 \cdot \sum_{i=1}^{n} d_i^2}{n \cdot (n^2 - 1)} \text{ mit } d_i = (R(x_i) - R(y_i))$$

Korrelation nach Spearman (vereinfacht mit Rangbindung):

$$\rho_{korr} = \frac{2 \cdot \left(\frac{N^3-N}{12} - N\right) - T - U - \sum_{i=1}^{n} d_i^2}{2 \cdot \sqrt{\left(\frac{N^3-N}{12} - T\right) \cdot \left(\frac{N^3-N}{12} - U\right)}}$$

T ist die Länge der b Rangbindungen der x-Variablen $T = \frac{\sum_{i=1}^{b} (t_i^3 - t_i)}{12}$

U ist die Länge der c Rangbindungen der y-Variablen $U = \frac{\sum_{i=1}^{c} (u_i^3 - u_i)}{12}$

Kendalls τ_a (ohne Rangbindungen):

$$\tau_a = \frac{P - I}{n \cdot (n-1)/2}$$

Kendalls τ_b (mit Rangbindungen):

$$\tau_b = \frac{P - I}{\sqrt{\left(\frac{n \cdot (n-1)}{2} - T\right)\left(\frac{n \cdot (n-1)}{2} - U\right)}}$$

T ist die Länge der b Rangbindungen der x-Variablen $T = \frac{\sum_{i=1}^{b} t_i (t_i - 1)}{2}$

U ist die Länge der c Rangbindungen der y-Variablen $U = \frac{\sum_{i=1}^{c} u_i (u_i - 1)}{2}$

Biseriale Rangkorrelation (ohne Rangbindung):

$$r_{bisR} = \frac{2}{n} \cdot \left(\overline{R(y_1)} - \overline{R(y_0)}\right)$$

Regressionsrechnung

Konstante einer einfachen bivariaten Regression:

$$\alpha = \bar{y} - \beta \cdot \bar{x}$$

Steigungskoeffizient einer bivariaten Regression:

$$\beta = \frac{\sum_{i=1}^{n} (x_i - \bar{x})(y_i - \bar{y})}{\sum_{i=1}^{n} (x_i - \bar{x})^2} = \frac{\operatorname{cov}(x; y)}{S_x^2} = \frac{r \cdot S_y}{S_x} = \frac{n \sum_{i=1}^{n} x_i \cdot y_i - \sum_{i=1}^{n} x_i \sum_{i=1}^{n} y_i}{n \sum_{i=1}^{n} x_i^2 - \left(\sum_{i=1}^{n} x_i\right)^2}$$

Koeffizienten einer multivariaten Regression:

$$\beta = (X'X)^{-1} X'y$$

Bestimmtheitsmaß:

$$R^2 = \frac{RSS}{TSS} = \frac{SS_{\hat{Y}}}{SS_Y} = \frac{\sum_{i=1}^{n} (\hat{y}_i - \bar{y})^2}{\sum_{i=1}^{n} (y_i - \bar{y})^2} = 1 - \frac{ESS}{TSS} = 1 - \frac{SS_\varepsilon}{SS_Y} = 1 - \frac{\sum_{i=1}^{n} (y_i - \hat{y}_i)^2}{\sum_{i=1}^{n} (y_i - \bar{y})^2}$$

Adjustiertes Bestimmtheitsmaß:

$$R_{adj}^2 = R^2 - \frac{(1 - R^2)(k - 1)}{(n - k)} = 1 - (1 - R^2)\frac{n - 1}{n - k}$$

Indexrechnung

Preisindex nach Laspeyres:

$$P_{0,t}^L = \frac{\sum_{i=1}^{n} \frac{p_{i,t}}{p_{i,0}} \cdot p_{i,0} \cdot q_{i,0}}{\sum_{i=1}^{n} p_{i,0} \cdot q_{i,0}} = \frac{\sum_{i=1}^{n} p_{i,t} \cdot q_{i,0}}{\sum_{i=1}^{n} p_{i,0} \cdot q_{i,0}}$$

Mengenindex nach Laspeyres:

$$Q_{0,t}^L = \frac{\sum_{i=1}^{n} q_{i,t} \cdot p_{i,0}}{\sum_{i=1}^{n} q_{i,0} \cdot p_{i,0}}$$

Preisindex nach Paasche:

$$P^{P}_{0,t} = \frac{\sum\limits_{i=1}^{n} p_{i,t} \cdot q_{i,t}}{\sum\limits_{i=1}^{n} p_{i,0} \cdot q_{i,t}}$$

Mengenindex nach Paasche:

$$Q^{P}_{0,t} = \frac{\sum\limits_{i=1}^{n} q_{i,t} \cdot p_{i,t}}{\sum\limits_{i=1}^{n} q_{i,0} \cdot p_{i,t}}$$

Preisindex nach Fisher:

$$P^{F}_{0,t} = \sqrt{P^{L}_{0,t} \cdot P^{P}_{0,t}}$$

Mengenindex nach Fisher:

$$Q^{F}_{0,t} = \sqrt{Q^{L}_{0,t} \cdot Q^{P}_{0,t}}$$

Wertindex:

$$W_{0,t} = \frac{\sum\limits_{i=1}^{n} p_{i,t} \cdot q_{i,t}}{\sum\limits_{i=1}^{n} p_{i,0} \cdot q_{i,0}} = Q^{F}_{0,t} \cdot P^{F}_{0,t} = Q^{L}_{0,t} \cdot P^{P}_{0,t} = Q^{P}_{0,t} \cdot P^{L}_{0,t}$$

Deflationierung:

$$L^{real}_{t} = \frac{L^{nominal}_{t}}{P^{L}_{0,t}}$$

Umbasierung von Indexreihen:

$$I^{neu}_{\tau,t} = \frac{I^{alt}_{0,t}}{I^{alt}_{0,\tau}}$$

Verkettung bei Vorwärtsrechnung:

$$\tilde{I}_{0,t} = \begin{cases} I^{1}_{0,t} & \text{für } t \leq \tau \\ I^{1}_{0,\tau} \cdot I^{2}_{\tau,t} & \text{für } t > \tau \end{cases}$$

Verkettung bei Rückwärtsrechnung:

$$\tilde{I}_{0,t} = \begin{cases} \frac{I^{1}_{0,\tau}}{I^{2}_{\tau,t}} & \text{für } t < \tau \\ I^{2}_{\tau,t} & \text{für } t \geq \tau \end{cases}$$

Sachverzeichnis

14556070R00159

Printed in Poland
by Amazon Fulfillment
Poland Sp. z o.o., Wrocław